压力容器安全技术

刘道华　编著

中国石化出版社

内　容　提　要

本书主要内容包括压力容器基础知识、安全性能及安全装置、压力容器定期检验及安全运行管理、气瓶的充装与使用、压力容器事故危害与事故分析。本书理论联系实际，结合国内外发生的大量压力容器事故案例，系统地阐述了压力容器发生各类事故的基本原因，并就压力容器的设计、制造、运行和检验等各个环节提出了防止事故发生所应采取的对策和具体措施。

本书可供压力容器使用单位的管理人员、操作人员和安全技术人员使用，也可供压力容器的设计、制造、检验、安全监察及其他有关人员参考。

图书在版编目（CIP）数据

压力容器安全技术 / 刘道华编著 . —北京：中国石化出版社，2009（2017. 8）
ISBN 978-7-80229-881-1

Ⅰ. 压… Ⅱ. 刘… Ⅲ. 压力容器-安全技术 Ⅳ. TH490. 8

中国版本图书馆 CIP 数据核字（2009）第 067732 号

中国石化出版社出版发行

地址：北京市朝阳区吉市口路 9 号
邮编：100020　电话：(010)59964500
发行部电话：(010)59964526
http://www. sinopec-press. com
E-mail：press@ sinopec. com
北京柏力行彩印有限公司印刷
全国各地新华书店经销

*

787×1092 毫米 16 开本 19 印张 478 千字
2017 年 8 月第 1 版第 3 次印刷
定价：48. 00 元

前　言

在化工、炼油、医药等行业中，压力容器几乎成为生产中的主要设备，比较容易发生事故且事故的危害较为严重。压力容器安全是“人命关天的事，一定要慎之又慎，确保万无一失”，“对制造、安装每个环节，都必须进行严格质量检验，不合格产品绝不允许出厂和使用，运行中的设备，也必须进行检查，及时发现和消除隐患，防患于未然”。

本书主要内容包括压力容器基础知识、安全性能及安全装置、压力容器定期检验及安全运行管理、气瓶的充装与使用、压力容器事故危害与事故分析。本书理论联系实际，结合国内外发生的大量压力容器事故案例，系统地阐述了压力容器发生各类事故的基本原因，并就压力容器的设计、制造、运行和检验等各个环节提出了防止事故发生所采取的对策和具体措施。本书可供压力容器使用单位的管理人员、操作人员和安全技术人员使用，也可供压力容器的设计、制造、检验、安全监察及其他有关人员参考。

本书在编写过程中，得到了张克舫、赵延茂以及李国成的大力帮助，在此表示衷心的感谢。

压力容器安全是实用性很强的一门技术，涉及面很广。由于编者的水平和编写时间有限，难免存在不妥甚至不当之处，恳请广大读者批评指正。

目　　录

第一章 压力容器基础知识

第一节 压力容器概论

一、压力

（一）力和力的单位

1. 力

力是对一个物体的作用，这个作用使物体的运动状态发生改变或使物体的形状发生改变，力是不能离开物体而单独存在的。因此力的大小就不能像长度那样用一个简单的单位来衡量，而只能根据它使物体的运动状态发生改变的程度，或形状发生改变的程度来衡量。而物体形状改变的程度又与它自身的特性有关。即是说，受同样大小的力，不同的物体可以产生不同的形状变化。因此，力的大小一般就只能用使物体的运动状态发生改变的程度来衡量。

2. 力的单位

根据国家规定，我国的法定计量单位采用国际单位制。在国际单位制中，力可用一个具有专门名称的导出单位来衡量，单位名称为牛，用符号 N 表示。它被定义为使质量为 1 千克(kg)的物体产生 1 米每二次方秒(m/s^2)的加速度的力。用国际单位制的基本单位表示，力的单位就是 $m\cdot kg\cdot s^{-2}$。

工程上常用千克力(符号为 kgf)作为力的单位。所谓 1kgf 就是质量为 1kg 的物体在纬度为 45°的海平面上所受的重力。应该注意，力的单位"kgf"与质量的单位"kg"是完全不同的概念。"kgf"是物体所受的重力，也就是地球对物体的引力。这个力使物体的运动状态发生改变，产生自由落下，其加速度在纬度为 45°的海平面上之值为 $9.80665m/s^2$。所以 1kgf 的大小就是使质量为 1kg 的物体产生 $9.80665m/s^2$(简作 $9.8m/s^2$)的加速度，或使质量为 9.80665kg 的物体产生 $1m/s^2$的加速度。这样，力的国际单位与非国际单位的换算关系即为：

$$1kgf = 9.80665N$$

（二）压力

物理学中和工程上关于压力的概念是不同的。

在物理学中，压力系指垂直作用在物体表面上的力，而把垂直作用于物体单位面积上的力称为压力强度，简称压强。

工程上的压力概念实质上就是物理学中的压强。即工程上把垂直作用于物体单位面积上的力称为压力，这是一种习惯性叫法。

1. 压力的单位

在了解了力和力的单位以后就可以很容易得到国际单位制和过去习惯用的压力(压强)的单位。在国际单位制中，长度的单位为米(m)，面积的单位为平方米(m^2)，力的单位为牛(N)，所以压力的单位便为牛每平方米(N/m^2)，其专门名称为帕(Pa)。由于这个单位太小，工程上常用它的 10^6倍，即兆帕(MPa)作为压力的常用单位。即

$$1MPa = 10^6 N/m^2 = 1N/mm^2$$

工程上过去习惯用千克力(kgf)作为力的单位，因此常用的压力单位便是千克力/平方厘米(kgf/cm^2)。

围绕在地球表面上的空气由于受到地球引力的作用，对在大气里面的一切物体都产生压力，这种压力称作大气压力。在不同的纬度和高度上，地面上大气压力的大小是不同的。在纬度为45°的海平面上(即重力加速度为$9.80665m/s^2$处)，大气压力相当于在每平方厘米的面积上作用着1.0332kgf，所以过去也常用这个大气压力之作为压力的常用单位，称作标准大气压或物理大气压，用符号atm表示，而把与此单位及相接近的工程上另一个常用压力单位——kgf/cm^2称作工程大气压，用符号at表示。这样，压力的国际单位与非国际单位的换算关系即为：

$$1kgf/cm^2(at)=0.0980665MPa$$

$$1atm=0.101325MPa$$

2. 表压力与绝对压力

容器中介质压力的大小常用测量压力的仪表——压力表来计量。压力表上所指示的压力值是指容器内介质的压力与容器周围大气压力之差值，这个压力值就是表压力或计示压力。表压力只是指明容器内的压力比它周围的大气压力高多少，是一个相对的压力值。而实际上流体作用在容器器壁上的压力应该是压力表上所指示的压力再加上容器周围的大气压力，这个绝对真实的压力值即为绝对压力。在工程计算中，特别是热力学、流体力学的有关计算公式中，经常需要采用绝对压力值，只有在有关强度设计或验算时，才用表压力值。绝对压力的表示方法是在压力单位后面加上“绝对”二字，如MPa(绝对)等。这样，如果容器上所装设的压力表的压力单位为MPa，则容器内介质的绝对压力值就应为压力表上所指示的数值加上0.101325(或简略为0.1)MPa的大气压力。

二、 压力容器

(一) 范围的划定及定义

1. 压力容器范围的划定

压力容器，从广义上来说，应该包括所有承受压力载荷的密闭容器。但在工业生产中，承载压力的容器很多，其中只有一部分相对来说比较容易发生事故，且事故的危害性比较大。所以许多工业国家都把这类压力容器作为一种特殊设备，需要由专门机构进行安全监督，并按规定的技术管理规范进行设计、制造和使用。这样的一种作为特殊设备的压力容器，当然要划定一个界限范围，不可能也没有必要将所有承载压力的容器(如像贮水塔那样的设备)都作为特殊设备。在工业上，一般所说的压力容器，就是指这一类作为特殊设备的容器。

压力容器指的是那些比较容易发生事故、特别是事故危害比较大的特殊设备，那么它的界限范围就应该从发生事故的可能性和事故危害的大小来考虑。一般来说，压力容器发生爆炸事故时，其危害的严重程度与容器的工作介质、工作压力及容积等有关。

工作介质是指容器内所盛装的或在容器内参与反应的物质。压力容器爆破时所释放的能量与它的工作介质的物性状态有极大关系，对工作介质是液体的压力容器，由于液体的压缩性很小，因此液体膨胀时的膨胀功也很小，也就是说爆破时所释放的能量很小。而对工作介质是气体的压力容器，则因为气体有很大的压缩性，因而在容器爆破时气体瞬时卸压膨胀所释放的能量也就很大。承载压力和容积都相同的压力容器，则因为气体有很大的压缩性，因而在容器爆破时气体瞬时卸压膨胀所释放的能量也就很大。承载压力和容积都相同的压力容器，工作介质为气体的要比介质为液体的能量大数百倍至数万倍。例如，一个容积为$10m^3$、工作压力为1.1MPa(绝对)的压力容器，如果盛装空气，则容器爆破时所释放的能量(即气体膨胀所作之功)均为1.4×10^4kJ。而如果盛装的是水，则容器爆破能量仅为2.2kJ，前者约为后者的6000倍。由此可以看出，压力容器的工作介质为液体时，即使容器万一爆破，其破坏性也是比较小的。所以一般都不把这类介质为液体的容器列入作为特殊设备的压力容器范围之内。不过应该注意的是，这里所说的液体，是指常温下的液体，而不包括温度高于其标准沸点(即在标准大气压下的沸点)的饱和液体(如锅炉锅筒中的高温饱和水)以及液化气体(指标准沸点在室温下、经加压液化了的气体)。工作介质为这类高温饱和液体和液化气体的容器仍然属于压力容器的范围。因为这些介质虽然在容器中由于压力较高而绝大部分呈液态(实质上是气、液并存的饱和状态)，但一旦容器破裂，器内压力下降，这些饱和液体中的一部分立即蒸发汽化，体积急剧膨胀，发生"爆沸"(或称气体爆炸)，其所释放出的能量是很大的。工作压力和容积相同的容器，贮存高温饱和液体时的爆破能量要比盛装饱和蒸汽时大得多。所以从工作介质的形态这一方面来考虑划分压力容器的界限范围，它应该包括介质为压缩气体、液化气体和工作温度高于其标准沸点的饱和液体的容器。

划分压力容器的界限，除了考虑工作介质的状态以外，还应考虑容器的工作压力和容积这两个条件。一般来说，工作压力越高，或者容积越大，则容器爆破时气体膨胀所释放的能量也越大，也就是事故的危害性越严重。但压力和容积的划分，并不像工作介质那样有一个比较明显的界限，所以一般都是人为规定一个比较适当的下限值。按照过去的习惯，锅炉作为一种特殊设备，曾规定以0.7atm(表压)作为下限，当然压力容器也可以沿用这个规定。但一般认为，0.7atm也是人为规定，并不是一个特定的参数，故改以1atm(表压)为其下限值。近年来，又按我国的法定计量单位，取压力容器的压力下限值为0.1MPa(表压)。至于容器的容积，当然也应该有一个下限，以避免把一些容积很小而盛装有压力的气体的微型容器(如机器或仪表上的附属零件)也作为特殊设备来监督管理。

根据质技监局锅发[1999]154号《压力容器安全技术监察规程》的规定，该规定适用于同时具备下列条件的压力容器：

①最高工作压力(p_w)大于等于0.1MPa(不含液体静压力，下同)；

②内直径(非圆形截面者指断面最大尺寸)大于等于0.15m，且容积(V)大于等于$0.025m^3$；

③盛装介质为气体、液化气体或最高工作温度高于等于标准沸点的液体。

2. 压力容器的定义

从广义上讲，压力容器是指盛装一定的工作介质，能够承受压力(包括外压和内压)载荷作用的密闭容器。当然，这是一个泛指的概念。应当指出，由于压力容器具有一定的危险性且品种极多，在总结其设计、制造及使用等多方面的经验，以及对其事故分析后，人们认识到，为了安全地使用它，必须对其进行强制性的监督管理，并界定出合理的范围。因此，结合国情，我国的《特种设备安全监察条例》对压力容器作出了以下限制性定义：

"压力容器，是指盛装气体或者液体，承载一定压力的密闭设备，其范围规定为最高工作压力大于或者等于0.1MPa(表压)，且压力与容积的乘积大于或者等于2.5MPa·L的气体、液化气体和最高工作温度高于或者等于标准沸点的液体的固定式容器和移动式容器；盛装公称工作压力大于或者等于 0.2MPa（表压），且压力与容积的乘积大于或者等于 1.0MPa·L的气体、液化气体和标准沸点等于或者低于60℃液体的气瓶；氧舱等。”

（二）容器的压力源

容器的压力源可以分为两大类，一类是气体的压力在容器外产生的；另一类是气体的压力在容器内产生的。

1. 在容器外产生（增大）压力的压源

容器的气体压力产生于器外时，其压源常见的就是气体压气机或蒸汽锅炉。压气机是使用机械方法来提高气体压力的滑机器。容积性压气机（有活塞式、螺杆式、转子式及滑片式等）通过缩小气体的体积，增加气体的密度来提高气体的压力。速度型压气机（有离心式、轴流式及混流式等）则是通过增加气体的流动速度并把气体的动能转变为势能来提高气体压力的。工作介质为压缩气体的压力容器，其可能达到的最高压力一般也只限于保持压力及出口的气体压力，除非气体在器内温度大幅度升高或产生其他物理化学变化。蒸汽锅炉是用加热的方法将水蒸发而产生水蒸气的一种设备。蒸汽的比体积（即单位质量物质所占有的体积）要比水的比体积大得多，例如在 0.1MPa（绝对）的压力下，饱和水的比体积约为 $0.001m^3/kg$，而饱和蒸汽的比体积则约为 $1.7m^3/kg$，也就是说，饱和水变为压力相同的水蒸气时，体积增大了1700倍。因为锅炉是密闭的，锅筒内的容积有限，随着炉水的不断受热蒸发，锅筒内的蒸汽密度不断增加，压力也随之增大。对工作介质为水蒸气的压力容器，其可能达到的最高压力也只限于锅炉的出汽压力，在容器的蒸汽进口管上装设减压阀，并调整减压阀即可得到容器所需的蒸汽压力。

2. 在容器内产生（增大）的气体压力

在压力容器内产生的气体压力，一般是由于器内介质的聚集状态发生改变，或者介质在器内受热而使温度剧烈升高，或是介质在器内发生了体积增大的化学反应。

由于介质的聚集状态发生改变而产生（增大）压力的，一般是在液态或固态物质于器内受热（包括受周围环境温度的影响、受高温物料的加热或器内其他物料发生放热化学反应等）而蒸发或分解为气体，使体积剧烈膨胀时。此时又受到容器容积的限制，于是密度大为增加，在器内即产生气体压力或使原有的气体压力升高。例如二氧化硫，如果介质温度低于 -10.1℃（标准沸点），则它在密闭容器内的压力低于大气压力。而当温度升高至60℃时，器内液态二氧化硫便大量蒸发，它的饱和蒸汽压力即升高至约1.1MPa（绝对）。再如氨，在0℃的饱和蒸气压为0.43MPa（绝对），当温度为50℃时，压力即升高至2.03MPa（绝对）。有些高分子聚合物，本来为固态，但如果在容器内受热“解聚”而变成单分子气体时，也会因体积膨胀而在器内产生气体压力。例如聚甲醛（固体）的比体积约为 $0.007m^3/kg$，当它“解聚”变为甲醛（气体）时，它的比体积约为 $0.75m^3/kg$（标准状态下），即体积增大千余倍。如果在一个密闭的容器内发生这种聚集状态的改变，则会产生很高的压力。

容器内的气体介质因受热而产生（增大）压力的情况，一般是很少见的。因为根据查理定律，一定质量的气体在体积不变的情况下，温度每升高1℃，压力的增量为它在0℃时压力的1/273。所以气体在容器内温度的少量升高不会引起压力的明显增大。但是，如果由于特殊的原因，气体在器内吸收大量的热量，致使温度急剧升高，则它的压力仍然会显著增大的。如有些盛装易于发生聚合反应的气体（如某些烃类）的容器，在合适的条件下，单分子气体可能发生聚合反应而产生大量的聚合热，使器内的其余部分受热，温度大幅度升高，压力急剧增大，有时还会因此而促使容器发生超压爆破事故。国内外都有这类因部分气体聚合而使容器（或气瓶）发生爆破事故的案例。

容器内由于介质的化学反应而产生气体压力的，一般都是体积增大的反应。最常见的如用碳化钙加水来制造乙炔的反应。固体的碳化钙和液态的水产生化学反应生成乙炔气，体积大为增加，在密闭的容器中就会产生较高的压力。在密闭容器内用电解水来制取氢和氧，也可产生极高的压力。$1m^3$的水可以分解成$1240m^3$的氢气和$620m^3$的氧气，反应后的气体体积比原来水的体积增大了约2000倍。

常用的压力容器，气体压力大多来自器外，大部分容器的工作介质都是各种压缩气体或水蒸气。在器内产生压力的压力容器一般用得较少，但是由于这种容器的压力是在器内产生的，因而危险性较大，对压力控制的要求也应该更严格。

（三） 容器的主要技术参数

压力容器的技术参数是它在设计、制造、使用和检验等方面的主要依据。这些参数主要为设计压力、设计温度及公称直径等。

1. 设计压力

压力容器的设计压力系指在相应设计温度下用以确定容器壳体壁厚的压力，以及标注在铭牌上的设计压力。

确定容器的设计压力一般应遵循下列原则：

① 容器的设计压力与容器最高工作压力（指在正常操作情况下，容器顶部可能出现的最高压力）的含义并不等同，但设计压力一般取略高于或等于最高工作压力；

② 装设有安全卸压装置的压力容器，其设计压力不得低于安全阀的开启（整定）压力和爆破片装置的爆破压力；

③ 盛装液化气体且无保温装置的压力容器，其设计压力（最高工作压力）不得低于所装液化气体在50℃时的饱和蒸汽压力；对有可靠保温设施的，其设计压力不低于试验实测最高温度下的饱和蒸汽压力。

有些已经制成并经过使用的压力容器，有时候也可以根据容器壳体及其他受压元件经实测后的有效厚度来确定其许用压力（最大允许工作压力）。所谓许用压力，系指在设计温度下，容器顶部所允许承受的最大压力。容器的几个受压元件所计算确定的许用压力不相等时，取其中的最小值作为容器的许用压力。使用许用压力（最大允许工作压力）时，应在图样和铭牌中说明。

2. 设计温度

压力容器的设计温度系指容器在正常操作情况相应设计温度下，设定壳体的金属温度，亦即指壳体沿截面厚度的平均温度。

确定容器设计温度时，应注意以下几点：

① 对常温或高温操作的容器，其设计温度不得低于壳体金属可能达到的最高金属温度；

② 对0℃以下操作的容器，其设计温度不得高于壳体金属可能达到的最低金属温度；

③ 在任何情况下，容器壳体或其他受压元件金属的表面温度不得超过材料的允许使用温度；

④ 安装在室外且器壁无保温装置的容器，壁温受环境温度的影响而可能小于或等于－20℃时，其设计温度一般应按容器使用地区历年各月、日最低温度月平均值的最小值来确定其最低设计温度。

3. 公称直径

压力容器的公称直径是指容器零部件标准化系列中选定的壳体直径，用符号 *DN* 及数字表示，单位为 mm。应该注意的是，焊制的圆筒形容器，公称直径是指它的内径。而用无缝钢管制作的圆筒形容器，公称直径是指它的外径。因为无缝钢管的公称直径不是内径，而是接近而又小于外径的一个数值。为了方便，用无缝钢管作容器筒体时，选它的外径作为容器的公称直径。

三、 保证压力容器安全的重要性

压力容器使用广泛，用途广，且数量大，但比较容易发生事故，且事故的破坏性往往又比较严重，因此它的安全问题就特别值得注意。许多工业国家都把锅炉和压力容器作为一种特殊设备来对待，设有专门机构进行安全监督，并要求严格按规定的规范进行设计、制造、使用和运行。

（一） 压力容器是工业生产中的常用设备

压力容器作为一种用于有压流体的贮存、运输或者是传热传质的密闭容器，具有各式各样的结构和形状。从小至只有几升容积的瓶或罐，到大至上万立方米的球形容器或高达上百米的塔式容器，在各个工业领域中都得到最广泛的应用。压力容器是工业生产中的常用设备。

压缩空气是一种使用最为普遍的动力源。它可以驱动气锤、风铲、风镐、风动砂轮、铆钉枪等风动机械或风动工具进行金属加工、矿山开采、挖掘隧道及铆接桥梁等。还可以用来喷砂(丸)、喷漆、搅拌、输送物料以及控制仪表及自动化装置等。因此在机械制造、交通运输、建筑、采矿、化工、冶金及国防工业等许多行业部门都有大量使用。特别是煤矿，由于风动机械在使用中不会产生火花，可以防止瓦斯爆炸，因而压缩空气的使用就更为普遍。压缩空气的主要来源是空气压缩机。压缩机的一整套辅助设备，如气体冷却器、油水分离器及贮气罐等都是压力容器。有些对干燥度和清洁度要求比较高的压缩空气，还要有干燥和过滤装置，这些装置也是压力容器。

除了使用压缩空气以外，在工业生产中还经常使用各式各样的气体作为原料或辅助材料。如制造农药要用氯气，金属的焊接和切割需要用氧气、氢气或乙炔气等。这些气体从气体制造厂送到使用单位，除了相距较近的可用管道直接输送外，大部分都用容器装运。而为了提高运输效率和设备利用率，这些气体往往都要经过加压使其成为压缩气体(如氧气、氮气及氢气等)或液化气体(如液氯和液氨等)或溶解气体(如乙炔)。这样，贮运这些压缩气体或液化气体和溶解气体的容器，如气瓶、液化气体贮罐及槽(罐)车等，也都是压力容器。

制冷装置是食品工业、化学工业和其他一些工业用以制造“人造冷”的一种通用设备。因为食品的冷藏运输、某些化工成品或中间产品的制备等需要在较低的温度下进行，而要获得持续的低温就得采用制冷装置。制冷装置是利用制冷压缩机将气态的冷冻剂(最常用的是氨和氟利昂)进行压缩，然后在冷凝器中用水将其冷凝为液体、再把这些液化了的冷冻剂通过调节阀截流降压进入蒸发器。由于液化冷冻剂的压力降低，因而在蒸发器内不断的蒸发并吸取大量的汽化热，使其周围的介质温度降低。蒸发后的冷冻剂再回到压缩机。如此继续循环，在蒸发器中便可以持续获得“人造冷”。制冷装置的多数设备，如冷凝器、蒸发器、液体冷冻剂贮罐等都是压力容器。

与上述的情况相反，有些工业产品的制备需要在较高的温度下进行。因此在生产工艺过程中常将物料加热，而加热又往往用的是蒸汽，因为它是一种易于获得的热源。饱和蒸汽或过热蒸汽都是有压力的气体，所以用它来对物料进行加热的密闭设备，无论是间接式，如蒸汽夹套、蒸汽列管加热器等；或者是直接式，如蒸煮锅、蒸汽消毒器等都是压力容器。

化工生产中所使用的反应设备大部分也是压力容器。因为有许多化学反应需要在加压的条件下进行，或者需要在比较高的压力下加速反应、提高设备效率。例如，用乙烯和水(高压过热水蒸气)制造乙醇(酒精)，就需要在7MPa的压力下进行；用氢和氮来制造合成氨，则要在10～100MPa的压力下才能较好地反应。这样，不但是反应器本身需要用压力容器，且由于这些参与反应的有压力的介质往往又都需要经过精制、加热或冷却等，这些工艺过程所用的设备，也都是压力容器。

随着石油化学工业的迅速发展，高分子聚合物的生产不断扩大。高分子聚合物是由单体分子经过聚合反应而得到的，而大部分聚合反应都需要在较高的压力下进行。例如用乙烯气体聚合成聚乙烯，低压法也要在3.5～10MPa的压力下进行，高压法则需要100～250MPa。因此制取高分子聚合物的设备往往不仅聚合釜(进行聚合的设备)是压力容器，且这些单体分子在聚合以前的一系列工艺处置过程(贮存、精制及加热等)也需要压力容器。

压力容器除了用于工业生产外，还用于基本建设、医疗卫生、地质勘探、文体教育，以至人们日常生活等国民经济各部门。所以要发展国民经济，就需要大量的制造和使用各种压力容器。

（二） 压力容器是容易发生破坏事故的特殊设备

压力容器作为一种特殊设备，是要由国家设置专门机构进行安全监督的，其最主要原因还是它的事故发生率要比一般机械设备高，且事故的危害往往又特别严重。

1. 压力容器的事故率

机器设备或装置发生事故的多少，常用设备事故率(或称故障率)来衡量。它是所要调查统计的某一类设备在一定时间内所发生事故次数与设备运行台年(按设备台数与运行年数乘积进行累积)的比值，表示为“次/台年”。例如所要调查统计地区每年运行的容器有10^6台，在10年内共发生事故15次，则该地区的容器事故率即为$15/(10\times10^6)=1.5\times10^{-6}$次/台年。从不同的统计目标出发，压力容器的事故率有时又分为一般事故率、重大事故率和爆炸事故率。国外也有分成“潜在危险的”和“灾难性的”等等。

从各国发表的各种统计资料估计，工业发达国家压力容器总的事故率为$10^{-3}\sim10^{-4}$数量级，爆炸事故率大约为10^{-5}数量级。

近20年来，我国特种设备安全监察制度日趋完善，法规标准体系初步建立，安全监察机构覆盖全国，检验队伍基本满足工作需要，特种设备检验率不断提高，重特大事故得到有效遏制，锅炉和压力容器的爆炸事故率从1979年的7.9起/万台下降到2000年0.5起/万台(图1-1)。

2. 事故率高的原因

设备事故率的大小，影响因素较多，也十分复杂。它不但与整个工业领域的各项技术水平有关，而且还与社会与人的因素有关，各国的情况也不尽相同。但从总的情况看，在相同的条件下，压力容器的事故率显然要比其他的一般机械设备高得多。

压力容器大多数是承受静止而比较稳定的载荷，并不像一般转动机械那样容易因过度磨损而失效，也不像高速发动机那样因承受高周反复载荷而容易发生疲劳失效。为什么它的事故率比较高呢？

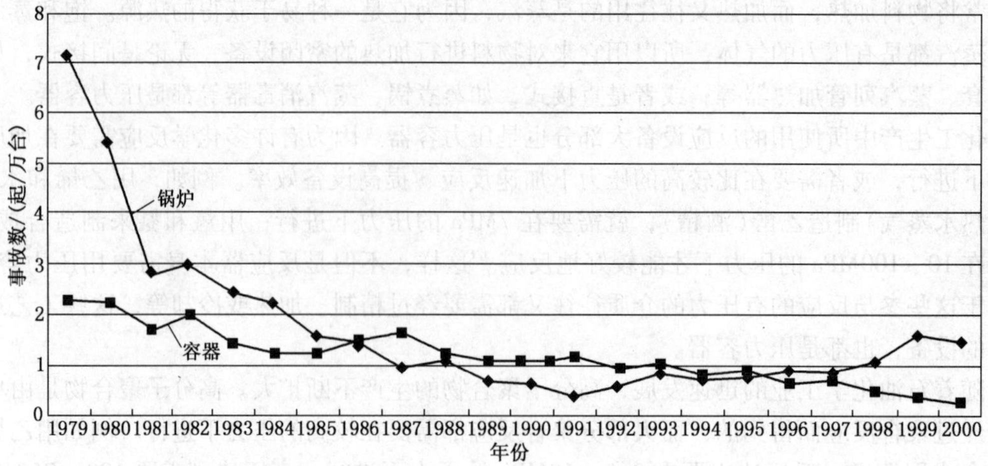

图 1-1　1978～2000 年锅炉和压力容器万台爆炸事故率曲线图

从技术条件方面分析，有以下一些主要原因：

(1) 使用条件比较苛刻。压力容器不但承受着大小不同的压力载荷(在有些情况下还是脉动载荷)和其他载荷，而且有的还是在高温或深冷的条件下运行，工作介质又往往具有腐蚀性，工况环境比较恶劣。

(2) 容易超负荷。容器内的压力常常会因操作失误或发生异常反应而迅速升高，而且往往在尚未发现的情况下，容器即已破裂。

(3) 局部应力比较复杂。如在容器开孔周围及其他结构不连续处，常因过高的局部应力和反复的加载卸载而造成疲劳破裂。

(4) 常隐藏有严重缺陷。焊接或锻制的容器，常会在制造时留下微小裂纹等严重缺陷，这些缺陷如在运行中不断扩展，或在适当的条件(如使用温度及工作介质特性等)下都会使容器遭到突然破裂。

在使用管理上存在有章不循及管理混乱无序等也是造成压力容器事故的重要原因，主要有以下五个方面：

(1) 使用不合法。购买一些没有压力容器制造资质工厂生产的设备作为承压设备，并非法当做压力容器使用，以避开报装、使用注册登记和检验等安全监察管理，留下无穷后患。

(2) 容器虽合法而管理操作不符合要求。企业不配备或缺乏懂得压力容器专业知识和了解国家对压力容器有关法规、标准的技术管理人员。压力容器操作人员未经必要的专业培训和考核，无证上岗，极易造成操作事故。

(3) 压力容器管理处于“四无”状态。即一无安全操作规程，二无压力容器技术档案，三无压力容器持证上岗的操作人员和相关管理人员，四无定期检验管理，以致使压力容器和安全附件处于盲目使用和盲目管理的失控状态。

(4) 擅自改变使用条件，擅自修理改造。经营者无视压力容器安全，为了适应某种工艺的需要而随意改变压力容器用途和使用条件，甚至带“病”操作，违章超负荷超压生产造成严重后果。

(5) 地方政府的安全监察管理部门和相关行政执法部门管理不到位。安全监察管理部门和相关行政执法部门的工作未能适应社会主义市场经济的发展，特别是规模较小、分布广的民营、私营企业的激增，使压力容器的安全监察管理存在盲区和管理不到位的现象，助长了压力容器的违规使用和违规管理。

3. 容器爆炸可能造成的严重破坏

压力容器一旦发生爆炸，不仅仅是设备本身遭到毁坏，且常会破坏周围的设备及建筑物。甚至发生联锁反应，酿成灾难性事故。

压力容器内的介质都是保持有较高压力的气体或液化气体。容器破坏时，这些介质即卸压膨胀，瞬时释放出很大的能量。这些能量产生空气冲击波，使周围的厂房、设备遭到严重的破坏。压力容器爆炸产生的冲击波不但损坏建筑物及设备，还会直接伤人。轻的可以损伤耳膜，重的往往伤及内脏。如有的人因肝脏损伤而昏迷，甚至还会造成粉碎性骨折而死亡。

如果容器是脆性破裂，或者是由于化学反应而发生爆炸，还会产生爆破碎片，特别是化学反应爆炸，常使容器发生粉碎性破裂。大量的碎片飞出而击伤周围的人员或设备。

容器爆破以后，器内介质外泄，还会引起一系列的恶性连锁反应，使事故的危害进一步扩大：如果介质是有毒的气体或液化气体，它向周围迅速扩展后即会造成大面积的毒害区。例如，1979 年 9 月，某电化厂一个容积为 415L 的液氯瓶发生爆炸，产生的碎片将周围的 10 个液氯瓶击穿，并引起其中 4 个装满液氯的气瓶爆炸，约有 10200kg 的液氯外泄扩散，中毒的范围波及 7.35km^2，因中毒而死亡数十人，轻伤需住院治疗的达数百人。如果容器内的介质是蒸汽、饱和水或其他高温液体，则会造成严重的烫伤事故。例如，1979 年 12 月，某柴油机厂职工浴室的一个热水罐(直径 1.3m，长 3.1m)发生爆炸，浴室内数十名职工几乎无一人幸免死亡，损失惨重。更为严重的是，若器内介质为可燃气体或液化气体时，容器破裂后可燃介质会大量流出，并与周围的空气混合而产生二次爆炸，并酿成火灾。例如，1978 年 8 月，西班牙一台盛装液化丙烷的汽车槽车，由于充装过量，又在烈日下暴晒，使器内压力剧烈升高，槽车在途中爆炸，车体飞离原地 140m，厚度为 16mm 的壳体碎片飞出 300m，大量的丙烷泄出后在空间爆炸燃烧，在半径为 200m 的地区内形成一片火海，火柱高达 30m。爆炸产生的冲击波摧毁了公路旁的 14 座建筑物和正在路上行驶的 100 多辆汽车，伤亡 150 多人，烧伤 120 多人。1984 年 11 月，墨西哥市培麦克斯公司所属的液化石油气供应中心，6 台球形贮罐和 48 台卧式贮罐接连爆炸，大火持续 36h，附近的民宅约 1500 栋被毁，造成 500 多人死亡，1000 余人下落不明，3 万余人流离失所。由于现场工作人员全部遇难死亡，事故原因一直没有查明。近年来，我国也发生过由液化石油气储罐爆破而造成的重大火灾事故，大火持续 20 多小时，大量建筑物、设备、车辆被烧毁，死亡数十人。

压力容器的事故率虽然较高，事故危害性较大，但也并不是说它的事故完全是不可避免的。压力容器安全运行也有它的客观规律，有的压力容器之所以发生事故，造成严重后果，大多数是由于不重视或者无知，违反了它的客观规律而造成的。因此，为了防止压力容器发生事故，保证其安全运行，以保障人民生命财产或国家财产的安全，就必须加强对这种特殊设备的安全管理工作。

四、 压力容器的分类

压力容器的使用极其普遍，结构形式也很多。根据不同的需要，压力容器可以有若干种分类方法。例如，按容器的壁厚分，有薄壁容器(一般是指容器的外径与内径的比值不大于 1.2 者)和厚壁容器；按壳体承受压力的方式分，有内压容器(壳体内部受压)和外压容器；按容器的工作壁温分，有高温容器、中温容器、常温容器和低温容器；按壳体的几何形状分，有球形容器、圆筒形容器、圆锥形容器及轮胎形容器等；按容器的制造方法分，有焊接容器、锻造容器、铆接容器、铸造容器以及各种组合式容器等；按构造材料分，有钢制容器、铸铁容器、有色金属容器和非金属容器；按容器的安放类型分，有立式容器和卧式容器等等。总之，各种不同的分类方法都是从各个不同需要的角度来考虑的。如按壁厚和承压方式分类，则有利于容器的设计计算，按制造方法和构造材料分类，则对容器的制造管理比较方便。

从使用管理的角度来考虑，常把压力容器分为两大类，即固定式容器和移动式容器。这两类容器由于使用情况不同，对它们的技术管理要求也不完全一样。我国和其他许多国家对这两类容器都分别制订有不同的管理规程或技术标准和规范等。为便于技术管理，每类容器还可以按它的设计和用途等再予细分。

（一）固定式压力容器

固定式容器是指除了用作运输贮存气液体的盛装容器以外的所有容器，这类容器有固定的安装和使用地点，工艺条件和操作人员也比较固定。容器一般不是单独装设，而使用管道与其他设备相连。固定式容器还可以按它的设计和用途进行分类。

1. 按压力分级

压力是压力容器最主要的一个工作参数。从安全技术方面来看，容器的工作压力越高，发生爆炸事故的危害性就越大。为了便于对压力容器进行分级管理和技术监督，按它的设计压力将固定式容器再分等级是必要的。根据我国《压力容器安全技术监察规程》附件一的规定，压力容器按其设计压力分为低压、中压、高压、超高压 4 个等级。具体划分如下：设计压力为 0.1MPa（表压，下同）至小于 1.6MPa 的为低压容器（代号 L）；压力为 1.6MPa 至小于 10MPa 的为中压容器（代号 M）；压力为 10MPa 至小于 100MPa 的为高压容器（代号 H）；压力大于等于 100MPa 的为超高压容器（代号 U）。

固定容器的这种分级方法，虽然是按设计压力来划分的，但也适当考虑了容器的相对壁厚、制造方法和使用行业等方面的条件。如从使用压力容器的工业行业来看，基本化工、机械制造、冶金及采矿等部门使用的压力容器大多是低压容器。中压容器多用于石油化工设备。高压容器目前使用的不太多，除实验装置外，目前国内用作工业生产设备的，大都是高分子聚合设备及人造水晶釜。从相对壁厚及制造方法来看，一般的中压容器都是薄壁容器，大部分使用碳钢钢板卷焊制成。高压容器因为其比较厚，大多采用各种形式的组装焊接或锻制结构。

2. 按工艺用途分类

固定式压力容器除了按设计压力的大小划分等级外，还可按它的工艺用途进行分类。虽然压力容器在各种工业中的具体用途非常复杂，但是根据它在生产工艺过程中的作用原理（用途）可以归纳为以下 4 种：即反应压力容器（代号 R）、换热压力容器（代号 E）、分离压力容器（代号 S）和储存压力容器（代号 C）。按工艺用途将容器分这 4 种，可以从它的种类归属大体上能了解容器在生产过程中的主要作用、工艺条件的稳定情况、压力控制的难易以及一旦容器发生爆炸事故可能造成危害的严重程度等，这对于压力容器的管理和技术监督都是比较便利的。

（1）反应压力容器

反应容器（代号 R）的主要作用是为工作介质提供一个进行化学反应的密闭空间。容器内的压力有的是从容器外部产生的，即工作介质经过加压后进入容器内进行反应。这种反应容器多数是因为介质的反应需要在较高压力的情况下才能很好完成，或者是需要通过增大压力来加速化学反应，以提高生产效率和设备利用率，因而要在器内维持一定的压力。这样反应容器的工艺过程一般是连续性的，压力比较稳定，没有频繁的压力或温度的周期性变动。也有的压力容器，压力是在器内产生的，即工作介质在器内发生体积增大的化学反应或放热反应。这样的反应容器，旧式的多数是间歇式或半间歇式的，因此容器的压力和温度都有比较频繁的周期性变动。在许多反应容器内其工作介质发生化学反应的过程，往往又是放热或吸热的过程，为了保持一定的反应温度，常常需要装设一些附属装置，如加热或冷却装置及搅拌装置等。常用的反应锅、聚合釜及合成塔等都属于反应压力容器。

(2) 换热压力容器

换热容器(代号 E)的主要作用是使工作介质在容器内进行热交换，以达到使生产工艺过程中将某些介质加热或冷却的目的。换热容器的形式很多，就传热方式来分，有蓄热式、直接式和间接式 3 种。在蓄热式换热器内装有热容量较大的填充物，高温介质与低温介质交替从容器内通过，热由高温介质传给器内的填充物，再由填充物传给低温介质。这种换热器效率很低，在压力容器中较为少见。直接式换热器是将两种换热的介质在器内直接接触，热量由高温介质直接传给低温介质，使其中的一种介质被加热，另一种介质被冷却。这种换热器的效率一般较高，但只是用于两种介质不会相互混合或允许相互掺和的场合。如用水蒸气直接加热的某些物料的蒸煮锅及消毒器等；或用水直接冷却某些有压力的气体，如水洗塔及冷却塔等。前者，容器内的压力为水蒸气压力；后者，容器内的压力为气体压力。间接式换热器是指参与换热的两种介质在容器内被分隔开而不能相互接触，热量的交换是通过它们之间的隔离壁(如管壁、板壁)间接进行。这种换热器的形式更多，使用也更为广泛。按它的传热壁的结构，这种换热器可以分为两大类，即管式换热器和板式换热器。管式换热器也有许多种，属于压力容器的，有蛇管(回弯管)式、列管式及排管淋洒式等。

(3) 分离压力容器

分离容器(代号 S)的主要作用是将介质通入容器内，通过降低流速、改变流动方向或其他物料吸收、溶解等方法来分离出气体中的混合物，以达到净化气体或提取回收杂质中的有用物料的目的。在分离容器中，主要介质不参与化学反应，压力都是来自器外。这种容器的分类较多，一般是按它们在各个生产工艺过程中的目的，或所用的净化分离的方法来命名。例如，按容器的作用命名，有分离器净化塔及回收塔等；按所用的分离方法命名，有吸收塔、过滤器及洗涤塔等。

(4) 储存压力容器

储存容器(代号 C，其中的球形容器代号 B)主要用以装有足够数量的工作介质，以保持介质压力的稳定，保证生产的持续进行。常用的压缩气体或液化气体贮罐(槽)、计量槽及压力缓冲器等都属于这类容器。由于工作介质在器内一般不发生化学或物理性质的变化，不需要装设供传热或传质用的内部工艺装置(内件)，结构比较简单，一般就只有一个壳体和出入接管以及外部一些必要的附件(如支座、扶梯等)构成。为了提高容器的有效容积比率(有效容积与构造材料之比)，大型储存容器多采用球形。

在实际生产过程中，有一些容器往往具有多种用途。在这种情况下，容器应归属于作为主要用途的一类。如合成氨厂的二氧化碳水洗塔，既有冷却原料气体的作用(换热)，又有从原料气中溶解分离出二氧化碳的功能(分离)，但它的主要功能是后者，所以应该归属于分离容器。

（二） **移动式容器**

移动式容器的主要作用是贮装和运输有压力的气体或液化气体。容器在气体制造厂充装气体，然后运送到使用单位使用。这类容器没有固定的使用地点，一般也没有负责的使用操作人员，使用环境经常更换，管理比较复杂，因而也比较容易发生事故。移动式容器按其容积的大小及结构形式可分为气瓶、槽(罐)车两大类。

1. 气瓶

气瓶是使用得最为普遍的一种移动式容器。它的结构形状有两种，一种是瓶状，容器两端不相对称，分头部和底部。头部缩颈收口装阀，形状如瓶。它的容积较小，一般都在200L以下，常用的为40L左右。另一种是桶状，两端封头一般都相互对称，形状如桶，过去曾称作气桶。其容积稍大，约为200～1000L。

气瓶又按它所盛装气体的类型和特性不同，分为永久(压缩)气体气瓶、液化气体气瓶和溶解气体气瓶3种。

(1) 永久气体气瓶

永久气体气瓶过去称作压缩气体气瓶，一般都是以较高的压力充装气体。目的是为了增加气瓶的单位容积装气量，提高气瓶利用率和运输效率。常用的充装压力为15MPa，也有充装20MPa和30MPa的。所装的永久气体有氧、氢、氮、空气、一氧化碳、甲烷、一氧化氮以及氦、氖、氩等惰性气体。

(2) 液化气体气瓶(临界温度≥－10℃的气体用气瓶)

液化气体气瓶充装时都是以低温液态灌装。但有些液化气体的临界温度较低，装入瓶内后会受到环境温度的影响而全部汽化。而有些液化气体的临界温度较高，瓶内介质始终保持气液两相平衡状态。根据所装液化气体的特性，液化气体气瓶又有低临界温度液化气瓶和高临界温度液化气瓶之分。前一种由于瓶内介质完全汽化，因而它的工作压力决定于气体充装量。而为了提高气瓶单位容积的充装量，一般都用较高的压力来充装，按气瓶公称工作压力系列分为20MPa、15MPa、12.5MPa和8.0MPa 4种，但常用的是15MPa和12.5MPa，所以这类低临界温度液化气体气瓶又称高压液化气体气瓶。高临界温度气瓶因为瓶内保持气液两相平衡，因而它的最高工作压力即为所装气体在最高使用温度下的饱和蒸汽压力。根据我国气温情况，《气瓶安全监察规程》规定，国内使用的气瓶，最高使用温度按60℃考虑。而所有高临界温度的液化气体，在60℃时的饱和蒸汽压力都不超过5.0MPa，所以这类气瓶又称低压液化气体气瓶。低压液化气瓶按气瓶标准化压力系列进行设计，其压力系列为5MPa、3MPa、2MPa、1.6MPa和1MPa。高压液化气瓶充装的气体常见的有二氧化碳、氧化亚氮、乙烷、乙烯、氯化氢、三氟氯甲烷及氟乙烯等；低压液化气瓶所装气体种类较多，最常用的是硫化氢、氨、氯、丙烷、二氟氯甲烷、硫环丙烷、二氯二氟甲烷、液化石油气、丁烷、丁烯、二氯氟甲烷及甲胺等。

(3) 溶解气体气瓶

溶解气体气瓶是专供盛装乙炔的气瓶。由于乙炔气体极不稳定，不能像其他气体那样以压缩状态装入瓶内，而必须把它溶解在溶剂中(常见的是丙酮)。这种气瓶的内部装满了多孔性物质，用以吸收溶剂。充装时将乙炔气体加压灌装入瓶内，乙炔即被溶剂所溶解并储存在瓶中。溶解气体气瓶的最高工作压力一般不超过3MPa。

2. **槽（罐）车**

槽车或称罐车，是指固定安装在流动车架上的一种卧式贮罐。有火车槽车和汽车槽车两种。它的容积较大，常达数十立方米。槽车也是专门运输液化气体用的。由于它的直径很大，一般不宜承受高压，所以只限于用以充装低压液化气体。最常用的是液化石油气槽车、液氨槽车和液氯槽车。

（三）按安全的重要程度分类的压力容器

为了有区别的对待安全要求不同的压力容器的技术管理和监督检查，包括设计图样的备案与审批，容器制造厂条件的审查，日常使用中的定期检验与上报，以及某些技术条件的要求差别，我国《压力容器安全技术监察规程》将其使用范围的压力容器分为三类，即第一类容器、第二类容器和第三类容器。容器的类别是根据其压力高低、介质的危害程度以及在生产中的重要作用划分的，其中的第三类容器最为重要，要求也最为严格。具体划分如下：

1. 下列情况之一的，为第三类压力容器（代号为Ⅲ）

（1）高压容器；

（2）中压容器(仅限毒性程度为极度和高度危害介质)；

（3）中压储存容器(仅限易燃或毒性程度为中度危害介质，且 pV 乘积大于 10MPa · m^3)；

（4）中压反应容器(仅限易燃或毒性程度为中度危害介质，且 pV 乘积大于等于 0.5MPa · m^3)；

（5）低压容器(仅限毒性程度为极度和高度危害介质，且 pV 乘积大于等于 0.2MPa · m^3)；

（6）高压、中压管壳式余热锅炉，包括用途属于压力容器并主要按压力容器标准、规范进行设计和制造的直接受火焰加热的压力容器；

（7）中压搪玻璃压力容器；

（8）使用强度级别较高(指相应标准中抗拉强度规定值下限大于等于 540MPa)的材料制造的压力容器；

（9）移动式压力容器，包括铁路罐车(介质为液化气体、低温液体)、罐式汽车[液化气体运输(半挂)车、低温液体运输(半挂)车、永久气体运输(半挂)车]和罐式集装箱(介质为液化气体、低温液体)等；

（10）球形储罐(容积大于等于 50m^3)；

（11）低温液体储存容器(容积大于 5m^3)。

2. 下列情况之一的，为第二类压力容器（代号为Ⅱ）

（1）中压容器；

（2）低压容器(仅限毒性程度为极度和高度危害介质)；

（3）低压反应容器和低压储存容器(仅限易燃介质或毒性程度为中度危害介质)；

（4）低压管壳式余热锅炉；

（5）低压搪玻璃压力容器。

3. 第一类压力容器（代号为Ⅰ）除列入第三类、第二类的低压容器之外的所有低压容器

易燃介质是指与空气混合的爆炸下限小于 10%，或爆炸上限和下限之差值大于等于 20% 的气体，如一甲胺、乙烷、乙烯、氯甲烷、环氧乙烷、环丙烷、氢、丁烷、三甲胺、丁二烯、丁烯、丙烯及甲烷等。介质的毒性程度可参照 GB 5044《职业性接触毒物危害程度分级》的规定，按其最高容许浓度的大小分为下列 4 级：最高容许浓度 $<0.1\text{mg/m}^3$ 的，为极度危害(Ⅰ级)；容许浓度为 $0.1\sim1.0\text{mg/m}^3$ 的，为高度危害(Ⅱ级)，容许浓度为 $1.0\sim10\text{mg/m}^3$ 的，为中度危害(Ⅲ级)；容许浓度 $\geq10\text{mg/m}^3$ 的，为轻度危害(Ⅳ级)。

压力容器介质毒性程度的分级原则也是按以上的分级规定中的Ⅰ～Ⅳ级划分标准确定。

(1) 毒性程度为Ⅰ、Ⅱ级的介质，如氟、氟酸、氢氰酸、光气、氟化氢、碳酰氟及氯等。

(2) 毒性程度为Ⅲ级的介质，如二氧化硫、氨、一氧化碳、氯乙烯、甲醇、氧化乙烯、硫化乙烯、二硫化碳、乙炔及硫化氢等。

(3) 毒性程度为Ⅳ级的介质，如氢氧化钠、四氟乙烯、丙酮等。

压力容器中的介质为混合物时，应以介质的组分，并按上述毒性程度或易燃介质的划分原则，由设计单位的工艺设计或使用单位的生产技术部门提供介质毒性程度或是否属于易燃介质为依据，无法提供依据时，按毒性危害程度或爆炸危险程度最高的介质确定。

（四） 代号标记法

压力容器的上述分类方法同等重要，在其注册编号的代号组成上缺一不可。压力容器注册编号的前3个代号分别是上述分类法的代号，举例如下。

Ⅱ M S

S——分离容器

M——中压

Ⅱ——第二类

第1个代号表示容器的类别，罗马数字Ⅰ或阿拉伯数字1表示第一类压力容器、Ⅱ或2表示第二类压力容器、Ⅲ或3表示第三类压力容器。第2个代号表示压力容器的压力等级，英文字母L表示低压、M表示中压、H表示高压、U表示超高压。第三个代号表示压力容器的用途，英文字母R表示反应容器、E表示换热容器、S表示分离容器、C表示储存容器、B表示球形容器、LA表示液化气体汽车罐车、LT表示液化气体铁路罐车。

五、 压力容器的基本结构

压力容器的结构一般来说是比较简单的，因为它的主要作用是储存气体或液化气体，或为这些介质的传热、传质或化学反应提供一个密闭的空间。压力容器的主要部件是一个能承受压力的壳体以及其他必要的连接件和密封件。当然，作为一种主要生产工艺设备，除简单的储存容器外，其他用途的容器一般都还需要设置有工艺附件装置。由于用途不同，这些工艺附件装置的形式也很多，且对压力容器的安全一般没有什么大的影响，因此这里不作叙述，而只介绍压力容器的承压部件，包括本体、封头以及其主要附件的结构形式。

（一） 容器本体结构

1. 球形容器

压力容器本体的结构形状虽然很多，但最常用的是球形和圆筒形容器两种。其他特殊形状的，如方形、椭球形及半圆筒形等，一般只在极个别的情况下使用。

球形容器的本体就是一个圆球壳，一般都是焊接结构，旧式的也有铆接的。球形容器的直径一般都比较大，难以整体或半球体压制成形，故大多数都是由许多块按一定尺寸预先压制成形为球面板后再经组焊而成。这些球面板的形状大小虽不完全相同，但板的曲面半径和板厚都是一样的，只有一些特大型的用以储存液化气体的球形贮罐，下部球壳的板厚才比上部的稍大一些。

从壳体受力的情况来看，最适宜的形状是球形。因为在相同的内压力作用下，球形壳体的最大应力仅为相同直径圆筒形壳体应力的1/2。如果容器的直径、制造材料和设计压力相同，则球形容器所需要的壁厚仅为圆筒形的1/2（不附加厚度）。从壳体的表面积来看，球形壳体的相对表面积（容器表面积与容积的比值）要比圆筒形壳体小10%～30%（视圆筒形容器的直径与高度之比值而定）。相对表面积小，容器单位容积所使用的板材也少，再加上需要的壁厚较薄，因而制造同样容积的容器，球形容器要比圆筒形容器节省材料30%～40%，包括制造壳体的板材以及隔热保温材料。

球形容器也存在一些缺点。首先，它制造比较困难。大型球形容器都需要采用热压或冷压方法预制成球面板，然后才组焊成球壳。球面板的成形和组焊都比圆筒形的卷制和焊接困难得多。其次，球形容器的组装焊接质量一般难以保证，因为大型球罐都必须在使用场地上组焊，否则成品无法运输。现场组焊的焊接环境、焊接方式和条件都比较差，自然要影响到焊接质量。近年来国内各地先后对在役的球形容器进行了普查复验，发现大部分都存在程度不同的组焊质量问题。再有，如果将其作为反应传质或传热用压力容器，球体既不便于在内部安放工艺过程所必须的附件装置，也不利于内部相互作用介质的流动。

由于球形容器存在上述特点，因而它仅广泛用作储存容器。目前国外大型液化气体贮罐很多都采用球形。这是因为它的表面积小，不但可以节省钢材，作为需要与周围环境隔热，避免器内液态介质受其影响而温度升高造成饱和蒸汽压力增大的液化气体贮罐，且还可节省隔热保温材料或减少热量的传递。有些用蒸汽直接加热物料的容器，为了减少热量的损失，有时也采用球形容器，如造纸工业中用于蒸煮纸浆的“蒸球”等。我国近年来球形贮罐的使用也逐渐普遍。

2. **圆筒形容器**

圆筒形容器是使用得最为普遍的一种压力容器。虽然从受力情况来看，圆筒体不如球体，但它比其他形状（如方形等）要好得多。圆筒体是一个平滑的曲面，应力分布比较均匀，不会由于形状突变而引起较大的附加应力。圆筒形容器比球形容器易于制造，又便于在内部装设工艺附件装置和便于相互作用的两种工作介质在内部相对流动，因而被广泛用作反应、换热和分离容器。圆筒形容器由一个圆筒体及两端的封头（端盖）组成，常用的低压圆筒形容器的结构比较简单，但封头的形式较多，现分述如下：

（1）圆筒体

薄壁圆筒体除了直径较小者可以采用无缝钢管外，一般都是焊接结构（目前在使用中的旧容器有少数是铆接结构），即用钢板卷圆后进行焊接而成。直径小的焊接筒体只有一条纵焊缝；直径大的可以有多条纵缝。同样，环焊缝在长度小的筒体中只有两条，长度大的则有多条。由于圆筒体的环向（周向）应力比轴向应力大一倍，所以制造筒体时一般都应尽量使受环向应力作用的纵焊缝减至最少。

圆筒体的直径一般按压力容器零部件标准系列选定。焊接筒体和用无缝钢管制造筒体的公称直径系列分别见表1－1和表1－2。

表1－1　焊接圆筒形容器公称直径系列　　mm

300	(350)	400	(450)	500	(550)	600	(650)	700	800
900	1000	(1100)	1200	(1300)	1400	(1500)	1600	(1700)	1800
(1900)	2000	2100	2200	(2300)	2400	2600	2800	3000	3200
3400	3600	3800	4000						

注：表中带括号的公称直径应尽量不采用。

表 1-2 无缝钢管制圆筒形容器公称直径系列 mm

容器公称直径	159	219	273	325	377	426
无缝钢管公称直径	150	200	250	300	350	400

从节省容器制造材料的观点来看，圆筒形的长度与直径之比似乎选用大一些较为合适。因为同样容积的容器，长度与直径之比越大，用料越省。但并不是所有的容器都适宜于选用较大的长径比。例如需要限制介质在其内的流速时，长径比就不宜过大。而且小而长的薄壁容器，制造比较困难，安装和使用都不方便。圆筒体的长度与直径之比一般都是根据容器的工艺用途和制造方法来确定。

夹套容器(属板式换热器的一种)的筒体由两个大小不同的内、外圆筒组成，两圆筒用环形板焊接相连，中间形成一夹层空间，用以通入水蒸气或其他流体，使其与内筒中的介质进行热交换。这种夹套形容器，外圆筒与一般承受内压的容器一样，而内圆筒则是一个承受外压的圆筒形壳体。所以说，在压力容器的压力界限范围内(以 0.1MPa 的表压力为压力下限)，虽然没有单纯承受外压的压力容器，但压力容器中确有承受外压的部件，例如受外压的圆筒体，受外压的凸形封头等。

(2) 封头

中压容器的封头或端盖(这两名称应该有所区别，凡是与筒体焊接连接而不可拆的，称为封头；与筒体以法兰等连接而可拆的，称为端盖)按其形状可以分为三类，即凸形封头、锥形封头和平板封头。其中平板封头在压力容器中除用作人孔及手孔的盖板以外，一般是很少采用的。凸形封头则是压力容器中广泛采用的封头结构形式，锥形封头一般也只适用于某些用途的容器。

凸形封头有半球形封头、蝶形封头、椭圆形封头和球冠形封头 4 种。

① 半球形封头　实际上就是一个半球体，由于它的深度(高度)太大，与它的半径相等，整体压制成形较为困难；直径较大的半球形封头一般都是由几块大小相同的梯形球面板和顶部中心的一块圆形球面板(球冠)组焊而成。中心圆球面板的作用是把梯形球面板之间的焊缝间隔开一定的距离。从节省金属材料的观点来看，半球形封头是最好的一种形式。因为在相同的条件(直径和承受内压都相同)下，它所需的承压壁厚比其他形状的封头都小，且在封头容积都相同时，它的表面积也最小。但是由于它的深度太大，加工制造比较困难，且为了便于与圆筒体的焊接，避免在焊缝处出现结构的不连续(厚度突然改变)，因而在实用中常取半球形封头的壁厚与圆筒体相同。这样，半球形封头的优越性就得不到利用。因此除了压力较高、直径较大的贮罐或其他特殊需要者外，一般中压容器较少采用。

② 蝶形封头　又称带折边的球形封头。它通常由几何形状不同的三个部分组成。中央是半径为 R_C 的球面体，与圆筒连接的部分是高度为 h_0 的圆筒体(俗称直边)，球面体与圆筒体由曲率半径为 r 的过渡圆弧(即折边)所连接。这过渡圆弧部分的作用是使球面体与圆筒体平缓过渡，以减少连接处由于形状突变而产生的局部应力。从蝶形封头的几何图形可看出，它的深度 h 与过渡圆弧的曲率半径 r 及球面体的半径 R_C 的大小有关。过渡圆弧曲率半径越小，球面半径 R_C 越大，则封头深度 h 越小。当过渡圆弧曲率半径 r 小到为零时，蝶形封头就成为无折边的球形封头；当球面半径 R_C 大到无穷大时，它就成为平板封头。反之，过渡圆弧部分的曲率半径 r 越大和球面半径 R_C 越小，则封头的高度就越大。而当过渡圆弧曲率半径 r 大到与球面半径 R_C 相等时，蝶形封头就成了半球形封头。蝶形封头的高度越小，

加工制造也越容易。但高度越小，则过渡圆弧部分与球面部分的连接处形状突变也越严重，由此而产生的附加应力也越大，封头所需的壁厚也越大。要使蝶形封头的高度和壁厚都比较适中，就得合理选用它的过渡圆弧半径 r 与球面半径 R_C 之比值。常用的蝶形封头，球面半径 R_C 与筒体内直径 D_1 相等，r/R_C 之值为 0.1 ~0.15。另外，r 与 R_C 之比值过小的蝶形封头，承压时还会在过渡圆弧处因环向压缩应力超过材料的强度而出现局部塌陷(径向条状深沟)，甚至破裂，致使容器失效。

③ 椭圆形封头　通常由半个椭球体和一截圆筒体组成。半椭球体的纵剖面是半条椭圆形曲线，它的曲率是连续缓慢变化的，没有形状突变处，封头的应力分布也比较均匀。椭圆形封头的最大应力值与椭圆长短轴之比值(实际上就是封头半径与封头曲面高度之比)有关。封头的相对高度(曲面高度与半径之比)越小，加工成形虽然比较容易，但因它的应力较大，承压所需壁厚也越大。我国规定压力容器椭圆封头长短轴之比为 $D_1/2h=2$，亦即标准椭圆形封头的曲面部分高度为其直径的1/4。这样，封头和与它相连接的圆筒可以采用相同的材料和相等的壁厚，组焊比较方便。椭圆形封头的加工成形要比相同相对高度的蝶形封头的制造稍难一些，而模压又需要一套模具。但它的受力情况要比蝶形封头好得多。目前国内外使用的中低压容器，大部分都是椭圆形封头。

④ 球冠形封头　仅是一个曲率半径较大而高度很小的球面体(球冠)。这种封头实际上就是为了减小封头的高度而将半球形或蝶形封头的一部分除掉，只留下顶部的球面体部分。为了保证连接处的焊接质量，封头的厚度常取与圆筒体的壁厚相近，封头的球面半径一般不大于圆筒体的直径。这种封头(球面)在与圆筒体连接处，两个壳体无公切线，曲率半径突然急剧改变，因而在连接处附近存在很高的附加弯曲应力，会严重影响容器的疲劳强度与抗脆断能力。只是因为它的结构简单，成形容易，因而成本也较低，所以才被限用于一些直径较小、压力也较低而且不承受反复载荷的压力容器上。

锥形封头主要是一段圆锥形壳体。有的直接与圆筒体焊接连接，成为无折边锥形封头。如果锥形体还带有过渡圆弧部分(即折边)，则称为带折边锥形封头。无折边锥形封头是圆锥体与圆筒体直接连接，壳体形状突然改变，结构严重不连续，因而在连接处附近产生较大的附加弯曲应力，在压力容器中用得较少。只是一些压力较低、直径也较小的容器有时才采用锥体半顶角不大于30°的无折边锥形封头，但也采用局部加强结构。这种加强结构的形式很多，可以在锥体与圆筒体连接处附近焊接加强圈，也可以在连接处附近加大圆筒体与锥体的壁厚。带折边锥形封头，由于有过渡圆弧部分(折边)，锥体与筒体连接过渡比较缓和，受力情况稍为好些。承受内压的锥形壳体，半顶角越大，产生的应力也越高，所需的壁厚也较大，而带折边的厚锥体的加工又比较困难，所以除非特殊需要，带折边的锥形封头，半顶角也不能大于45°。标准的带折边锥形封头的半顶角有30°和45°两种，过渡圆弧部分的曲率半径 r 与直径 D_i 之比值为0.15。就强度而论，锥形封头比半球形、椭圆形和蝶形封头都要差。它之所以得到应用，一方面是因为制造容易。厚度不大而直径又不很小的锥体，只要用普通的卷板机加上简单的辅助装置即可卷轧成形。另一方面，更主要的是使用工艺过程的需要。例如，当容器内的工作介质含有颗粒状或粉末状的物料，或者是黏稠的液体时，为了便于汇集并卸出物料，容器的底部就得用锥形封头。有时为了使气体在容器内均匀分布或者要改变流体的流速，也需采用锥形封头。

平板封头与其他封头比较，受力情况最差。在相同的受压条件下，平板封头比其他形式的封头厚得多。因此，平板角焊封头一般不宜用于压力容器。需要采用时，应有足够的厚度，并采用全焊透的焊接结构。

（二） 容器主要附件

1. 法兰连接结构

在压力容器中，除了简单的盛装容器可以是球体或由一个圆筒体和两个封头焊接连接成为一个不可拆卸的整体外，其他用途的容器，如反应容器、换热容器及分离容器等，由于生产工艺的需要和安装检验的方便，大都采用部分可拆连接结构。压力容器的可拆连接结构一般是法兰连接。

（1）法兰类型及其与筒体的连接

常见的法兰类型有平焊法兰、对焊法兰、松套法兰和螺纹法兰等。

① 平焊法兰套装在筒体的外面，通过填角焊接，使法兰与圆筒体固定成为一个不可拆的整体。这种方法易于制造，但刚性较差。法兰受力常会发生变形并导致容器筒体的弯曲，一方面使筒壁产生附加的弯曲应力，另一方面造成密封上的困难。所以这种法兰只在低压容器中得到广泛应用。

② 对焊法兰又称长颈法兰，它由颈圈与筒体对焊连接。这种法兰因为带有一段根部较厚的颈圈，所以刚性较好，不易变形，有利于容器的紧固密封，且法兰与筒体是对接焊接，强度比平焊法兰的填角焊要好。但它制造比较困难，因而一般用于中压容器上。

③ 松套法兰是套在筒体外面而不与筒壁固定成整体的一种法兰。它与筒体没有刚性的联系，不会使器壁产生附加应力。但它的载荷较重。直径与压力相同的容器，活套法兰所需的厚度要比整体法兰大得多。所以这种法兰一般只用于搪瓷或有色金属制造的低压容器上。因为它可以用与筒体不相同的材料来制造。

④ 螺纹法兰是用螺纹与筒体相连接的一种法兰。它与筒体的连接既不是完全固定的，也不是完全自由的。这种连接结构可以减小法兰对器壁产生的附加应力。但在直径较大的容器壳体上加工螺纹是相当麻烦的，故一般只用于管式容器和高压管道上。此外，属于这一类既非完全固定成一体而又有一定联系的连接形式的法兰还有铆接法兰，常用于钢制容器。

（2）法兰密封面和垫片的形式

法兰连接结构要保证容器在正常压力下保持严密不漏，以防止容器内有压力的气体向外泄漏，影响压力容器的正常运行，就必须装有防漏的垫片，法兰上还要有压紧垫片的密封面。

法兰连接的密封性能与它的密封面形式有很大关系。在低、中压容器中，法兰密封面的形式常用三种：即平面型密封面、凹凸型密封面和榫槽型密封面。

平面型密封面就是一个光滑的平面，为了改善密封性能，经常在压紧面上车制出几条宽约1mm，深约0.5mm的沟圈。这种密封面结构简单，容易加工，但安装时垫片不易装正，而且在紧固螺栓时垫片可以向两边挤出，所以密封性能较差，一般用于无毒介质的低压容器上。

凹凸型密封面是一个带凹面和另一个带凸面的一对密封面。这种密封面安装时把垫片放在凹面上，因此垫片容易装正，而且紧固螺栓时也不会向外挤出，密封性能比平面型为好。但加工比较困难，一般多用于中压容器。

榫槽型密封面是一个带突出的榫头和另一个带凹进去的榫槽的一对密封面。因为垫片被固定安放在榫槽内，不可能向两边挤出，所以密封性能较好，且可用较窄的垫片，减轻了压紧垫片所需的螺栓力，螺栓尺寸减小。但结构复杂，加工就更为困难。更换垫片时要从榫槽中取出旧垫片，比较费时。密封面上的榫头也容易被破坏。这种密封面一般只用于易燃或有毒的介质或工作压力较高的中压容器上。由于它在氨生产设备中用得最为普遍，故具有这种密封面的密封又称为氨气密封。

容器法兰连接所用的垫片形式一般有三种，即非金属软垫片、缠绕垫片和金属包垫片。

非金属软垫片是用弹性较好的板材按法兰密封面的直径及宽度剪成一个圆环。它的材料根据容器的工作压力、温度以及介质的腐蚀性来选用。一般无腐蚀性介质、低压、常温（不超过100℃）容器多用橡胶板（经过特殊强硫化的硬橡胶可以用到200℃）。温度较高（对水蒸气小于450℃，对油类小于350℃）的低压容器通常用石棉橡胶板。一般的腐蚀性介质的低压容器常用耐酸石棉板，压力较高时则用聚乙烯板。

缠绕垫片是用石棉带与薄金属带（低碳钢带或合金钢带）一起缠绕数圈制成的一个圆环。因为薄金属带可以作挠曲或弹直的变形，有一定的弹性，且又是多道密封，所以密封性能较好。用于压力或温度波动大，特别是直径较大的低压容器上最为适宜。因为这种垫片直径再大也可以没有接口。

金属包垫片是在薄金属板（一般是白铁皮，介质有腐蚀性的用薄不锈钢板或铝板）内包石棉材料等再经卷制而成的圆环。它也是利用薄金属板的弹性，有较好的密封性能，但制造较为费时。一般只用于直径较大，压力较高的低、中压容器上。

(3) 法兰连接的紧固形式

容器的法兰在通常情况下都是用普通螺栓（或双头螺栓）来紧固的。这种紧固形式结构简单，也安全可靠。但装拆很费时间，因为要卸下容器的端盖，就必须将螺母逐个地从螺栓上拆下来，所以它只适用于一些不经常拆卸的法兰连接。

对于需经常拆卸的容器端盖，法兰连接常用带铰链的螺栓来固定。用这种螺栓紧固的法兰，拆卸时不需要把螺母从螺栓卸下，而只把它拧松，然后带有螺母的螺栓绕着铰链轴从法兰边翻转下来。这种紧固螺栓法兰上的螺孔有缺口。由于螺母不需要完全卸下，这种法兰紧固装置可以节省很多安装和拆卸时间，且拧松了的螺栓和螺母始终和容器在一起，卸开后不易丢失，也不会从高处掉下来伤人。这种紧固螺栓在拧入螺母以后常在它的端部用手锤轻轻捻铆，以防止螺母有时被从螺栓上拧下来。为了方便拆卸，这种螺栓往往不用普通螺母，而用一种带有蝶形或环形状肩部的特殊螺母。带铰链的螺母紧固结构一般只用于压力较低而直径较小的容器法兰连接。在染料和制药等化学工业的容器中用得较多。它的缺点是法兰要做得较厚。有时也会由于螺栓安放不正而使容器在运行中发生螺栓滑脱飞出的意外事故。

在一些端盖需要频繁开闭的压力容器中，常采用所谓“快开式”的法兰紧固结构。这是一种不用螺栓紧固的法兰连接结构。它的形式也比较多。这种可拆连接结构具有一对形状比较特殊的法兰。与容器筒体连接的法兰较厚，中间有一条环形槽，槽外的端部圈环内侧开有若干个齿形缺口。焊在端盖上的法兰较薄，其厚度略小于筒体法兰中间环形槽的宽度，其外径略小于这个槽的内径，在它的圈外侧也开有节距与筒体法兰相同的齿形缺口。装配时把端盖法兰圈有缺口的槽对齐筒体法兰内圈上无缺口的齿，将端盖推入筒体法兰的环槽内，然后转动端盖约一个槽齿的距离，使端盖法兰与筒体法兰的槽对齐，两个法兰即连接完毕。它的密封装置一般是在筒体法兰的端面上加工出一条环形深沟（密封槽），内装入整体的垫片，在密封槽的底部通入蒸气或压缩气体，垫片即被有压力的气体紧压在端盖法兰的密封面上，使容器内介质得到密封。直径较大的端盖，装配时一般都用机械传动减速装置来转动端盖。这种快开式的法兰紧固结构常用在橡胶制品的硫化罐中，因为它装卸工件时常需开启端盖。

在一些立式容器中，也有用一个圈状离合器套在两个法兰外面的，这种法兰连接紧固的结构原理和上述的基本相同。无螺栓紧固的法兰连接结构可以减轻劳动强度，节省装卸时间，密封性能也较好。但使用时应注意安全，开盖前必须将容器内的压力全部排尽。一般应装有连锁装置，开盖前容器内的压力先自行排除。

2. 容器的接管、开孔及其补强结构

压力容器一般都要开孔，因为工作介质要进入容器或从容器中排除都必须有进出连接孔。此外，为了能对容器进行定期的内部检查和清理等，还需要开设手孔或人孔。容器开孔以后，器壁强度将因此受到削弱，因而就需要补强。所以容器的主要附件还应包括有这些接口管、手孔或人孔以及开孔补强结构。

(1) 接管口

压力容器在使用过程中需要与介质输送管道或仪表连接管件等进行连接。接口管就是容器专门用来与外部设备管道连接的一种附件。容器上常用的接口管有三种形式：螺纹短管式、法兰短管式以及平法兰式。

法兰短管式接口是一段焊接有一个管法兰的短管。用法兰与外部管件连接。这种形式的接口管，在容器外面的一段短管要具有一定的长度，以便短管法兰与外部管件连接时能够顺利地穿进螺栓和上紧螺帽，短管的长度一般不小于100mm。外面有保温层的容器的接口管以及靠近容器本体法兰的接口管，短管的长度还要大一些。法兰短管式多用于直径稍大的接口管。

平法兰式接口管是法兰短管式接口管除掉了短管的一种特殊形式。它实际上就是直接焊接在容器开孔上的一个管法兰。不过它的螺孔与一般管法兰不同，是一种带有内螺纹的不穿透孔。这种接口管与容器的连接有贴合式和插入式两种形式。贴合式接口管有一面加工成圆柱状(或球状)，使孔与容器的外壁贴合，并焊接在容器开孔的外壁上，因而容器的孔可以开得小一些。但圆柱形的法兰面加工比较困难。插入式的法兰两面都是平面，它从容器孔插入到器壁内表面进行两面焊接。插入式接口管的优点是它既可以作接口管与外管道连接，又可以对器壁的开孔起补强作用，容器开孔不需另外再补强。缺点是装在法兰螺孔内的螺栓容易受碰折断，而且一旦折断后难以取出。

(2) 手孔或人孔

为了便于内部清理和定期检验以及器内的附件安装拆卸，一般压力容器都开设有人孔或手孔。手孔或人孔有圆形和椭圆形两种，椭圆形孔的优点是器壁上的开孔面积可以小一些。立式容器的椭圆形人孔，一般开在圆筒体上，因为这样可以把椭圆形孔的短径放在容器的轴向上，既可以减小开孔对筒体强度的削弱，也适宜于人的进出(因人孔在水平方向较宽而垂直方向较窄)。卧式容器的人孔开在圆筒体上时一般都是圆形孔，椭圆形人孔只开在蝶形封头上。

手孔和人孔的封闭形式有内闭式和外闭式两种。

内闭式手孔或人孔的孔盖放在孔的里面，用两个螺栓(手孔则为一个螺栓)紧固在孔外支承于孔边的横杆上。这种形式多采用椭圆形孔和带有沟槽的孔盖，因为这样便于放置垫片和安装孔盖，有自紧密封的作用。特别是它可以防止因垫片等的失效而导致器内介质的大量喷出，所以适合于工作介质为高温或有毒气体的容器。

外闭式手孔或人孔的结构一般就是一个带法兰的短管和一个平板型盖或稍加压弯的不折边的球形盖，用螺栓或双头螺栓紧固，盖上还焊有手柄。开启次数较多的人孔，常采用铰接的回转盖。它使用带有铰链的螺栓和带缺口螺孔的法兰，孔盖用销钉与短管铰接。拧松螺母反转螺栓后即可把孔盖绕着销钉翻转下来，装卸都较为方便，更适宜于装在高处的人孔结构。

(3) 开孔补强结构

容器筒体或封头开孔以后，不但减小了器壁的受力面积，且还因为开孔造成结构不连续而引起应力集中，使开孔边缝处的应力大大增加，孔边的最大应力要比器壁上的平均应力大几倍。这对容器的安全运行是很不利的。为了减小孔边的局部应力，就需要对开孔进行补强。

开孔补强当然也可以用增加容器整体壁厚的方法。即把容器筒体或封头的厚度加大到使孔边的局部应力减小到允许的范围之内。这就是整体补强。很明显，这种用增加整体壁厚来降低孔边局部应力的补强方法是不合理的，所以容器的开孔一般都采用局部补强法，即在孔边增设补强结构。

容器开孔的局部补强，也就是另加补强元件补强的结构形式，常用的有 3 种，即补强圈补强、厚壁接管补强及锻件补强。

补强圈是采用较早，也较普遍的一种补强形式。最简单的结构就是在容器外壁的孔边上搭焊一个金属圈。补强圈用与容器相同的材料制成，以全焊透的方法与壳体及接管融合在一起，使它与器壁同时受力，以达到加强的目的。补强圈上常开有一个带螺纹的小孔，以便焊后由此通入压缩空气，对补强圈周边焊缝进行气密试验。另一种结构是将接管伸入容器内侧，还有就是在容器的内外侧同时搭焊一个补强圈，其目的是把补强材料均匀布置在开孔的两侧，以避免由于补强材料“不对称”而产生局部弯矩与应力。实践证明，具有补强材料“对称”配置的结构形式可获得较小的应力集中，这种影响对薄壁容器更为显著。所以从受力的角度来考虑，第 3 种结构要比第一种好得多，但由于受到工艺与结构条件的限制，用得最多的补强圈布置仍是在外表面的结构。

补强圈补强结构简单，制造容易，常用作常温操作而压力又不大波动的低中压容器的开孔补强。但与其他的补强结构比较起来，它又存在许多突出的缺点。由于补强区域不够集中，因而补强效果较差。由于补强圈与壳壁之间不可避免的存在一层静止的空气间隙，影响壳壁的传热，因而容易引起热应力；由于补强元件与壳体接管不是一个整体，因而结构的抗疲劳性能较差。试验证明，用补强圈补强的开孔结构，其疲劳寿命要比未开孔时降低约 30%。此外，用于可焊性稍差的材料制造壳体时，在补强圈与壳体的焊缝处常会产生焊接裂纹。因此，对高温高压容器、用高强度或缺口敏感性强的材料制造的容器以及载荷变动频繁的容器，一般都不采用这种补强结构。

厚壁接管补强就是把与开孔连接的接口管的管壁加厚。接管除了承受管内压力所需的厚度外，还有很大一部分剩余壁厚可以用作孔边的补强。在工艺结构条件许可的情况下，常将厚壁接管插入容器内侧，使补强材料“对称”布置，则补强效果更佳。

厚壁接管补强结构比较简单，焊缝少，焊接质量又容易检查，特别是它的补强材料(接管的加厚部分)都集中在孔边，即局部应力最大的区域内，因而补强效果较好。近年来已被广泛采用。尤其是目前普遍推广使用的普通高强度低合金钢焊接的压力容器，由于缺口敏感性较一般碳钢高，更需采用这种厚壁接管补强结构。

锻件补强结构是在开孔处焊接一整体锻制的补强元件，利用集中在孔边周围的金属，对开孔进行补强。元件的几何形状及各部位的厚度可以根据需要，密集在孔边并加大过渡圆角半径，或使补强材料"对称"布置，提高补强效果。

锻件补强结构较为复杂，补强元件的制造也较为费时费料。但它除了补强材料集中，补强效果较好的特点以外，还由于补强元件与壳体采用对接焊缝，而且焊缝又可以远离应力集中区，因而具有较好的抗疲劳性能。这种补强结构多用于高强度($\sigma_s = 500\text{MPa}$)材料焊制的容器，以及承受低温、高温或反复载荷的容器的大直径开孔补强。

容器上的开孔也不一定都必须另加补强元件来补强，因为制造容器时要按产品规格来选用钢板和钢管，容器壳体和接口管的实际壁厚一般都大于承压计算所需壁厚，且容器的开孔都要离开焊缝，开孔时不需考虑焊缝系数。这样器壁开孔附近的壁厚比不开孔所需的壁厚就有较大的富裕量，器壁上和接管上这剩余的壁厚实际上对开孔起到了补强作用。同时，制造压力容器一般都采用塑性较好的材料，它能够也允许承受不太高的局部应力，所以容器上的开孔直径在一定范围内时，常常不需另行补强。

对不需要装设接管的器壁开孔(如人孔、手孔)，如果壁厚的强度裕量很大，有时也采用扳边补强结构。这种扳边补强结构常用于蝶形封头的球面部分，壁厚常有较大的裕量，再加上一定高度的扳边部分作为补强材料，足以把孔边的局部应力降低到规定的允许范围内，因而可以不需要另加元件进行补强。采用扳边补强时，孔边翻折的高度视开孔直径及壳体壁厚而定。

3. 容器支座

支座是支承容器重量，固定容器位置用的一种容器附件。支座的结构形式主要决定于容器的安装方式、重量和其他动载荷等。一般可以分为3个大类，即：立式容器支座、卧式容器支座和球形容器支座。

(1) 立式容器支座

立式容器支座的形式较多，常用的是耳式支座、支撑式支座和裙式支座。

耳式支座通常由底板和肋板组成。

底板用以与基础连接固定，肋板的作用则是为了增加支座的刚性。肋板的数量一般是2~4个，重量大的容器，支座的个数也可以多一些，但太多的支座难以都保持在一个平面上，往往造成各个支座受力不均匀的现象。耳式支座通常被焊接在容器壳体的中上部，而它的底板则常搁在钢梁上或砖砌的混凝土制的基础上，这样把容器悬挂起来，所以又称为悬挂式支座。

耳式支座结构简单轻便，但在支座与壳体的连接处，器壁常常要承受很大的局部载荷。因此重量较大或器壁较薄的容器，常在支座与器壁之间加一块垫板。不锈钢制容器采用碳钢耳式支座时，为了防止器壁与支座焊接时不锈钢中合金元素损失，降低抗蚀性能，常用不锈钢板作为垫板。

耳式支座广泛用于换热器及反应釜等中小型立式容器中。耳式支座已有规定的标准系列，一般根据容器的尺寸和重量按标准选用。

支撑式支座可以用钢板焊成，也可以用钢管或槽钢等制成。支座被焊在容器的底盖上或筒体的下侧。为了防止器壁在支撑处受过大的载荷，在支撑式支座与器壁之间也常加有一块垫板。

支撑式支座只用于高度不大，重量较轻的中小型立式容器上。

裙式支座用于高大的立式容器，如塔器等。裙式支座是用钢板卷制成的圆筒形座圈和扁钢等制成的基础环等构成的。直径小而高的塔器，为了增加设备的稳定性，减低地脚螺栓和基础环支承面上的应力，座圈则做成上小下大的圆椎形。在高大塔器的裙式支座上，基础环与垫圈之间，常加焊有肋板，以增加支座的刚性。座圈的直径可以比体积器稍大，以便套接在底封头外面。也可以采用与容器相等的外径，用连续焊缝焊接在底封头上。在垫圈上，一般还开设人孔，以便进入内部进行检查和安装零部件等。

裙式支座的基础环直接搁置在混凝土浇制的基础上，为了保证容器能牢固直立，支座常用地脚螺栓固定。装在室外的塔式容器，常要承受较大的风力载荷，在这种情况下，地脚螺栓还起着防止容器倾斜的作用。

(2) 卧式容器支座

卧式容器支座的结构形式主要有鞍式支座、圈座和支撑式支座三种。支撑式支座与立式容器的相似，结构非常简单，但因支承反力集中，壳壁在支撑处会产生过大的局部应力，因此只适用于小型容器。圈座一般用于大直径的薄壁容器、真空操作的容器或支承多于两个的容器。一般大中型压力容器多采用鞍式支座。

鞍式支座由托板、腹板、肋板和底板组成，通常用焊接结构，也有用铸铁的，托板是一块半径与容器相同的弧形板，约有 1/3 的圆柱面，用竖立的腹板支在底板上。为了增加支座的刚性，在托板与底板之间还有 3 块或 5 块肋板。

鞍式支座的底板一般被搁置在混凝土基础上，容器则放置在支座的托板上。每台卧式容器一般都是用两个鞍式支座。如果单纯从力学的角度来看，具有一定几何尺寸和承受一定载荷的梁(搁置在支座上的容器与梁相似)，采用多支座要比双支座好。但对于大型卧式容器来说，如果采用两个以上的支座，则往往会因为容器的制造尺寸偏差(筒体的平直度与不圆度误差)、筒体在不同部位抗拒不变形的刚性差异以及支座或基础的水平偏差(安装的平直误差以及地基的不均匀下沉等)，造成支座反力分布不均，反而使容器局部应力增大。

卧式容器的两个鞍式支座与基础的连接，一般都是一个是固定的，另一个是活动的，这样可以使容器在温度变化或载荷变化时，在轴向能自由伸缩，避免器壁因胀缩受到限制而产生过大的附加应力。一般的活动支座，就是把它的地脚螺栓孔开成椭圆形，这样即可以在容器胀缩时使支座能在基础上相对活动。有些大的重要设备，活动支座也可以采用滚动支承，即在支座底板与基础平面间设置一些滚柱，以减小支座移动式的摩擦力，使它更为灵活。

(3) 球形容器支座

球形容器的支座，常用的有两大类，即裙式支座与柱式支座。

球形容器裙式支座的结构与立式容器的相似，也是由圆筒形的底圈与基础环等组成，只不过底圈的直径要比球壳直径小得多，只支承在含有球心角约为 60°～120°的下部球壳上。裙式支座的优点是高度小，使用材料也较小；且被支承的球形容器因重心底而比较稳定。缺点是由于支座较低，底部接管比较困难，操作维修也不方便。一般只适用于小型球罐。

柱式支座有赤道正切型、V 型、三柱会一型等，其中以赤道正切柱式支座用得较为普遍。

赤道正切式支座的支柱一般用钢管制成，按等距离布置并正切于球体的赤道，其数目可为 6、8、12 根，视球罐的大小而定。支柱之间用拉杆连接，使支座成为一个整体，并保证其稳定性。支柱与球壳的连接处一般不加垫板，因为安放垫板虽然可以增大球壳的刚性，降低器壁在支承处的局部应力，但却增加了垫板与壳体的搭接焊缝。这种搭接焊缝对于低合金高强度钢焊制的球形容器是最为不利的。它容易产生焊接裂纹，也不便于检验。

（三）高压容器本体及其密封结构

在化工生产中，常常需要用提高压力的方法来强化生产，即通过增加反应介质的压力来加快反应速度和提高转化率，以提高设备的生产能力。常见的高压化工过程有氨的合成(10～100MPa)、尿素的合成(12～40MPa)、甲醇的合成(10～100MPa)、石油的加氢裂化(10～21MPa)、乙烯的高压聚合(100～250MPa)等，这些化工过程需要使用大量的高压容器。

高压容器因为工作压力较高，壳壁较厚，容器的外径与内径之比一般都大于1.1，所以它的制造要比中低压容器困难一些。随着化学工业的发展，为了提高单机的生产能力，许多化工设备在逐渐走向“大型化”，高压容器的直径和壁厚越来越大，制造方法也越来越多，这也就使高压容器出现了各种不同的结构。另外，容器的工作压力越高，密封就越为困难。所以高压容器的密封结构也比较复杂，形式也较多。因此在这里把高压容器本体和它的密封结构专门予以介绍。

1. 本体结构形式

高压容器一般都是非盛装用容器，所以除极少数的是球形外，绝大多数都是圆筒形容器。圆筒形高压容器和中、低压容器一样，也是由一个圆筒体和两端封头(或端盖)组成。只是因为壳壁较厚，所以在结构上有一些与中、低压容器不大相同。

(1) 厚壁筒体

厚壁筒体按其壳壁的构成可以分为单层筒体、多层筒体和绕带筒体三类形式。

单层筒体虽然结构比较简单，但与多层筒体比较起来，存在不少缺点，首先由于壳壁是单层的，当筒体金属存在裂纹等缺陷，且缺陷附近的局部应力达到一定程度时，裂纹将沿着整个壳壁继续扩展，最后导致整个壳体破裂。对同样的材料，厚板总不如薄板的抗脆性好，所以单层厚壁筒体脆性破坏的可能性比较大。其次，壳体承受内压时，壳壁上所产生的应力沿壁厚方向的分布是不均匀的。壳壁越厚，在外壁上的应力差别也越大。单层筒体无法改变这种应力分布不均匀的状况，因而不能充分发挥整个壳体材料的作用，也就是材料未能合理使用。由于单层厚壁筒体在结构上存在上述一些缺点，在制造上又有必要具有大型设备，故我国目前生产的高压容器已很少采用这种结构了。现在各国生产和使用的单层厚壁容器筒体主要有三种结构形式，即整体锻造式、锻焊式和厚板焊接式。

整体锻造式厚壁筒体是全锻制结构，没有焊缝。它是用大型钢锭在中间冲孔后套入一根芯轴放在锻造水压机上进行锻压成形，最后再经过切削加工制成的。筒体的端部法兰(有的一端锻压收口成半球形封头)一般都是和圆筒体整体锻出。但也有另外制造法兰用螺纹与圆筒体连接的。

锻焊式厚壁容器是在整体锻造式的基础上发展起来的，它是一种由锻制的筒节和端部法兰组装焊接而成的筒体，所以这种结构只有环焊缝而没有纵焊缝。它常用于直径较大的高压容器。

厚板焊接式厚壁筒体是用大型卷板机将厚钢板冷卷或热卷成圆筒，或用大型水压机将厚钢板完成圆筒瓣，然后用电渣焊接纵缝以制成筒节，再由若干段筒节和锻制的端部法兰组焊而成的。这种结构比整体锻造式要优越一些，因为它的金属消耗量小，生产效率也较高，筒节也可以通过调质处理来提高材料的力学性能。但由于它使用的是厚钢板，材料的综合性能要差一些，且厚板的性能在不同方向的差异也较大。

近年来，国内外还在试制铸锻焊式和电渣焊成形的单层筒体。铸锻式筒体是用钢水浇铸出空心的筒节毛胚，经过锻造、热处理以改善其力学性能并制成筒节，再由若干段筒节和端部法兰组焊而制成厚壁筒体。它的优点是可以大大降低金属消耗量，但制造工序比较复杂。电渣焊成形的厚壁筒体是由一个很短的圆筒(母筒)，再用电渣焊在其上面连续不断地堆焊熔化的金属构成的。筒体的堆焊成形在一种特制的机床上进行，母筒夹紧在卡盘上，熔化的金属在它的上面堆焊成一圈圈的螺圈条，经过冷却凝固即成为一体。直径达到所需的筒体长度为止。堆焊时，焊圈的内外表面同时进行切削加工，以获得所要求的尺寸和表面粗糙度。

多层板筒体的壳壁由数层或数十层紧密贴合的金属板构成。这种壳体结构具有以下一些优点：因为是多层结构，可以通过制造工艺过程在层板间产生预应力，使壳壁上的应力沿壁厚分布比较均匀，壳体材料可以得到较充分的利用，承压所需壁厚得以稍薄；对介质具有腐蚀性的容器，可以采用耐腐蚀的合金钢作为内筒，而用碳钢或其他强度较高的低合金钢作层板，能充分发挥不同材料的长处，节省贵重金属；当壳壁材料中有裂纹等严重缺陷时，缺陷一般不易扩展到其他各层，同时由于使用的是薄板，具有比较好的抗脆裂性能，所以脆性破坏的可能性较小；在制造上，它不需要大型锻压设备。多层板厚壁筒体的缺点是，它那深而窄的环焊缝不易热处理，特别是多层筒节与锻制的端部法兰或封头的连接焊缝，常因两连接件的热传导情况差别较大而产生焊接缺陷，焊缝的无损探伤又比较困难，有时还会因此而发生脆裂。由于多层板厚壁筒体在结构上和制造上具有较多的优点，近年来制造的高压容器，特别是大型高压容器，多采用这种结构，且制造方法也在不断发展。目前这种多层板筒体按其制造工艺过程的不同可分为4种形式，即多层包扎焊接式、多层绕板式、多层卷绕焊式和多层热套式。

(2) 封头

过去制造的高压容器，除整体锻造式利用锻成的筒体在端部加热再进行锻压收口直接锻出凸形封头外，其他高压容器的封头绝大部分都采用平形。其原因一方面是因为压制壁厚较大的凸形封头需要大型水压机，因而受到加工设备的限制，只得用大型锻件加工制造成平形封头。在直径不太大的情况下，平形封头也不比凸形封头增加太多的重量；另一方面，过去制造的高压容器，一般不主张在筒体上开孔，工艺过程中所需的孔都开在封头(端盖)上，采用平形封头，开孔时可以将封头整体加厚而不必另行补强。为了降低圆筒与平封头连接所产生的局部应力，这种平形封头常常采用减小内径或增大外径的结构来加强筒体端部。

但是，随着高压容器的大型化，用大型锻件加工制造的平形封头就显得特别笨重了，因而近年来制造的高压容器，特别是大直径的高压容器，又多采用冲压成形的半球形封头。半球形封头的厚度比同样直径、同样压力的平形封头小得多，可以节省金属，减轻容器重量。我国从美国、日本和法国引进的30万吨合成氨设备中的高压容器大部分都采用了半球形封头。由于半球形封头的壁厚比筒体壁厚小得多，为了减小厚度不相同的封头与筒体在连接处由于几何形状不连续而产生的局部应力，需将较厚的部分在对接处削成一坡度。一般采用以下几种结构形式。

① 半球形封头由两部分组成，中心部分是用厚钢板冲压而成或多块球面板拼焊而成的等厚球缺；与筒体连接部分是一锻制的厚度逐渐减薄的窄球带。

② 封头做成一个等厚的球缺(不足半个球体)，而将筒体与封头连接的端部壁厚削成一坡度，并加工成一圈窄球带、与封头构成半球体。

③ 半球形封头内径与筒体相同，外径较筒体略小，在封头与筒体的环缝焊完后，再在封头外壁堆焊金属，使其连接处平滑过渡。

至于高压容器的端盖(即可拆的连接封头)，目前仍多采用平形，其原因一方面是与容器的密封形式有关；另一方面，厚壁容器的端盖若采用凸形的，需要较宽厚的连接法兰，金属既不能节省，反而大大增加了端盖制造的困难。

2. 密封结构形式

高压密封是高压容器中除容器本体以外的另一个重要组成部分，它的结构是否完善，不但影响整个容器的结构、重量和制造成本，且还关系到容器投产后能否正常运行。

对高压容器密封结构的要求首先是使用可靠，即要求它在升压、降压和正常运行等过程中，在温度或压力波动的情况下能始终保持严密不漏。在这个基础上再要求它结构简单、使用材料少、占用容器的反应空间少以及制造方便、易于安装和拆卸等。

近年来各国对高压密封结构作了许多研究工作，取得了一些新成果。由于企业之间互搞技术垄断，所以高压密封的结构形式也越来越多。目前，各国的高压容器所采用的密封结构，按照它的作用原理可以分为强制式密封和自紧式密封两大类型。

(1) 强制式密封

强制式密封是通过紧固端盖与筒体法兰的连接螺栓等强制方式将密封面压紧来达到密封的，这种高压密封主要有以下几种形式：

① 单锥面密封：它具有一个中间凸起成锥体的端盖和端部内表面为锥体的筒体法兰，利用端盖和筒体法兰的连接螺栓将这两个锥体压紧来达到密封。它的密封方法又分为无垫片和有垫片两种。对无垫片的单锥面密封，筒体内锥面的锥角大于端盖的锥角(例如筒体内锥角为20°，端盖锥角为16°)。两个锥面体形成线接触。由于接触面是一圈很窄的线，单位面积上的压紧力比较大，所以不需要垫片也能达到密封。有垫片的单锥面密封，筒体内锥面与端盖椎体具有相同的锥角(一般为30°)，在两锥面之间有一层很薄的软金属(铝或紫铜)垫片，利用垫片受压变形来填满两锥面间的微小凸凹不平处以达到密封。单锥密封结构简单紧凑，如果密封面具有比较高的表面粗糙度(无垫片的密封面要经过仔细研磨)，可以用于工作压力高达30MPa的高压容器上。但由于它需要很大的紧固力，所以连接螺栓及端盖的尺寸都比较大，再加上它的密封性能受温度波动的影响较为显著，且拆卸有相当困难(因端盖与筒体常常发生咬合现象)，因此目前也较少采用。

② 平垫圈密封：结构与一般法兰密封相同，由于工作压力较高，密封面一般都采用凸凹型或榫槽型。这种平垫圈密封结构虽然结构也比较简单，但它与单锥面密封一样，也需要有较大的螺栓紧固力，因而连接螺栓和端盖的尺寸都较大。为了减轻端盖与筒体法兰连接螺栓的载荷，有些高压容器采用带压紧环的平垫圈密封。这种密封是在平垫圈的上面装有一个压紧环和若干压紧螺栓，垫圈下面是托板，它与筒体法兰内圈凹下去部分构成一个放置垫圈的沟槽。容器的密封是通过压紧螺栓施力于压紧环以压紧平垫圈来达到的。当容器在正常工作时，在压力的作用下主螺栓和端盖将产生位移和变形，但托板也同时向上移动。因而在托板平垫圈的密封面上的密封力没有多大的变化，而在平垫圈与筒体法兰的密封面上的密封力将会因端盖的变形而减弱。为了避免由于这种原因而可能产生的不压紧性，压紧环的中心应比平垫圈的中心稍为靠外一些，亦即压紧环的中心圆直径比平垫圈的中心圆直径略大，以增加对平垫圈外侧的压力。这种密封比一般的平垫圈密封虽然在结构上稍为复杂一些，但它的端盖与筒体法兰的连接螺栓不承受垫圈的压紧负荷，且垫圈也较易于预紧。

③ 八角形(或椭圆形)截面垫圈密封结构：它的垫圈横断面呈八角形(或椭圆形)，用软钢锻制，直径较大时亦有焊制的。端盖和筒体法兰的密封面都开有梯形沟槽，沟槽的锥角与垫圈的锥角相同。垫圈的上部与下部分别嵌入端盖与筒体法兰的梯形沟槽中，用连接螺栓紧

固，使沟槽的斜面与垫圈的斜面(椭圆形截面垫圈则为弧面)紧密贴合，以达到密封。这种密封比较可靠，结构也比较紧凑，但由于垫圈需要有较大的宽度(垫圈宽度太小易被压坏)，因此连接螺栓、端盖和筒体法兰等尺寸都较大，一般宜用于直径不太大(不超过1m)而压力又不太高(不超过40MPa)的高压容器。

④ 卡扎里密封：其具有一个横截面呈三角形(实际上是底边很短的直角梯形)的软金属垫圈。他的密封也是通过压紧螺栓压紧密封垫圈上的压紧环，再由压紧环压紧密封垫圈来达到的。卡扎里密封的筒体与端盖是用螺纹连接的，所以它没有连接螺栓。按端盖与筒体的连接形式，它又有外螺纹和内螺纹连接两种。

外螺纹连接卡扎里密封。旋紧压紧螺栓可以使压紧环对垫圈的斜面(和垫圈中心轴线成45°)，这力的垂直向下分力使垫圈紧压筒体的端部密封面；它的水平向分力使垫圈紧压端盖的侧部密封面，因而达到较好的密封。端盖与筒体是用一个带锯齿形内螺纹和筒体的内螺纹啮合。筒体上端的内表面沿圆周均匀分布开有六条凹槽，每条凹槽与相邻的凸起部分具有相等的宽度(均等于30°圆弧)。上端是间断的内螺纹，而与下段的螺纹方向是相反的(如套筒下端是左旋螺纹，而上端是右旋螺纹)。由于上端的螺纹是间断的，所以套筒上端的长度约比下端大一倍。在端盖的侧圆柱面也有与套筒上端相似的凹槽与间断螺纹。安装时，先将套筒与筒体连接，然后将端盖的凹凸部分与套筒错开对准放入套筒内，再把套筒旋转约30°，遂将端盖与筒体连接上。为了防止旋紧套筒时端盖也跟着转动，在压紧环与筒体、压紧环与端盖的接触面分别装有周向的和径向的定位销钉，使三者位置固定。这种密封省去端盖与筒体连接的螺栓，垫圈的面积也可以较小。由于端盖可以沿垫圈侧面作微量的自由伸缩，因之更适合用于温度反复波动的容器密封。它的缺点是结构比较复杂，密封零件多且精度要求也高，加工比较困难。卡扎里密封有比较长时间的使用经验，实际使用证明，它在压力80MPa、温度300℃的条件下使用是令人满意的。

内螺纹连接卡扎里密封结构，它的作用原理与外螺纹的基本相同。它的端盖与筒体不用套筒螺纹连接，而是将带有外螺纹的端盖直接旋入带有内螺纹的筒体内。三角形截面的密封垫圈置于端盖与筒体连接交界处，通过装在筒体端面上的压紧螺栓压紧垫圈上的压紧环，使垫圈内侧面及底平面分别与端盖侧面及筒体断面紧密贴合以达到密封。内螺纹连接卡扎里密封比外螺纹连接较为简单，它省去了一个较难加工的螺纹套筒。但它的端盖较厚，装卸也不甚方便，对于小型高压容器较为适宜。

还有一种带有连接螺栓的卡扎里密封。它把外螺纹连接的卡扎里密封改为螺栓连接，其他密封元件(如密封垫圈、压紧环与压紧螺栓)与卡扎里密封相同。它的优点是不需要使用带有内螺纹的长套筒，且端盖等的加工也比较容易。但它增加了连接螺栓，且端盖与筒体法兰的尺寸也需增大。

⑤“O”形截面垫圈密封：这种密封结构是用横截面为“O”形的密封圈代替平垫圈。密封垫圈是用不锈钢管弯制成一个圆圈，然后将接头焊合磨平而成的。垫圈的表面需要有较高的表面粗糙度，一般都进行表面电镀或喷涂塑料。因为“O”形截面密封垫圈与端盖及筒体法兰是线接触，所以垫圈压紧力比平垫圈小得多。同时钢管垫圈的弹性较好，因而适应温度及压力的波动。用于高温容器的“O”形垫圈，为了防止它在高温作用下失去金属弹性，常在密封垫圈内充入一定压力(10MPa以下)的惰性气体，这是一种充气式的“O”形密封垫圈。此外还有一种轴向自紧作用的“O”形密封垫圈，将在下面介绍。“O”形截面垫圈密封结构简单紧凑，所需的压紧力小，因而连接螺栓的尺寸也较小。密封性能也较好。但

密封圈的表面粗糙度要求高，加工(特别是对接焊缝的加工)比较困难。一般适用于压力不太高的高压容器。

(2) 自紧式密封

自紧式密封是利用容器介质的压力使密封面产生压紧力来达到密封的。它的密封力随着介质压力增大而增大，因而在较高的压力下也能保持可靠的密封性能。密封结构的自紧作用可以是轴向的，也可以是径向的。其形式都较多，常用的有以下几种。

① 氮气式密封：它具有一个楔形截面，用退火紫铜或软钢制成密封垫圈，它被套在浮动端盖的斜肩上。利用螺栓通过法兰施压力于其下面的垫圈上，使其达到初步密封。当容器加压时，浮动端盖受器内压力作用向上移动紧压垫圈斜面，并产生一个向外的分力，使垫圈紧压筒体法兰内密封面，因而获得可靠的密封。这种密封结构比较简单，使用也比较可靠。但它需要较厚的端盖，拆装(特别是拆卸)也不方便，一般适用于中小型高压容器。

② 伍德密封：密封垫圈也是一个楔形截面的软钢圈，放置在筒体的端部内锥面与浮动端盖的凸形圆肩之间。浮动端盖由吊挂螺栓吊挂在筒体端面放置的支承圈上。密封垫圈的上面是一个压紧环，它是由3块或4块环块组成的，以便于拆卸时能从筒体内取出，所以又称四合环。它与密封圈的接触面是一个斜面，调整拉紧螺栓可以将垫圈预紧。这种密封结构的密封性能较好，且不受压力或温度波动的影响：又因筒体与端盖不用连接螺栓，所以用料较少，重量较轻。但它结构复杂，密封元件较多，且端盖占用了较多的容器反应空间。

③ 双锥面密封结构：它具有双锥面金属密封垫圈且被置于筒体法兰内锥面和端盖沟槽之间。在密封圈与筒体及密封圈与端盖的密封面之间还放置有厚度约1mm的软铝垫片，借上紧连接螺栓将软垫片压至塑性变形，使它填满密封面的凹凸不平处，以保持密封。为了改善密封性能，在密封垫圈的锥面上还加工出两三条深约1mm的环形沟槽。把垫圈套在端盖的中心突台上(它们之间具有一定的间隙)，以防止紧固连接螺栓时垫圈过分向内变形。同时端盖中心突台的侧面(即密封圈套合面)铣有几条较宽的轴向槽，以便于容器内的介质通过这些宽槽作用于垫圈的内表面使它向外扩大，增大密封面间的压紧力，达到径向自紧作用。这种密封结构简单，制造也比较方便。密封性能良好，占用容器的反应空间也少，且具有较大的锥角，所以拆装比较方便。缺点是需要有尺寸较大的端盖和连接螺栓。长期使用经验证明，双锥面密封在压力30～40MPa、温度500℃的适用条件下，密封性能良好。

④ 自紧式八角形截面密封垫圈：密封结构与强制式八角形垫圈密封相同。而自紧作用原理又与双锥面密封相似，它的密封垫圈截面虽也是八角形，但外侧面的直边高度较内侧面为大，即截面是非对称的八角形。密封垫圈的整个高度与它的厚度相比，较强制式八角形垫圈为大，所以刚性较小。当紧固连接螺栓时，垫圈的外侧斜面与沟槽接触达到预紧密封。在容器加压后，密封垫圈向外扩大，斜面上的压紧力增大，从而达到径向自紧作用。

⑤ 三角形截面垫圈密封：密封垫圈截面成等腰三角形，垫圈内侧面是圆柱面(等腰三角形的底边)，外侧是一条棱。垫圈用退火软钢(20号钢或35号钢)制成。近年来，这种垫圈的表面常常又被镀上一层很薄的软金属(紫铜或银等)，以降低筒体和端盖密封槽所要求的加工表面粗糙度。端盖和筒体法兰的密封面上也各开有一条V形密封槽，槽底的直径约小于垫圈内侧面的直径，紧固端盖与筒体法兰的连接螺栓，使三角形截面的密封圈向内收缩，密封圈的上下两端正好嵌入V形槽中，以达到初步预紧。容器加压后，由于密封圈刚性较小，在介质压力的作用下向外弯曲变形，它的内外面由原来的圆柱形变成腰鼓形，而其两侧又紧压在筒体端盖槽外侧的锥面上，密封由线接触转变成面接触。介质的压力越高，密封圈

的径向变形越大，径向自紧作用越强。这种密封结构紧凑，使用可靠，且不受压力及温度波动的影响。缺点是要求较高的精度(主要尺寸公差不大于0.02mm)和表面精糙度，加工比较困难。特别是大直径的密封面，刚性较小，加工精度更难保证。

⑥ 自紧式“O”形截面垫圈密封：管状垫圈的内侧面钻有若干个径向小孔，所以在容器加压后，有压力的介质进入密封垫圈的空心腔内，使它向外胀大，形成轴向自紧。

⑦ “Π”形截面垫圈密封：密封垫圈是一个截面呈“Π”形的金属圈。垫圈的两侧密封面可以制成锥面或圆弧面。有时在表面上电镀一层软金属(如银或镍等)或喷涂一薄层四氟乙烯。这样可以降低对筒体及端盖密封表面粗糙度的要求。筒体的密封面也是锥面，端盖的底部外周也镶合一个密封锥面，端盖与筒体利用分布在其交界面上的若干个抗剪螺栓来连接，适当拧紧这些抗剪螺栓可以使压紧环紧压垫圈以达到预紧。容器加压后，介质压力作用在密封垫圈的环槽上，使它向外膨胀变形，以达到径向自紧密封。它的密封性能良好，工作可靠，结构也比较简单，特别是在配合使用新型抗剪螺栓连接结构时，更能充分发挥其优越性。

(3) 密封连接结构

高压密封除了密封元件具有各种不同的结构形式以外，在密封连接方法上近年来也出现一些新型结构。容器的可拆连接原来多数都是用法兰螺栓连接结构。但又有结构笨重，需用大型锻件及制造安装比较困难等缺点，且容器越大，缺点越突出，难以适应容器大型化的要求。所以最近国外制造的大型高压容器开始采用一些新型的高压密封连接结构，如抗剪连接结构、卡环连接结构等以取代原有的法兰螺栓连接结构。

抗剪连接结构的连接元件承受剪切载荷，具有结构简单、用料节省及装卸方便等特点。这种连接结构除了抗剪螺栓连接以外，还有径向销连接和抗剪环连接等。径向销连接是在筒体和端盖的连接面上加工出几排凹凸相错的环形深槽，使端盖的突环正好对正筒体的凹槽，并沿着凹凸环槽的整个圆周从壁厚方向插入1~2排的径向销钉。当容器加压后，连接筒体与端盖的径向销钉承受径向剪切载荷。抗剪环连接是在筒体和端盖的连接端面上加工出许多凹凸相错的径向深槽，使端盖的突条正好对正筒体的凹槽，并在其侧面的环槽中套入若干个圈环(像活塞环一样)，这个环在容器工作时承受剪切载荷。

(四) 气瓶

1. 结构特点

气瓶是一种专门用来运输气体时的盛装容器，为了适应这种专门用途的需要，所以在结构上具有以下特点。

① 容积较小。气瓶的容积一般都比较小，因为它要经常搬运移动，必须体小轻便。若容积过大，盛装气体太多不但搬运困难，且容易发生事故。气瓶的水容积一般在30~200L之间。容积较大的，用于盛装低压液化气体；较小的用于盛装永久性气体或高压液化气体。因为工作压力越高，所装入的气体也越多，瓶壁也越厚，因而自重也越大。

② 高度适中。气瓶的高度一般都在1.5m左右，即要求它比成人的身高稍微矮一些。过高或过矮的气瓶都不宜于搬运移动，太高的气瓶在直立放置时也不稳固。

③ 具有立放的支座。高压气瓶在充装气体和储存时宜于直立放置，以免产生滚动或互相撞击。为了使它立放稳固又便于搬动，气瓶的底部有的采用凹形封头，有的则在凹形封头的外面装上一个较短的底座圈。

④ 只有一个接口管。气瓶不像其他固定式容器那样至少须有两个接口管分别供作气体

的进出口。因为气瓶的进气(充气)和出气(用气)不是同时进行的，所以只有一个接气管就可以既用作进气口，又用作出气口。它的接口管内径一般是锥形的，且具有内螺纹，以便装设瓶阀。又由于气瓶要经常搬运移动，为了保护瓶阀在频繁的搬动过程中不至于被撞坏，并由此而引起事故，接口管上还要有连接保护瓶阀装置(瓶帽)的结构，如外螺纹等。

2. 各种气瓶的结构

(1) 焊接气瓶

焊接气瓶的本体结构和一般低压容器的结构一样，也是有一个用薄钢板卷焊的圆柱形筒体和两端的封头组焊而成(高度较小的焊接气瓶，如液化石油气钢瓶也可用两节钢板冲压拉伸制成封头后与圆筒连为一体的瓶体组焊而成)。虽然气瓶的底封头宜于用凹形，但因为带折边的凹形封头不便于加工，所以一般是两端都采用凸形封头(多数是半球形，有时也为椭圆形)，而在底封头下面再焊接一个圆形的底座圈。气瓶的顶封头中心插入焊接一个厚壁短管以作为接口管，它的内径具有锥形内螺纹，用以装接瓶阀，外圆柱面加工出外螺纹，用以连接瓶帽。这种焊接气瓶多用作盛装低压液化气体，如液化二氧化硫及氟利昂-22等。

(2) 管制气瓶

管制气瓶是用无缝钢管制成的无缝气瓶。它两端的封头是将钢管加热放在专用机床上通过旋压或挤压等方式收口成形的。由于凹形封头需要的壁厚要比瓶体(钢管)厚得多，且不易于旋压加工，所以这种气瓶两端也都是制成凸形封头。底封头经过加热旋压使管口完全收拢熔合，而且外形平整，在底封头的外面用加热套合的方法装上一个上圆下方的底座圈。顶封头收口时在中央旋压出一个突出的颈柱，用来加工(扩孔、绞制内螺纹)成一个接口管。为了装设瓶帽，在它的外面用捻铆的方法装上一个瓶颈圈。

(3) 冲拔拉伸制气瓶

这种气瓶也是无缝结构，它是用钢锭加热后先冲压出凹形底封头，然后经过拉拔制成敞口的瓶坯，再按照管制气瓶的方法制成顶封头及接口管等。它的凹形底封头具有约两倍于瓶体的厚度。在靠近底封头的瓶体部分，壁厚也逐渐增大。底封头与筒体连接处的内外表面都具有圆角，使其平滑过渡。由于底封头是凹形的，所以这种气瓶没有底座圈。目前国内外制造的高压气瓶绝大多数都是这种结构形式。

近期以来国内外还在制造和使用一种玻璃钢气瓶。这种气瓶是由铝制内筒和内筒外面缠绕一定厚度的无碱玻璃纤维构成的。铝制内筒的作用是保证气瓶的气密性。气瓶的承压强度则依靠内筒外面黏结(用环氧酚醛树脂等作为黏结剂)缠绕成一体的玻璃纤维壳壁。玻璃钢气瓶具有重量轻、绝热性能好和节省金属材料等特点。但它的壳体纤维材料会发生“老化”，所以使用寿命一般不如钢制气瓶，这种气瓶目前在国内还没有大批使用。

第二节　压力容器常用材料

一、钢材基本知识

制造压力容器的材料，除了个别的一些低压容器由于特殊需要可以采用如混凝土、无碱玻璃纤维等非金属材料外，绝大多数容器都用金属材料，而且多是钢材，即碳钢或合金钢。这是因为钢材具有诸多适宜制造压力容器的优越性，例如：

① 具有优良的力学性能，如强度、塑性和韧性等；

② 具有良好的加工工艺性能，容易按所需要的结构形状进行加工制造，如冲压成形、弯卷装配及焊接等；

③ 具有较好的耐蚀性能，碳钢能抵抗大气及一般工业原料的腐蚀，各种合金钢则分别具有对某些腐蚀强的物料的耐蚀能力；

④ 与其他金属材料比较，具有价格低廉、来源广泛等优越条件。

制造材料的品质、特性，特别是其在使用环境下的各种性能，与压力容器能否安全运行有着密切关系，因此本节先简要介绍有关钢材的基本知识。

（一） 钢材的组成与组织

1. 构成钢的主要元素及其作用

钢材的化学元素，按照它的作用可以分为三大类，即基本元素、残留元素和添加元素。简单介绍如下：

（1）基本元素

基本元素是指构成钢材必不可少的化学成分。钢的基本元素是铁和碳。铁是一种金属元素。钢就是以它作为基础，加上其他金属或非金属元素，经过熔炼而获得具有各种性能的合金。碳是构成钢的一种非金属基本元素。常用的碳钢就是含碳量 0.02% ~2.06% 的铁碳合金，含碳量小于 0.02% 的，一般称为纯铁，而含碳量高于 2.06% 的铁碳合金则为铸铁。碳钢中，碳含量的多少，对它的性能影响最大。

（2）残留元素

钢中的残留元素是在它的冶炼过程中残留下来的。残留元素除锰、硅、硫、磷以外，还有微量的氧、氮、氢等。在这些元素中，有的是有利元素，它的存在可以提高钢的品质或改善钢的某些性能，如锰、硅等，因此冶炼时应保证其有一定的含量。有的则是有害元素，如氧、氢、磷、硫等，所以应尽量设法清除或严格限制其含量。个别的一些有害元素，又常常具有某些有利之处，因而在作为某种专门用途的钢中，仍应保留适当的含量。例如碳钢中的硫，具有改善钢材切削加工性能的作用，所以在易切削钢中常有意适当提高其含硫量。

（3）添加元素

添加元素是为了获得或者是改善钢的某种特性而在炼钢过程中有意加入的元素。这些元素的种类很多，常见的有锰、硅、铬、镍、钼、钛、铌、硼等。钢中添加哪些元素和它的含量多少是根据钢在专门用途中所应具备的某些特性而确定的。如在中强度钢中主要加入锰、铝和少量的钒、铌、硼等，而在高强度钢中，则应加入较多的铬、锰、钼或镍等。为了提高钢材的热强性(足够高的持久强度和良好的抗氧化性能)，常在热强钢中加入较多的铬、钼或再加上少量的钨、钒、钛、硼等。钢中加入较多的铬、镍，可以大大增强它在各种侵蚀性较强的介质中的耐蚀性，这就是常用的不锈钢。锰、镍和铬可以改善钢在低温下的韧性，降低它的韧—脆性转变温度或无塑性温度，所以低温容器用钢中，常加入这些元素。

2. 钢的构造及合金元素的存在形式

（1）钢的构造

钢作为一种合金，也与其他合金一样，按其构造的不同，可分为固溶体、化合物及机械混合物三类。

① 固溶体，是指在固态时由相互溶解的两种或两种以上的元素构成的单一均相物。例如钢中的碳原子可以溶解于铁中而形成固溶体。固溶体的力学性能常高于原组成物的性能，碳铁固溶体的强度、硬度等都要比纯铁高。

② 化合物，是指两种或两种以上的元素按一定比例化合而成的一种复合体。它具有与组成元素完全不同的结构与性能。钢中的碳常与铁化合成碳化铁(Fe_3C)。化合物的性能一般是硬而脆的。例如 Fe_3C 的硬度要比铁的硬度和石墨(碳)的硬度高得多。

③ 机械混合物，是由两种或两种以上，且在固态时既不溶解又不化合的组元所形成的紧密混合物。这里的组元既可以是一种纯元素，也可以是固溶体或化合物。在机械混合物中，各组元保持原来的结晶构造的性能。机械混合物的力学性能，如强度、硬度等是各组元按组成比例的平均值。

(2) 合金元素在钢中的存在形式

上面已经谈过，钢中除铁、碳这两种基本元素外，还含有许多其他合金元素，包括金属元素和非金属元素。这些元素在平衡状态(退火或高温回火)的钢中是以什么形式存在的呢?合金元素在钢中的分布状态，主要有以下的三种形式。

① 与钢中的碳化合成碳化物。合金元素中有些是可以形成碳化物的，称为碳化物形成元素，如锰、铬、钼、钨、钒、铌、钛、钽、锆等。其中以钒、铌、钛与碳的结合力量最强，是强碳化物形成元素；铬、钼、钨等次之，称中强碳化物形成元素；锰等则属于弱碳化物形成元素。

② 溶解于铁素体(或奥氏体)中形成固溶体。合金元素中有些是不形成碳化物的，包括镍、硅、铝、钴、铜等，称之为非碳化物形成元素。非碳化物形成元素几乎全部溶解于铁素体(或奥氏体)中，以固溶体的形式存在于钢中。钢中的碳化物形成元素，除了形成碳化物外，也有一部分溶解于铁素体(或奥氏体)中，它们在固溶体或碳化物中分布的比例，则取决于该元素与碳结合力的强弱。弱碳化合物形成元素，如锰，一般在固溶体的数量较多；强碳化合物形成元素，如钒、铌、钛等，则只有很少一部分溶解于铁素体(或奥氏体)中。

③ 与钢中的氮、氧、硫等化合，生成氮化物、氧化物、硫化物和硅酸盐等非金属夹杂物。一般合金元素在钢中都能或多或少形成氧化物、硫化物及硫酸盐等，如 MnO、SiO_2、Al_2O_3、MnS 等。这些都以非金属夹杂物的形式存在于钢中。钒、铌、钛、钼等元素能与钢中的氮形成氮化物，且一般都与其碳化物互溶并存在于钢中。

3. 铁碳合金状态图

工业上应用最广泛的材料是铁碳合金，即碳钢和铸铁。不同成分(含碳量)的铁碳合金在不同温度下的组织和性能是不同的。将各种成分的铁碳合金加热到液体状态后，以极其缓慢的速度冷却，根据冷却时合金的组织转变情况与对照温度绘制成图，即为铁碳合金状态图，又称铁碳合金平衡图。铁碳合金状态图是研究铁碳合金性能及其加工的理论基础，因此在这里简要叙述。

由于制造压力容器的材料大都是碳钢，而绝少用铸铁，因而此处只介绍铁碳合金状态图中最主要的部分，即碳钢的状态图。

(1) 碳钢组织的基本组成

含碳量不同的碳钢，在不同的温度下，形成不同的组织，其基本组织物有下列几种。

① 铁素体(F)，是指碳溶解于 α 铁中所形成的固溶体。纯铁在 910℃以下呈体心立方晶格(称为 α 铁)，碳原子嵌入此体心立方晶格的空隙中即成为铁素体，不过碳在 α 铁中的溶解度极小(在室温下仅为 0.006%)，所以铁素体的组织和性能与纯铁相近，可近似地作为纯铁。

② 奥氏体(A)，是指碳溶解于 γ 铁形成的固溶体(纯铁在 910 ~1390℃时呈面心立方晶

格，称为 γ 铁)。碳在 γ 铁中的溶解度较大，在 723℃时为 0.8%，到 1147℃时溶解度达 2.06%。因为 γ 铁是高温组织，当合金缓慢冷却到温度低于 723℃时，奥氏体就不可能存在。

③ 渗碳体，是指铁和碳形成的化合物 Fe_3C。碳钢中的碳除了极微量溶解于铁素体中以外，绝大部分都与铁形成化合物 Fe_3C。所以含碳量越高的碳钢，渗碳体的量也越多。

④ 珠光体(P)，是指由铁素体和渗碳体所形成的机械混合物。在珠光体中，铁素体与渗碳体呈片状分布，紧密结合。在碳钢中的珠光体，平均含碳量约为 0.8%。

碳钢的含碳量小于 0.8% 时，其组织即为铁素体与珠光体。珠光体的量随着含碳量的增加而增加。当钢的含碳量达到 0.8% 时，其组织即全部是珠光体。

(2) 在不同温度下碳钢的组织

图 1－2 是碳钢的状态图。图中各线的意义分别是：AC 为液相线。各种成分的铁碳合金在温度高于此线时，全部呈液态。冷却到 AC 线时开始结晶析出奥氏体。在 ACFE 区域的范围内的组织为液体加奥氏体。

AE 为固相线。合金在温度降低到 AE 线时，组织中的液体全部结晶成奥氏体。在 AESG 区域的温度范围内的组织为奥氏体。

GS 线又称 A_3 线。含碳量小于 0.8% 的铁碳合金在温度降低到 GS 线时，钢中将发生同素异构转变，面心立方晶格的奥氏体开始向体心立方晶格的铁素体转变，开始析出铁素体。所以在 GSP 区域范围内组织为奥氏体加铁素体。

PSK 线又称为 A_1 线，是一条温度为 723℃的水平线。这是奥氏体和珠光体相互转化的温度。合金在缓慢冷却的条件下，温度降到 723℃时，奥氏体全部变为珠光体。

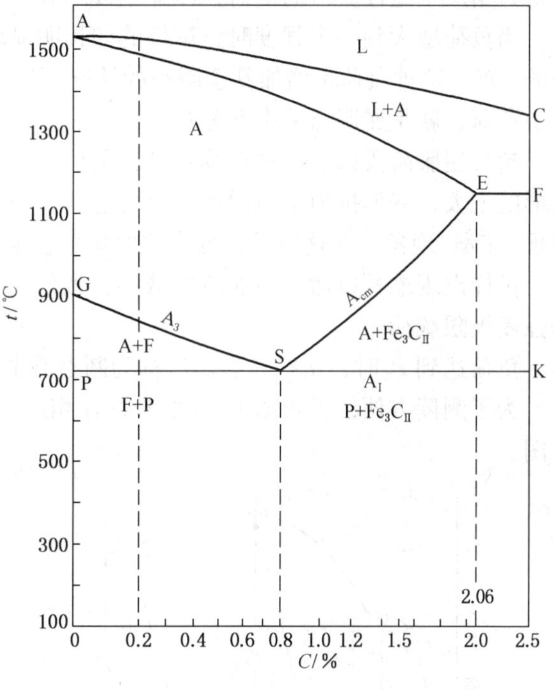

图 1－2　铁碳合金状态图

在室温(包括在 723℃以下)时碳钢的组织与其含碳量有关。含碳量小于 0.8% 的钢(称为亚共析钢)，组织为铁素体加珠光体。其中的珠光量随含碳量的增加而增加，当含碳量达到 0.8% 时，其组织全部是珠光体(称为共析钢)。含碳量大于 0.8% 的钢(称为过共析钢)，室温下的组织除珠光体外，在晶界处有网状渗碳体。含碳量越高，网状渗碳体厚度越大。

(二) 钢材的性能

1. 力学性能

金属材料的力学性能是指它在外力作用下所表现出来的特性。在工业材料中，力学性能是极为重要的。

(1) 金属材料的变形与断裂

钢材与其他金属材料一样，在外力作用下必将发生变形。钢材等金属材料的受力变形过程可以分为3阶段，即弹性变形、塑性变形和断裂。在外力较小的情况下，金属首先发生弹性变形。所谓弹性变性，是指作用的外力卸除后能立刻恢复(或在一定时间内恢复)的变形。当外力超过一定限度以后，材料在继续发生弹性变形的同时，还发生塑性变形。所谓塑性变形，是指作用的外力卸除后仍保留下来的残余变形。若外力继续增大，达到极限值时，材料即发生断裂。

下面以低碳钢的拉伸曲线图来说明它的受力变形过程。

用退火低碳钢按标准尺寸规格作成试样(圆的或扁的)，装夹在拉力试验机上，缓慢加上拉力，直至拉断。把拉力和相应的试样伸长量记录下来，绘出负荷－伸长曲线，即得如图1－3的拉伸曲线图。图的纵坐标表示负荷P(N)，横坐标表示绝对伸长量Δl(mm)。

开始拉伸时，负荷较小，试样的伸长量随负荷成正比例增加，保持成直线关系，一直到P点，此时的负荷P_p，即称为比例极限负荷。

负荷超过P_p后，拉伸曲线开始偏离直线，但试样仍为弹性变形，即卸载后能恢复原状，一直到e点，负荷为P_e。若负荷继续增大，则卸荷后试样会保留一小部分残余变形。所以P_e是开始产生塑性变形的负荷，即弹性极限载荷。实际上，P_p与P_e是十分接近的。

当负荷增大到一定程度时，试样的伸长明显增大，在拉伸图上出现一段平线，如图1－3中的s点。这种负荷不增加甚至减小的情况下试样仍继续伸长的现象叫做屈服。屈服阶段的最小负荷，就是屈服点s的负荷P_s。

超过屈服阶段以后，再继续变形，负荷重新增加，试样出现加工硬化现象，即随着塑性变形的增大，变形抗力不断增加。负荷达到一个最大值P_b后，试样某一截面开始急剧缩小，出现“缩颈”现象，在这以后，变形主要集中在缩颈部位。

试样出现缩颈以后，截面急剧减小，致使负荷下降。所以在拉伸图上的最大负荷P_b就是强度极限载荷。

负荷达到P_k时，试样断裂。P_k称为断裂载荷。

为了测读方便，可将图1－3的坐标作相应改变，使其成为图1－4那样的应力－应变曲线图。

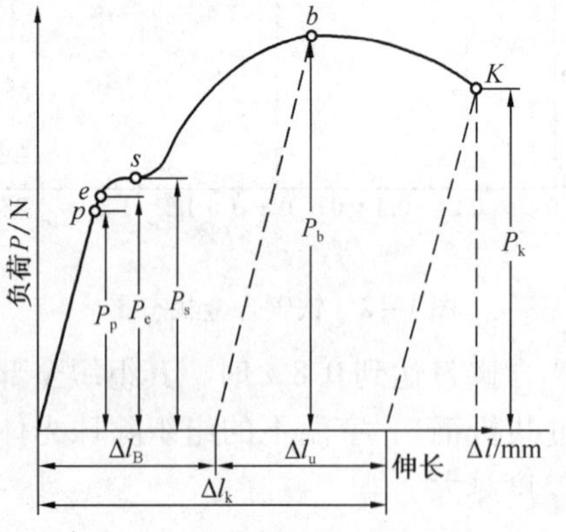

图1－3　低碳钢的拉伸曲线

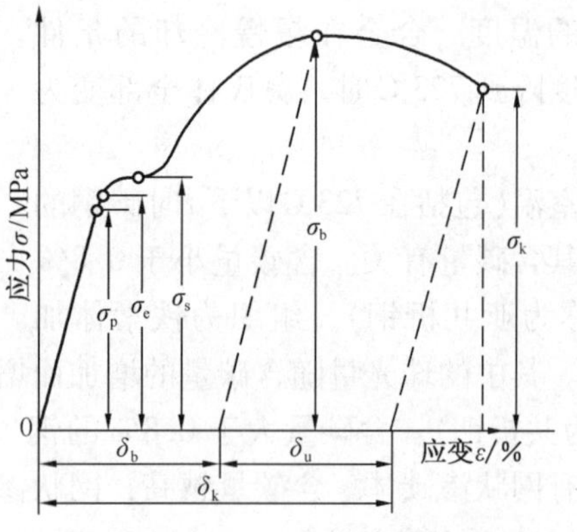

图1－4　低碳钢的应力－应变曲线图

应力，就是构件在外力作用下，单位截面积上所产生的内力。因此，如果用试样的原始截面积F_0来除试样在拉伸过程中各点的负荷(拉力)P，则拉伸图的纵坐标即表示应力σ：

$$\sigma = \frac{P}{F_D}$$

应力 σ 的单位，过去多用 kgf/cm^2时，或 kgf/mm^2，但按照国际单位制，力 P 的单位应为 N(牛顿)，如果面积 F_0的单位用 mm^2，则应力 σ 的单位为 N/mm^2，即 MPa(兆帕)。

应变，是指构件在外力作用下，单位长度上的伸长量，即相对伸长。以试样的计算长度 l_0除绝对长度 Δl，则横坐标即表示为应变 ε：

$$\varepsilon = \Delta l / l_0$$

应力－应变曲线图的形状与拉伸曲线(负荷－伸长量)图相似，只是坐标不同。应力－应变图不受试样尺寸的影响，可以直接读出材料的一些力学性能指标。

(2) 主要力学性能指标

钢材的力学性能主要包括强度、塑性、硬度及冲击韧度等。

① 强度是指金属材料在外力作用下对变形或断裂的抗力。钢的强度指标有比例极限、弹性极限、屈服极限和强度极限等。而其中以屈服极限和强度极限为钢材最常用的强度指标。强度指标的单位过去习惯用 kgf/cm^2，按国际单位制，应用 MPa(兆帕)。

屈服极限包括屈服点和屈服强度。屈服点是试样在拉伸过程中，负荷虽不增加甚至有所降低时，试样还继续发生明显变形的最小拉力，常用 σ_s表示，如图 1－4 所示。屈服点(物理屈服极限)是具有屈服现象的材料所特有的强度指标。但是除经过退火或热轧的低碳钢和中碳钢等少数材料有屈服现象外，大多数金属合金都没有屈服点，因此只好规定在拉伸试验中，试样发生 0.2% 的残余伸长时的应力作为屈服极限(条件屈服极限)，称作屈服强度，以 $\sigma_{0.2}$表示。屈服极限(屈服点 σ_s或 $\sigma_{0.2}$)都是表征金属开始产生明显塑性变形的抗力。屈服极限是评定钢材质量的重要力学指标，是压力容器设计和选材的主要依据。一般的材料手册中都标注有屈服强度或屈服点的数据。

强度极限又称抗拉强度，是试样拉断前最大负荷时的应力。即试样所能承受的最大负荷除以原始截面积，以 σ_b表示。所以

$$\sigma_b = \frac{p_b}{F_0}$$

尽管强度极限并不是试样断裂时的真实应力(因为试样出现缩颈后，缩颈处的截面积急剧减小)，但在工业技术应用上还是很重要的。强度极限的物理意义是表征材料最大均匀变形的抗力，表征材料在拉伸条件下所能担负的最大负荷时的应力值，工程上常称为抗拉强度，它也是钢材主要力学性能指标之一，是压力容器设计和选材的主要依据。各种钢材的强度极限(以下称为抗拉强度)数据从有关材料手册中均可查到。

② 塑性是指金属材料在断裂前发生塑性变形的能力，用金属断裂后的塑性变形大小来表示。在工程上，常用来衡量金属材料塑性高低的指标是伸长率和断面收缩率。二者也都是通过拉伸试验测得的。此外，对压力容器用钢材，还常常要求做冷弯实验来检验材料或焊缝的塑性。

伸长率是指试样拉断后，单位长度伸长的百分数。常用 δ 表示，即

$$\delta = \frac{l_k - l_c}{l_0} \times 100\%$$

式中 l_k——试样断裂后的标距长度；

l_0——试样原始标距长度。

同一种材料在用不同规格的标准试样时，所测得的伸长率是不同的。因此常在伸长率的符号上加注下标，以表示试样规格。如，δ_5、δ_{10}则分别表示试样的标距长度为其直径的 5 倍

或 10 倍时所测得的伸长率。

断面收缩率是指试样拉断后，断裂处单位截面积缩小的百分数。常用 Ψ 表示，即

$$\Psi = \frac{F_0 - F_k}{F_0}$$

式中 F_0——试样的原始截面积；

F_k——断裂后试样的最小截面积。

虽然断面收缩率能较可靠的反应金属材料的塑性，因为它与试样尺寸无关。但在计算时，精确测量试样断裂处的截面积比较困难，因而实际应用上不太普遍。

冷弯(角)也是衡量金属材料或焊缝塑性指标之一。它是通过冷弯试验测定的。金属材料或焊接接头在室温下以一定的内半径进行弯曲，在试样被弯曲到受拉面出现第一条裂缝时所测得的角度，称为冷弯角。冷弯角度越大，试样在出现裂缝前的变形也越大，即材料塑性越好。焊接接头的冷弯试验常是以在一定的弯曲角度下($\alpha = 120°$或 $180°$)是否出现裂缝为标准。

③ 硬度是衡量金属软硬的一个指标。材料的硬度通过硬度试验来测定。硬度试验的方法较多，有压入法、刻划法和回跳法等，且原理也不相同，测得的硬度值和含义也不完全一样。所以硬度值实际上不是一个单纯的物理量，而是表征材料的弹性、塑性、强度和韧性等一系列不同物理量组合的一种综合性能指标。一般地说，硬度是指在金属表面上不大的体积内抵抗变形或破裂的能力。工程上最常用的是静负荷压入法硬度试验即布氏硬度、洛氏硬度和维氏硬度。其所测得的硬度值分别用 HB、HR、HV 表示。金属材料的硬度虽然没有全面而确定的定义，但它与材料的组织和其他力学性能(强度、塑性)有密切关系。且硬度试验简单易行，不必破坏构件，所以在工程上仍有较大的实用价值。如对焊接构件，可以通过测定焊缝及热影响区的硬度来估计它的组织与力学性能。对在用的压力容器，可以在定期检验时测定内壁金属的硬度来判断器壁材料有无组织变化等。

冲击韧度是金属材料抵抗冲击负荷的能力。冲击韧度是用材料制成带缺口的试样，在摆锤冲击试验机上测定的。摆锤冲断试样所消耗的能量(位能)即冲击负荷使试样破断所作的功，称冲击吸收功，常用 A_K 表示，单位应是 J(焦耳)。用试样缺口处截面积 F(单位为 cm^2)去除 A_K，即为冲击值(冲击韧度)，用 α_k 表示，单位是 J/cm^2。用作冲击试验的试样，有几种类型，主要是缺口形状不同，如 U 形缺口，V 形缺口等，现在国家标准规定以夏比 V 形缺口试样作为压力容器用钢板冲击试验的标准试样。同一种材料，用不同类型和尺寸的试样，测得的冲击韧度是不同的，因此采用非标准试样测得的冲击吸收功，需要注明。尽管冲击韧度并不能正确表示材料在冲击负荷作用下所吸收的能量(因为一部分能量消耗于试验机上)，且还随试样尺寸和形状的不同而在很大范围内变动，但它仍有较大的实用意义。除了承受大能量冲击一次(或次数不多)即被破坏的构件(如装甲板)，A_K 值可作为材料的冲击抗力指标外，还由于它对材料的一些缺陷比较敏感，能灵敏地反映出材料品质、宏观缺陷和显微组织的微小变化，因而在生产中可用来检验冶炼、热加工、热处理工艺得到的半成品和成品的质量。由于 A_K 对材料的脆性转化情况十分敏感，低温冲击韧度试验能检验钢的冷脆性。所以工作温度较低的压力容器，对钢材的冲击韧度也有具体要求。

(3) 合金元素对力学性能的影响

影响钢材力学性能的主要因素是它的化学成分和显微组织。制造压力容器承受部件的钢材，大多是在正火或退火状态下。钢材的组织，一般都是铁素体和珠光体。因此，它的力学

性能主要与其中的合金元素及其含量有关。一般来说，钢中的合金元素都起着强化作用，但各种元素的强化方法或途径不同，强化程度也不一样。例如硅、锰、镍等主要起固溶强化作用，即它们与铁素体组成固溶体来提高合金的强度。铬、锰、镍、钼等元素还可以形成具有细片碳化物的珠光体、并增加其数量，以使钢的强度得到提高。钒、钛、铌等则可以在钢中形成极细的碳化物及氮化物颗粒，产生沉淀强化的作用。

各种合金元素对钢材力学性能影响的程度通常采用碳当量来表示，即把各种元素对力学性能的影响与钢中的碳元素的影响进行比较，然后将不同元素的含量折合成相当的碳元素含量。

对抗拉强度在 400 ~ 700MPa 范围内的正火（或退火）状态下的合金钢，其合金元素的碳当量公式可分别按下列公式计算：

① 屈服强度碳当量与估算钢材的屈服强度。屈服强度碳当量公式为：

$$C_s = C + \frac{1}{5}Mn + \frac{1}{7}Si + \frac{1}{7}Cu + \frac{1}{20}Ni + 0 \times Gr + \frac{1}{2}Mo + 1.1V$$

由此可用碳当量来估算钢材的屈服强度，即

$$\sigma_s = (375 \times C_s + 168) \pm 40(MPa)$$

② 抗拉强度碳当量与估算钢材的抗拉强度。抗拉强度的碳当量公式为：

$$C_B = C + Mn + \frac{1}{7}Si + \frac{1}{7}Cu + \frac{1}{20}Ni + \frac{1}{9}Gr + \frac{1}{2}Mo + \frac{1}{2}V$$

由此可用碳当量来估算钢材的抗拉强度，即

$$\sigma_B = (610 \times C_B + 243) \pm 35(MPa)$$

③ 伸长率碳当量与估算钢材的伸长率。伸长率的碳当量公式为：

$$C_\delta = C + \frac{1}{9}Mn + \frac{1}{12}Si + \frac{1}{10}Cu + \frac{1}{20}Ni + \frac{1}{4}Gr + \frac{2}{5}Mo + \frac{4}{5}V$$

由此可用碳当量来估算钢材的伸长率，即

$$\delta = (55.9 - 51.2C_\delta) \pm 4.5\%$$

若各种碳当量都在 0.7 以下时，按上述各公式计算得到的力学性能，一般都比较符合钢材的实际试验数据，碳当量超过 0.7，则差别较大。

钢中的合金元素不但影响其强度，也影响其韧度。具有明显提高钢的冲击韧度的元素是镍和铬。当含硅量超过 1% ~ 1.5% 时，可以使钢的冲击韧度急剧下降。锰只是在低温时对提高钢的冲击韧度效果才比较明显。

2. 制造工艺性能

制造工艺性能是指材料在加工时所具有的特性。制造压力容器，一般都需经过冷卷、冲压、焊接及热处理等工艺过程。因此必须注意钢材的焊接性能与冷加工变形性能。

(1) 焊接性能

焊接性能，即工艺焊性，是指金属材料在规定的焊接条件下，能获得优良焊接接头的能力。通常把金属材料在焊接时形成裂缝的倾向及焊接接头区性能变坏的倾向作为评价材料焊接性能的主要指标。

焊接性能很好的材料，在焊接时不需采用其他附加工艺措施，即可获得没有焊接缺陷，并有良好力学性能的焊接接头。

钢的焊接性能当然与焊接方法、工艺、环境以及构件的复杂程度及刚性等有关，但就钢材本身而言，最主要的是它的化学成分。

在钢材的各种化学元素中，对焊接性能影响最大的是碳元素。故通常把钢中含碳量的多少作为判别钢材焊接性能的主要标志。钢中含碳量越高，焊接性能越差。所以常用的低碳钢就具有良好的焊接性能。

除了碳元素以外，钢中的其他元素，如锰、钼、铬、镍、硅等对它的焊接性能也有影响。但影响的作用程度不同，一般可以将这些元素根据它对钢材焊接性能影响的大小，折合成相当的碳元素含量，并按这焊接碳当量的大小来评定钢材的焊接性能。

关于焊接碳当量的计算方法，各国的标准和规范的规定不甚相同。英国焊接标准所采用的碳当量计算公式是：

$$C_d = C + \frac{1}{6}Mn + \frac{1}{5}(Cr + Mo + V) + \frac{1}{15}(Ni + Cu)$$

我国目前采用较多的计算碳当量的经验公式是：

$$C_d = C + \frac{1}{6}Mn + \frac{1}{24}Si + \frac{1}{5}Cr + \frac{1}{4}Mo + \frac{1}{5}V + \frac{1}{15}Ni + \frac{1}{2}P + \frac{1}{18}Cu$$

式中的元素符号均代表该元素在钢中的百分数含量。上列公式对常用来制造压力容器承压部件的碳钢和普通低合金钢是适合的。

通常把钢材的可焊性分为三个等级，即优良、一般和差。$C_d < 0.40\%$ 者，可焊性优良；$C_d = 0.40\% \sim 0.60\%$ 者，可焊性一般；$C_d > 0.60\%$ 者，焊性差。

许多焊接裂纹试验的结果表明，焊接碳当量和焊接裂纹出现率之间，并没有明显的规律性。所以焊接碳当量（C_d）只能用来粗略地估计合金钢的焊接性能。近年来又提出一个用以估计钢材出现焊接裂纹可能性的指标，成为钢材焊接裂纹敏感性指数，用 P_c 表示，其计算公式为：

$$P_c = C + \frac{1}{30}Si + \frac{1}{20}Mn + \frac{1}{20}Cu + \frac{1}{6}Ni + \frac{1}{20}Gr + \frac{1}{15}Mo + \frac{1}{10}V + 5B + \frac{1}{600}t + \frac{1}{60}H\%$$

式中　t——钢板的厚度，mm；

H——焊缝金属中的氢含量，mL/100g。

焊接裂纹敏感性指数 P_c 除了包含由于碳当量相似的因素外，还考虑了钢板的厚度（即与焊接区域的拘束及冷却速度有关）以及焊缝金属中扩散的氢量。因而在判断焊接裂纹出现的可能性上，较之焊接碳当量的规律性更强，更可靠。

（2）冷加工变形性能

冷加工变形性能是指钢材经过冷加工，产生塑性变形后的硬化程度，表现为强度和硬度的提高，塑性和冲击韧度的下降。

钢材及其构件经常要经过产生较大塑性变形的冷加工，如冷轧钢板、冷拉型材，焊接构件的卷圆、压弯及冷校直等冷作成形，都会因塑性变形而产生加工硬化。这种现象的产生，是因为金属在塑性变形时，一部分晶体沿着滑移面对另一部分晶体产生滑移。在滑移面附近，晶粒被破坏，晶格被扭曲，如果要使它继续滑移变形，就必须增大作用力，这就提高了金属的强度和硬度，产生了加工硬化。

溶解在固体中的合金元素，一般都会提高钢的冷加工硬化程度，使钢承受变形后很快的变硬变脆，这当然对冷加工很不利。所以那些需要经受大量塑性变形加工（如钢板冷卷或冷态深冲压成形）的钢材，应严格限制其中各种残余合金元素的含量，特别是硫、磷的含量。钢中所含的碳、硅、磷、硫、镍、铬、钒、铜等元素还会使钢材的冷态压延性能恶化。

（三）常用钢材的种类及其特性

1. 钢的分类与牌号

(1) 钢的分类

钢的品种很多，又有各式各样的分类方法，如按化学成分分类，按品质分类，按冶炼方法分类，按金相组织分类，按用途分类等等。因此很难列出一个既简明又全面的钢材分类表。按照工程上的习惯，一般是按其化学组成把钢材分为两大类，即碳钢和合金钢。

① 碳钢，是指只包含碳、铁两种基本元素和少量的残留元素，如硅、锰、硫、磷等的铁碳合金，一般没有添加元素。按照钢中含碳量的多少，碳钢又可分为低碳钢(C≤0.25%)、中碳钢(C=0.25%~0.6%)和高碳钢(C>0.6%)。

② 合金钢，是指除碳、铁基本元素和残留元素以外，还含有添加元素的合金。按照钢中合金元素总含量的多少，合金钢也可分为低合金钢(合金元素总含量≤5%)、中合金钢(合金总含量=5%~10%)和高合金钢(合金总含量>10%)。

钢的简单分类如图1－5所示。

(2) 钢材牌号表示方法

按照国家标准的规定，我国钢铁产品牌号的命名，除化学元素按国际化学元素符号表示外，产品用途、冶炼方法和浇注方法均采用汉字牌号和汉语拼音字母牌号并用的原则。

- 钢
  - 碳钢
    - 低碳钢(C≤0.25%)
    - 中碳钢(C=0.25%~0.6%)
    - 高碳钢(C>0.6%)
  - 合金钢
    - 低合金钢(合金含量≤5%)
    - 中合金钢(合金含量=5%~10%)
    - 高合金钢(合金含量>10%)

图1－5　常用钢材分类

钢材的牌号，主要有两种表示方法，一种表示方法是以含碳量加上合金元素名(或元素符号)及其含量为基础。这种牌号多用于合金钢。牌号的前面是数字，表示平均含碳量万分之几(但对于不锈钢、耐热钢、高速钢和磁钢等高合金钢，含碳量一般不标，如遇牌号重复，则含碳量用千分之几表示)，接着是钢中所含合金元素的汉字名称或元素符号(常用合金元素的国际符号见表1－3)及其百分数含量。钢中某合金元素的平均含量少于1.5%者只标明元素，其后面不标含量数字，平均含量为1.50%~2.49%者，在元素名或符号后标为2；平均含量为2.50%~3.49%者，标为3；如此类推，例如钢号"16锰"(16Mn)时，表示它含碳量为0.16%(万分之十六)，含锰量不超过1.5%；钢号"40锰2"(40Mn2)表示平均含碳量为0.40%(万分之四十)，平均含锰量为1.5%~2.49%。钢号"15锰钒"(15MnV)，表示平均含碳量为0.15%，并含有不超过1.5%的锰与钒。在这些牌号中，有时在尾部还加上表示专门钢或优质钢的代号，如钢号"16锰容(16MnR)，表示为成分同"16锰"的容器专用钢；"15锰钒锅"(15MnVg)表示为成分同"15锰钒"的锅炉用钢等。另一种表示方法是由代表屈服强度的的字母、屈服强度数值、质量等级符号、脱氧方法符号等4个部分按顺序组成。例如：Q235AF，表示屈服强度为235MPa的A级沸腾钢。这种牌号主要用于碳素结构钢。

表1－3　钢材牌号中常见元素符号

元素名称	铬	镍	硅	锰	铝	钨	钼	钒	钛	铜
国际化学符号	Cr	Ni	Si	Mn	Al	W	Mo	V	Ti	Cu
元素名称	铁	硼	钴	氮	铌	钽	碳	磷	硫	稀土
国际化学符号	Fe	B	Co	N	Nb	Ta	C	P	S	Xt①

① 稀土元素用汉语拼首字母为其代号。

2. 碳钢

碳钢属于非合金钢范畴。碳钢以铁与碳为两个基本组元，此外还存在少量的其他元素，例如 Mn、Si、S、P、O、N、H 等，这些元素不是为了改善钢的性能而特意加入的，而是由于冶炼过程无法去除，或是由于冶炼工艺需要而加入的，这些元素在碳钢中被称为杂质元素。

碳钢价格低廉而又有良好的工艺性能，在工业设备中已得到广泛应用。碳钢也是制造压力容器的主要材料。

(1) 碳钢中主要元素对其性能的影响

① 碳是碳钢中的主要合金元素。碳含量的多少对碳钢性能的影响最大。含碳量增大，钢的强度及硬度也增高，而塑性和冲击韧度则下降。原因是因为钢中含碳量越高，珠光体和渗碳体越多，铁素体越少之故。不过，当含量超过 0.9% 后，由于钢中出现较厚的渗碳体包围着珠光体晶粒，强度反而有所降低。含碳量增加，钢的焊接性能变差，焊接构件容易产生焊接裂纹。

② 锰是炼钢时因用锰铁脱氧而残留在碳钢中的合金元素。锰具有较强的脱氧能力，可清除钢中的 FeO，且能与钢中的硫形成 MnS，因而能减轻硫在钢中的有害作用，并改善钢的热加工性能。因此，在碳钢中都保留有一定的含锰量。

③ 硅也是炼钢过程中作为脱氧剂而残留下来的元素。硅的脱氧作用比锰更强，能充分消除 FeO 夹杂对钢品质的不良影响。但钢中含硅量高时，会使它的强度及硬度增加，冲击韧性和冷弯角降低。碳钢中的含硅量一般都很少，对钢的性能影响也不大。

④ 硫是在冶炼时由铁矿石和燃料中带来的有害元素。硫在钢中与铁生成硫化铁 FeS，FeS 与 Fe 形成低熔点共晶体，存在于晶界处，使钢材在热轧时易沿着晶粒开裂，即具有热脆性(红脆性)。在焊接时则易形成热裂缝。所以钢中的含硫量必须严格控制，一般是越少越好。但易切削钢除外，因硫具有改善切削加工性能的作用，所以在这种钢中常常有意将其含硫量略为增加。

⑤ 磷也是由矿石带到钢中来的有害元素。磷能溶解于铁素体中，使其晶格严重歪扭，导致钢的强度和硬度增高，室温下的脆性增加，冲击韧度下降，尤其是使低温冲击韧度的降低更为显著，即使钢具有冷脆性。所以钢中的磷含量也必须严格控制。

(2) 碳钢的分类

按含碳量分类，碳钢可分为：低碳钢($C \leqslant 0.25\%$)、中碳钢($C = 0.25\% \sim 0.6\%$)、高碳钢($C > 0.6\%$)。

按钢的质量分类，碳钢可分为：普通碳素钢($S \leqslant 0.050\%$，$P \leqslant 0.045\%$)、优质碳素钢($S \leqslant 0.040\%$，$P \leqslant 0.040\%$)、高级优质碳素钢($S \leqslant 0.030\%$，$P \leqslant 0.035\%$)。

按钢的用途分类，碳钢可分为：碳素结构钢和碳素工具钢。碳素结构钢主要用于制作各种工程结构件的机器零件，一般为低碳钢；碳素工具钢，主要用于制作各种刀具、量具、模具等，一般为高碳钢。

按冶炼时脱氧程度分类，碳钢可分为：沸腾钢、镇静钢和半镇静钢 3 类。沸腾钢，浇注前未作脱氧处理，钢水注入锭模后，钢中的氧与碳反应，产生气泡(尤其是 CO)而引起钢液沸腾，故称沸腾钢成材率高，材料塑性好，但组织不致密，化学成分偏析大，力学性能不均。镇静钢，浇注前作充分脱氧处理，浇注时无 CO 气泡产生，锭模内钢液平静，故称镇静钢。镇静钢均匀致密，强度较高，化学成分偏析小，但成材率低，成本高。半镇静钢，钢液脱氧程度不够充分，浇注时产生轻微沸腾，钢的组织、性能、成材率介于沸腾钢和镇静钢之间。

按冶炼方法和设备分类，碳钢可分为：平炉钢、转炉钢、电炉钢三类。上述每种钢因炉衬材料不同分为酸性和碱性两类。

（3）碳钢的牌号及性能

1）碳素结构钢

国家标准《碳素结构钢》（GB 700—2006）中规定，牌号由代表屈服点的字母、屈服点数值、质量等级符号、脱氧方法四部分按顺序组成。其中以“Q”代表屈服点；屈服点数值共分195MPa、215MPa、235MPa、255MPa 和275MPa 五种；质量等级以硫、磷等杂质含量由多到少，分别为A、B、C、D 符号表示：脱氧方法以F 表示沸腾钢，Z、TZ 表示镇静钢和特殊镇静钢，Z 和TZ 在钢的牌号中予以省略。随着牌号的增大，对钢材屈服强度和抗拉强度的要求增大，对伸长率的要求降低。

例如：Q235 - AF 表示屈服点为235MPa 的A 级沸腾钢。

随着牌号的增大，其含碳量增加，强度提高，塑性和韧性降低，冷弯性能逐渐变差。同一钢号内质量等级越高，钢材的质量越好，如Q235C、Q235D 级优于Q235A、Q235B 级。

钢材的拉伸和冲击试验结果应符合表1 - 4 的规定，弯曲试验结果应符合表1 - 5 的规定。

表1 - 4　碳素结构钢拉伸和冲击试验指标

牌号	等级	屈服强度[a] R_{eH}/（N/mm²），不小于						抗拉强度[b] R_m/（N/mm²）	断后伸长率 A/%，不小于					冲击试验（V 形缺口）	
		厚度（或直径）/mm							厚度（或直径）/mm					温度/℃	冲击吸收功（纵向）/J 不小于
		≤16	>16 ~ 40	>40 ~ 60	>60 ~ 100	>100 ~150	>150 ~200		≤40	>40 ~60	>60 ~100	>100 ~150	>150 ~200		
Q195	—	195	185	—	—	—	—	315 ~430	33	—	—	—	—	—	—
Q215	A	215	205	195	185	175	165	335 ~450	31	30	29	27	26	—	—
	B													+20	27
Q235	A	235	225	215	215	195	185	370 ~500	26	25	24	22	21	—	—
	B													+20	27[c]
	C													0	
	D													-20	
Q275	A	275	265	255	245	225	215	410 ~540	22	21	20	18	17	—	—
	B													+20	27
	C													0	
	D													-20	

注：a Q195 的屈服强度值仅供参考，不作交货条件。

b 厚度大于100mm 的钢材，抗拉强度下限允许降低20N/mm²。宽带钢（包括剪切钢板）抗拉强度上限不作交货条件。

c 厚度小于25mm 的Q235B 级钢材，如供方能保证冲击吸收值合格，经需方同意，可不作检验。

表 1－5　碳素结构钢冷弯试验指标

牌　号	试样方向	冷弯试验 180° $B=2a$ [a]	
		钢材厚度（或直径）[b]/mm	
		≤60	>60～100
		弯心直径 d	
Q195	纵	0	—
	横	$0.5a$	
Q215	纵	$0.5a$	$1.5a$
	横	a	$2a$
Q235	纵	a	$2a$
	横	$1.5a$	$2.5a$
Q275	纵	$1.5a$	$2.5a$
	横	$2a$	$3a$

注：a B 为试样宽度，a 为试样厚度（或直径）。

b 钢材厚度（或直径）大于 100mm 时，弯曲试验由双方协商确定。

2）优质碳素结构钢

优质碳素结构钢的牌号用两位数字表示，这两位数字是钢平均含碳量质量的万分比，例如：08 钢表示平均含碳量 0.08%，20 钢表示平均含碳量 0.20%，优质碳素结构钢按含锰量的不同分为普通含锰量（0.08%～0.8%）和较高含锰量（0.7%～1.2%）两组。对含锰量较高的一组，牌号数字后面应附加“Mn”，以示与普通含锰量的区别，如 15Mn、20Mn 等。如为沸腾钢，则在牌号数字后面加“F”，如 08F、15F 等。

3）专门用途的碳素钢

专门用途的碳素钢应在牌号尾部加代表用途的符号。制做锅炉或压力容器的专用碳素钢应在牌号后尾附加“容器”的汉语拼音字首 R，例如 Q245R、15CrMoR。

4）碳素铸钢

铸钢牌号用“铸钢”的汉语拼音字首 ZG 表示，后面两组数字分别表示该铸钢的 δs 和 δb 值，例如 ZG200－400，ZG270－500 等。

5）碳素工具钢

碳素工具钢编号是在“碳”字的汉语拼音字首“T”之后附加数字表示，数字表示平均含碳量质量的千分比，如 T8、T12，分别表示含碳量 0.8% 和 1.2% 的碳素工具钢。如为高级优质碳素工具钢，则在数字后面加 A，如 T8A、T12A 等。

3. 低合金钢

低合金钢也称低合金高强度钢，属于结构钢类。它是在优质碳素结构钢的基础上，加入少量合金元素（合金元素总含量≤5%）构成。这类钢材的特点是合金元素含量虽较少，但强度（特别是屈服点 σ_s）较高，例如 14MnMoV 钢的屈服点 σ_s 要比含碳量相近的 15 碳钢高一倍以上。

（1）低合金钢中合金元素对其性能的影响

低合金钢中所添加的合金元素常用的有锰、硅、钒、钛、铌、镍、铬、钼、硼和稀土等。我国开发生产的低合金钢，主要添加合金元素是国内资源丰富的元素，如锰、钒、稀土元素等。

硅和锰是低合金钢中最常用的固溶强化元素。硅几乎全部溶于铁素体中，锰大约有 3/4

溶于铁素体中，其余溶入渗碳体中。锰的强化作用稍次于硅。大约每增加1%的锰，可使铁素体的屈服点提高0.33MPa；而增加1%的硅则可提高0.85MPa。但是，通过加入锰或硅使钢的屈服点增加0.1MPa，则会使它的伸长率分别下降0.6%和0.65%。所以在低合金钢中，要控制锰和硅的含量。锰含量和硅含量一般应分别控制在2.2%和0.8%以下。含量较低时，锰对钢的抗氧化性和耐蚀性影响不显著，而硅则可以提高钢的抗氧化性和耐蚀性。

钒与钢中的碳、氮都有很强的亲和力，能在钢中形成极稳定的碳化物和氮化物。并以细小的颗粒呈弥散分布，阻止晶粒长大，提高晶粒粗化温度，从而降低钢的过热敏感性。它还能显著提高钢的常温和高温强度以及韧性。钒还能增强钢的抗氢腐蚀能力。

钛是最强的碳化物形成元素，能提高钢在高温高压氢中的稳定性。钛和碳形成的化合物碳化钛(TiC)极为稳定，因此，钛还可以细化晶粒，提高钢的强度和韧性。

铌与钛相似，也是强碳化物形成元素。如钢中铌的含量大于碳含量的8倍，则几乎可以固定钢中所有的碳，使钢具有良好的抗氧化性能。铌能提高钢的强度和韧性，主要就是因为碳化铌具有稳定、弥散的特点，可以细化晶粒。

铬和镍在低合金钢中的含量一般都不高。国外的一些低合金钢中，铬、镍含量均不超过1%。镍几乎全部溶入铁素体中，不形成碳化物。铬则部分溶于铁素体，部分存在于渗碳体中，可提高渗碳体的稳定性，降低珠光体球化倾向，防止钢的石墨化。铬和镍的主要作用是增大奥氏体的过冷度，从而细化组织，取得强化效果。铬和镍还能增加钢的耐大气腐蚀能力，改善钢的冲击韧度和降低冷脆转变温度。

钼在铁素体中的最大溶解度可达4%。有明显的固溶强化作用。钼又是强的碳化物形成元素。当钼含量较低时，形成含钼的复合渗碳体；含钼量较高时，则形成特殊碳化物，有利于提高钢的高温强度。钼能推迟过冷奥氏体向珠光体的转变，从而对钢的显微组织产生显著影响。钼能防止钢的回火脆性。钼的主要不良影响是钼钢具有石墨化倾向。

硼一般在钢中的含量甚微。微量的硼能提高钢的淬透性，延迟过冷奥氏体的转变。硼还改善钢的高温强度。

氮能溶入铁素体中，起固溶强化作用。氮在钢中不形成碳化物，但能与其他元素形成氮化物，如氮化钛、氮化铝等，具有产生细化晶粒的效果。

稀土元素是我国的富有资源。炼钢时常加入适量的混合稀土元素，其主要成分是镧、铈、镨等。稀土元素能净化晶界上的杂质，提高钢的高温强度，还能改变钢中非金属夹杂物的形态，改善钢的塑性。

(2) 低合金钢板的分类

低合金钢板通常按其屈服点的大小划分为不同的强度等级。如400MPa级、500MPa级、600MPa级等。若按其使用状态下的显微组织来划分，则可以归纳为三种类型，即铁素体-珠光体钢，低碳贝氏体钢和低碳马氏体钢。这三类钢具有不同的强度级别。

铁素体-珠光体钢的屈服点为300~450MPa，钢中的合金元素主要是锰，再辅以其他元素，如钒、铌、氮等。这些元素的存在可以增加钢中珠光体的相对含量，也就增加了钢的强度(钢中珠光体每增加10%，其抗拉强度约提高0.3MPa)。但是，珠光体含量的增加，会使钢的塑性、韧性下降，冷脆转变温度升高。所以增加钢中珠光体的含量并非添加合金元素的目的，而是其后果。属于铁素体-珠光体钢的钢号有16MnR、15MnVR、15MnVNR等。

低碳贝氏体钢的强度级别属500~700MPa级，钢中的合金元素主要是钼和硼，再加入少量的锰、铬、钒等。钼能使过冷奥氏体直接转变为贝氏体，而不发生珠光体转变，从而提高钢的强度。微量硼的加入可以使奥氏体向珠光体转变进一步推迟，并显著增加钢的淬透性。锰可以增大钢的过冷能力，以保证在空冷时能在较低的温度发生贝氏体转变。钒、铬等强碳化物形成元素的作用是细化晶粒。低碳贝氏体钢的发展为高强度、高韧性的低合金钢开辟了途径，解决了铁素体—珠光体钢为提高强度，保持良好韧性必需进行调质处理(淬火加回火)但又受到热处理设备条件限制的难题。因为低碳贝氏体钢可以在热轧后直接冷却或仅经过正火即可获得贝氏体。属于这类钢的常用牌号有14MnMoVB、14CrMnMoVB等。

低碳马氏体钢的屈服点一般都在600MPa以上。这类钢的含碳量较低，使钢中马氏体的组织形态保持板条状而不是片状，以保证钢材的塑性和韧性。这类钢的添加元素主要有锰、钼、铌、硼等。这些合金元素的加入虽然也可能会有利于板条状马氏体的形成，但因为含量不高，不会有大的影响。合金元素的主要作用是增加钢的淬透性和提高钢的回火稳定性。属于这类钢板的牌号主要有18MnMoNb、14MnMoNbB等。

4. 合金钢的分类和命名

为了改善钢的性能，在钢中特意加入了除铁和碳以外的其他元素，这一类钢称为合金钢，通常加入的合金元素有锰、铬、镍、钼、铜、铝、硅、钨、钒、铌、锆、钴、钛、硼、氮等。

按合金元素的加入量分类，合金钢可分为：低合金钢(合金总量不超过5%)、中合金钢(合金总量5%~10%)和高合金钢(合金总量超过10%)。

按用途分类，合金钢可分为：合金结构钢(专用于制造各种工程结构和机器零件的钢种)、合金工具钢(专用于制造各种工具的钢种)和特殊性能合金钢(具有特殊物理，化学性能的钢种，例如耐酸钢、耐热钢、电工钢等)。

此外，按钢的组织分类，合金钢可分为珠光体钢、奥氏体钢、铁素体钢、马氏体钢等；按所含主要合金元素分类，合金钢可分为铬钢、铬镍钢、锰钢、硅锰钢等。

我国合金钢牌号按碳含量，合金元素种类和含量，质量级别和用途来编排。牌号首部用数字表明碳含量，为区别用途，低合金钢、合金结构钢用两位数表示平均含碳量的万分比；高合金钢、不锈耐酸钢、耐热钢用一位数表示平均含碳量的千分比，当平均含碳量小于千分之一时用“0”表示。含碳量小于万分之三时用“00”表示，牌号的第二部分用元素符号表明钢中主要合金元素，含量由其后数字标明，当平均含量小于1.5%时不标数字：平均含量为1.5%~2.49%时，标数字2；平均含量为2.5%~3.49%时，标数字3；……。高级优质合金钢在牌号尾部加A，专门用途的低合金钢、合金结构钢在牌号尾部加代表用途的符号。

例如，16MnR，表明该合金钢平均含碳量0.16%，平均含锰量小于1.5%，是压力容器专用钢；09MnNiDR，表明该合金钢平均含碳量0.09%，锰、镍平均含量均小于1.5%，是低温压力容器专用钢；0Cr18Ni9Ti，表明该合金钢属高合金钢，含碳量小于0.1%，含铬量为17.5%~18.49%，含镍量为8.5%~9.49%，含钛量小于1.5%。

二、压力容器常用材料及其性能

设计制造压力容器时，选用什么样的材料，不仅要从容器的制造方面来考虑，即要求它容易加工成形，在制造加工过程中不易产生缺陷等；而更主要的是要从使用条件方面来考虑，即要求它对使用环境，包括所处理的工作介质、压力、温度和载荷特性等工艺条件，甚至装设地区的地理环境(气温、湿度)，具有必需的适应能力。下面就从这两个方面讨论对选用材料在性能上的要求。

（一）对材料性能的基本要求

1. 对力学性能的要求

金属材料的各项力学性能往往是相互联系又相互矛盾的，因此在选用材料时，要考虑容器的使用条件。首先要满足工艺过程对材料的最主要要求，在此基础上再适当考虑其他方面的要求。

（1）适当的强度

制造压力容器承压部件的材料，应具有较高的强度。就常温（蠕变温度以下）操作的压力容器而言，也就是要求材料具有较高的屈服强度 σ_s 和抗拉强度 σ_s，以防止容器在承受压力时发生塑性变形甚至断裂。材料的强度太低，制成的承压部件无法承压，或则特别笨重。但是强度过高的高强钢，其他性能如塑性、韧性等一般都较差，焊接构件也比较容易产生裂纹等缺陷。而且，某些介质的应力腐蚀，对高强钢也比较敏感。因此，对制造压力容器承压部件的材料，应根据容器的运行条件（压力、温度和介质特性等）、制造工艺以及部件结构等进行综合考虑，选用适当的强度，不能片面地追求高强度。高温下工作时，还要考虑蠕变极限 σ_n 和持久强度 σ_D，设计中许用应力都是根据这些数据决定的。

（2）良好的塑性

用以制造压力容器承压部件的材料，必须具有较好的塑性。这是因为塑性好的材料，可以使部件在局部高应力的部位通过微量的塑性变形，产生新的应力分布状态，缓解该部位所存在的过高的局部应力，避免部件由此产生断裂。在压力容器的承压部件中，由于开孔、接管或其他结构上的不连续，局部区域存在高应力在许多情况下是难以避免的。有些容器还必须具有较大的塑性贮备，以使容器能承受较大的塑性变形而不致破裂爆炸。如盛装低压液化气体的气瓶，往往因充装过量，在温度升高时，会使瓶内液态介质受热膨胀出现“满液”，进而导致压力急剧增大。若气瓶材料具有较好的塑性，使它能产生整体的或局部变形，这样就会使瓶内压力的升高趋势得以缓和，可免致气瓶发生爆炸而造成重大事故。但发生过明显塑性变形的气瓶，可在日常检查或定期检验中被发现而淘汰。对于制造压力容器承压部件的材料，塑性指标一般要求其伸长率的下限值为：碳钢或锰钢不小于16%；合金钢不小于14%。可以间接表示材料塑性的另一个指标是屈强比 v，它是材料屈服强度与抗拉强度的比值，即 $v=\sigma_s/\sigma_b$。此值越小，材料的屈服强度与抗拉强度的差距越大，表示材料的塑性越好。对容器材料的屈强比的控制，目前还没有统一标准。有些国家规定，制造容器的材料，屈强比太高的，应选用较大的安全系数（对屈服强度的安全系数）。而有些国家则规定，容器材料的许用应力必须同时满足对抗拉强度和对屈服强度的安全系数，这也就是以间接控制选用屈强比太高的材料。

（3）较高的韧性

压力容器虽然不是承受大能量冲击而破坏的构件，但运行过程中也可能遇到冲击载荷，如压力和温度的突然急剧升高，容器本体或管道的激烈振动等，都可以使它的应力和变形急剧变化。一般说来，随着变形的增速，材料的塑性和韧性都降低了，但脆性增加。强度高而塑性韧性较差的材料，往往易于在这种条件下突然发生破坏。尤其重要的是，韧性差的材料，一般对缺口脆性都比较敏感，特别是裂纹等缺陷。而在压力容器的承压部件中，无论是原材料，或是在制造过程（如焊接）中都可能存在或产生这样的缺陷。有一些压力容器在使用过程中或水压试验时，在应力远低于材料屈服强度的情况下发生脆性破坏，其原因就是因为构件有缺陷而制造材料的韧性不足。所以对制造压力容器承压部件的材料，要求具有较好的韧性。常温下运行的压力容器，承压部件材料的冲击韧度 α_K 一般都不应小于 $60J/cm^2$（U形缺口冲击试样）。

2. 对工艺性能的要求

材料的制造工艺性能对保证容器的制造质量也是十分重要的。制造工艺性能差的材料，不但难以加工制造，且还容易在制造过程中产生各种缺陷。

就制造压力容器的材料而言，它的制造工艺性能主要应考虑的是冲压性能、焊接性能和热处理性能。

（1）良好的冲压加工性能

压力容器的承压部件，如球体、圆筒体、各种型式的封头等，大都是用钢板滚卷或冲压加工成形的，所以要求材料有良好的冲压加工性能。冲压加工性能是指材料冷塑性变形的能力。冲压性能好的材料应该在冲压加工时容易变形和形状固定，且不会因产生较大的塑性变形而在构件上产生裂纹等缺陷。冲压加工性能与材料的延塑性有关。一般来说，符合上面力学性能所要求的塑性指标的材料，冲压加工性能都可以满足冲压工艺性能的要求。另外，有些部件需要热加工成形，因此要求材料具有较宽的热加工温度范围和较好的高温塑性。

（2）较好的焊接性

压力容器大多是焊接结构，制造材料的焊接性能至关重要。焊接性差的材料，不但会由于焊接加热而降低焊接热影响区材料的韧性和塑性，还会在焊缝内产生各种焊接缺陷，包括裂纹及未焊透等严重缺陷。而对压力容器的承压部件来说，裂纹是最危险而一直被认为是不允许存在的缺陷。关于判定材料焊接性的方法，在前面已作过介绍。但是无论用焊接碳当量或用焊接裂纹敏感性指数，都是一种对比性的鉴别，并不能完全反映材料的实际焊接性。所以在选用一种新材料焊制压力容器时，一般都要经过焊接性试验，常用的方法就是抗裂性试验。

（3）适宜的热处理性能

对焊接压力容器材料的热处理性能，主要是要求容易消除加工过程中产生的残余内应力，且焊后热处理时不会产生裂纹。用一些低合金高强度钢焊制的压力容器，往往在焊后的热处理过程中出现裂纹。这种裂纹发生在热影响区的粗晶粒区域，是一种晶间裂纹，呈分枝状。裂纹扩展到焊缝或母材的细晶粒区即停止。国外曾发生过多起由于这种裂纹而使压力容器在耐压试验时发生脆性破裂的事故。这种焊后热处理裂纹（或称消除应力退火裂纹）的产生，一般认为是由于材料在被加热至热处理温度时，焊接热影响区的延性不足以调节释放应力所必需的应变而引起。只有在化学成分上对焊后热处理裂纹敏感的材料和在热影响区存在较大应力时才会产生。对一些具有这种裂纹敏感性的材料，目前认为还没有可靠的热处理工艺措施来完全防止裂纹的产生。因此最根本的办法是，选材时不选用具有这种敏感性材料来焊接制造压力容器的承压部件。

（二）压力容器常用钢材

在钢制压力容器中以卷焊结构的压力容器占主导地位，即容器壳体是以钢板卷制经焊接而成。对于工作在中、低压力下的容器，这种制造方法最为简易，而且能够保证其质量。

对卷焊结构的压力容器，使用的钢材主要是各种轧材。钢板、钢管和型钢都是轧材。也有少量元件用锻造毛胚加工而成。不论何种类别的钢材，按其用途和钢材的形式都分别要按某一技术标准生产。在选用钢材时，首先要确定钢材形式是钢板、钢管还是其他形式及钢材的钢号，这是很直观的，但是这种钢材遵循哪一项技术标准往往被忽视。一般说来，某一用途的钢材只属于某一项确定的钢材标准，如压力容器用钢板，锅炉用钢板、低温压力容器用钢板等，从钢材钢号就可以直接看出它属哪一类钢材。但也有一些钢号完全相同，却分属于不同的钢材标准。例如压力容器用碳素钢和低合金钢厚钢板就有两种标准，一为 GB 6654，一为 YB(T)40。GB 150—1998《钢制压力容器》标准中所选用的压力容器钢板是按 GB 6654，而 JB 4732《钢制压力容器——分析设计标准》中对同一钢号就是按 YB(T)40 的要求。两项标准在技术要求上，后者更严格一些。又如用 10 号钢轧制的碳素钢无缝钢管，从钢号上仅能说明它是平均含碳量为 0.1% 的优质碳素钢，但作为无缝钢管它可以是按 GB 8163《输送流体用无缝钢管》这一标准生产的，也可以是按 GB 6479《化肥设备用高压无缝钢管》或按 GB 9948《石油裂化用无缝钢管》这一标准生产的。尽管都是 10 号钢，但技术条件和检验要求不同，质量水平也不同，其使用的可靠性也就不同。因此按不同标准生产的 10 号钢无缝钢管，分别适用于不同工作场合，而不可将按此一标准生产的 10 号钢无缝钢管用到另一场合。同样的，在不锈钢钢管、石油裂化用和高压锅炉用等几个无缝钢管标准中均包括有 1Cr19Ni9 这一钢号，虽然钢号在形式上完全相同，显然使用条件各异，在检验项目与技术要求上也各不相同，因此虽为同一钢号，但应视为几个不同的类别。因而在此需要指出，在确定所选钢材钢号的同时，还应指明它是遵循哪一项技术标准。另一方面材料在验收和复验时也是以该牌号钢材遵循的技术标准为依据，在材料的质量证明书中也必须指出是按哪一项标准生产的。下面将对压力容器常用钢的钢号、主要用途及隶属于何标准做一简单介绍。

1. 碳素结构钢钢板

根据我国国家标准 GB 150—1998《钢制压力容器》的规定，普通碳素钢钢板中可用于制造压力容器的，有 Q235 - AF、Q235 - A、Q235 - B、Q235C。就钢号而言，这是一类于 20 世纪 90 年代初在我国开始大量生产的用途广泛的碳素结构钢，替代早期的普通甲类碳钢。这类钢虽非压力容器专用钢，但轧制技术成熟，质量稳定，价格较便宜，在限定的条件下使用是可靠的。

这类钢除 235MPa 这个级别外，还有 Q195、Q215 和 Q255 等几个不同的强度等级。但在压力容器中不推荐作为受压元件材料。质量等级的区别主要在成分上对 C、Mn、S、P 含量的控制不同，而在力学性能上，就屈服点、抗拉强度、伸长率和冲击功的指标对各级别都是相同的，但是否做冲击试验及冲击试验的温度有区别，这些差别见表 1 - 6 和表 1 - 7。

表 1 - 6　Q235 系列钢号的化学成分　　%

牌　号	等　级	C	Mn	Si	S	P
				不大于		
Q235	A	0.14 ~ 0.22	0.30 ~ 0.65	0.30	0.050	0.045
	B	0.12 ~ 0.20	0.30 ~ 0.70	0.30	0.045	0.045
	C	≤0.18	0.35 ~ 0.85	0.30	0.040	0.040

Q235 不是压力容器专用钢材，其钢板在规定的压力、温度和介质条件下并限定在一定厚度范围内可以作为容器壳体材料，具体规定见表 1 - 8。

表 1-7　Q235 系列钢号的力学性能

牌　号	等　级	屈服点 σ_s/MPa				抗拉强度 σ_b/MPa	伸长率 δ_5/%				冲击试验	
		钢板厚度/mm					钢板厚度/mm				温度/℃	V 型（纵向）冲击功
		≤16	>16 ~40	>40 ~60	>60 ~100		≤16	>16 ~40	>40 ~60	>60 ~100		
Q235	A	>235	>225	>215	>205	375 ~460	25	24	23	22	—	—
	B										20	>27
	C										0	

表 1-8　Q235 钢的应用范围

牌　号	设计压力/MPa	使用温度/℃	限定厚度/mm	介　质　条　件	适用标准代号及名称
Q235 - AF	≤0.6	0 ~250	≤12	不得用于盛装易燃，毒性为中度、高度或极度危害的介质	G 3912《普通碳素结构钢和低合金结构钢》
Q235 - A	≤1.0	0 ~350	≤16	不得用于盛装液化石油气、毒性为高度或极度危害的介质	GB 3274《普通碳素结构钢和低合金结构钢热轧厚钢板和钢带》
Q235 - B	≤1.6		≤20	不得用于毒性为高度或极度危害的介质	
Q235 - C	≤2.5	0 ~400	≤30	—	

注：介质条件中的介质毒性程度按 GB 5044《职业性接触毒物危害程度分级》的规定划分。

2. 压力容器用碳素钢和低合金厚钢板

这类钢板是供一般用途的压力容器专用钢板，厚度范围为 6 ~120mm。目前在 GB 150—1998《钢制压力容器》中采用的是按 GB 6654—1996《压力容器用钢板》标准生产的钢板，该标准包括有 20R、16MnR、15MnVR、15MnVNR、18MnMoNbR、13MnNiMoNbR、07MnCrMoVR 七个钢号。

3. 常用低合金钢钢板

低合金钢具有较好的力学性能，强度高，塑性及韧性良好，且焊接性能及其他工艺性能也较好。由于钢中含有一定量的合金元素，低合金钢在大气和海水中的耐蚀性远优于碳素钢。

据估算，在相同的载荷条件(压力、容积等)下，用低合金钢钢板制造的压力容器承压部件，其结构重量约比碳钢制造的减轻 20% ~30%，成本也相应降低。因此，在压力容器生产中，低合金钢钢板的使用量已超过了碳素钢。

制造一般压力容器常用的低合金钢板有 16MnR、15MnVR、15MnVNR、18MnMoNbR 等。

16MnR(16 锰容)属于350MPa 级，是用途最广，用量最大的压力容器用钢。主要用于制造低压部件及小型和多层高压容器。16MnR 钢具有良好的综合力学性能，一般在热轧状态下使用。它的热轧或正火状态下的力学性能是：抗拉强度 σ_b≥470 ~655MPa，屈服点 σ_s≥285 ~345MPa，伸长率 δ_5≥19% ~21%，常温冲击功 A_K =27J(横向试样，平均值)。它的化学成分是：C≤0.20%，Mn =1.20% ~1.60%，Si =0.20% ~0.60%，S≤0.035%，P≤0.035%。16MnR 的焊接性良好。钢板厚度不大于 34mm 时，焊前不用预热。厚度大于

34mm 者，一般应预热至 100 ~ 150℃。重要的承压部件以及钢板厚度超过 34mm 的焊件，焊后应进行消除应力退火处理，加热至 600 ~ 650℃，保温后空冷。16MnR 钢耐大气腐蚀性能优于碳素钢。大气腐蚀速率约比 Q235 钢低 20% ~ 30%。在海洋环境中也有较高的耐蚀性。16MnR 钢的缺口敏感性比低碳钢大。部件存在缺口时会明显影响疲劳强度，且易产生裂纹。

15MnVR（15 锰钒容）钢属 400MPa 强度级，主要用于制造大型容器和多层高压容器。钢板一般是在热轧状态下使用，. 其力学性能是：抗拉强度 $\sigma_b \geqslant 490 \sim 575$MPa，屈服点 $\sigma_s \geqslant 335 \sim 390$MPa，伸长率 $\delta_5 \geqslant 17\% \sim 18\%$，常温冲击功 $A_K = 27$J（横向试样，平均值）。15MnVR 钢的强度比 16MnR 钢略高些，但塑性和低温冲击韧度则较低，且波动较大。为改善塑性和韧性，可进行正火处理。推荐的正火温度为 940 ~ 980℃。15MnVR 钢的缺口敏感性和时效敏感性比 16MnR 钢更大，在经过较大程度的冷变形时，应进行消除应力退火处理。15MnVR 钢的化学成分是：C ≤ 0.18%，Mn = 1.20% ~ 1.60%，Si = 0.20% ~ 0.60%，V = 0.04% ~ 0.12%，S ≤ 0.035%，P ≤ 0.035%。它具有较好的焊接性，过热倾向小。淬硬倾向也不严重，焊后的冷裂倾向稍大于 16MnR。厚度不大于 32mm 的钢板，焊前不用预热；大于 32mm 的，需预热至 100 ~ 150℃。凡是厚度大于 28mm 钢板焊制的压力容器，焊后应进行消除应力处理。

15MnVNR（15 锰钒氮容）钢属于 450MPa 强度级，主要用于制造大型气体贮罐。这种钢一般要求在正火状态下使用，以改善塑性和韧性，提高综合力学性能。它在正火状态下的性能是：抗拉强度 $\sigma_b \geqslant 530 \sim 735$MPa；屈服点 $\sigma_s \geqslant 390 \sim 440$MPa，伸长率 $\sigma_5 \geqslant 17\% \sim 18\%$，常温冲击功 $A_K = 27$J。与 15MnVR 钢相比，15MnVNR 钢的碳、锰、钒含量稍高（分别是 0.20%，1.30% ~ 1.70%，0.10% ~ 0.20%），且加入 0.010% ~ 0.020% 的氮，可使晶粒细化，强度增加。

18MnVNbR（18 锰钒铌容）钢属于低温马氏体钢，主要用于制造大型中压，特别是大型中温中压容器，以及单体和热套厚壁高压容器。18MnVNbR 钢在常温和中温时具有良好的综合机械性能和焊接性能，一般在正火加回火状态下使用。其力学性能是：抗拉强度 $\sigma_b \geqslant 635 \sim 785$MPa，屈服点 $\sigma_s \geqslant 490 \sim 510$MPa，伸长率 $\sigma_5 = 16\% \sim 17\%$，常温冲击功 $A_K = 34$J。它的化学成分是：C ≤ 0.23%，Mn = 1.35% ~ 1.65%，Si = 0.17% ~ 0.37%，Mo = 0.45% ~ 0.65%，Nb = 0.025% ~ 0.050%，S ≤ 0.035%，P ≤ 0.035%。对于壁厚大于 35mm 的焊件，焊前需预热。特别厚的钢板，焊后应进行除氢处理，以防止焊件产生氢脆。

4. 焊接气瓶用钢板

GB 6653《焊接气瓶用钢板》标准系列有 6 个钢号，但作压力容器壳体的只有一个钢号 245HP，“HP”指“焊瓶”汉语拼音的缩写，245 指屈服强度为 245MPa，厚度范围为 3 ~ 5.5mm。这个钢号是供压力较高而尺寸较小的容器选用，因为小直径容器壁厚也较小，但压力较高，一般用途的碳素钢钢板不能使用，而 20R 钢板受其标准所限，最小钢板厚度为 6mm。245HP 厚度适用范围的下限为 3mm 是考虑到容器最小厚度的规定，其上限为 5.5mm 是因为如超过这一厚度就可以选用压力容器用钢板。

5. 低温压力容器用钢

（1）钢在低温下的特性

钢的力学性能随着使用温度的不同而有明显的变化，一般的规律是，随着温度的降低，钢的强度性能，包括抗拉强度和屈服点都有所增加，而塑性则显著下降。韧性是强度和塑性的综合反映，所以很多钢材在低温条件下，韧性都有不同程度的降低，而且在一定的温度范围内，会发生急剧的变化，使材料在常温下呈现延性状态转变为低温下的脆性状态。处于脆性状态下的材料，在存在高应力，特别是在有裂纹等缺陷的情况下，裂纹会迅速扩展，并导致破裂，这就是脆性断裂。压力容器的承压部件，无论是锻制的和焊接的，总难免存在一些材料缺陷或制造过程中产生的缺陷。因此，制造低温容器的钢材，应具有良好的低温韧性，即要求它在低温下仍能保持为延性状态，以防止承压部件在低温和应力作用下发生脆性断裂。

（2）钢中的合金元素对低温韧性的影响

对钢低温韧性的影响因素有，钢的晶粒尺寸（晶粒越粗大，韧性越差），钢的脱氧方法（用铝脱氧的镇静钢比沸腾钢的低温韧性好得多），热处理状态（淬火加回火状态的钢，比正火后的低温韧性好，正火又比热轧状态的好）及钢板厚度（钢板越厚，低温韧性越差）等，但其中影响最主要的是钢的化学成分。钢中的合金元素对钢的低温韧性的影响概括如下。

① 碳是对低温韧性影响最明显的元素，含碳量越高，钢的冲击功越小，由延性到脆性转变的温度越高，因此低温钢的碳含量多限制在0.2%以下。

② 锰元素有利于改善钢在低温下的韧性。钢材随着含锰量的增加，冲击功增大，脆性转变温度降低。

③ 镍具有与锰相似的改善钢的低温韧性的效能。钢中镍含量每增加1%，脆性转变温度约可降低10℃。所以锰和镍是低温钢中不可缺少的元素。

钢中的硫、磷、砷、锑、锡、铅等微量元素和氮、氢、氧等气体的存在，能使它的低温韧性变差，脆性温度升高。

因为这些杂质元素常偏析于晶界，从而降低晶界的表面性能，使晶界抗力减小，钢材容易产生沿晶间断裂。

（3）对低温用钢冲击韧度的要求

我国GB 150—1998《钢制压力容器》规定低温容器用钢的冲击试验温度须低于或等于容器或其受压元件的最低设计温度。钢材在试验温度下的冲击功指标，按钢材的抗拉强度确定，具体要求须满足表1-9的规定。

表1-9 低温夏比（V形缺口）冲击试验最低冲击功规定值

钢材抗拉强度下限值 σ_b/MPa	三个试样的冲击功平均值 A_{KV}/J	钢材抗拉强度下限值 σ_b/MPa	三个试样的冲击功平均值 A_{KV}/J
	10mm×10mm×55mm		10mm×10mm×55mm
≤450	18	>515~650	27
>450~515	20	奥氏体钢焊缝金属	31

注：1　试验温度下3个试样的冲击功平均值不得低于表中的规定，其中单个试样的冲击功可小于平均值，但不得小于平均值的70%。

2　标准抗拉强度的下限值大于650MPa的螺栓等钢材的冲击功值，按抗拉强度下限值等于650MPa钢材的要求，但40CrNiMo的低温冲击功应不小于31J（3个试样平均值）。

（4）低温容器常用钢及其性能

低温容器用钢，按其显微组织的差异，可以分为铁素体钢、低碳马氏体钢和奥氏体钢三类。

① 铁素体钢的主要添加元素是锰或镍，显微组织为铁素体和少量的珠光体。常用的牌号有16MnDR、09Mn2VDR、09MnNiDR及10Ni3、10Ni4等。GB 150列出了碳素钢和低合金

钢板在使用温度低于或等于 -20℃时的使用状态及最低冲击试验温度，见表1-10。在这些试验温度下，钢板的冲击功不能低于规定的指标(见表1-9)，钢材的最低使用温度不得低于试验温度。

表1-10　低温用钢板的冲击试验温度

钢　号	使用状态	厚度/mm	最低冲击试验温度/℃
16MnR	热轧	6~25	-20
	正火	6~120	
07MnCrMoVR	调质	16~50	-20
16MnDR	正火	6~36	-40
		>36~100	-30
07MnNiCrMoVDR	调质	16~50	-40

② 低碳含镍马氏体钢主要有 Ni9 钢。这种钢由于加入了较高的镍，具有很好的低温性能。即使在 -196℃的低温下仍具有很高的强度和良好的韧性，目前已广泛用于建造大型液化天然气贮罐和乙烯球罐。Ni9 钢可以采用手工焊、惰性气体保护焊和埋弧焊等常用的焊接方法。钢板厚度不超过50mm时，焊接不用预热，焊后也不需要热处理。Ni9 钢对焊接热裂纹比较敏感，同时需要用高镍焊条进行焊接，因而成本很高，这就对它的大量使用受到限制。

③ 低温奥氏体钢主要有1Cr18Ni9 和15Mn26A14。这类钢在温度降低时，韧性不会有明显变化，具有优良的低温韧性。

常用低温钢的化学成分及常温下的力学性能分别列如表1-11 和表1-12。

表1-11　常用低温钢的化学成分

牌　号	化　学　成　分/%(*m/m*)								
	C	Si	Mn	Ni	V	Nb	Als	P	S
								不大于	
16MnDR	≤0.20	0.15~0.50	1.20~1.60	—	—	—	≥0.015	0.025	0.015
15MnNiDR	≤0.18	0.15~0.50	1.20~1.60	0.20~0.60	≤0.06	—	≥0.015	0.025	0.015
09MnNiDR	≤0.12	0.15~0.50	1.20~1.60	0.30~0.80	—	≤0.04	≥0.015	0.020	0.015

表1-12　常用低温钢的力学性能

牌　号	钢板厚度/mm	抗拉强度 σ_k/MPa	屈服点 σ_s/MPa	伸长率 δ_s/%	冷弯试验 $b=2a$ 180°
			不小于		
16MnDR	6~16 >16~36 >36~60 >60~100	490~620 470~600 450~580 450~580	315 295 275 255	21	$d=2a$ $d=3a$
15MnNiDR	6~16 >16~36 >36~60	490~630 470~610 460~600	325 305 290	20	$d=3a$
09MnNiDR	6~16 >16~36 >36~60	440~570 430~560 430~560	300 280 260	23	$d=2a$

6. 中温压力容器用钢板

中温压力容器用钢板通常指使用温度在400～450℃范围内的钢板。在这个温度区间，不仅要求钢材有较好的热强性，即在高温下仍能保持较好的力学性能，同时要保证有抵御高温时产生的蠕变、松弛等现象的能力。这就要求有较高的蠕变极限、持久强度。除此之外，在石油加工和石油化工行业，此温度范围常有氢存在，因此要求钢材有抗氢腐蚀能力以及抗石墨化和回火脆性倾向的能力。基于这些要求，对中温用钢材的质量要求较高。

中温压力容器用钢板从化学成分看属钼钢(0.5Mo)和铬钼钢(根据合金含量不同有1.25Cr－0.5Mo、2.25Cr－1.0Mo等)。这类钢材的选用通常根据容器工艺条件下的氢分压来决定。这类钢材中主要钢号有15CrMoR(1.5Cr－0.5Mo)和12Cr2Mo1R(2.25Cr－1.0Mo)，以及14Cr1MoR(1.25Cr－0.5Mo)。实际上目前国内仅有少量产品供应，主要还是依靠进口。其中最具代表性的、应用也最广泛的相当于中国钢号12Cr2Mo1R的2.25Cr－1.0Mo钢。尽管各国所采用的钢号由于编制方法不同而在形式上不同，化学成分、力学性能等也不尽一致，但其基本组成和性能是相同的。特别是随着冶金技术的发展，为了提高这类钢材抗回火脆性的能力，对化学成分及其他性能指标也在不断提高和改进。

7. 高温容器用钢

(1) 高温对钢材性能的影响

在较高温度下受载荷的金属材料，其各种性能都与它在常温下的性能有明显的区别。除了力学性能会随着温度的升高而发生显著的变化(一般表现为强度降低而塑性升高)以外，最主要的是会产生蠕变。

在常温下承载的金属材料，如果应力在材料的弹性范围内，则它变形的大小与应力保持恒定的比例关系，而与承受的时间长短无关。即使载荷加大，使其应力达到或超过材料的屈服强度，也仅是使它产生一定的塑性变形，而它的总应变也不会随时间而发生变化。在高温下承载的金属材料，变形情况就不是这样了。材料在受拉伸应力的作用下，除了产生相应的弹性变形外，随着承载时间的增加，在高温与应力的双重作用下还会不断地产生塑性变形。金属在高温下承载，应力虽不增加而它的塑性变形却随着时间而逐渐赠加的现象称为“蠕变”。金属材料的蠕变现象在温度较低时也会发生，但微小到可以忽略不计，而只有在较高的温度(一般高于金属熔点温度的30%，以绝对温度计)时才比较明显。例如碳钢的温度，超过300～350℃，合金钢的温度超过400～450℃，在一定的应力作用下，蠕变即会发生。

钢材产生过度的蠕变，也会导致断裂。所以在高温下承载的压力容器，应考虑材料的抗蠕变能力。

(2) 钢材抗蠕变性能的影响因素

钢材在高温下的抗蠕变性能，主要取决于它的化学成分、冶炼方法及金相组织等。

钢中的钼、钨、硼、锰、铬及镍等合金元素都能提高它的抗蠕变性能，而其中以钼对改善钢材的高温性能最为明显。

钢中含钼量越高，抗蠕变性能越好，但若钼的含量超过1.5%，效果的增加就不太显著。钨对改善钢材的抗蠕变性能要比钼的效果差一些。国外用加入钨来提高钢材的热强性能者较少，我国的钨储量十分丰富，所以用得较多。钒对改善钢的抗蠕变能力与钼相似，并能提高钢材的常温及中温(习惯上指100～350℃)强度。但若钢中含钒量过高，则会降低它的稳定性。将微量的硼(万分之几或十万分之几)加入钢中能显著提高其热强性能。钢中加入少量的锰，对提高其热强性能不会有明显效果，只有含锰量较高，形成奥氏体组织，其抗蠕变性能才有显提高。加入铬的主要作用是提高钢的抗高温氧化能力，而对改善抗蠕变性能，铬不如钼。钢中含镍量较高时，才有提高抗蠕变性能的效果。国外采用镍、铬含量较高的耐热钢较多，我国则因这两种元素储量不多而较少采用。

冶炼方法对同一钢种的抗蠕变性能也有较大的影响。因为不同的冶炼方法会使钢中残留气体(特别是氮气)含量不同，钢在晶界上存在的偏析物、杂质及空穴等缺陷不同，而这些都是影响钢的抗蠕变性能的主要因素。总的来说，电炉钢的抗蠕变性能比平炉好，小炉钢比大炉钢好，镇静钢比沸腾钢好。

钢材的金相组织对它的抗蠕变性能也有重要的影响。在常温及中温条件下，钢材晶粒越细，强度越高，因而希望采用细晶粒的金相组织。但在高温条件下情况却有所不同，粗晶粒组织一般具有较高的抗蠕变能力。根据这一观点，过去选用高温钢材时，总要求它的晶粒粗一些，并在选材标准中作了相应的规定。但是，钢材晶粒太粗会使它的持久塑性和韧性降低。但近期的研究表明，影响钢材抗蠕变性能的主事因素不在于晶粒的粗细，而是晶粒的均匀度，细而均匀的晶粒同样具有较高的抗蠕变能力。晶粒粗细的差别越大，钢材的抗蠕变能力就越差。

(3) 低合金耐热钢

高温压力容器承压部件的工作壁温一般都在600℃以下。使用温度范围在400 ~ 620℃之间的可采用低耐热合金钢。常用的是钼钢、铬钼钢、铬钼钒钢三大类。其显微组织主要是珠光体和少量铁素体。

钢中加入少量(0.5% ~1%)的钼能显著提高它的热强性能，并能细化晶粒，防止钢的热脆倾向。但是仅含钼的钢在长期高温作用下会发生石墨化。所谓石墨化，是指钢中的渗碳体在高的温度下自行分解为游离碳(石墨)的过程。钢中存在石墨相当于出现了裂纹，不仅消除了渗碳体原有的强化作用，并且使钢的韧性大为降低，甚至引起脆性断裂。适量的铬可防止钢的石墨化倾向，同时还能提高钢的热稳定性和热强性能。这是因为铬能在钢的表面形成一层致密而且附着性很强的氧化膜，可以有效地防止内部钢材被氧化腐蚀。但铬的存在会降低钢的焊接性。在铬钼钢中加入少量的钒，即使合金元素总含量有所下降，钢的高温强度也会得到提高，且具有良好的组织稳定性。

GB 150—1998 列入的低合金耐热钢板钢号为：15CrMoR(1.0Cr - 0.5Mo)和 12CrMo1R (2.25Cr - 1.0Mo)。此外，尚可用的钢号有 16Mo(0.5Mo)、14Cr1Mo(1.25Cr - 0.5Mo)、12CrMoV 等。个别的一些承压部件可能工作温度更高一些。则应采用高合金镍铬钢，如 0Cr18Ni9 及 0Cr18Ni9Ti 等，这些钢的使用温度上限可到 700℃。

(4) 高温高压氢的耐蚀材料

在石油精制工业和合成氨工业中，有一些压力容器，如氨合成塔、加氢反应器等，要在高温高压的富氢气体下操作。高温高压的氢对钢有严重的腐蚀作用，它能渗入钢材内部，使钢产生脆化，并失去原有的机械性能，如强度、塑性及韧性等。这就是钢的"氢脆"或"氢损伤"。

氢对钢的损伤，与工作介质的温度及氢的分压有关。实验证明，温度越高、氢的分压越大，钢的氢损伤程度越严重。

钢中的铬、钼、钒、钛等元素能显著提高钢的抗氢腐蚀能力，因为它们能与碳生成比碳化铁更稳定的碳化物。减少钢中的含碳量，对它抗氢腐蚀也有明显的效果。从总的趋向来看，铬、钼等的含量越高，碳的含量越低，就越能提高钢的抗氢腐蚀能力。

8. 不锈钢板

在化工、炼油等部门有很多腐蚀性介质，往往要选用不锈钢板作为壳体材料，但腐蚀介质的性质千差万别，而且其腐蚀性在很大程度上受介质浓度和温度的影响，这是设备的工艺条件所决定。因此为适应不同介质和不同操作条件的要求，不锈钢的牌号很多。目前这类钢板有两项国家标准 GB 3280《不锈钢冷轧钢板》和 GB 4237《不锈钢热轧钢板》，标准中列有数十种牌号，但纳入 GB 150 的仅有 10 个牌号，其主要特性及用途见表 1－13。

表 1－13　压力容器用不锈钢

牌　号	钢板标准①	使用状态	特 性 和 用 途
0Cr13	GB 4237	退火	含碳较低的半铁素体钢，有较高韧性、冷变形能力和力学性能，在弱腐蚀介质中(如盐水、稀硝酸及某些浓度不高的有机酸)中有良好耐蚀性。焊接性良好，可作容器衬里，轧制复合钢板，高温法兰垫片等
0Cr18Ni9	GB4237 (GB 4238)	固溶处理	含碳量较低的不锈钢，有一定的抗晶间腐蚀能力。焊接性良好，是一种使用最广的不锈钢，在化工、食品加工、印染、皮革、工业中得到广泛应用，并取代旧钢号 1Cr18Ni9Ti
00Cr19Ni10	GB 4237	固溶处理	含碳量比 0Cr18Ni9 低，抗晶间腐蚀性优越，用途与 0Crl8Ni9 相同
0Cr18Ni10Ti	GB 4237 (GB 4238)	固溶处理或稳定化	以钛作碳化物稳定元素的奥氏体不锈钢，有良好的抗晶间腐蚀能力，在碱水、海水、硝酸、磷酸大部分有机酸中有良好耐蚀性。焊接性，冷加工性及低温韧性都很好。可用于化工、制糖、酿酒业中的设备
0Cr17Ni12Mo2	GB 4237 (GB 4238)	固溶处理	含碳较低的奥氏体不锈钢，对还原性酸及各种有机酸、无机酸、碱、盐均有较高耐蚀性，在化工、化纤、造纸、医药工业中应用，焊接性好
0Cr18Ni12Mo2Ti	GB 4237	固溶处理	用于抵抗硫酸、磷酸、蚁酸、醋酸设备，有良好抗晶间腐蚀性能
00Cr18Ni5 Mo3Si2	GB 4237	固溶处理	具有铁素体－奥氏体双向组织，耐应力腐蚀性能好，耐点腐蚀性能与 00Cr17Ni12Mo2 相当，具有较高强度，适于含氯离子的环境，用于炼油、化肥、造纸、石油、化工等热交换器和冷凝器
0Cr19Ni13 Mo3	GB 4237 (GB 4238)	固溶处理	性能与 0Cr17Ni12Mo2 相似，耐点腐蚀性更好一些
00Cr17Ni14 Mo2	GB 4237	固溶处理	超低碳奥氏体不锈钢，对各种腐蚀介质均有较好耐蚀性，抗晶间腐蚀能力强，用途与 0Cr17Ni12Mo2 相同
00Cr19Ni13 Mo3	GB 4237	固溶处理	为 0Cr19Ni13Mo3 的超低碳型

① 此栏括号内为耐热钢钢板标准号。

由于我国现行低温压力容器用钢板标准的最低使用温度为－90℃，更低温度级别，直至－196℃的低温容器壳体材料也可以选用奥氏体不锈钢，这种钢在温度不低于－196℃情况下能保持良好的力学性能，并可免作低温冲击试验。

9. 压力容器代用钢板

以上列举的各类钢板都是列入 GB 150—1998 中的钢号，由于钢材供应等方面的原因，在实际工作中图样所选用的钢板可能没有，此时可以考虑改用一些其他类别的钢板代替原设计钢号，例如用 GB 711《优质碳素结构钢厚钢板和宽钢带》中的 10、15、20 号钢或 Q215—A

代替 Q235—A，用 GB 712《船体结构钢》中的 A 级钢板和 B 级钢板相应代替 Q235—A 和 20R，用 GB 713《锅炉用碳素钢和低合金钢钢板》中的 20g、16Mng 钢板替代 20R 和 16MnR 等。具体代用条件与相应增加的检验项目见 GB 150 中有关内容。

（三）压力容器用有色金属

1. 铝和铝合金

铝的密度小，只有钢的 1/3。铝合金也具有质量轻、强度较高的特点。铝的塑性很好，很易于压力加工，但不宜于焊接，铝的焊接一般用氧焊和氩弧焊。铝在空气及淡水中不受腐蚀。它的耐腐蚀性能主要是由于表面有一层氧化膜。铝能抵抗浓硝酸、磷酸、醋酸、有机化合物、干的氯和氯化氢、硫的化合物及硫蒸气等的腐蚀，但不耐碱和盐水的腐蚀。铝和铝合金常用于制造贮罐、塔、换热器、防污染设备及深冷设备。

《压力容器安全监察技术规程》中规定，铝和铝合金用于压力容器受压元件时应符合下列要求：

（1）设计压力不应大于 8kPa，设计温度为 $-269\sim200$℃。

（2）设计温度大于 75℃时，一般不选用含镁量大于等于 3% 的铝合金。

2. 钛和钛合金

钛和钛合金具有熔点高、强度高及热膨胀系数小等优点。钛和钛合金具有优良的工艺性能与很好的耐蚀性能，所以尽管价格昂贵，仍有较大的实用价值。钛和它的合金在中性和碱性溶液中，在氧化性酸或含有氧化剂的非氧化性酸中均具有优良的耐腐蚀性能。如在氯化物、硫酸盐、氯酸盐、湿氯气和有机酸中能完全耐蚀。可用以制造反应器、合成塔衬里、换热器及蒸发器等压力容器。

《压力容器安全监察技术规程》中规定，钛和钛合金用于压力容器受压元件时应符合下列要求：

（1）设计温度，纯钛板不应高于 230℃，钛合金不应高于 250℃，钛复合板不应高于 350℃。

（2）用于制造压力容器壳体的钛材应在退火状态下使用。

3. 铜和铜合金

铜和铜合金是低温及深冷工业的常用材料。因为它的强度不但随着使用温度的降低而增高，且在低温下能保持良好的韧性。铜及其合金的压力加工性能良好，无论在热态或冷态下都很容易拉伸、冲压、扩胀及翻边。但铜的切削加工和铸造性能都不好。铜在碱类水溶液中有很高的耐蚀性；在醋酸和其他有机酸中，铜也是耐蚀的，在浓度小于 50%、温度小于 60℃的硫酸中，铜能耐蚀。但在氨水及铵盐中或有氧化剂存在时，对铜的腐蚀很剧烈。

《压力容器安全技术监察规程》规定，铜及铜合金用于压力容器受压元件是，一般应为退火状态。

第三节 压力容器力学基础知识

一、应力和应变

（一）有关应力和应变的基本概念

机器设备及其零部件在设备运行的时候，一般都要受到各种载荷的作用。如压力容器的筒体及封头就承受着工作介质的压力；它的支座就承受着容器壳体和器内介质的重量等等。这些载荷就是作用在设备零部件(简称构件)上的一种外力。在材料力学中，已知一切构件在外力作用下都要改变原来的形状，而且在它的内部要产生反抗外力作用的内力。在一般情况下，内力和变形随着外力的增大而增加。而且随着外力的消除而消失。构件在外力消除以后能完全消失的变形叫做弹性变形，消失不了而残留下来的变形叫做残余变形或塑性变形。要使设备安全可靠地运行，一般都要求它的零部件不至于产生塑性变形。构件是否会产生塑性变形，当然与它的内力的大小有关。而内力的大小又决定于外力的大小及其作用方式，即构件产生什么样的变形。

由于外力以各种不同的方式作用在构件上，因此机器设备的零部件在外力作用下所产生的变形是很复杂的。但是从外力作用方式和构件所产生的变形的特点来看，总可以归纳为以下几种基本形式，即拉伸或压缩、剪切、扭转和弯曲。一些复杂的变形可以看作是由其中两种或两种以上基本形式组合而成的复合变形。

这几种基本变形形式都是从整个构件外形的变化来说的。如果从构件内取下一个微型的立方体来看，它的变形只不过有两种形式。即长度的改变和角度的变化。通常把前者叫做线变形、后者叫角变形。

尽管外力的作用方式不同，或者说构件的变形形式不同，因而在构件内引起的内力也不同。但是通常用以计算各种内力的基本方法还是一样的，即所谓截面法。这种方法就是，如果要计算构件某一截面上的内力，则假想沿着这个截面将构件切开，由于构件在外力作用下还是处于平衡状态，因此作用在切下来这部分构件的外力必定与这个截面上的内力相等。这样只要弄清楚作用在构件上的外力，就可以根据静力平衡条件很容易求得这个截面上的内力。当然，用截面法求得的是截面上内力的总和，它可以是一个力，一个力偶或者一个力和一个力偶。

在实际工作中，最需要了解的当然不是构件中某一截面上内力的总和，因为构件截面的面积有大有小，内力在截面上也不一定均匀分布。关键的问题是要求得构件截面上内力的集度，或者说是在截面上每一块微小的单位面积上的内力，这就是应力。应力既然是作用在单位面积上的内力，所以它的单位便是 N/m^2 或 N/mm^2(MPa)。

这里顺便要指出的是，不要把“应力”和“压力”这两个词混同起来。虽然它们的单位一样，都是兆帕，且在有些情况下，数值也可能相同(如一块钢板承受均匀压力载荷，则钢板表面上的压强正好与钢板内产生的压缩应力相等)，但这是两个不同的概念。压力是垂直作用在物体单位面积上的力。对承受压力的构件来说，它是一个外力，而应力则是由于外力的作用，而在构件内引起的单位面积上的内力。

因为力总是有方向的，所以构件内的应力作为一种弹力，也是有方向的。在一般情况下，构件任意截面上每一块小面积上的应力都可以分成两个分量：垂直于截面的一个分力叫做正应力(或法向应力)，常用字母 σ 表示；另一个分力就在截面上，叫做切应力，常用字母 τ 表示。正应力要使构件各质点沿着截面的法线方向离开或接近，即要使构件内的小立方体发生线变形；而切应力则要使构件上的一些质点沿着截面对另一些质点作相对移动，即要使构件内的小立方体发生角变形，所以切应力又叫剪应力。

当构件的内力在截面上均匀分布时，截面上的应力比较容易求得，即它等于截面上内力的总和除以截面的面积。但是在有些情况下，构件内的内力并不是在截面上均匀分布的，要计算这种截面上的应力，就需要了解截面上内力的分布规律，但这又与构件在外力作用下发生什么样的变形有关。

在压力容器中，主要承压部件在载荷作用下的变形形式是拉伸变形，局部地方也存在拉伸和弯曲，或拉伸、弯曲和剪切的复合变形。因此要研究压力容器各主要部件在压力载荷及其他载荷的作用下产生的应力，应首先熟悉简单构件在发生这些形式变形时所产生的应力。

（二） 构件受拉伸或压缩时的应力和变形

一个简单的构件，如一根杆，如果在它的两端施加两个大小相等、方向与杆的轴向一致而同时指向外端（或向里）的作用力时，则构件即受到拉伸（或压缩）。构件受拉伸（或压缩）时的应力利用截面法可以很容易求得：

设作用在构件上的外力为 P，按截面法假想沿着外力 P 成垂直的方向将构件切开，其截面积为 A，则因为构件处于平衡状态，截面上内力的总和必须与外力相等。而构件受整体拉伸（或压缩）时，从它的变形情况可以看出它的内力在截面上是均匀分布的。因此这个截面上内力的总和就等于截面的总面积与应力（即单位面积上的内力）的乘积。在截面上，内力的方向是与外力相一致的，即垂直于截面的，所以它是正应力 σ。根据静力平衡的条件则可得：

$$P = A\sigma$$

即

$$\sigma = \frac{P}{A} \tag{1-1}$$

式（1－1）既适用于计算构件受拉伸时的应力，也适用于计算受压缩时的应力。构件受拉伸时的正应力是要使构件中各个质点沿着轴向拉开，而受压缩时的正应力则是要使各个质点在轴向接近。所以它们的符号相反。习惯上规定受拉伸时的应力为正值，受压缩时的应力为负值。

上面已经说过，构件在外力作用下，不但要引起内力，且还会产生变形。构件受拉伸（或压缩）时产生什么样的变形呢？由实验得知，构件受拉伸时将在纵向（受力方向）产生伸长，而在横向（垂直于受力方向）产生收缩。构件受压缩时，则纵向缩短而横向胀大。

设一构件受拉伸时，它的长度由原件的 L_0 变为 L_1，则它在外力作用下的伸长量便是：

$$\Delta L = L_1 - L_0$$

这一伸长量 ΔL 叫作绝对伸长（受压缩则为绝对缩短）或绝对变形。很明显，构件的绝对伸长（或绝对缩短）与它原来的长度有关。因此衡量构件变形的尺度一般不用绝对变形，而是用相对变形。在拉伸情况下，也就是单位长度上构件的伸长，即绝对伸长与构件原有长度之比。纵向相对变形即应变常用字母 ε 表示。根据应变与伸长量的关系可得：

$$\varepsilon = \frac{L_1 - L_0}{L_0} = \frac{\Delta L}{L_0} \tag{1-2}$$

从式（1－2）可以看出，由于 ΔL 和 L 具有相同的长度单位，所以 ε 是一无量纲量，常用百分数来表示。

构件受拉伸时，应力 σ 与应变 ε 成正比例关系，其比例常数叫做纵向弹性模量，常用字母 E 表示。它们之间的关系用公式表示即为：

$$\sigma = E\varepsilon \tag{1-3}$$

这个关系式首先是由洛勃脱·虎克于 1678 年提出的，所以被称作虎克（Hooke）定律。从式（1－3）可以看出，由于 ε 是无量纲量，所以纵向弹性模数 E 与应力 σ 的计量单位可以相同，即为 MPa。

不同的材料具有不同的弹性模量。如钢的纵向弹性模量 E 为 $2\times10^5\sim2.2\times10^5$MPa；铜的弹性模量 E 为 1×10^5MPa 等。

式(1-3)所表明的比例关系只是在构件的应力不超过某一极限时才成立。材料所具有的这一极限值叫做它的比例极限。

受拉伸(压缩)的构件，在纵向伸长(缩短)的同时，横向也发生收缩(胀大)。实验证明，构件受拉伸(压缩)时的横向应变也与应力成正比例关系。构件横向应变与纵向应变的比例常数通常称为横向应变系数或泊松(Poisson)比，常用字母 μ 表示。因此如以 ε' 表示构件受拉伸(压缩)时的横向应变，则它们之间的关系可用下式表示；

$$\varepsilon' = \mu\varepsilon$$

从实验得知，不同材料具有不同的横向应变系数，如碳钢的横向应变系数 μ 为 0.24~0.28，镍铬钢为 0.25~0.30，铜为 0.34 等。

有许多构件，如压力容器的主要承压部件，在载荷作用下，不仅存在一个方向的正应力，且可以存在两个方向或三个方向的正应力，即构件处于平面应力状态或立体应力状态。在这种复杂应力状态下，构件内的应力与变形之间仍然可以用通过构件在简单应力状态下的应力与变形的关系公式来求得。

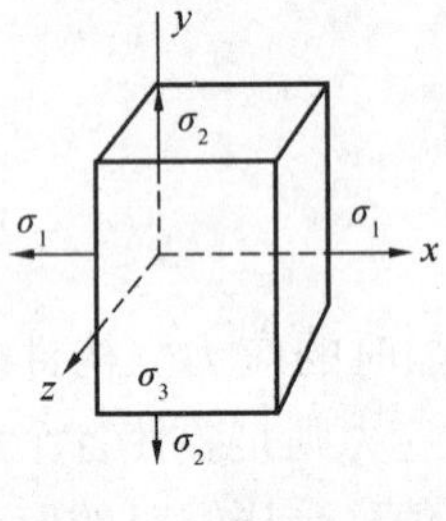

图 1-6　立体应力状态

设构件内小立方体在 x、y 和 z 三个相互垂直的方向同时作用着正应力 σ_1、σ_2 和 σ_3，如图 1-6 所示。由于 σ_1 的作用，在 x 轴(即作用力方向)上将产生 σ_1/E 的相对伸长，而在 y 轴和 z 轴方向(即垂直于作用力的方向)则产生 $\mu\sigma_1/E$ 的相对缩短；同样，由于 σ_2 的作用，在 y 轴方向产生 σ_2/E 的相对伸长，而在 x 轴及 z 轴方向上将分别产生 $\mu\sigma_2/E$ 的相对缩短；由于 σ_3 的作用，在 z 轴方向的相对伸长为 σ_3/E，在 x 轴和 y 轴方向上将分别产生 $\mu\sigma_3/E$ 的相对缩短。因此在正应力 σ_1、σ_2 和 σ_3 的同时作用下，在 x、y 和 z 轴方向的应变分别为：

$$\left.\begin{aligned}\varepsilon_1 &= \frac{\sigma_1}{E}-\mu\left(\frac{\sigma_2}{E}+\frac{\sigma_3}{E}\right)\\ \varepsilon_2 &= \frac{\sigma_2}{E}-\mu\left(\frac{\sigma_1}{E}+\frac{\sigma_3}{E}\right)\\ \varepsilon_3 &= \frac{\sigma_3}{E}-\mu\left(\frac{\sigma_1}{E}+\frac{\sigma_2}{E}\right)\end{aligned}\right\}\tag{1-4}$$

关系式(1-4)被称作广义虎克定律，它具有很重要的实用意义。

广义虎克定律同时适用于简单应力状态和复杂应力状态。如在简单拉伸情况下，$\sigma_1=\sigma$，$\sigma_2=\sigma_3=0$，按式(1-4)可得：

$$\varepsilon_1 = \frac{\sigma}{E};\varepsilon_2 = \varepsilon_3 = -\mu\frac{\sigma}{E}$$

在平面应力状态下，$\sigma_3=0$，按式(1-4)可得：

$$\varepsilon_1 = \frac{\sigma_1}{E}-\mu\frac{\sigma_2}{E};\varepsilon_2 = \frac{\sigma_2}{E}-\mu\frac{\sigma_1}{E};\varepsilon_3 = -\mu\left(\frac{\sigma_1}{E}+\frac{\sigma_2}{E}\right)$$

若 $\sigma_1=\sigma_2=\sigma$，$\sigma_3=0$，则得

$$\varepsilon_1 = \varepsilon_2 = \frac{\sigma}{E}(1-\mu)$$

广义虎克定律不但可用于计算构件在已知应力情况下所产生的变形，且常常还可用于根据实际测出的应变来计算构件的各向应力。如已知构件处于平面应力状态，且实际测得它在这两个方向的应变分别为 ε_1 和 ε_2，则可以从式(1－4)求得这两个方面的应力，分别为：

$$\left.\begin{aligned}\sigma_1 &= \frac{E}{1-\mu^2}(\varepsilon_1+\mu\varepsilon_2)\\ \sigma_2 &= \frac{E}{1-\mu^2}(\varepsilon_2+\mu\varepsilon_1)\end{aligned}\right\} \tag{1－5}$$

（三）构件弯曲时的应力和变形

凡是以弯曲变形为主的构件，在材料力学中被称作梁。一根具有纵向对称面(即梁的横截面的中心对称轴与梁的轴线所组成的平面，工程上的梁一般都具有这样一个对称面)的梁，如果在它的这个平面内作用着一组与梁轴垂直的平衡力，则梁将被弯曲。梁的轴线被弯曲成一条平面曲线时，这种弯曲叫做平面弯曲。

梁发生这样的弯曲变形时，在它的内部引起的内力要比构件受拉伸(或压缩)和剪切时复杂得多。因为拉伸(或压缩)和剪切只在构件内引起一种应力(拉伸或压缩时引起正应力，剪切时引起切应力)，且应力在截面上都是或者可以假设是均匀分布的。而弯曲的梁，不但每一个横截面上引起的内力总和不同，且在同一截面上，同时作用着切应力和不均匀分布的，符号相反的正应力。

梁弯曲时，在它的各个截面上一般存在两个内力，一个是剪力，另一个是弯曲力矩(简称弯矩)。它们在同一根梁的不同截面上，不但力的大小可以不相等，且作用方向也不一定相同。

计算弯曲梁各截面上内力的总和，也是按截面法假想把梁沿着这个截面切开，然后根据外力(包括载荷及支座反力)与内力列出静力平衡方程式来求得作用在截面上的剪力和弯矩。梁弯曲时各截面上的剪力和弯矩不但与外加载荷的大小有关，且与载荷方式(集中或均匀分布)，特别是梁的支承方式有很大的关系。在各种不同的载荷和支承方式的弯曲梁上，各截面的弯矩和剪力的计算方式可以在材料力学或有关手册中查到。

有些梁，或是在梁的某一部分，在外力偶的作用下，它的截面上只产生弯矩而不存在剪力，梁的这种弯曲叫做纯弯曲。在工程上也有许多可当作梁的构件，由于它的支承点间的距离远大于它的横截面尺寸，因而构件截面上的切应力常常很小且可忽略不计。在这些情况下，梁弯曲时的主要应力就是弯矩产生的正应力。

梁弯曲时，截面上的弯矩是内力的合力，要求得截面上的应力，就必须研究弯曲时截面上内力分布的规律。

观察一些弹性材料的弯曲变形，我们可以发现，梁弯曲时，在它凸起的一边(向外弯曲的一边)发生伸长变形，而凹进去的一边却产生收缩，且越靠近表面，变形就越大。由此可以知道，在弯曲梁内一定存在有一个既不伸长、也不缩短的中性层。中性层与梁的任意一横截面的交线叫作中性轴。在弯曲的梁中，任一截面内都是以中性轴为分界线，中性轴以外(即向外凸起的一边)产生拉伸的正应力，以内则产生压缩的正应力。离中性轴越远，正应力越大，在中性轴上，正应力为零。

如果用截面法求得作用在梁的某一截面上的弯矩为 M，则用该截面上离中性轴为 y 处的正应力等于：

$$\sigma = \frac{My}{I} \tag{1－6}$$

式(1－6)中的 I 为梁的横截面对中性轴的惯性矩，它在弯曲变形中所起的作用与截面积在拉伸或压缩变形中所起的作用相当。式中应力 σ 的单位为 MPa，弯矩 M 的单位为N·mm，距离 y 的单位为 mm，惯性矩的单位为 mm^4。

不同形状的截面，惯性矩 I 是不相同的。例如圆形截面对中性轴的惯性矩 I 为 $\pi d^4/64$(d 为圆直径)，矩形截面对中性轴的惯性矩 I 为 $bh^3/12$(b 为矩形宽、h 为矩形高)，从这里也可以看出，即使是截面尺寸相同的矩形，平放和立放时的惯性矩也是不一样的。

在考虑构件的强度条件时，当然最关心的是构件内产生的最大应力。梁弯曲时的最大正应力在产生最大弯矩的截面(即所谓梁的危险截面)上，且是在离中性轴最远的地方。也就是在具有最大弯矩截面的边缘上。因此，设梁发生弯曲变形时在截面上产生的最大弯矩为 M_{max}，最远边缘离中性轴的距离 y_{max}，则梁内最大的正应力等于：

$$\sigma_{max} = \frac{M_{max} y_{max}}{I} \tag{1-7}$$

对一般具有上下对称的横截面(如矩形或圆形)的梁，它的中性轴总是通过截面的中心，则最远边缘离中性轴的距离 y_{max} 等于截面高度的一半，此时梁内的最大正应力等于：

$$\sigma_{max} = \frac{M_{max} \frac{h}{2}}{I}$$

因为截面的惯性矩及最远边缘离中性轴的距离 y_{max} 都与截面的形状有关，所以常把它们之比称为抗弯截面模量，并用字母 W 表示，即

$$\frac{1}{y_{max}} = W \tag{1-8}$$

则梁在弯曲时的最大正应力等于

$$\sigma_{max} = \frac{M_{max}}{W} \tag{1-9}$$

惯性矩 I 的单位为 mm^4，最大距离 y_{max} 的单位为 mm，所以抗弯截面模量 W 的单位为 mm^3。各种形状的截面所具有的抗弯截面模量 W 都可以按公式(1－8)来计算，或从有关手册中查得。如矩形截面的抗弯截面模量 W 为 $bh^2/6$，圆形截面的抗弯矩截面模量 W 为 $\pi d^3/32$。

梁弯曲变形的大小常用弯曲时梁轴的曲率来表示，若一梁受弯曲时它的中性层的曲率半径为 ρ，则其倒数 $1/\rho$ 便是梁的曲率。梁弯曲时的变形和弯矩成正比，而与它的惯性矩 I 及材料的弹性模量 E 成反比，故它们之间的关系式可以写成；

$$\frac{1}{\rho} = \frac{M}{EI} \tag{1-10}$$

式中的乘积 EI 叫做梁的抗弯刚度。从这式可以看出，如果一段梁处在纯弯曲的情况下，即这段梁中的任一截面的弯矩是恒等的，则因为等截面梁的弯曲刚度 E 之值为一常数，那么这段梁将按 EI/M 的圆弧而弯曲。

二、 承受内压壳体的应力

(一) 薄壁回转壳体的应力分析理论

1. 薄壁回转壳体

压力容器壳体绝大部分都是回转壳体。所谓回转壳体是指它的中间面(即与壳体内外表面等距离各点所组成的曲面)是一个由任何直线或平面曲线绕着同一平面内的一条轴线回转

所构成的回转表面。如球形壳体就是回转壳体，它的中间面是由一条半圆形曲线绕其轴线回转而成的回转表面——球面；圆筒形壳体也是回转壳体，它的中间面是由一条直线绕着与其平行的轴线回转而成的回转表面——圆柱面等。

薄壁壳体是指器壁的相对壁厚(器壁的厚度与半径之比)较小的壳体。一般用壳体的外径与内径之比值(K = 外径/内径)来衡量。工程上习惯把 $K \leqslant 1.1 \sim 1.2$ 的壳体称为薄壳体。

2. 薄膜应力理论

严格来说，承压壳体所产生的应力与它所承受的压力及它的几何形状和尺寸之间的关系，并无“薄壁”与“厚壁”之分。只不过是对绝大多数压力容器来说，壁厚与直径相比较，尺寸相当小，如果对它的受力情况作一些近似的假设，可以使计算方法大大简化，且其误差又在工程计算的允许范围内，这种分析方法当然是可行的。正是因为这种缘故，产生了分析薄壁壳体应力的理论——薄膜理论。薄膜理论认为：由于壁厚与直径相比很小，壳壁就象薄膜一样，只能承受拉应力和压应力，完全不能承受弯矩和弯曲应力。

在工程实际中，理想的薄壁壳体是不存在的，因为器壁再薄，壳体中也会存在一些弯曲应力，所以薄膜理论有其近似性和局限性。

薄膜理论分析薄壁壳体的应力时作了两点假设，即壳体处于两向应力状态，只存在经向(对称轴方向)和环向(圆周方向)应力，而不存在径向(厚度方向)应力；应力沿壁厚均匀分布，也就是内外壁的应力相等。这样，根据静力平衡条件就可以比较容易求得常见几种形状的承压壳体的应力。

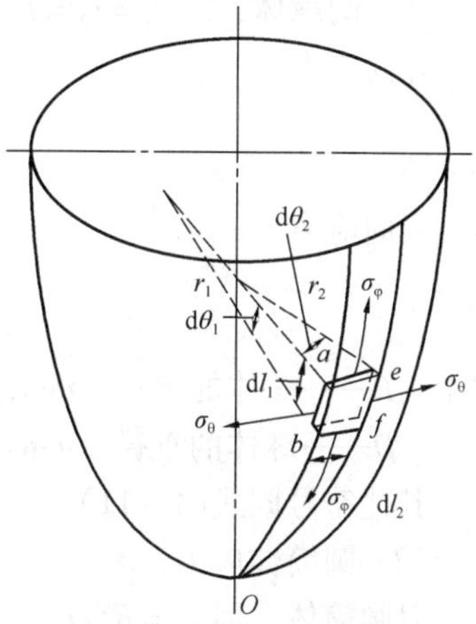

图 1－7　微体上的作用力

3. 任意形状回转壳体的应力公式

(1) 微体平衡方程式

在任意一种回转壳体的任意方位截取一块微体，如图 1－7 中的 *abef*，根据作用在此微体上的各分力的静平衡关系，可以得出如下方程式：

$$\frac{\sigma_\varphi}{r_1} + \frac{\sigma_\theta}{r_2} = \frac{p}{S} \tag{1-11}$$

式中　σ_φ——微体的经向应力，即垂直作用于 *ae* 截面和 *bf* 截面上的应力，MPa；

σ_θ——微体的环向应力，即垂直作用于 *ab* 截面和 *ef* 截面上的应力，MPa；

p——壳体内流体的压力强度，MPa；

S——壳壁厚度，mm；

r_1——微体的经向曲率半径，mm；

r_2——微体的环向曲率半径，mm。

由于此式是根据微体的静力平衡关系导出的，故称为微体平衡方程式。

(2) 区域平衡方程式

式(1－11)导出了任意回转壳体中经向应力 σ_φ、环向应力 σ_θ 和壳体内的压力 p 以及其他一些几何参数的关系。但这一方程中存在应力的两个未知数，因此要求解出 σ_θ 和 σ_φ 的确定值，还必须再建立一个条件方程式。

从任意回转壳体上的任一处以一个与它的表面在此处相正交的圆锥体(如图 1－8 中的 ABO)将壳体切下根据作用在此部分壳体的各平衡关系，可以得出如下的方程式：

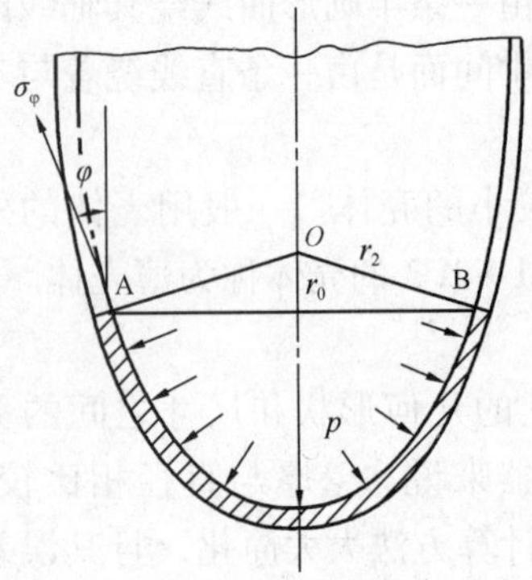

图 1-8　壳体的轴向作用力

$$\sigma_{\varphi}=\frac{pr_0}{2S\cdot\cos\varphi}=\frac{pr_2}{2S} \qquad (1-12)$$

式中　r_0——截下壳体的平行圆半径，mm；

φ——壳体经线的切线与回转轴线的交角；

其他符号同式(1-11)。

由于此式是根据壳体局部区域的静力平衡关系导出的，故称为区域平衡方程式。

（二）常用薄壁壳体的应力

以上面所导出的壳体微体平衡方程式和区域平衡方程式为基础，再根据各种壳体的形状特点，即可得出求解应力的公式。

1. 球体与圆筒体的应力

(1) 球体应力

对于圆球体，因 $r_1=r_2=R$，代入式(1-12)和式(1-11)，即得：

环向应力

$$\sigma_{\theta}=\frac{pR}{2S}=\frac{pD}{4S}$$

经向应力

$$\sigma_{\varphi}=\frac{pR}{2S}=\frac{pD}{4S} \qquad (1-13)$$

式中　R——球体的半径，mm；

D——球体的直径，mm。

其他符号同式(1-11)。

(2) 圆筒体应力

对圆筒体，因 $r_2=R$，$r_1=\infty$，代入公式(1-12)和式(1-11)，即得：

环向应力　$$\sigma_{\theta}=\frac{pR}{S}=\frac{pD}{2S}$$

经向应力　$$\sigma_{\varphi}=\frac{pR}{2S}=\frac{pD}{4S} \qquad (1-14)$$

比较式(1-13)与式(1-14)可知，球形容器的应力是相同直径圆筒形容器最大应力（环向应力）的1/2。所以在理论上，若圆筒形容器采用与筒体等厚的半球形封头时，封头的强度要比圆筒体大1倍。

由公式(1-14)可知，圆筒体的周向应力是经向应力的两倍。因此，对焊接容器，筒体纵焊缝的质量要求应比环焊缝更为严格。在筒体上开设椭圆孔时，短轴一般都放在轴线方向，也是基于这个原因。

2. 圆锥体的应力

圆锥形壳体也是轴对称壳体，它不但象圆筒体那样，在同一截面上的经向应力与环向应力不同，且在圆锥体各个截面上的应力也因直径的不同而存在差异。对于圆锥体，因为 $r_1=\infty$，$r_2=r_0/\cos\alpha$，代入公式(1-11)及式(1-12)即得：

环向应力　$$\sigma_{\theta}=\frac{pr_0}{S\cdot\cos\alpha}=\frac{pD'}{2S\cdot\cos\alpha} \qquad (1-15)$$

径向应力 $$\sigma_\varphi=\frac{pr_0}{2S\cdot\cos\alpha}=\frac{pD'}{4S\cdot\cos\alpha}$$

式中 D'——圆锥体所求应力处截面的直径，mm；

α——锥体半顶角。其他符号同式(1－11)。

从式(1－15)可以看出，锥形壳体除了象圆筒体那样，也是周向应力比经向应力大1倍以外，还具有以下几个特点：

① 无论是经向应力，还是环向应力，都与截面直径 D'成正比，这也就是说，在一个厚度相同的锥体中，椎体大端的应力最大；

② 与圆筒体连接的锥形封头，锥体大端的直径与圆筒体相同，即 $D'=D$，而 $\cos\alpha<1$，所以如果锥形封头与圆筒体等厚，则封头大端(接近筒体的一端)的应力总大于圆筒体的应力；

③ 在直径 D 及壁厚 S 相同的情况下，锥形封头的最大应力(与筒体连接端的环向应力)的大小决定于半顶角 α，因为余弦函数在第一象限内是随着角度的增大而减小的，所以封头的半锥角越大，应力也越大。

3. **椭球形壳体的应力**

椭球形壳体各点的曲率半径不是固定不变的，所以它的各个截面上的经向应力与环向应力都不相同。

椭球形壳体的母线为一条半椭圆形曲线，若此椭圆的长轴为 a，短轴为 b，则由椭圆的曲线方程可求得各点的经线曲线半径 r_1 及环向曲率半径 r_2，代入式(1－11)和式(1－12)即可求解各点的应力。

(1) 顶点处的应力

在椭圆的顶点，即壳体回转表面与回转轴的交点处，$r_1=r_2=a^2/b$，代入公式得该处的应力为：

$$\sigma_\theta=\sigma_\varphi=\frac{pa}{2S}\left(\frac{a}{b}\right)$$

(2) 赤道处的应力

在椭圆的赤道处，亦即椭圆封头的底边处，$r_1=b^2/a$，$r_2=a$，代入公式即得该处的应力为：

$$\sigma_\theta=\frac{pa}{S}\left(1-\frac{a^2}{2b^2}\right),\sigma_\varphi=\frac{pa}{2S}$$

作为圆筒形容器封头的半椭球体，曲线长轴 α 即为封头半径 R，曲线短轴 b 即为封头的高度 h(不包括直边部分)，因此椭圆封头的应力用它的半径(或直径)与高度为函数的表达式即为：

在封头顶点：

$$\sigma_\theta=\sigma_\varphi=\frac{pa}{2S}\left(\frac{a}{b}\right)=\frac{pa}{2S}\left(\frac{R}{h}\right)$$

在封头底边：

$$\sigma_\theta=\frac{pa}{S}\left(1-\frac{a^2}{2b^2}\right)=\frac{pR}{2S}\left[1-\frac{1}{2}\left(\frac{R}{h}\right)^2\right] \qquad (1-16)$$

$$\sigma_\varphi=\frac{pa}{2S}=\frac{pR}{2S}$$

由应力公式可知，椭球形壳体在经线方向上的应力 σ_φ 始终是拉伸应力，而在赤道线上为最小，其值为 $pa/2S$。越接近回转轴，经向应力越大，到顶点处达到最大值$\frac{pa}{2S}\left(\frac{a}{b}\right)$。椭球壳体在赤道线上的环向应力 σ_θ 则比较复杂，它随椭圆的长短轴之比 a/b 而发生变化：若 $a/b<\sqrt{2}$，则 $\sigma_\theta>0$，赤道线上的环向应力仍然是拉伸应力；若 $a/b=\sqrt{2}$，$\sigma_\theta=0$；当 $a/b>\sqrt{2}$，则 $\sigma_\theta<0$，环向应力是压缩应力。椭球壳体的应力分布如图 1－9 所示。

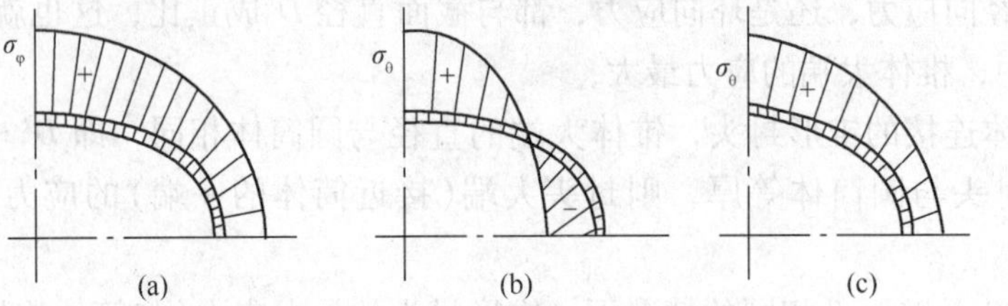

图 1－9　椭球形壳体的应力分布

从公式(1－16)可以看出，作为封头的半椭球体，在直径已经确定的情况下，壳体的最大拉伸应力(经向、环向)与 R/h 成正比。因此，若要减小封头的相对高度，虽然成形比较容易，但却增大了它在承压时的应力。

长短轴比 $a/b=2$ 的椭圆形封头，顶点处的最大应力与圆筒体相同。我国规定圆筒形容器的标准椭圆形封头的长短径比为 $R/h=a/b=2$，这样可使封头和圆筒体承压所需的壁厚相同，不但有利于容器的组装焊接，而且可以减轻筒体在与封头连接处的附加弯曲应力。

如果椭球壳体的长短径比值很大，例如远大于 2，则由于顶点附近存在较大的环向拉伸应力，而赤道线上却是很大的压缩应力，壳体形状将产生明显的变化，并引起较大的附加弯曲应力，薄膜应力理论已不能完全适用。一般认为，用于半椭球体的应力公式(1－16)，只适用于 $R/h<2.5$ 的条件下。

4. 碟形封头的应力

碟形封头在内压作用下的应力情况更为复杂，它的球面部分的薄膜应力与上述球形壳体一样，是均恒的拉伸应力。转角部分的环向应力总是压缩应力，经向应力则是拉伸应力。由于碟形封头在转角与球体以及转角与圆筒体的连接处都是形状突变的，所以在连接附近都存在较大的附加弯曲应力，薄膜理论公式计算的应力已不能全面反映碟形封头的应力状况。

（三） 厚壁圆筒的应力

作为压力容器的承压部件，厚壁壳体绝大部分都是圆筒体。因为其他形状的厚壁壳体成形相当困难，一般都不采用。因此这里只讨论厚壁圆筒体的应力。

薄膜理论分析承压壳体所作的两点假设，即圆筒处于两向应力状态(不存在径向应力)和应力是沿壁厚均匀分布的，对相对壁厚较小的壳体是比较近似的，而如果器壁变得较厚时，这种假设与实际情况相差就较远了。为了说明这个问题，可以先对承受压力壳体的受力状况作一般性的分析：先分析径向应力是否存在的问题，承压壳体，例如承受压力为 p 的圆筒体，它的内壁直接受内部流体的压力，这压力是垂直于作用面的，亦即是径向的，那么在内壁表面一层纤维显然要产生大小与压强 p 相等的压缩应力，且是沿壁厚方向的。如果说，薄壁壳体所能承受的内压力 p 相对地说比较小，可以忽略不计，那么对可以承受很高内压力 p 的厚壁筒体，就不能认为径向应力不存在了。再分析应力是否沿壁厚均匀分布的问题，厚壁圆筒可以被看成是由许多紧靠着的薄壁圆筒组成的。在承受内压时，组成厚壁圆筒的每一层薄壁筒，自然不像单独的薄壁筒体那样自由变形。因为它的变形既受到内一层材料的约束，又受到外一层材料的限制。而各层材料的变形所受到的约束和限制其程度是不一样的，因此每层薄壁筒体所受内侧和外侧的压力也不会相同，由此而产生的环向应力和径向应力在各层也不一样。因而厚壁圆筒的环向应力与径向应力就不是沿壁厚均匀分布的。承受内压(或内外同时承压)的厚壁筒体存在三向应力分量，除经向应力(对圆筒体，也可称轴向应力)和环向应力(对圆筒体也可称周向应力)以外，还有径向应力，即在厚度方向的应力。这三个应力分量可用σ_z、σ_t和σ_r表示。其中除轴向应力σ_z是沿壁厚均匀分布，因而可以用截面法根据静力平衡条件求解以外，周向应力σ_t和径向应力σ_r都是沿壁厚非均匀分布的，需要由筒体中截取微元体，综合建立它的平衡方程、几何方程与物理方程并求解应力的微分方程才能求出。

1. 壳壁上任意点的应力公式

根据上述方法可以解出同时承受内压如p_i外压p_o的厚壁筒体在器壁上任意一点(半径为r)处的轴向应力、径向应力和周向应力，分别为：

$$\sigma_z = \frac{p_i R_i^2 - p_o R_o^2}{R_o^2 - R_i^2}$$

$$\sigma_r = \frac{p_i R_i^2 - p_o R_o^2}{R_o^2 - R_i^2} - \frac{(p_i - p_o) R_i^2 R_o}{r^2 (R_o^2 - R_i^2)}$$

$$\sigma_t = \frac{p_i R_i^2 - p_o R_o^2}{R_o^2 - R_i^2} + \frac{(p_i - p_o) R_i^2 R_o}{r^2 (R_o^2 - R_i^2)}$$

式中 σ_z——圆筒的轴向应力，MPa；
σ_r——圆筒的径向应力，MPa；
σ_t——圆筒的周向应力，MPa；
p_i——圆筒的内压，MPa；
p_o——圆筒的外压，MPa；
R_i——圆筒的内半径，mm；
R_o——圆筒的外半径，mm；
r——任意点(所求应力处)的半径，mm。

绝大多数的高压容器都是只承受内压p的，因此以$p_i = p$、$p_o = 0$代入上式并引入比值$K = R_o/R_i$，则得仅受内压p的圆筒器壁上任意点(半径为r)处的三向应力，分别为：

$$\left.\begin{aligned} \sigma_z &= \frac{p}{K^2 - 1} \\ \sigma_r &= \frac{p}{K^2 - 1}\left(1 - \frac{R_o^2}{r^2}\right) \\ \sigma_t &= \frac{p}{K^2 - 1}\left(1 + \frac{R_o^2}{r^2}\right) \end{aligned}\right\} \qquad (1-17)$$

2. 筒体内壁和外壁上的应力

(1) 在内壁，$r = R_i$；代入式(1-17)即得筒体内壁上的轴向应力σ_{zi}、径向应力σ_{ri}和周向应力σ_{ti}，分别为：

$$\left.\begin{aligned}\sigma_{zi} &= \frac{p}{K^2-1}\\ \sigma_{ri} &= -p\\ \sigma_{ti} &= \frac{p(K^2+1)}{K^2-1}\end{aligned}\right\}\qquad(1-17)'$$

(2) 在外壁，$r=R_o$，代入式(1-17)即得筒体外壁上的轴向应力 σ_{zo}、径向应力 σ_{ro} 和周向应力 σ_{to}，分别为：

$$\left.\begin{aligned}\sigma_{zo} &= \frac{p}{K^2-1}\\ \sigma_{ro} &= 0\\ \sigma_{to} &= \frac{2p}{K^2-1}\end{aligned}\right\}\qquad(1-17)''$$

仅受内压的厚壁圆筒的轴向与径向应力分布图，见图1-10。

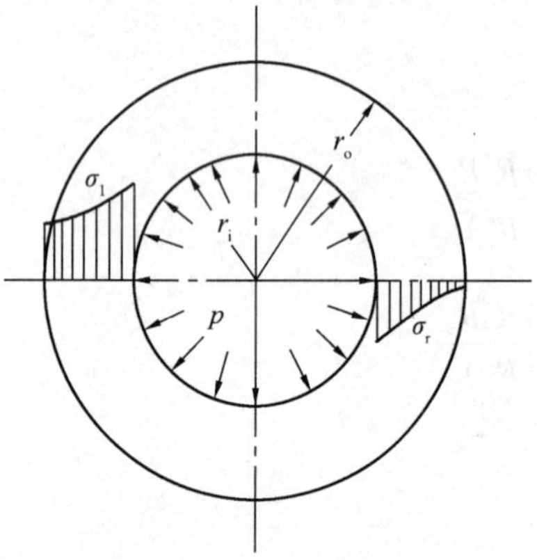

图1-10　厚壁圆筒应力分布图

3. *应力分布特点*

由公式(1-17)可以看出，厚壁圆筒体的应力分布具有以下一些特点：

(1) 由于 $K>1$，$r<R_o$，所以 $\sigma_r\leqslant 0$，即厚壁筒体上任一点的径向应力都是压缩应力，且 r 越小，σ_r 的绝对值越大。这表明径向压缩应力在内壁($r=R_i$)最大；而在外壁($r=R_o$)为最小，其值为零。

(2) 筒体上任意点的周向应力 σ_t 都是拉伸应力($\sigma_t>0$)，且 r 越小，σ_t 越大，表明最大周向应力产生在筒体内壁。筒体内外壁周向应力之比值为 $\sigma_{ti}/\sigma_{to}=(K^2+1)/2$。这就说明筒体相对壁厚越大，比值越大，应力分布越不均匀。

(3) 轴向应力 σ_z 是均匀分布的拉伸应力($\sigma_z>0$)。筒体的相对壁厚越大，轴向应力越小。筒体上任意点上的轴向应力都是其他两向应力分量(周向、径向)的平均值，即

$$\sigma_z=\frac{\sigma_z+\sigma_r}{2}$$

上述厚壁圆筒的分析结论，在工程上有较大的实用价值。它使人们了解到承受内压的厚壁圆筒，弹性失效总是首先从内壁开始。如果容器内表面存在缺陷，其危险性要比外壁存在缺陷时大得多。也指明了通过各种制造工艺手段，在器壁上产生预加残余应力(内壁压缩应力、外壁拉伸应力)来均衡容器承受内压时的内外壁综合应力的可能性和必要性。

4. *厚壁理论公式与薄膜理论公式计算应力的比较*

前面曾论及，厚壁圆筒与薄壁圆筒并无明确的界限。计算应力时之所以分“薄壁”与“厚壁”，主要是因为在相对壁厚较小的情况下，最高应力与平均应力相差很小，可以用简单的薄膜理论公式来简化计算。下面我们通过比较，了解两种公式计算结果的差异，以及厚、薄壁壳体的界限划分问题。

(1) 若薄壁公式取内径为计算基准，即取公式中的 R 为筒体的内径 R_i，则式(1-14)可以改为含 K 的表达式：

$$(\sigma_\theta)_{R=R_i} = \frac{pR_i}{S} = \frac{pR_i}{R_o - R_i} = \frac{p}{K-1} \quad (1-18)$$

式中 R_i、R_o 分别为圆筒体的内半径与外半径。圆筒体薄膜应力与用厚壁公式计算的内壁周向应力之比即为：

$$\frac{(\sigma_\theta)_{R=R_i}}{\sigma_{ti}} = \frac{p}{K-1} \div \frac{p(K^2+1)}{K^2-1} = \frac{K+1}{K^2+1}$$

(2) 若薄壁公式取圆筒的中间曲面半径为计算基准，即取公式中的 $R=R_m$（R_m为内外半径的平均值），则公式可以改写成：

$$(\sigma_\theta)_{R=R_m} = \frac{pR_m}{S} = \frac{p(R_o+R_i)}{2(R_o-R_i)} = \frac{p(K+1)}{2(K-1)} \quad (1-19)$$

薄壁应力公式与厚壁应力公式之比即为：

$$\frac{(\sigma_\theta)_{R=R_m}}{\sigma_{ti}} = \frac{p(K+1)}{2(K-1)} \div \frac{p(K^2+1)}{K^2-1} = \frac{(K+1)^2}{2(K^2+1)}$$

各种不同 K 值的薄壁应力公式与厚壁应力公式计算应力之比值列入表 1－14。

表 1－14　不同 K 值下两种公式计算应力之比

K	1.1	1.2	1.4	1.6	1.8	2.0
$(\sigma_\theta)_{R=R_i}/\sigma_{ti}$	0.9502	0.9017	0.811	0.73	0.66	0.60
$(\sigma_\theta)_{R=R_m}/\sigma_{ti}$	0.9977	0.9918	0.97	0.95	0.924	0.90

从表中可以看出，当圆筒的外内径比值 K 较小时，用薄膜应力公式计算的误差是很小的。特别是采用中径为计算基准时，即使外内径比值 K 达到 1.2，其误差也小于1%。所以在这种情况下，圆筒体的应力完全可以用薄膜理论公式进行计算。国内外许多压力容器设计规范对于 $K \leq 1.2$ 的容器都采用薄膜中径公式进行计算和设计，美国机械工程师协会对薄膜理论公式稍作修正，规定可用于 $K \leq 1.5$ 的压力容器。

三、容器的边界应力与热应力

（一）壳体的边界应力

1. 组合壳体的边界效应

在上一部分中，我们分析了各种形状的回转壳体的薄膜应力。这些应力单纯是由于壳体承压而产生的，它只是壳体中应力的一部分。在分析壳体薄膜应力时，假设壳壁很薄，根本不能承受弯矩，因而认为壳体不存在弯曲应力。但实际上作为承受压力的一个壳体，总有一定的刚度。壳体受压变形时，由于半径增大，壳壁的曲率半径发生了变化，壳体中总会因此而产生弯矩和弯曲应力，只不过这些弯曲应力与薄膜应力比较起来，小到可以忽略不计而已。在薄壁容器中，更大的附加弯曲应力产生在结构形状不同的两个壳体的连接边界上。

(1) 边界效应与边界应力

压力容器大多是组合壳体，是由不同形状的回转壳体组装连接而成的，如圆筒形容器就是由圆筒体与各种形状的封头组合而成。容器上还装设有接管和支座等。这些连接在一起而结构形状或厚度尺寸不同的回转壳体，在压力作用下产生的径向变形（径向增量）是不相同的，现以圆筒体与很厚的平板封头连接为例。观察图 1－10 的组合壳体，在内压作用下，圆筒体应产生如图中虚线所示的半径增大变形，而与它连接在一起的平板封头，承受均布的压

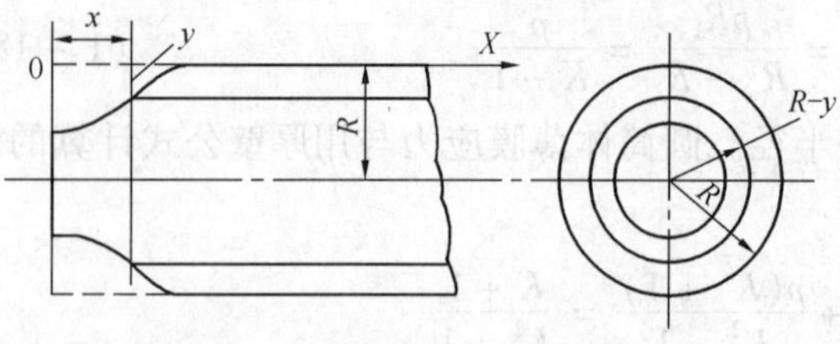

图 1－11　圆筒与封头连接处的变形

力载荷时，在半径方向的变形是很小的。这样，向外膨胀的圆筒体，在连接处就受到平板封头的限制，因而在连接边界就产生弯曲变形，见图 1－11。

这种局部的弯曲变形，将在筒壁上产生弯矩，并因为薄壁壳体的抗弯能力较弱而引起较大的弯曲应力。在某些情况下，这样引起的应力可以比圆筒体承受内压时所产生的薄膜应力大得多。这种由于部件结构形状或厚度尺寸的不同，在承载时产生不同的变形，而又因为它们是连接在一起的，因而引起相互约束的现象，只发生在两个部件连接处的边界地区，因之称作“边界效应”或“边界问题”，而由边界效应所引起的应力则称为“边界应力”或“不连续应力”。

（2）产生边界应力的结构部位

从上面的分析可知，壳体的边界效应主要是由变形不连续而引起的。而变形不连续则可以起因于部件的几何形状、尺寸、材料性能或外加载荷等的突然变化。

在压力容器中，边界效应往往在下列一些常用的结构中产生：

① 圆筒体与各种封头的连接；

② 壁厚不同的两圆筒相连接；

③ 圆筒体焊接法兰或装设加强圈；

④ 圆筒与管板的连接；

⑤ 具有不同物理性能(例如 E、μ 等)的两种材料所制成的筒体相连接；

⑥ 圆筒体或球体上开孔接管。

2. 圆筒体与各种封头连接所产生的边界应力

（1）在连接处的主要内力分量

具有各种不同形状封头的圆筒形容器，承受内压时，封头与圆筒体由于几何形状不同，总是要产生不同的变形，在一般情况下，都是圆筒体要产生较大的径向增量(直径增大)。而封头的径向增量较小，甚而产生直径缩小的变形(例如标准椭圆形封头)，而它们又是连接在一起的，因而相互牵制，从而在连接处的横截面上分别产生下列两对内力分量，见图1－10。

① 径向剪力 Q_0，此力垂直作用于壳体，对圆筒体，它使壳体直径缩小，而对封头，它使壳体直径增大，这样来保证两个壳体的结构连续而不致断开(即在连接处分离)。

② 轴向弯矩 M_0，它的存在是使两个壳体在连接处的变形偏转一致，即保证它们平滑过渡，而不致在连接处产生折点。

（2）边界效应所产生的边界应力

在连接处存在的两对内力分量，必将对它附近的各个截面产生程度不同的影响，包括壳体的径向变形(直径增大或缩小)和偏转弯曲。这样，在边界附近处将因此而产生下列各项边界应力。

① 轴向弯曲应力。此应力是由于各截面存在不同的轴向弯矩所产生，它作用于壳体的横截面上，沿壁厚方向线性分布，分别在内外壁存在最大的拉伸应力和压缩应力。

② 周向弯曲应力。这是由于筒体轴向弯曲时，它在横向(周向)所产生的变形(即横向效应)受到相邻壳体材料的限制而引起的横向(周向)弯矩与应力。此应力作用于壳体的纵截

面上，也是沿壁厚方向线性分布，分别在内、外壁取得最大值。

③ 周向压缩(或拉伸)应力。此应力是由壳体受力而致直径缩小(或增大)而引起。它是沿壁厚均匀分布的。在一般情况下，筒体由于边界效应而引起直径缩小，因而产生的是周向压缩应力，而封头则相反，产生的是周向拉伸应力。

④ 径向剪应力。此应力是由于各截面存在不同的径向剪力而引起，它作用在壳体的横截面上，使相邻两截面发生剪切变形。由边界效应引起的径向剪应力导致应力相比是十分小的，因而常常予以忽略。

要求解由于边界效应而在它附近的各个截面所产生的各项应力，必须先解出在连接处所存在的主要内力分量(轴向弯矩 M_0及径向剪力 Q_0)，以及由此而在附近各截面所产生的弯矩与径向变形量。由于这些计算比较复杂，这里不作推导与论述。下面仅根据壳体弯曲理论的应力分析结果，简述具有几种常用封头的圆筒体上所产生的不连续应力。

(3) 圆筒体与半球封头连接时的不连续应力

具有半球封头的圆筒形容器，为了便于组装焊接，常常采用壁厚与圆筒体相等的半球封头。在这种情况下，封头与圆筒连接处不存在轴向弯矩($M_0=0$)，而只存在径向剪力 Q_0，它使连接处附近的各个截面产生轴向弯矩、周向弯矩和径向变形，并由此引起下列各项边界应力。

① 最大轴向弯曲应力产生在筒体或封头上距连接边界为 $x=\pi/4\beta$ 处[β 为边界效应衰减系数，其值为 $3(1-\mu^2)^{1/4}(RS)^{-1/2}$，对压力容器常用的钢材，$\mu=0.3$，则 $\beta=1.285(RS)^{-1/2}$]，或 $x=0.61\sqrt{RS}$处(式中 R 为圆筒半径，S 为圆筒壁厚)；最大轴向弯曲应力值约为 $\pm0.146\frac{pR}{S}$，即最大轴向弯曲应力约为轴向薄膜应力的 29.2%，最大轴向合成应力(薄膜应力与弯曲应力之和)为轴向薄膜应力的 1.292 倍。它还远小于圆筒体的周向薄膜应力。

② 最大周向压缩(或拉伸)应力产生在封头与圆筒体的连接处，此应力沿壁厚均匀分布，其值为$\frac{pR}{4S}$，是承压引起的周向薄膜应力的 25%。因为在圆筒体，它是压缩应力，因而使圆筒体在该处的周向合成应力有所降低；而在封头，则是拉伸应力，所以半球封头的周向合成应力在此处取得最大值；其值是 $1.5\frac{pR}{2S}$，即是半球封头周向薄膜应力(由压力引起)的 1.5 倍，但仍小于圆筒体的周向薄膜应力。

③ 最大周向弯曲应力产生在筒体或封头上距连接边界为 $x=\pi/4\beta\approx0.61\sqrt{RS}$处，其值约为 $0.044\frac{pR}{S}$。但由于圆筒体在此处存在较大的周向压缩应力$\left(约为 0.08\frac{pR}{S}\right)$，因此圆筒体的最大周向合成应力并不在此处，而是在 $x=\pi/2\beta\approx1.22\sqrt{RS}$处(此处圆筒的周向压缩应力为零)，其值为 $1.028\frac{pR}{S}$。即由于边界效应的影响，圆筒体的周向应力最大增加 2.8%。

如果半球封头的壁厚与圆筒体不等(一般都是半球封头壁厚稍小些)，则在两壳体连接处既存在轴向弯矩 M_0，也存在径向剪力 Q_0，此时，最大轴向弯曲应力产生在连接边界处，其值将较两壳体壁厚相同时的应力要大些，但圆筒的最大轴向合成应力也小于由内压力引起的周向薄膜应力。若半球封头壁厚过薄(若为圆筒体壁厚的 40%)，则封头的最大周向合成应力可能大于圆筒体周向薄膜应力，但也不会超过 30%。

(4) 圆筒体与椭圆形封头连接时的边界应力

采用椭圆形封头的圆筒形容器，封头的壁厚通常是等于或稍大于圆筒体的壁厚。如果两者的壁厚相同，则在其连接处也不存在轴向弯矩($M_0=0$)，而只存在径向剪力 Q_0，这时连接处附近的截面上将产生如下的边界应力。

① 最大轴向弯曲应力也产生在距连接边界为 $x=0.61\sqrt{RS}$ 处，其值将比采用半球形封头时增大$\left(\frac{a}{b}\right)^2$倍，即最大轴向弯曲应力为 $\pm0.146\left(\frac{a}{b}\right)^2\frac{pR}{S}$(式中 a/b 为椭圆的长径与短径之比值)。在一般的情况下，最大轴向合成应力也不会超过圆筒体的周向薄膜应力。

② 最大周向压缩(或拉伸)应力和最大周向弯曲应力所产生的部位和采用半球封头时相同，但此边界应力也都比采用半球形封头时增大$\left(\frac{a}{b}\right)^2$倍。

如果椭圆封头壁厚与圆筒体不相同，则上述各项边界应力也会相应增大，但只要采用长短径比 a/b 不太大的椭圆形封头，圆筒体的边界应力与它的薄膜应力比较起来仍然是不大的。

(5) 圆筒体与平板封头连接时的边界应力

平板封头与圆筒体在内压作用下，两者的弹性变形的差异极大，因而在连接处存在较大的轴向弯矩和径向剪力，并由此而在边界处产生很大的弯曲应力，特别是轴向弯曲应力。

弯曲应力的大小与平板封头壁厚和圆筒壁厚之比值有关，此比值越大，圆筒上所产生的弯曲应力越小。但即使平板很厚(假设为无限厚，绝对刚性，承压时不发生弯曲变形)，圆筒在连接边界处的轴向弯曲应力亦可达 $3.1\frac{pR}{2S}$，即轴向弯曲应力高达轴向薄膜应力的3.1倍。

实际结构中，平板封头的厚壁不可能很大。平板在内压作用下总要发生弯曲变形，因而圆筒在边界处的轴向弯曲应力实际比上述数值还要大得多。理论分析与实际试验都已表明，若平板封头的壁厚仅稍大于圆筒壁厚，则由于边界效应而在圆筒上产生的轴向弯曲应力可以达到它承受内压所产生的轴向薄膜应力的数十倍。

3. 边界应力的特性及其影响

(1) 边界应力的特性

构件的边界应力是由于零部件的变形不协调而引起的，它与直接由载荷而产生的薄膜应力不同，具有以下两个明显的特点：

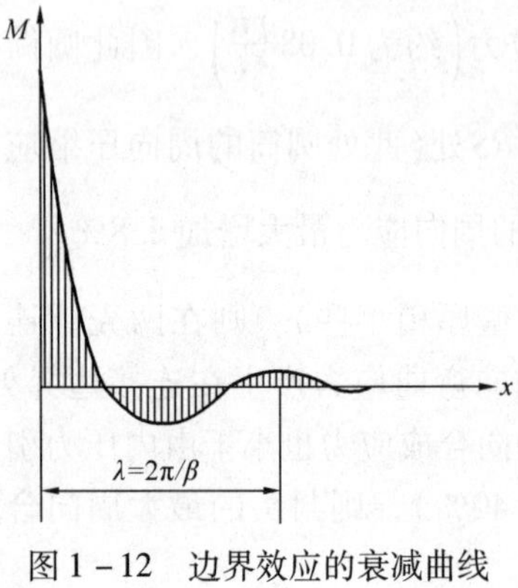

图 1－12　边界效应的衰减曲线

① 应力的分布范围很窄小，它随着与边界距离 x 的增加而迅速衰减。从理论分析可知，边界效应所产生的挠度(径向变量)、转角、弯矩及剪力都具有振幅迅速减弱的衰减波的特征，见图 1－12。这种衰减波的波长为 $\lambda=2\pi/\beta$，因此在连接边界每一边的距离为波长的1/2处，即 $x=\pi/\beta=\pi\sqrt{RS}/1.285=2.45\sqrt{RS}$(式中 R 为圆筒半径，S 为圆筒壁厚)附近，它们的作用都已经显著衰减了。

② 边界应力不象承载应力那样，随着载荷的增加而不断增大，而是具有自限性质的。一旦其中的某一部件的应力达到材料的屈服极限，而产生小量的塑性流动，部件

间的变形不协调就可得到缓解，并产生有利的应力重新分布，使较高的边界应力受到限制。

(2) 边界应力的影响及实用意义

根据以上对边界效应的分析和对具体部件边界应力的计算结果，对壳体因边界效应所产生的影响可以作下列考虑，或在实际中加以应用：

① 圆筒体与凸形封头(半球封头或椭圆形封头等)连接时，边界效应现象并不严重，即不会产生过高的边界应力。因此在这些容器设计中，一般不用考虑边界效应的影响。如果圆筒体与凸形封头的壁厚相同，则由于边界效应而产生的最大轴向弯曲应力并不大，其位置也不在两部件的连接处。因此规定凸形封头必须留有直边(即一节短圆筒)以使封头与筒体连接环焊缝离开最大轴向弯曲应力所在部位的要求是没有根据的。

② 在采用平板封头以及其他的一些不合理结构中，边界应力可以达到很高的数值，虽然不会直接导致塑性材料构件的破坏(即容器不会因承受一次或数次载荷而破裂)，但如果制造容器部件的材料韧性较差，或容器承受反复多次的载荷，则部件将会因存在过高的局部应力而发生脆性断裂或疲劳断裂。在这样的条件下，就必须考虑部件的边界应力。

(二) 容器的热应力

压力容器，特别是化工、石油化工及核工业用的压力容器，有一些是在高温或深冷的条件下运行的。例如锅炉或化工反应容器，其部件的温度可高达1000℃，甚至更高些。而深冷工业用的低温容器，有的可低至－100℃以下。这些容器或其部件在温度远高于或远低于常温(使用前的温度)时，如果它的热变形受到外部限制或本身温度分布不均匀，就会产生热应力。这种应力有时可以达到很高的数值，使容器部件产生过量的塑性变形，在适宜的条件下，甚至可以导致断裂。

1. 热应力及其产生的原因

物体热胀冷缩是常见的物理现象。但是构件温度变化所产生的自然胀缩，会由于某些原因而受到相邻部件或自身的约束，这样就会在构件内部引起应力。这种因部件温度变化而产生的变形受到约束所引起的应力，称为热应力，或温差应力。

例如，一根原来长度为L、温度为T_1的杆，若温度均匀上升至T_2，如果它的两端不受约束，可以自由膨胀，则它将产生伸长变形，其伸长量为$\Delta L=\alpha(T_2-T_1)L=\alpha L\Delta T$。式中$\alpha$为材料的线膨胀系数，单位为1/℃。这时杆内不会产生热应力，因为它的胀缩是自由的，不受任何限制。但若杆的两端被完全固定，即不能产生伸长变形，则杆内即产生热应力，其值为：

$$\sigma=-E\alpha(T_2-T_1)=-E\alpha\Delta T \qquad (1-20)$$

式中，E是材料的弹性模量。公式(1－20)是构件仅在一个方向受到完全约束，而在其他两个方向的横向变形(由泊松效应所引起)不受限制时产生的应力。

若构件的热胀冷缩在两个方向都受到完全约束(这在压力容器及其部件中是最为常见的一种情况)，则构件在这两个受约束的方向上的应力分别为：

$$\sigma=-\frac{E\alpha(T_2-T_1)}{1-\mu}=-\frac{E\alpha\Delta T}{1-\mu} \qquad (1-21)$$

式中，μ为材料的泊松比。

比较公式(1－20)与式(1－21)可知，在两个方向温差胀缩都受到约束的构件，其热应力是单向约束时应力的$1/(1-\mu)$倍。对于压力容器用钢，$\mu=0.3$，应力约增大43%。

若构件的温差胀缩在三个方向都受到约束，则其热应力为：

$$\sigma = -\frac{E\alpha\Delta T}{1-2\mu} \tag{1-22}$$

当然，这种情况在压力容器部件中是比较少见的。

以上各式的负号是表示构件温度升高，伸长受到约束，因而产生的是压缩应力。反之，若构件温度降低，自然收缩受到限制，则产生的是拉伸应力。

在压力容器或其部件中，热应力常在下列几种情况下产生。

① 容器在较高或较低温度下运行，虽然部件内部的温度分布均匀，但运行时因温度变化而引起的变形受到外部的约束或限制。如两个支座都是固定式的卧式容器，运行时的温度高于(或低于)设备安装时的温度，它的受热膨胀(或收缩)就受到限制，容器的横截面即产生轴向压缩(或拉伸)应力。

② 由两个或两个以上的零部件构成的组合构件，在运行中温度发生变化，由于温升不等，或构件材料的热膨胀系数不同而产生不同的膨胀量，于是部件之间相互受到约束，产生热应力。如管板固定的列管式换热器，运行中可以因壳体与管束的膨胀量不同而相互制约，使壳体与管子分别产生不同的热应力。

③ 构件内部温度分布不均匀，各部分产生不同的膨胀，构件本身材料相互约束，也会产生热应力。如厚壁圆筒形壳体，运行中壁温较高，且内外壁之间存在较大的温差，使内壁材料的膨胀(或收缩)受到外部材料的约束而在内壁产生压缩(或拉伸)的热应力，外壁产生拉伸(或压缩)的热应力。

2. 常用的几种承压部件的热应力

(1) 在固定管板列管式换热器中，由于管板的限制，圆筒形壳体与管束之间不能产生相对的伸缩变形，亦即在结构上要求筒体与管子由于温度变化而引起的伸缩必须一致。如果在运行过程中，圆筒体与管束的温升不同，或两者的热膨胀系数不同，则它们的自然胀缩量就不一样，这样，受热伸长多一些(例如管束)将会对伸长量少一些(例如圆筒)施加拉力，而后者则要对前者施加压力，从而使圆筒体与管束都产生热应力。

这种热应力的计算自然要比上面所列举的单向或双向受完全约束情况下热应力的计算要复杂一些，但其基本原理是一样的。根据分析结果，圆筒体与管束的应力可以分别按下列公式计算。

圆筒体的轴向热应力为：

$$\sigma_s^t = \frac{E_t E_s A_t(\alpha_t \Delta T_t - \alpha_s \Delta T_s)}{E_t A_t + E_s A_s}$$

管子的轴向热应力为：

$$\sigma_t^t = \frac{-E_t E_s A_s(\alpha_t \Delta T_t - \alpha_s \Delta T_s)}{E_t A_t + E_s A_s} \tag{1-23}$$

式中 σ_s^t——圆筒壳体的轴向热应力，MPa；

σ_t^t——管子的轴向热应力，MPa；

E_s——圆筒壳体的弹性模量，MPa；

E_t——管子材料的弹性模量，MPa；

A_s——圆筒壳体的横截面积，mm^2；

A_t——管束的总横截面积，mm^2；

α_s——圆筒体材料的线膨胀系数，$℃^{-1}$；

α_t——管子材料的线膨胀系数,℃$^{-1}$;

ΔT_s——圆筒体的操作温升值,℃;

ΔT_t——管子的操作温升值,℃。

若圆筒壳体的材料与管子相同，或它们的线膨胀系数 α 和弹性模量 E 差别不大，即 $\alpha_s \approx \alpha_t \approx \alpha$，$E_s \approx E_t \approx E$，则圆筒壳体与管子的轴向热应力即分别为：

$$\left.\begin{aligned} \sigma_s^t &= \frac{E\alpha A_t(T_t - T_s)}{A_s + A_t} \\ \sigma_t^t &= \frac{-E\alpha A_s(T_t - T_s)}{A_s + A_t} \end{aligned}\right\} \tag{1-24}$$

式中，T_s和 T_t分别为圆筒壳体的壳壁温度和管束的管壁温度。

公式(1-23)与式(1-24)中的正号表示拉应力，负号表示压应力。计算这种组合部件的热应力时，式中的材料线膨胀系数 α 与弹性模量 E 应取运行温度下的数值(材料的 α、E 随温度的变化而略有差异)。

(2) 有衬里(或复合层板)壳体的热应力

在一些化工容器中，为了防止工作介质对壳体产生腐蚀，往往在容器内壁加一层金属或非金属衬里，或者整个壳体用复合层板制造。这样的容器，在运行过程中，如果操作温度高于或低于常温(安装时的温度)，而衬里(或复合层板)与壳体材料的热膨胀系数不相同时，即使衬里或复合层板的壁温与壳体壁温一样，也会产生热应力。如果衬里材料的热膨胀系数大于壳体材料的热膨胀系数，则当操作温度高于常温时，衬里就要产生较大的径向变形而受到壳体的限制，因而使衬里产生压缩的热应力。若操作温度低于常温，则衬里产生拉伸的热应力，壳体产生压缩的热应力。若衬里材料的热膨胀系数较壳体为小，则产生的热应力正好与上述情况相反。

由于衬里和壳体的热膨胀系数不同而产生的热应力可以用下式计算：

$$\left.\begin{aligned} \sigma_S^t &= \frac{-E_S}{1 + \dfrac{S_S E_S}{S_C E_C}}(\alpha_S - \alpha_C)\Delta T \\ \sigma_C^t &= \frac{E_C}{1 + \dfrac{S_C E_C}{S_S E_S}}(\alpha_S - \alpha_C)\Delta T \end{aligned}\right\} \tag{1-25}$$

式中 σ_S^t——壳体的周向热应力，MPa;

σ_C^t——衬里的周向热应力，MPa;

E_S——壳体材料的弹性模量，MPa;

E_C——衬里材料的弹性模量，MPa;

S_S——壳体壁厚，mm;

S_C——衬里的厚度，mm;

α_S——壳体材料的线膨胀系数,℃$^{-1}$;

α_C——衬里材料的线膨胀系数,℃$^{-1}$;

ΔT——操作时的温升值,℃。

(3) 圆筒体存在径向温差时的热应力

在较高或很低温度下运行的容器，器内的温度与环境的大气温度相差较大。如果没有隔热层，且器壁又比较厚，则由于壳壁上存在热阻，容器的内壁与外壁会产生较大的温度差，以致壳体内外层由于热膨胀不同而相互约束，从而产生热应力。例如，当内壁温度高于外壁温度时，内层的热膨胀量就大于外层，但它们又是一个整体，因而相互约束，这样内壁各层即受到程度不同的径向压力(相当于受外压)，而外壁各层则受到径向张力(相当于受内压)。在这种力的作用下，就在壳壁上产生径向热应力 σ_r^t 和周向热应力 σ_t^t。由于各层温度不同，壳体在轴向产生的膨胀量也不相同，但也相互约束，因而也存在轴向热应力 σ_z^t。

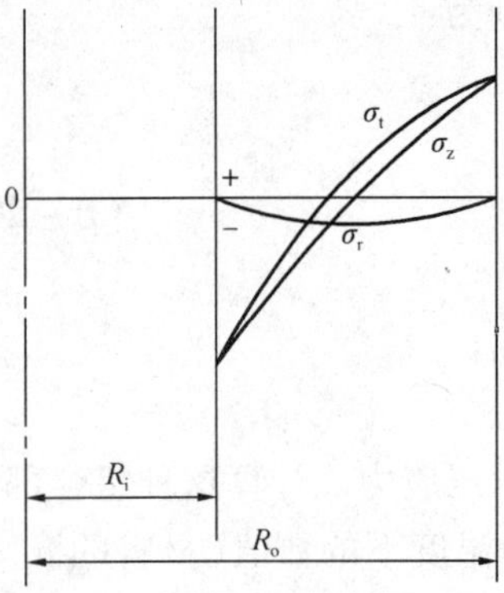

图 1－13　存在径向温差的筒壁上的应力分布

在正常运行的状态下，器内介质的热，总是以稳定状态流过器壁，从而使圆筒的内壁和外壁保持恒定的温度差，温度沿整个器壁的分布为对数型。若内壁的温度高于外壁，则器壁内的三向热应力沿壁厚分布如图 1－13 所示。

通过理论分析可知，在器壁温度分布为对数型的条件下，周向热应力 σ_t^t 和轴向热应力 σ_z^t 在内壁取得相同的最大绝对值，其值为：

$$\sigma_{ti}^t = \sigma_{zi}^t = \frac{E\alpha\Delta T}{2(1-\mu)\ln K}\left(1 - \frac{2K^2}{K^2-1}\ln K\right)$$

圆筒外壁的周向热应力和轴向热应力为　　(1－26)

$$\sigma_{to}^t = \sigma_{zo}^t = \frac{E\alpha\Delta T}{2(1-\mu)\ln K}\left(1 - \frac{2}{K^2-1}\ln K\right)$$

式中　σ_{ti}^t——圆筒内壁的周向热应力，MPa；

σ_{zi}^t——圆筒内壁的轴向热应力，MPa；

σ_{to}^t——圆筒外壁的周向热应力，MPa；

σ_{zo}^t——圆筒外壁的轴向热应力，MPa；

E——圆筒材料的弹性模量，MPa；

α——圆筒材料的线膨胀系数，℃$^{-1}$；

μ——圆筒材料的泊松比；

K——圆筒的外径与内径之比值；

ΔT——圆筒内外壁温差(内壁高于外壁)，℃。

对承受内压的厚壁容器，如果内壁的温度高于外壁，则这种热应力的存在是比较有利的。因为它在内壁的压缩热应力可以抵销一部分由于内压而产生且存在于内壁的最大拉伸应力，从而使运行时器壁上的应力趋于均匀。但是，如果温差情况相反，即内壁的温度低于外壁时，则热应力在内壁为最大的拉伸应力。在这种情况下，热应力将与内壁上由压力引起的最大拉伸应力相叠加，使器壁处在更高的应力状态下。

公式(1－26)虽然表明圆筒的温度分布及热应力似与壁厚无关，而仅仅取决于径比 K。但是，式中的温差 ΔT 却与壁厚有关。因为在一般情况下，壁厚越大，筒体的内外壁温差 ΔT 也越大，所以厚壁圆筒的热应力影响要比薄壁圆筒情况严重。

工程上为了计算方便，常将公式(1－26)简化成如下形式：

圆筒内壁的热应力为：

$$\sigma_{ti}^{t} = \sigma_{zi}^{t} = -AB\Delta T \tag{1-27}$$

圆筒外壁的热应力为：

$$\sigma_{to}^{t} = \sigma_{zo}^{t} = A(2-B)\Delta T$$

式中，A 为与材料的物理和力学性能相关的系数，即

$$A = \frac{E\alpha}{2(1-\mu)}$$

且与使用温度有关。在不太高的操作温度下，压力容器用钢的 A 值可按表 1－15 取用。B 是由圆筒的外内径比值 K 决定的无量纲系数，即

$$B = \frac{2K^2}{K^2-1} - \frac{1}{\ln K}$$

根据常用的径比值 K 算得的 B 值列如表 1－16。

表 1－15　压力容器用钢材的 A 值($MPa \cdot ℃^{-1}$)

钢　种	低碳钢	普通低合金钢	高合金钢
A	1.5	1.7	1.8

表 1－16　各种径比 K 值下的 B 值

K	1.1	1.2	1.3	1.4	1.5	1.6	1.8	2.0	3.0
B	1.03	1.06	1.09	1.11	1.13	1.15	1.19	1.22	1.34

3. 热应力的特性及其意义

(1) 热应力的特性

与因结构不连续而产生的边界应力一样，构件的热应力也是由于零部件的变形受到约束而引起的。因此也是属于自限性质的。当某一区域的应力达到材料的屈服强度时，局部的塑性流动即可以满足其产生的条件，使应力不再继续增大，并产生有利的应力分布。所以对一般塑性材料制成的部件，不会因施加一次或几次载荷而遭到破坏。当然，对脆性材料制成的部件，由于材料难以产生扁部的塑性变形(材料没有明显的屈服强度)，热应力不易得到缓解，而当应力达到材料的抗拉强度强度时，部件即发生破裂。

(2) 不需要考虑热应力的情况

设计承压部件时，对它的热应力也并不是都必须加以考虑的。如果与其他载荷所产生的应力相比，热应力很小时，就可以不予考虑。例如：

① 受内压的容器，如果壁温之差不超过 10℃时，可以不计及热应力；

② 有隔热保温层的高温或深冷贮存容器，如果绝热材料效果良好，壳壁的热应力可以不加考虑；

③ 操作温度已经达到使材料发生蠕变的部件，一般不计及热应力。

(3) 如何防止部件产生过高的热应力

热应力虽不会直接导致塑性材料部件的断裂，但它可以引起脆性材料构件的破坏，也可

以使塑性材料构件发生热疲劳破坏。因此，对在高温或深冷条件下操作的容器及其部件，应防止产生过高的热应力，特别是瞬态热应力(部件温度瞬时发生急剧变化时引起的应力)。一般的措施是：

① 在结构上，应装设有缓解部件受热变形相互约束的装置，如卧式容器的活动支座及膨胀节等，使部件在温度变化时能自由胀缩；

② 高温或深冷条件下运行的容器，应装设有良好的隔热保温装置；

③ 操作上，应防止温度的急剧变化，如设备的开车或停车，必须缓慢进行。

四、 压力容器的应力分类与限制

(一) 压力容器的应力分类

1. 应力分类问题的提出

从上面的分析可知，容器的各种承压部件，除了由内压引起的薄膜应力外，还存在由边界效应引起的边界应力，热膨胀受到约束而引起的热应力。此外，在壳体的开孔接管等部位也会产生有别于薄膜应力的局部应力。这些由不同条件所引起，具有不同性质的各类应力，在导致容器或其部件发生破坏所起的作用上是否完全一样呢？我们可以通过分析各类应力在器壁上的分布状况及由它所引起的部件的变形来进行讨论。

有些应力分布在器壁的整个截面上，它使部件发生整体变形。而且随着应力的增大，器壁的变形也毫无限制地增加。当这种应力达到材料的屈服强度时，器壁即产生显著的塑性变形。如载荷继续增大，部件就会因过度的塑性变形而断裂。例如部件因承压而产生的经向或环向薄膜应力就是这样，这种类型的应力自然是最危险的一种，因为它会直接导致部件的破坏。

有些应力只产生在部件的局部区域内，虽然它也会引起壳体的变形，且在它的数值增大到材料的屈服强度时，也会产生局部的塑性变形。但这种局部的塑性流动，或者可以使原来的变形不协调得到缓解，或者受到相邻区域(应力较低，材料还处于弹性状态)的限制而不能继续发展下去，并且使应力重新分布。例如总体结构不连续处的弯曲应力就是这样一类应力。

还有些由应力集中而产生的局部应力，只局限在一个很小的区域范围内，且迅速衰减，在它的周围附近很快就消失。因为受到相邻区域的约束，这种局部应力基本上不会使部件产生任何明显的变形。例如承压部件器壁上的小孔或缺口所产生的应力集中就属于这一类应力。

通过这样的简单分析可知，容器各部位所产生的不同类型的应力，由于引起的变形情况不同，在可能导致容器破坏的过程中所起的作用是不一样的。也可以说，不同类型的应力，在容器的不同破裂模式中具有不同程度的重要性。显然，如果要求把这些不同类型的应力都控制在一个水平上，那是不合理的。因此，为了确保压力容器在条件复杂的情况下安全运行，充分发挥容器材料的潜在能力，有必要探索容器承载时所产生的各种性质的应力及其对容器强度的影响和作用，并用新的设计观点——应力分析设计方法来进行压力容器的设计。

弹塑性力学理论的进一步发展，电测及光弹测量技术的不断完善，电子计算技术在应力分析中的应用，使人们不仅有必要而且也有可能通过理论和实验分析进行精密的计算和测量，探明容器各部件所产生的各种应力，并对其作用进行评价。

应力分析设计方法的基本出发点就是，根据各类应力在导致容器破坏中所起的作用，即按照应力的不同性质，加以区别对待，控制在不同的范围内。

2. 应力的分类

根据应力的不同性质，容器的各种应力可以分为一次应力、二次应力和峰值应力三类。

(1) 一次应力(P)

一次应力或称基本应力，是由外载荷引起的正应力或切应力。外载荷包括压力、重量以及其他外作用力(如风力)和力矩。

一次应力具有两个明显的特性：一是这类应力必需满足外载与内力的平衡关系，所以可由静力平衡条件确定；二是应力为非自限性，即它总是随着外载荷的增加而增大，不会因为达到屈服而自行限止。

根据应力的分布状态，一次应力又可以分为以下几种：

① 一次总体薄膜应力(P_m)。这是指均匀分布在整个壳体及其截面上的薄膜应力。例如薄壁圆筒和薄壁球壳在内压作用下产生的环向应力和经向应力，厚壁圆筒承压时引起的轴向应力等。

② 一次弯曲应力(P_d)这是指除去薄膜应力后，在器壁厚度方向成线性分布的应力。例如在内压作用下，容器平板封头(端盖)中央部分所产生的弯曲应力等。一次弯曲应力应用极限设计的概念进行分析。

③ 局部薄膜应力(P_L)。这是指由压力或其他机械载荷引起并沿器壁厚度均匀分布，且只产生在局部范围内的薄膜应力。例如在筒体与封头连接处附近由于边界效应以致壳体径向自由膨胀或收缩受到限制而引起的周向应力。这种应力在沿器壁厚度方向上的分布状态与总体薄膜应力是相同的，但只存在于范围很窄的局部区域。从性质上看，它应当属于二次应力，只是出自偏于保守的考虑，仍划入一次应力的范围内。

(2) 二次应力(Q)

二次应力是由相邻部件的约束或构件自身的约束而产生的正应力或切应力。

二次应力的特性是，它是为了满足构件的变形协调，而不是为满足外载与内力的平衡而引起的，它是自限性的。即它在局部地区的材料产生屈服或小量的塑性变形之后，由于相邻部分之间的相互约束得到缓解，使变形趋于协调而不继续发展，应力就自动地限制在一定范围内，不再增大。

二次应力包括：

① 总体结构不连续处的弯曲应力，如圆筒与封头或法兰连接处由弯矩引起的轴向或周向弯曲应力；

② 总体温度应力，如由于存在轴向温度梯度在圆筒上产生的轴向应力，由于接管与容器本体存在温差而引起的应力等。二次应力应根据安定性原则予以限制。

(3) 峰值应力(F)

峰值应力是由于局部结构不连续(小孔、小的转角半径及焊缝咬边等)引起应力集中，使构件在原有应力(一次或二次应力)的基础上再增高的那部分应力。

峰值应力的基本特征是：应力分布区域很小，其区域范围约与容器的壁厚同一个数量级；它不会引起整个结构的任何明显的变形，而只有可能成为容器产生疲劳破坏或脆性破坏的根源。因此，在一般强度设计中不予考虑，只是在疲劳设计时加以限制。

峰值应力包括如下几个。

① 局部结构不连续处的总应力中除去一次和二次应力后的剩余部分。例如中间有一小孔而受拉伸的平板，若在远离小孔处的均匀应力为σ，而由于开孔应力集中在孔边的应力为$K_t\sigma$（K_t为应力集中系数），则它的峰值应力即为$F=K_t\sigma-\sigma=\sigma(K_t-1)$。

② 两种钢（例如碳钢与奥氏体钢）的复合板制造的容器部件，由于线膨胀系数不同而产生的热应力。

③ 局部热应力。例如由于器壁上存在一小热点所引起的应力。它与属于二次应力的总体热应力的区别在于它只产生在一个范围很小的某一温度突变点（例如，器壁与一高温小管的连接处）附近。

压力容器常用部件的应力分类如表1-17。

表1-17　容器常用部件的应力分类

容器名称	位　置	应力，起因	应力类别	符　号
圆筒形或球形容器	远离不连续处	内　压	总体薄膜应力一次	P_m
			沿壁厚的应力梯度——二次	Q
		轴向温度梯度	薄膜应力——二次	Q
			弯曲应力——二次	Q
	与法头或法兰连接处	内　压	局部薄膜应力——一次	P_L
			弯曲应力——二次	Q
任何壳体或封头	沿整个容器的任何截面	外部载荷力矩或内压	沿整个截面平均的薄膜应力，垂直于横截面——一次	P_m
		外部载荷或力矩	沿整个截面线性分布（不是沿壁厚的弯曲应力），垂直于横截面——一次	P_m
	接管或开孔附近	外部载荷、力矩或内压	局部薄膜应力——一次	P_L
			弯曲应力——二次	Q
			峰值应力	F
	任何位置	壳体与封头温度差	薄膜应力——二次	Q
			弯曲应力——二次	Q
蝶形或锥形封头	顶　部	内　压	总体薄膜应力——一次	P_m
			弯曲应力——一次	P_b
	过渡区或与壳体连接处	内　压	局部薄膜应力——一次	P_L
			弯曲应力——二次	Q
平板封头	中央区	内　压	总体薄膜应力——一次	P_m
			弯曲应力——一次	P_b
	与壳体连接处	内　压	局部薄膜应力——一次	P_L
			弯曲应力——二次	Q

续表

容器名称	位　置	应力，起因	应 力 类 别	符　号
接　管	正交于轴线的横截面	内压，外载，力矩	沿截面均布的薄膜应力	P_m
		外载、力矩	沿管截面的弯曲应力——一次	P_b
	管　壁	内　压	总体薄膜应力——一次	P_m
			局部薄膜应力——一次	P_L
			弯曲应力——二次	Q
			峰值应力	F
		膨胀差	薄膜应力——二次	Q
			弯曲应力——二次	Q
			峰值应力	F
任何部件	任　意	沿壳壁厚度方向上的温度梯度	当量线性应力①——二次	Q
			应力分布的非线性部分——峰值	F

① 当量线性应力系指应力分布中与线性分布相当的那部分应力，它有和实际应力分布相等的净弯矩。

（二）压力容器设计中各类应力的限制

上面曾谈到，应力分析设计就是按照应力的性质进行分类，给予不同的限制。那么各类应力根据什么原则进行限制呢？下面介绍建立在弹塑性理论基础上的应力限制准则。

1. 极限设计与安定性概念

（1）极限设计法

极限设计就是以塑性失效为准则的强度设计。这种观点认为，一点的应力达到屈服强度时，整个结构并不失效，而只有当整个截面上各点都屈服时，构件才算失效。所以按照这一观点，局部薄膜应力和弯曲应力可以允许有较高的数值。下面以梁为例，按此观点分别说明它在拉伸、弯曲或拉弯联合作用时的许用应力。为了便于说明，将材料都看成理想弹塑性体，即材料在比例极限前服从虎克定律，屈服以后，应变增加而应力不再增大。

拉伸应力的许用值：直梁受简单拉伸，应力在截面上均匀分布，应力达到屈服强度时，梁的各个截面以及每个截面上的各点理论上都应同时进入屈服状态，为了防止弹性失效，许用应力应限制在$[\sigma]\leqslant\frac{\sigma_s}{n_s}$的范围内。

（2）弯曲应力的许用值

设一根宽高为 b，高为 h 的矩型截面梁，其为承受弯矩为 M 的纯弯曲，则梁的上下表面的最大应力为：

$$\sigma_{max}=\frac{6M}{bh^2}$$

若此应力达到材料的屈服强度，则上下表面材料发生屈服，此时的外加弯矩应为：

$$M_1=\sigma_s\frac{bh^2}{6}$$

按照极限设计的观点，此时的梁并未失效，只有将弯矩继续增大，直至整个截面都处于屈服状态，梁才算失效。此时的外加弯矩应为：

$$M_s = \sigma_s \frac{bh^2}{4}$$

为便于比较，假设在弯矩 M_s 的作用下，截面上的应力仍呈弹性状态分布，则可由一般弯曲应力公式计算的截面最大应力点的“虚拟(名义)应力”为：

$$\sigma'_{max} = \frac{6M_s}{bh^2} = \frac{3}{2}\sigma_s$$

在考虑了安全系数后，可得：

$$\frac{\sigma'_{max}}{n_s} = \frac{3\sigma_s}{2n_s} = 1.5[\sigma] \qquad (1-28)$$

这就是极限设计的一次弯曲应力的许用值，此值为拉伸应力许用值的 1.5 倍。

(3) 拉伸与弯曲联合作用时的应力许用值

上述矩形截面若承受轴向拉力 p 与弯矩 M 的联合作用，如图 1-14a，任意截面内的弹性应力分布则如图 1-14b 所示。随着载荷的逐步增大，开始上表面屈服(图 1-14c)，然后梁的上面形成一塑性区(图 1-14d)。再增大，另一面也形成第二塑性区(图 1-14e)，直至到整个截面都屈服，达到极限状态，如图 1-14f 所示。此时的拉力和弯矩称为极限载荷，分别用 M_s 和 p_s 表示。

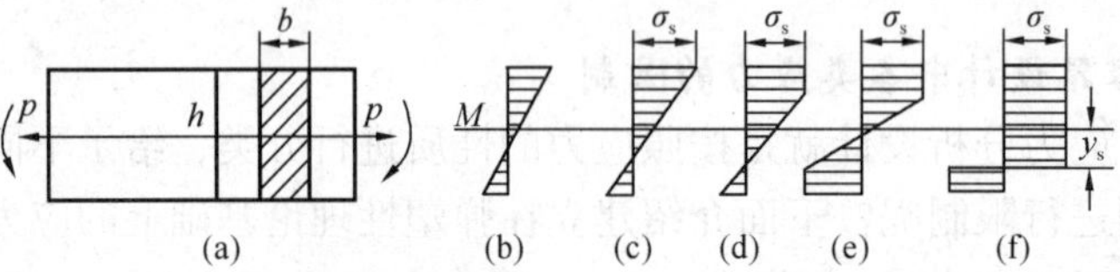

图 1-14　拉伸与弯曲联合作用的梁

若屈服状态下的中性面偏离中面的距离为 y_s，见图 1-14f，则由轴线方向的内力合外力平衡关系可得：

$$b\left(\frac{h}{2} + y_s\right)\sigma_s - b\left(\frac{h}{2} - y_s\right)\sigma_s = p_s$$

解之得：

$$y_s = \frac{p_s}{2b\sigma_s} \qquad (1-29)$$

又由力矩的平衡关系可得：

$$b\left(\frac{h}{2} + y_s\right)\sigma_s \cdot \frac{\left(\frac{h}{2} + y_s\right)}{2} + b\left(\frac{h}{2} - y_s\right)\sigma_s \cdot \frac{\left(\frac{h}{2} - y_s\right)}{2} = M_s + p_s y_s$$

即

$$\frac{1}{4}bh^2\sigma_s + by_s^2\sigma_s = M_s + p_s y_s \qquad (1-30)$$

代入式(1-29)，经整理得到如下面的形式：

$$\frac{6M_s}{bh^2} \cdot \frac{1}{\sigma_s} = \frac{3}{2} - \frac{3}{2} \cdot \frac{p_s^2}{b^2h^2} \cdot \frac{1}{\sigma_s^2} \qquad (1-31)$$

若按弹性应力公式计算，拉伸应力与弯曲应力分别为：

$$\sigma_t = \frac{p_s}{bh};\sigma_b = \frac{6M_s}{bh^2}$$

与前相同，这时的弯曲应力只是“虚拟应力”。因此，由式(1－31)可得：

$$\frac{\sigma_b}{\sigma_s} = \frac{3}{2}\left[1 - \left(\frac{\sigma_t}{\sigma_s}\right)^2\right] \tag{1-32}$$

若以 σ_t/σ_s 为横坐标，以 $(\sigma_t+\sigma_b)/\sigma_s$ 为纵坐标，则可做出梁处于完全塑性状态时的破坏曲线，如图 1－15 的曲线 AB。

由图 1－15 的 AB 曲线可以看出，拉伸应力 σ_t 和弯曲应力 σ_b 的比值决定了梁的破坏条件：拉伸应力 $\sigma_t=0$ 时，弯曲应力 $\sigma_b=1.5\sigma_s$，梁即破坏。这就是梁受纯弯曲时的破坏条件，见图中的 A 点。

若弯曲应力 $\sigma_b=0$，则梁在拉伸应力 $\sigma_t=\sigma_s$ 时破坏。此即梁仅受拉伸时的破坏条件，见图中的 B 点。

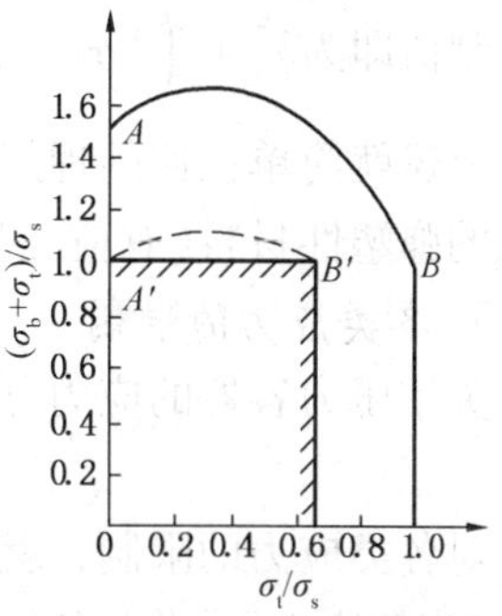

图 1－15　拉伸与弯曲联合作用时的破坏条件

若考虑安全系数，并按 ASME 锅炉及压力容器规范的规定，取 $n_s=1.5$，则纯弯曲时的许用应力值为 $1.5\dfrac{\sigma_s}{n_s}=\sigma_s$(图中 A' 点)；简单拉伸时，σ_t 的许用值为 $\dfrac{\sigma_s}{n_s}=0.67\sigma_s$(图中 B' 点)，而在弯曲与拉伸应力的联合作用时，许用应力应如图中虚线 $A'B'$ 所示。但为了简化，取为直线 *AB*；这就是拉伸与弯曲应力联合作用时，应力的限制依据。

2. 安定性概念

所谓结构的安定性，是指局部应力过高的区域，在反复载荷的作用下，除在第一次加载时产生一定量的塑性变形外，以后即不再出现新的塑性变形，应力与变形保持弹性循环状态。

下面，通过分析容器部件在加载过程中应力及应变的变化情况，说明容器部件结构安定性的条件。

设容器部件存在较高的局部应力，其计算值(“虚拟应力”)超过材料的屈服极限 σ_s。如果是理想的弹塑性材料，在应力达 σ_s 后，应力即不再升高，而应变则继续由 ε_s 增加至 ε，如图 1－15 中的 *OAB* 所示。*B* 点的应变为 ε，与此相对应的“虚拟应力”应为 $\sigma=E\varepsilon$。容器卸压时，应力下降，这段应力－应变线段的斜率与加载线 *OA* 相同，如图 1－16 中的 *BC* 线。在 *C* 点，拉应力已降至零，但仍存在残余应变 $\varepsilon-\varepsilon_s$，相当于横坐标上的 OC 值，当应变值为零时(图中的 *D* 点)，此处即存在残余压应力 $E(\varepsilon-\varepsilon_s)$，相当于纵坐标上的 *OD* 值。此后容器再次加压，则应力应变由 *D* 点开始，沿直线 *DCB* 达到 *B* 点。应变由零至 ε，应力则由残余压应力先减至零，然后变为拉伸应力直至达到屈服极限 σ_s。这样，容器在以后的反复加压或卸压过程中，只要其值不超过第一次加载的数值，则应力应变关系始终沿过 *BCD* 线循环，完全呈弹性状态，没有再出现塑性变形。但是，如果容器的局部应力过大，使应变 ε 超过屈服应变 ε_s 的两倍(即“虚拟应力”超过屈服强度的两倍)，达到图 1－16 中的 B' 点。则在容器卸压时，应力应变沿 $B'C'$ 线变化，至拉应力为零时，存在的残余应变大于 ε_s(图中的 OC')，一直到应力达到压缩屈服强度，如图中的 D' 点，

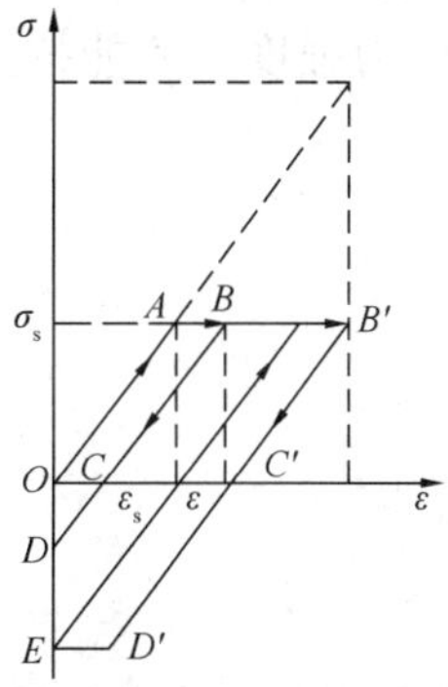

图 1－16　局部屈服后的应力－应变曲线

仍有残余应变，于是沿着 $D'E$ 线卸载至 E 点，这一点的应变值也为零，而在此处产生如 $D'E$ 线所示的压缩塑性变形。此后，容器在反复加压和卸压过程中，此一区域将产生拉伸与压缩塑性变形，应力应变关系沿着 $EB'C'D'$ 线循环。这种反复循环的塑性应变，可以使材料在不太多的循环次数下发生疲劳破坏。即结构处于不安定状态。由此可知，结构安定性的条件是"虚拟应力"不大于屈服强度 σ_s 的两倍。若按 ASME 规范的规定，安全系数 $n_s = 1.5$ 时，应力限制值即为$3[\sigma]\left([\sigma]=\dfrac{\sigma_s}{1.5},\ 2\sigma_s=3[\sigma]\right)$。

上述就简单拉伸的理想弹性材料所作的安全性分析，其结论同样适用于多向应力、用非理想的弹塑性材料(有应变强化现象)制造的压力容器。

3. 各类应力的限制

关于压力容器的应力分析设计，介绍 ASME 锅炉及压力容器规范中关于应力分类限制的规定。

对各类应力的限制，就是把各类应力的"当量应力"控制在不同的规定范围内。ASME 规范把"当量应力"称作"应力的当量强度"，简称"应力强度"，并用符号 S 表示。规范在应力分类中规定用第三强度理论计算应力强度，即：

$$S = \sigma_{max} - \sigma_{min}$$

其中 σ_{max} 和 σ_{min} 分别为最大和最小主应力。

ASME 锅炉及压力容器规范第四篇第二分篇对各类应力的应力强度作了如下的限制：

① 一次应力中的总体薄膜应力 P_m 的应力强度应小于许用应力$[\sigma]$；

② 一次应力中的局部薄膜应力 P_L 的应力强度应小于 $1.5[\sigma]$；

③ 一次应力中的总体薄膜应力 P_m 或局部薄膜应力 P_L 和弯曲应力 P_b 之和的应力强度应小于 $1.5[\sigma]$；

④ 一次应力中的总体薄膜应力 P_m 或局部薄膜应力 P_L 和弯曲应力 P_b 与二次应力 Q 之和的应力强度应小于$3[\sigma]$；

⑤ 一次应力(包括总体薄膜应力或局部薄膜应力与弯曲应力)与二次应力 Q 及峰值应力 F 之和的应力强度不能超过由疲劳曲线所确定的许用应力幅 S_a。

当各类应力同时存在时，上述五个强度条件必须同时满足。

应当注意的是，上述规定中各类应力的符号如 P_m、P_L、P_b、Q 和 F 等都不是一个量，不能将它们与有关的应力强度混淆起来。若要计算某一类应力的应力强度，必须先算出这一类的各个应力分量(同一点的正应力与剪应力)，然后分别求出三个主应力 σ_{max}、σ_{mid}、σ_{min}，最后根据第三强度理论的应力强度公式，即 $S=\sigma_{max}-\sigma_{min}$ 算出它的应力强度，才能按上述规定与许用应力进行比较。

第二章　压力容器安全性能及安全装置

第一节　压力容器的断裂模式

机器设备及其零件常会由于设计结构不合理、制造质量不良、使用维护不当或其他原因而发生早期失效(即在规定的使用寿命内失去按原来设计进行正常工作的效能)。一般机件的失效，可以有三种类型，即过量的变形、断裂和表面状态的变化等。作为一种生产工艺设备的压力容器，当然也可能由于产生过量的弹性或塑性变形而失效，但从压力容器危及人身安全方面来看，最主要的是预防它在运行过程中突然断裂。

要防止压力容器发生断裂事故，首先必须了解它的破坏机理，了解它为什么会断裂和它又是怎样发生断裂的。只有掌握了它发生断裂的规律，才能得出比较正确的防止破坏的措施和避免发生事故的办法。

金属的断裂形式可以有许多种分类方法，如根据它在断裂前产生塑性变形的大小来分，有韧性断裂和脆性断裂；根据构件断裂面对外力的取向来分，有正断和切断；根据它在断裂过程中裂纹的发展和扩张途径来分，有穿晶断裂和晶间断裂等。在这一节中，我们结合压力容器的断裂特点以及目前的习惯，主要是考虑断裂的形式及其基本原因，把压力容器的断裂分为延性断裂、脆性断裂、疲劳断裂、应力腐蚀断裂、压力冲击断裂和蠕变断裂六种形式，并对它们产生的过程、特征及原因等分别进行讨论。

一、　延性断裂

延性断裂是压力容器在内部压力的作用下，器壁上产生的应力达到材料的抗拉强度而发生的。金属材料的破坏形式属延性断裂。

(一)　压力容器的变形和延性断裂

金属材料的延性断裂是显微空洞形成和长大的过程。对常用来制造压力容器的碳钢及低合金钢，这种断裂首先是在塑性变形严重的地方形成显微空洞(微孔)。夹杂物是显微空洞成核的位置。在拉力作用下，大量的塑性变形使脆性夹杂物断裂，或使夹杂物与基体界面脱开而形成空洞。空洞一经形成，即开始长大和聚集，聚集的结果是形成裂纹，最后导致断裂。所以金属材料特别是塑性较好的碳钢及低合金钢在发生韧性断裂时总是先发生大量的塑性变形。这种现象对很多机器设备来说，防止它发生断裂事故是有利的，因为在零件断裂以前，设备即会由于过量的塑性变形而失效。但在压力容器中，由于器壁材料延性断裂而发生的容器事故却并不少见。

压力容器的延性断裂是在器壁发生大量的塑性变形之后产生的。器壁的变形将会引起容器容积的变化。而器壁的变形又是在压力载荷下产生的，所以对于具有一定的直径与壁厚的容器，它的容积变形与它所承受的压力有很大的关系。若以容器的容积相对变形(即容积增加量与原始容积之比)为横坐标，容器所承受的内压力为纵坐标，则可以得到容器的压力-容积增量图。这种图的曲线形状与器壁材料的拉伸图有某些相似之处。

压力较小时，器壁的应力也较小，器壁产生弹性变形，容器的容积与压力成正比例地增加，保持直线关系。如果卸除负荷，即把容器内的压力降至零，容器的容积即恢复原来的大小，而不会产生残余变形(确切地说是不产生明显的残余变形)。

当容器内的压力升高，使器壁上的平均应力超过材料的弹性极限时，变形曲线开始偏离直线，即容器的容积增量不再与压力成比例关系，且在压力卸除之后，容器不能完全恢复原来的形状而保留有一部分容积残余变形。根据这种特性，我们就可以在压力容器进行耐压试验时，测出容器在试验前后的容积变化(具体测试方法在后面的章节中讨论)，以确定容器在试验压力下，器壁的平均应力是否在材料的弹性极限范围以内。

当容器内的压力升高至使器壁上的平均应力达到材料的屈服强度时，由于器壁产生明显的塑性变形，容器的容积将迅速增大，往往在压力不再增高甚至稍微下降的情况下，容器的容积变形仍在继续增加。这种现象与金属材料的拉伸图中的屈服现象相同，也可以说是容器处于全面屈服状态。压力容器这种全面屈服现象，在做水压爆破试验时经常会出现。当容器内的压力升至一定值时，尽管加压水泵仍在不断地运行，加水计量管也表明容器在继续进水，但指示器内压力的压力表指针却突然停止不动，有时还可能有轻微下降的现象。这是因为容器的整个截面积上的材料已达到屈服状态的缘故。这时的压力被认为是容器的实际屈服压力。

压力容器在延性断裂前先产生大量的容积变形，这种现象对防止某些容器发生断裂事故也是有利的。例如，液化气体的气瓶会由于器内介质温度增加使压力急剧升高，而容积的大量变形则有利于缓解器内压力的激增，有时还会避免容器的断裂。对一些器壁因严重腐蚀而减薄了的气瓶或其他容器，有时也会在充装气体或进行耐压试验过程中因压力表突然停止不动而被发现。

当容器的内压力超过了它的屈服压力以后，如果把压力卸除，容器也会留下较大的容积残余变形，有时甚至用肉眼检查或直尺测量即可发现。因为圆筒形容器的周向应力比轴向应力大1倍，所以它一般总是在周向发生较大的塑性变形，即容器的直径增大。而圆筒形容器端部的径向增大，往往要受到封头的限制，因而在壁厚比较均匀的情况下，圆筒形容器的变形总是呈现两端较小而中间较大的腰鼓形。

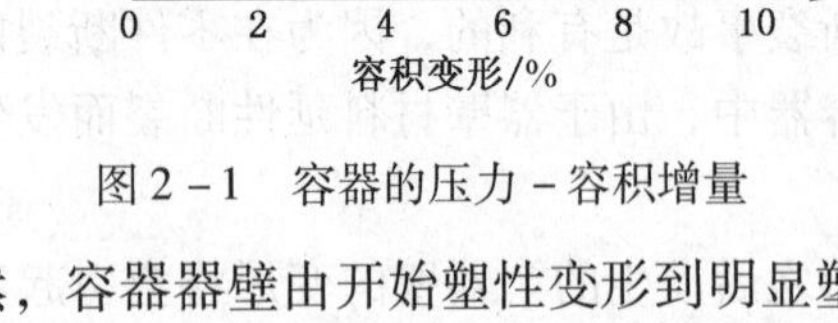

图2-1　容器的压力-容积增量

容器在超过屈服压力以后，如果压力继续升高，容积增量将迅速增大，至器壁上的应力达到材料的断裂强度时，容器即发生延性断裂。

图2-1是一个直径为600mm、壁厚10mm、两端具有椭圆形封头、用20g钢板焊接的容器，在进行水压爆破试验时实际测得的压力-容积增量曲线图。容器的容积增量是根据容器试压进水量扣除水的压缩量计算得出的。从图中可以明显看出，压力较低时，容积增量与器内的压力成正比例关系。当然，容器器壁由开始塑性变形到明显塑性变形这一阶段的变化在这样的曲线图中一般是不容易反映出来的，但容器的屈服阶段还是比较明显的。

（二）　延性断裂的特征

延性断裂的压力容器，从它断裂以后的变形程度、断口形貌和裂开的情况以及爆破压力等方面常常可以看出金属延性断裂所具有的一般特征。

1. 断裂容器器壁有明显的伸长变形

金属的延性断裂是在经过大量的塑性变形后发生的。塑性变形是金属断裂后在主应力方向留存下较大的残余伸长，表现在容器上则是周长增大和壁厚减薄，所以具有明显形状变化是压力容器延性断裂的主要特征。从许多爆破试验和爆炸事故的容器所测得的数据表明，延性断裂的容器，最大圆周伸长率常达10%以上。容积增大率(根据爆破试验的加水量计算或按断裂容器的实际周长估算)也高于10%，有的甚至达20%。

2. 断口呈暗灰色纤维状

碳钢或低合金钢延性断裂时，由于显微空洞的形成、长大和聚集，所以最后成为锯齿形的纤维状断口。这种断裂形式多数属于穿晶断裂，即裂纹发展所取的途径是穿过晶粒的，因此断口没有闪烁的金属光泽而呈暗灰色。由于这种断裂是先滑移而后断裂，所以它的断裂方式一般是切断，即断裂的宏观表面平行于最大切应力方向而与拉应力成45°角。压力容器延性断裂时，它的断口往往也具有这样一些金属延性断裂的特征。即断口是暗灰色纤维状，没有闪烁的金属光泽，断口不齐平，而与主应力方向成45°角。圆筒形容器纵向裂开时，其断裂面常与半径方向成一角度，即裂口是斜断的。

3. 容器一般不是碎裂

延性断裂的容器，因为材料具有较好的塑性和韧性，所以断裂方式一般不是碎裂，即不产生碎片，而只是裂开一个口。壁厚比较均匀的圆筒形容器，常常是在中部裂开一个形状为“X”的口。至于裂口的大小则与容器爆破时所释放的能量有关。贮装一般液体(例如水)时，则因液体膨胀能量较小，容器断裂的缝口也较窄，最大的开裂宽度一般也不会超过容器的半径。贮装气体时，则因压缩气体的膨胀能量较大，裂口也较宽。特别是装液化气体的容器，断裂以后由于器内压力瞬时下降，液化气体迅即蒸发，产生大量蒸气，使容器的裂口不断扩大。

4. 容器实际爆破压力接近计算爆破压力

金属的延性断裂是经过大量的塑性变形、且是在外力引起的应力达到它的断裂强度时发生的，所以，延性断裂的压力容器器壁上产生的平均应力一般都达到或接近材料的抗拉强度，即容器是在较高的应力水平下断裂的，它的实际爆破压力往往与计算爆破压力相接近。

（三） 延性断裂事故的预防

1. 延性断裂的基本条件

金属构件显著的塑性变形，只有在它受力的整个截面积上的材料都处于屈服状态下才能产生。如果在某一截面中仅有部分由于局部应力产生塑性变形，而其他部分仍在弹性变形范围内，则局部应力高的部分的塑性变形就会受到相邻部分的限制而仅仅产生微量的塑性变形，并降低过高的局部应力。所以压力容器的延性断裂是由于它的总体薄膜应力大大超过材料的屈服强度而产生的。在压力容器的某些部位，例如开孔周围，常常存在较高的局部应力，其峰值有时可能超过材料的屈服强度，但它并不会引起容器的显著变形。这些局部应力对于那些反复加压和卸压的容器是十分不利的，因为它会导致容器的疲劳断裂，但它并不会引起显著的塑性变形和因此而直接使容器发生延性断裂。

2. 常见的容器延性断裂事故

压力容器的大量塑性变形和延性断裂只有在容器整个截面上的材料都处于屈服状态下才会产生，而这种情况在正确的设计和合理地使用的容器中一般是不会出现的。所以容器的延性断裂事故一般是比较容易避免的。但是从过去国内的一些压力容器爆炸事故情况来看，属于延性断裂的容器爆破事故并不少见。这些延性断裂事故一般都是在以下情况发生的。

(1) 液化气体容器充装过量

有些充装高临界温度的液化气体的气罐或气瓶，往往由于操作疏忽、计量错误或其他原因造成充装过量。因为液化气体的充装温度一般都低于室温，因而在容器运输或使用过程中，器内液态介质的温度即会受环境温度的影响或太阳曝晒而升高，体积急剧膨胀，造成器内压力大幅度增高，并使容器产生显著的塑性变形，最后发生爆破事故。

(2) 容器在使用中超压

由于违反安全操作规程、操作失误或其他原因造成容器内的压力超高并超过它的最高许用压力，而容器又没有装设安全泄压装置或安全泄压装置失效，因而使压力不断上升，最后容器发生过量的塑性变形而断裂。

(3) 容器维护不良以致壁厚减薄

有些容器因为介质对器壁产生腐蚀，或长期闲置而又没有采取有效的防腐措施，以致器壁发生大面积腐蚀，壁厚严重减薄，结果使容器在正常的操作压力下断裂。

3. 延性断裂事故的预防

要防止压力容器发生延性断裂事故，最根本的措施是保证容器在任何情况下由内压在器壁上引起的总体薄膜应力低于器壁材料的屈服强度，并留有适当的安全裕度，因此必须做到以下各点：

① 使用的容器必须按规定进行设计与强度验算，未经正式设计而制成的压力容器禁止投入运行；

② 容器应按规定装设性能和规格符合要求的安全泄压装置，并经常保持其灵敏可靠；

③ 认真执行容器安全操作规程，禁止容器超压运行；

④ 加强对容器的维护，采取有效措施防止腐蚀性介质及大气对容器的腐蚀，并经常保持防腐措施处于良好有效状态；

⑤ 定期对容器进行技术检验，发现容器器壁被腐蚀以致壁厚严重减薄，或容器在使用中曾发生过显著的塑性变形时，即应停止投入运行。

二、 脆性断裂

从以往所发生的一些压力容器断裂事故的情况来看，并不是所有断裂的容器都是经过显著塑性变形的。有些容器在断裂后经检查并没有发现有可见的变形现象，而且根据断裂时的压力进行应力计算，器壁的平均应力远远低于材料的抗拉强度，有的甚至还低于屈服强度。这种断裂现象和脆性材料的断裂很相似，称为脆性断裂。又因为它是在较低的应力状态下发生的，故又叫低应力破坏。

（一） 容器脆性断裂事例

金属构件的脆性断裂，早先多见于桥梁及船舶。在 1938 到 1942 年期间，各国有 40 多座大型钢桥先后发生倒塌。第二次世界大战中，美国的 5000 艘“自由轮”货船共发生过 1000 多次破坏事故。这些事故都是在较低的负荷状态下发生的。此后，在其他的一些金属构件中，如飞机、锅炉、石油化工设备及管道中，这种低应力破坏事故也常有发生。随着各种高强度材料的出现和采用，构件的脆性断裂问题就更为人们所关注。近年来，压力容器发生脆性断裂的事故也是不少的，下面列举一些在国内外发生的容器脆性断裂的事例。

1. 英国大型氨合成塔的脆裂

1965 年英国某公司制造的一台氨合成塔，在制成后进行水压试验时突然发生爆破，端部法兰完全裂透，开裂成两瓣，与法兰连接的筒节也完全开裂，裂缝扩展至第 3 节筒节，裂缝总长达 4.6 ~ 6.1m。有四块碎片从筒体飞出，其中有一块约重 2t，飞离 46.4m。

该合成塔的内径约 1.7m，壁厚约 150mm，全长 18.3m，总重达 164t。筒体由 10 节单层卷焊的筒节和一个端部法兰及一个平封头焊接而成。筒节钢板和端部法兰锻件的材料都是锰铬钼钒钢，其力学性能标准值为：横向抗拉强度 556 ~ 647MPa，120℃下的屈服强度为 347MPa，端部法兰经再回火后，在室温下的实际抗拉强度达到 843MPa，120℃下的实际屈服强度为 388MPa。容器设计压力约为 35.2MPa，设计温度 200℃，规定在室温下的水压试验压力为 48MPa，当进行水压试验时，还未达到设计压力，即 34.5MPa 的压力下就爆破了。

根据厚壁圆筒体应力公式计算，容器在断裂压力(34.5MPa)下内壁的周向应力$(\sigma_t)_{max}$只不过是 214.6MPa，约为法兰材料实际屈服强度的 55%。

2. 日本大型球形容器的脆裂

60 年代以来，日本曾经发生过多次球形容器脆性断裂事故。其中以 1968 年 4 月先后在德山玉厂及千叶炼油厂发生的两次事故最为严重。千叶炼油厂球形容器容积为 1000m^3，内径 12.5m，顶板厚 27mm，底板厚 28mm，钢板抗拉强度 676MPa，屈服强度为 568MPa，容器设计压力为 1.76MPa。制成后进行水压试验，当试验压力达到 1.78MPa 时(底部压力)即发生爆破。爆破时有一块碎片从容器上飞出。整个容器沿着下温带和底极板的环焊缝开裂，裂口长度约占周长的 2/3。按照球体的应力公式计算，壳体在爆破压力(1.78MPa)下的应力仅为材料屈服强度的 36.6%。

3. 某化肥厂水洗塔的爆炸

1962 年 1 月，我国某化肥厂发生了一次合成氨原料气水洗塔爆炸事故，事故死伤十余人，损失达数百万元。该塔直径 2.2m，高 21m，壁厚 44mm，材料为 3 号镇静钢，设计压力为 2.9MPa，由前苏联制造，于 1957 年 10 月投入使用。工作介质为合成氨原料气(氢、一氧化碳、二氧化碳、甲烷、氮及少量硫化氢)和洗涤水。该塔装置在室外露天处，器壁温度略高于大气温度。1962 年 1 月该塔在正常运行过程中突然发生爆炸，整个容器碎裂成数十块碎片飞出，其中一块重 1040kg 的碎块飞离原位 127m。事故调查证实，该塔是在正常操作压力(2.74MPa)下爆破的，且不存在塔内可燃气体(氢、一氧化碳等)发生化学爆炸的可能性；从容器断裂后没有发现有显著的塑性变形、碎片断口具有脆断的某些特征等断定该塔是属于脆性断裂。

根据薄壁圆筒形壳体应力公式计算，水洗塔在爆破压力(2.74MPa)下塔壁的周向应力仅为塔体材料屈服强度的 31.8%。

4. 某锅炉制造厂试制高压容器的脆裂

1970 年，我国某锅炉制造厂首次用 70mm 厚的锰钒钼氮调质钢(650MPa)试制的一台直径为 900mm 的高压容器，设计压力为 40.2MPa，经过常规检验均认为合格，在水压试验时，还未达到规定的试验压力 51MPa，而在 50MPa 下即爆破。容器断裂成 4 大块。容器在断裂压力下器壁上的应力也远低于材料的屈服强度。

（二） 钢的冷脆性及其转变温度

1. 钢的冷脆性

类似上面的容器脆性断裂事例还可以列举很多。通过这些实例可以看出，这种脆性断裂都是在较低的应力水平(断裂时的应力一般都低于材料的屈服强度)下发生的。这就给人们提出一个问题，究竟是什么原因使这些钢制构件在这样低的应力水平下就会发生断裂。

如前所述，脆性破坏事故早先多见于桥梁及船舶，而且大多数是在严寒的天气中发生的。例如1938年到1940年间，比利时一条运河上的三座桥梁就在严寒中发生了局部断裂或破坏，其中一座在几分钟之内只听到发出几声类似枪炮的响声迅即断裂成3段坠入河中。1951年1月31日，加拿大也有一座桥梁在零下35℃的气温下断成3段坠毁。美国的许多油轮也是在冬季气温很低的情况下发生脆性破坏的。在德国、前苏联、英国和法国都曾先后发生过钢结构在低温下脆裂的事故。这样，人们就首先把钢的脆性断裂和低温联系起来，而且从大量的钢材冲击试验中获知，钢在低温下的冲击值显著降低。钢在低温下冲击韧度降低，表明在温度低时钢对缺口的敏感性增大，这种现象称为钢的冷脆性。

2. 冷脆性转变温度及其评定

钢的冷脆性表明钢在温度变低时会由韧性状态转变成脆性状态。所以要防止钢的脆性断裂，首先要掌握所用的钢是在什么温度下由韧性状态变为脆性状态的，这个温度通常叫做冷脆性转变温度，或无延性转变温度。

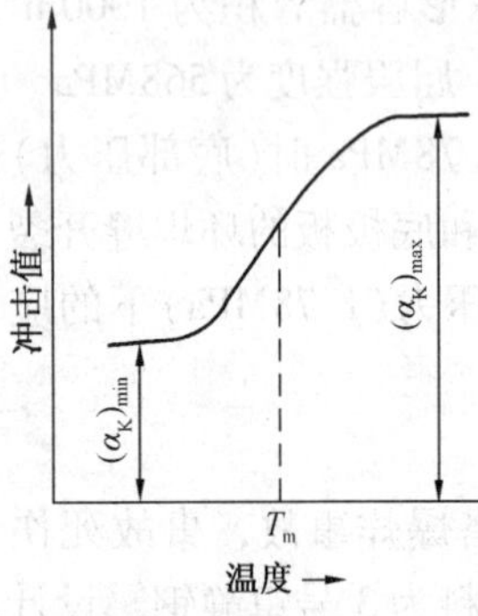

图2-2　钢的冲击值-温度曲线

事实上，钢的韧性并不是在某一温度下突然下降的，一般都有一个过渡阶段。取一组成分和状态都相同的试样，在各种不同的温度下作冲击试验，可以得到像图2-2那样的冲击值(α_K)-温度(T)曲线。从图中可以看出，钢的冲击值是在一段温度范围内逐渐下降的。这样就存在一个如何确定它的无延性转变温度的问题。从20世纪30年代开始，各国发生了大量钢结构在低温下脆性破坏以后，人们一直在探索钢的冷脆性问题。但是关于无延性转变温度的评定，一直没有一个统一公认的标准。目前采用的有以下几种方法。

(1) 按平均冲击值确定

从钢的冲击值—温度曲线中，取较高温度下的最高冲击值$(\alpha_K)_{max}$和低温下的最低冲击值$(\alpha_K)_{min}$的算术平均值的相应温度(T_m)作为它的无延性转变温度(见图2-2)。当最低冲击值很低时，也有采用最高冲击值的1/2(或40%)的相应温度作为无延性转变温度的。

(2) 根据冲击试样的断口特征评定

钢的冲击试样的断口形貌因试验温度而改变。温度较高时，试样断口全部呈暗灰色的纤维状，称为韧性断口，如图2-3所示。随着试验温度的下降，断口上的纤维状逐步为部分结晶状所代替。温度更低时，整个断口都呈现闪烁光泽的结晶状，称为脆性断口。钢的无延性转变温度可以取为试样断口刚出现结晶区时的温度；也可以取为试样断口上全部呈结晶状时的温度。不过通常都是取断口上结晶区的面积占断口总面积的50%时的温度作为无延性转变温度。

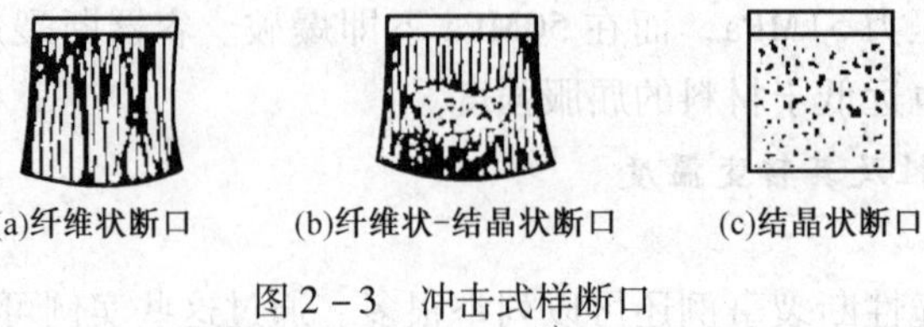

(a)纤维状断口　(b)纤维状-结晶状断口　(c)结晶状断口

图2-3　冲击式样断口

(3) 按冲击值降低至某一规定值确定

按不同的试样，根据经验硬性规定一个标准的冲击值，当试样的冲击值降低到这一规定值时的试验温度就是试样所代表的钢的无延性转变温度。规定的冲击值随试样形式而定。因为夏比(charpy)V形试样比U形试样更接近于实际的缺口情况，也更能显示出材料的塑性倾向，所以近年来多以夏比V形缺口试样的冲击吸收功为20.3J时的温度作为材料的无延性转变温度。

(4) 按试样断面的塑性变形量确定

试样被击断后，缺口根部的宽度方向有收缩残余变形，见图2-4，宽度由原来的b_0缩小为b_1。而在底部的宽度方向则有拉伸残余变形，宽度由b_0增加至b_2。试样的相对收缩变形Δb $\left(\Delta b=\dfrac{b_0-b_1}{b_0}\right)$表明它被击断前的塑性变形状态，其值随试验温度的降低而减小。通常取相对收缩变形为$\Delta b=1\%$时的相应温度作为无延性转变温度。

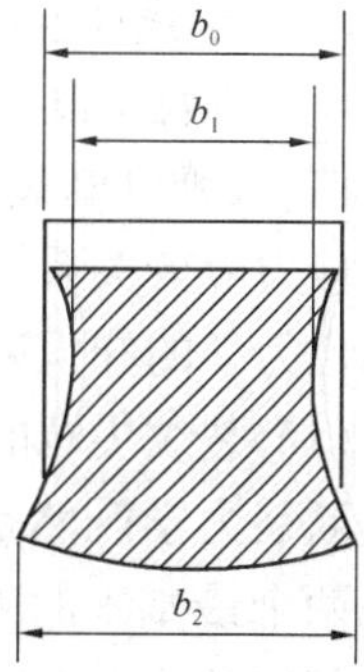

图2-4　冲击式样断面的塑性变形

上面这些方法都用了冲击试验来评定钢的无延性转变温度。在这些方法中，有时采用其中之一，有时采用几种同时进行。但经常遇到的实际问题是不同的评定方法得出的转变温度往往不一致，且由于试样尺寸或加载速度不同，即使用同一种方法所得到的结果也不同。所以用这些方法确定的无延性转变温度，只能用于对比不同材料在相同的试验条件下的韧性状态，而不能由此确定用这种材料制成的构件一定是在此温度下发生由韧向脆的转变。

除了用冲击试验的方法评定钢的无延性转变温度以外，还有静弯曲试验、落锤试验、模拟容器的低温爆破试验等方法，这些方法与冲击试验的方法一样，都具有一定的局限性。因而也就难以得到一个统一的标准。

（三）断裂力学关于金属脆性断裂的判据

1. 断裂力学对断裂现象的解释

钢构件的脆性断裂与它的使用温度低有一定的关系，这是确实无疑的。但是低温并不是脆性断裂的唯一因素。因为钢的冷脆性(表示在低温下冲击韧度降低)表明它在低温时对缺口敏感性增大。显然“缺口”的形状和大小就必然是影响脆性断裂的主要因素。同时，对同样一种材料，如果存在相同的缺陷，也不能认为应力的大小对脆性断裂没有影响。因此，仅仅用冷脆性转变温度来解释并防止钢构件的脆性断裂问题是不够全面的。20世纪50年代兴起的一门学科——断裂力学，其为解决脆性断裂的问题提供了一个很好的条件。

断裂力学是研究带有裂纹的材料和构件的断裂现象及其规律的一门强度科学。过去，人们总是把金属材料看成是均匀完整的物体，而且认为它各个部位的各种性能都是一致的。因而可以把个别试样测试得到的性能和观察到的结构组织任意推广应用到同样材料制成的各种构件上去。材料力学和弹性力学都是基于这样一种认识而建立起来的一套强度理论。但是，实践证明，这种认识是不够全面的，因为材料的均匀和连续总是相对的，而不均匀和不连续却是绝对的。任何材料和它的构件总是存在各式各样的缺陷，只不过有时缺陷比较小、用肉眼不易观察到或者是探伤检测技术灵敏度低而没有被发现而已。

断裂力学承认材料或构件内部都存在缺陷(将它简化为裂纹)，且脆性断裂总是由材料中宏观裂纹的扩展引起的。断裂力学认为，当带有宏观裂纹的材料或构件受到外力的作用时，裂纹尖端附近的区域就产生应力应变集中效应。当此区域的应力应变高到一定的程度，并超过材料的负荷极限时，裂纹便开始迅速扩展(称为失稳扩展)，进而造成整个材料或构件在低应力状态下发生脆性断裂。

对于裂纹尖端区域的应力应变究竟达到何种程度裂纹即失稳扩展，使构件发生脆性断裂，目前主要有两种判断准则，即基于线弹性断裂力学的判据和基于弹塑性断裂力学的判据。

2. 基于线弹性断裂力学的判据

应用弹性力学理论，研究带有裂纹的材料的应力应变状态以及裂纹的扩展规律，就构成为所谓"线弹性断裂力学"。线弹性断裂力学认为，材料在脆性断裂前基本上是弹性变形，它的应力应变关系符合虎克定律，即线性关系。在这样的假设前提下，就可以利用材料力学和弹性力学的知识来分析裂纹的扩展规律。

(1) 裂纹尖端的应力强度因子

断裂力学既然是研究带有裂纹的构件的强度问题，即裂纹的扩展规律问题，那就必须考虑两个最基本的因素，即构件的应力和裂纹的尺寸。因为在同样的构件上存在尺寸和形状不相同的裂纹时，它所能承受的应力的大小也不可能一样。因此，断裂力学在讨论带有裂纹的构件的强度问题时，引进了一个叫做"应力强度因子"的新参数，它表示裂纹在名义应力作用下处于弹性平衡状态时裂纹尖端附近应力场的强度。也就是说，由它的大小就确定了裂纹尖端附近各点的应力大小，所以叫做"裂纹尖端附近应力场强弱因子"，简称"应力强度因子"。

由于构件上的裂纹与所受外力的方向不同，裂纹的扩展可以有3种不同的形式，即张开型(外力使裂纹进一步张开)、滑移型(外力使构件沿裂纹面滑移)和剪切型(外力使裂纹面受剪切)。3种不同类型的裂纹扩展，其相应的应力强度因子也不同，为了加以区别，常用K_{I}、K_{II}、K_{III}表示之。其中张开型裂纹扩展是构件脆性断裂最常见也是最危险的情况，所以一般讨论的都属于这种类型。

裂纹尖端的应力强度因子K_{I}不但与名义应力的大小有关，且与裂纹的形状有关，它是这二者的函数，它的表达式一般可写作为：

$$K_{\mathrm{I}} = F_1\sigma\sqrt{\pi a} \qquad (2-1)$$

式中　F_1——裂纹形状修正系数，由构件及裂纹的形状尺寸而定；

σ——与裂纹面平行的截面上的正应力(名义应力)，N/mm^2(MPa)；

a——裂纹尺寸，对容器器壁上的表面裂纹，则为深度尺寸，mm。

由公式(2-1)可知，K_{I}的单位是$N/mm^{3/2}$。

线弹性断裂力学的一个重要论点就是裂纹尖端的应力应变场由惟一的物理量——应力强度因子K_{I}所决定，只要知道了K_{I}，就可以知道裂纹尖端附近的应力应变情况。所以两个构件的裂纹尖端应力应变场是否相同，不在于裂纹形状尺寸或所受外力是否相同，而是决定它的应力强度因子K_{I}是否相同。

(2) 金属的断裂韧度

当一个带裂纹构件(或试样)上的拉力逐渐增大或裂纹逐渐扩展时，裂纹尖端的应力强度因子K_{I}也将随之增大。当K_{I}达到一定的数值时，构件中的裂纹将产生突然的失稳扩展，并导致整个构件的脆性断裂。这个应力强度因子K_{I}的临界值，称为临界应力强度因子，它也就是材料的断裂韧度。如果裂纹尖端处于平面应变状态，则断裂韧度的数值最低，称之为平面应变断裂韧度，用 K_{Ic}表示。它反映材料抵抗裂纹失稳扩展即抵抗脆性断裂的能力，是材料的一个新的力学性能指标。必须注意，应力强度因子 K_I 只是描述带有裂纹的构件(或试样)在外力作用下裂纹尖端附近应力应变场的强弱，是一个与负荷以及构件裂纹几何形状和尺寸有关的力学量，而并不是材料的性能指标。只有断裂韧度 K_{Ic}才是材料的一种力学性能指标。正像拉伸应力 σ 是与负荷以及构件几何尺寸有关的力学量，而屈服强度 $\sigma_{0.2}$则是与材料的力学性能指标一样。

不同的材料具有不同的断裂韧度 K_{Ic}，各种金属材料的 K_{Ic}值可以通过试样测得。它是把一个预制有疲劳裂纹的试样放在一般万能材料试验机上进行断裂试验，再通过传感器和引伸计测得试祥断裂或裂纹失稳扩展时的负荷以及断裂时裂纹的平均长度，然后进行计算而得到的。国外近期的材料手册中常载有 K_{Ic}值。常用来制造一般容器的普通钢板($\sigma_S = 200 \sim 250$MPa)，在 0℃时的断裂韧度 K_{Ic}约为 6000 ~ 7000N/mm$^{3/2}$。

3. **脆性断裂的判据**

带裂纹构件产生脆性断裂的条件是，构件的裂纹尖端的应力强度因子 K_I［按式(2-1)计算］大于或等于构件材料的断裂韧度 K_{Ic}，用公式表示即为：

$$K_I \geqslant K_{Ic} \tag{2-2}$$

由式(2-1)及式(2-2)可得

$$F_1\sigma\sqrt{\pi a} \geqslant K_{Ic} \tag{2-3}$$

公式(2-3)不仅说明了构件产生脆性断裂的条件，且把构件的名义应力 σ、裂纹尺寸 a 和构件材料的性能指标 K_{Ic}三者之间建立了定量关系。这样，只要掌握了材料的断裂韧度值 K_{Ic}，就可以根据工作负荷估算出构件所能承受的临界裂纹尺寸 a_c，为制订无损探伤标准提供定量的依据。也可以根据探伤所测得的数据，由裂纹尺寸 a 估算出不致造成脆性断裂所能承受的最大负荷。

这种基于线弹性断裂力学的判据用来判断应力水平(比值 σ/σ_s)小于 1/2 的带裂纹构件是否具有危险性，还是比较精确的。

4. **基于弹塑性断裂力学的判据**

线弹性断裂力学把材料当作完全的线弹性体，而对一般的金属材料来说，在它的裂纹尖端总是存在一个或大或小的塑性区。如果塑性区很小，它的范围尺寸比裂纹的长度和净断面的尺寸小一个数量级以上，即在小范围屈服时，线弹性断裂力学的分析方法和理论经过修正(通常是对裂纹原始尺寸进行塑性修正)仍能适用。但是，如果裂纹尖端发生所谓大范围屈服，即当塑性区尺寸和裂纹的长度相比达到同一数量级时(这在中、低强度的材料中是常见的)，裂纹尖端附近的应力场就不能用应力强度因子来描述了。为了研究这种大范围屈服后的断裂问题，近年来又建立了所谓弹塑性断裂力学或普遍屈服断裂力学。

弹塑性断裂力学对断裂的判据目前常用的是裂纹张开位移(*COD*)法和形变功差率(J 积分)法。

带有裂纹的构件在外力作用下，如果在裂纹尖端附近存在一个较大的塑性区，则裂纹在与塑性区交接处总有一个开裂的宽度，称为裂纹张开位移，用 δ 表示。*COD* 法的基本原理就是裂纹张开位移 δ 是一个描述裂纹尖端应力应变场的参数，并对断裂过程起决定性作用。正像应力强度因子 K_I 可以描述无塑性区的裂纹尖端的应力应变场的强弱一样。当带有裂纹的构件在外力作用下，裂纹张开位移 δ 达到一定的临界值时，裂纹即失稳扩展。这个裂纹张开位移临界值是材料的一个断裂韧度指标，以δ_c表示。因此裂纹张开位移对断裂的判据可用下式来表示：

$$\delta \geqslant \delta_c \tag{2-4}$$

裂纹张开位移δ不但与构件的应力σ、裂纹尺寸a有关，也与材料的屈服强度σ_s和弹性模量E有关，它一般可以用数学式表示如下：

$$\delta = \frac{\sigma^2 \pi a}{E\sigma_s} \tag{2-5}$$

裂纹张开位移临界值δ_c因材料不同而异。各种材料的δ_c值也可以用试样测得。它的测试与$K_{\mathrm{I}c}$的测试很相似，采用三点弯曲试样，试验时记录出负荷—裂纹口张开位移曲线，根据裂纹口张开位移换算出δ_c值。

形变功差率法则是用另一种叫做形变功差率的物理量J来描述带有裂纹构件的应力应变场。而且认为，当构件的形变功差率达到一个相应的临界值$J_{\mathrm{I}c}$时，便开始启裂。这个方法比较复杂，这里不做介绍。

断裂力学是近年来才发展起来的，其中的弹塑性断裂力学还在发展之中，有关断裂力学的具体内容及其应用这里都没有论及，我们仅是用它的一些最初步的概念来说明有关脆性断裂的判据问题。

至于许多金属构件在低温的情况下才产生脆性断裂，用断裂力学的理论来解释，则是因为材料的断裂韧度在低温下降低了的缘故。通过大量的测试证实，材料的断裂韧度$K_{\mathrm{I}c}$随温度的降低而下降。有些构件之所以在低温下突然断裂，就是因为材料的断裂韧度值下降到小于构件的应力强度因子K_{I}，即在$K_{\mathrm{I}c} \leqslant K_{\mathrm{I}}$的条件下发生了裂纹失稳扩展。

金属材料的断裂韧度不但与温度有关，且还与加载速度、热处理(力学性能)等有关。因此测试材料的$K_{\mathrm{I}c}$值应注明与之相应的温度和力学性能。

（四） 脆性断裂的特征

压力容器发生脆性断裂时，在断裂形状、断口形貌等方面都具有一些与延性断裂正好相反的特征。

1. 容器器壁没有明显的伸长变形

脆性断裂的容器一般都没有明显的伸长变形，许多在水压试验时脆裂的容器，其试验压力与容积增量的关系在断裂前基本上还是线性关系，即容器的容积变形还是处于弹性状态。有些脆裂成多块的容器，将碎块组拼起来再测量其周长，往往与原有的周长相同或变化甚微，容器的壁厚一般也没有减薄。

2. 裂口齐平、断口呈金属光泽的结晶状

脆性断裂一般是正应力引起的解理断裂，所以裂口齐平，并与主应力方向垂直。容器脆断的纵缝、裂口与器壁表面垂直。又因为脆断往往是晶界断裂，所以断口形貌呈闪烁金属光泽的结晶状。在器壁较厚的容器断口上，还常常可以找到人字形纹路(辐射状)，这是脆性断裂的最主要宏观特征之一。人字形的尖端是指向裂纹源的，始裂点往往都是在存有缺陷或几何形状突变的地方。

3. 容器常断裂成碎块

由于脆性断裂的容器材料韧性较差，且脆断的过程又是裂纹迅速扩展的过程，断裂往往都是在一瞬间发生(有些研究报告指出：脆性断裂的速度可以高达1800m/s)，容器内的压力难以通过一个小裂口释放，所以脆性断裂的容器常碎成碎块，且常有碎片飞出。即使在水压

试验时爆破，器内液体的膨胀能量并不大，也经常要产生碎片，上面列举的几个脆性断裂事件都是如此。如果容器在使用过程中发生脆性断裂，器内的工作介质为气体或液化气体则碎裂的情况就更为严重，如上面所举的某化肥厂水洗塔就有数十块碎块飞出。所以，容器在使用过程中发生脆性断裂时，其后果往往要比延性断裂时更严重一些。

4. 断裂事故多数在温度较低的情况下发生

由于金属材料的断裂韧度随着温度的降低而下降，所以脆性断裂一般都发生在温度较低的情况下。新制成的或定期检验过的压力容器在进行水压试验时，常因水温低于容器的使用温度而发生脆性断裂。运行中的容器则常在温度突然下降的情况下脆裂。某化肥厂水洗塔也是在严寒的冬季，室外大气温度为 -27℃（塔内洗涤用水的温度为 3～5℃）的情况突然脆裂的。

此外，脆性断裂常见于用高强度钢制造的容器。中、低强度材料制造的，则一般都是器壁较厚的容器。这是因为器壁较薄时，可以认为在厚度方向不存在应力，材料处于平面应力状态，在厚度方向可以产生收缩变形。而器壁很厚时，厚度方向的变形受到约束，接近于平面应变状态，于是裂纹尖端附近形成三向拉伸应力，材料的断裂韧度随之降低，这就是所谓“厚度效应”。所以同样的钢材，厚板总是要比薄板更容易发生脆断。

（五） 脆性断裂事故的预防

从国内外许多钢构件脆性断裂事故来看，造成脆性断裂的主要因素不外乎两个，一是构件存在缺陷，二是材料的韧度差，而在低温下由于钢对缺口的敏感性增大，更容易发生冷脆，因此低温也是造成构件脆性断裂的一个外在因素。按断裂力学的观点，则是构件存在缺陷（简化为裂纹），在缺陷附近的应力应变增强，当达到材料的断裂韧度某一指标时，缺陷迅速扩展而导致脆性断裂。而温度也是影响材料断裂韧度的一个主要因素。所以无论就哪一方面来说，防止脆性断裂最基本的措施就是减小或消除构件的缺陷，要求材料具有良好的韧性。就压力容器来说，主要应该注意以下几个方面。

1. 减少部件结构及焊缝的应力集中

裂纹是造成脆性断裂的主要因素，而应力集中往往又是产生裂纹的重要原因。从过去发生的许多钢结构脆性破坏的事例来看，大部分都是在应力集中处先产生裂纹，然后很快地扩展至整体破坏。例如英国的一个电站的蒸汽锅炉汽包，在 1966 年 5 月做水压试验时发生脆性断裂，就是因为汽包的管接头与角撑架过于靠近而产生应力集中，退火时在其间产生了一条裂纹，该处裂纹在水压试验前虽经无损探伤但未被发现，因而造成试验至 28MPa 时即发生脆裂，断裂的起因就是这条因应力集中而产生的裂纹。

在压力容器中，引起应力集中的因素是多方面的，诸如容器整体或局部结构形状的不连续、焊缝布置不当及焊接不符合要求等，因此必须在设计及制造工艺上采取具体措施来减少或消除。有关这方面的具体要求将在下一节论述。

2. 部件材料在使用条件下要具有较好的韧度

材料的韧度差是造成脆性断裂的另一个重要因素，要防止容器的脆性断裂，必须要求制造容器的材料具有较好的韧度。首先应根据容器的使用条件（主要是使用温度）选用合适的材料，要求它在使用温度下具有规范规定的韧度指标。

材料的断裂韧度不但与它的化学成分且与它的金相组织有关。制造容器时，如果焊接及热处理工艺不当也会降低材料的韧度。例如上面列举的英国大型氨合成塔脆性断裂事故，就是因为热处理温度没有达到规定的 650℃，断裂部位的加热温度仅为 520℃ 左右。从破坏的焊缝取样作冲击试验，夏比V形冲击值在20℃时只有15N·m/cm^2，但若达到规定的热处理温度时，冲击值则可达60N·m/cm^2。所以要保证材料具有较好的韧度，焊接及热处理工艺都应按规定严格执行。

在使用过程中也需要防止容器材料韧度的降低，即防止容器的使用温度低于它的设计温度，开停车时要防止容器压力的急剧变化等，因为材料的断裂韧度还会因加载速度过大而降低。

3. 消除残余应力

钢构件残余应力的存在也是产生脆性断裂的一个影响因素。国外报道这方面的事例也是不少的。有些报告指出，在某些情况下，仅焊缝本身的残余应力就会使构件开裂。当然更多的情况是残余应力与外力的叠加而促使容器破坏的。有些容器虽然名义应力并不太大，但因为存在较大的残余应力，这两者互相叠加往往就足以使裂纹尖端附近的应力强度因子大于材料的断裂韧度，从而导致整个容器脆裂。所以消除残余应力也是防止容器发生脆性断裂的一个重要措施。

焊缝的残余应力是容器中最主要的残余应力，特别是存在于一些布置不合理的焊缝中。焊缝附近残余应力的产生是因为在焊接过程中被加热部分向外扩展受到它周围较冷的材料的约束，于是这部分金属受到压缩以至屈服后产生塑性变形，而冷却时它的收缩又受到周围材料的反向约束，从而在内部产生残存的拉伸应力。所以在焊接时应采取一些适当的措施(具体要求将在下一章论述)，以减小或消除焊接残余应力。焊接较厚的容器时，要在焊后进行消除残余应力的热处理。

此外，容器在制造过程中的冷加工变形，操作过程中内部压力和温度的剧烈变化等都会使它的残余应力增大，这些在制造和使用容器时都必须予以充分的注意。

4. 加强对部件缺陷的检验

裂纹等缺陷既然是导致脆性断裂的首要因素，因此除了采取积极措施，如减少应力集中，消除残余应力等以防止产生裂纹外，对已经制成的或在用压力容器应加强技术检验，及早发现缺陷也是防止压力容器发生脆性断裂事故的一项措施。经验证明，容器上有些宏观裂纹是在焊接过程中产生的，如果在焊后加强对焊缝等的宏观检查和无损探伤，则可使那些有裂纹的容器不能盲目地投入使用，可避免发生断裂爆炸事故。事实上，有些部件虽然有裂纹，但经过消除或采取一些防止裂纹扩展的措施以后仍可继续使用。即使没有补救措施而至部件报废，也可以避免在使用过程中发生爆炸事故而造成更大的损失。某化肥厂在水洗塔爆炸后曾对它的破片进行过检查，发现有许多严重的焊接裂纹。有些破片的断口呈黑色并有油漆的旧痕迹，说明该容器制造时焊接质量差，缺陷严重，后来补焊时又产生新的裂纹。但因事前没有检查发现，结果导致重大爆炸事故。为了认真吸取这一次事故的严重教训，另一化肥厂在后来先后对6台与该化肥厂同一来源的水洗塔进行检查，结果发现每一台均有不同程度的焊接裂纹，有的甚至肉眼可见。裂纹有的长达1~2m，深度达20mm，严重的达到40mm，几乎塔壁全部裂透(器壁厚44mm)。据统计，每台的裂纹总长约为10~20m。这些水洗塔经过消除缺陷和返修后继续投入运行，避免了类似事故的发生。

三、 疲劳断裂

疲劳断裂是压力容器常见的一种断裂形式。据英国一个联合调查组的统计，在运行期间发生破坏事故的容器有89.3%是由裂纹引起的，而在由裂纹引起的事故中，疲劳裂纹约占

40%。国外还有些资料估计，压力容器运行中的破坏事故有75%以上是由疲劳引起的。可见，压力容器的疲劳断裂是绝不能忽视的。

（一） 金属的疲劳

大约在100多年以前，人们就发现，承受交变载荷的金属构件，尽管载荷在构件内引起的最大应力并不高，有时还低于材料的屈服强度，但如果长期在这种载荷作用下，它也会突然发生断裂，且无明显的塑性变形。由于这破坏通常都经历过一段时间才发生，人们就把它归因于金属的“疲劳”。实验证明，引起这种破坏的最主要因素是反复应力的作用，而与载荷作用的时间无关。所以严格讲来，“疲劳破坏”实质上应该说是“反复应力破坏”。

引起疲劳断裂的交变载荷(应力)，可以是机械载荷，如承压部件中由内压力引起的应力。也可以是热应力，如锅炉和其他高温容器由于温度的反复变化而产生的应力，后一种疲劳又称为“热疲劳”。

所谓交变载荷是指大小、方向或大小和方向都随时间发生周期性变化的一类载荷。这种交变载荷的特性一般用它的平均应力 σ_m(即交变应力中的最大应力与最小应力的平均值)，应力半幅 σ_a(最大应力与最小应力之差的一半)和应力对称系数 γ(最小应力与最大应力之比)来描述。

1. 疲劳曲线与疲劳极限

经过反复多次的试验，人们发现金属的疲劳有这样一些规律：金属所受的最大交变应力 σ_{max}越大，则它所能承受的交变次数(即到它断裂时所受的载荷变动次数)N就越少；反之，若最大交变应力 σ_{max}越小，则交变次数就越多。把金属所受的最大交变应力 σ_{max}和相对应的交变次数 N 绘成图，则可以得到如图2－5那样的曲线，称为疲劳曲线。金属的疲劳曲线表明，当金属所受的最大交变应力不超过某一数值时，则交变次数为无穷，即它可以经受无数次交变应力的作用而不至于发生疲劳断裂。这个应力值(即曲线平直部分所对应的应力)称为材料的疲劳极限(或持久极限)。有些金属，如常温下的钢铁材料，疲劳曲线有明显的平直部分；而有的金属，如在高温下或在腐蚀介质作用下的钢材以及部分有色金属等，曲线并没有平直部分。这样，一般就得规定与某一个交变次数相对应的应力为“条件疲劳极限”。金属的疲劳极限一般以 σ_γ表示，下标 γ 表示应力对称系数，如果是对称交变应力，$\gamma = -1$，则它的疲劳极限用 σ_{-1}表示。

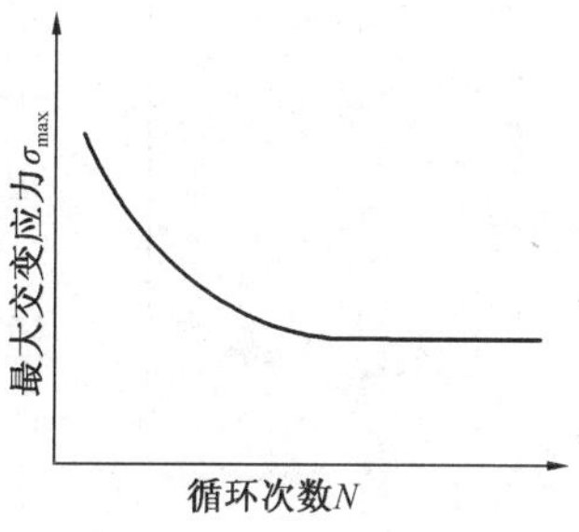

图2－5　金属的疲劳曲线

实验得知，结构钢的疲劳极限与它的抗拉强度有一定的比例关系。在拉伸—压缩的对称交变应力中，疲劳极限 σ_{-1}约为抗拉强度的40%左右。若仅受拉伸的脉动载荷(即应力的方向不变而应力的大小发生变化)，则此比值还要高一些。

2. 金属疲劳断裂过程

金属的疲劳曲线只描述了它所承受的交变应力与断裂时载荷交变次数之间的关系。但是为什么金属会产生这种疲劳现象，或者说它为什么会在最大应力还小于它的屈服强度时就断裂了呢？如结构钢的疲劳极限 σ_{-1}约为抗拉强度的的40%，这值一般都比屈服强度时小得多。有关金属疲劳的理论已有很多专著论述，这里仅引用其中的一些理论来简要地说明金属疲劳断裂的过程。

① 疲劳裂纹核心的产生

疲劳裂纹核心是由于金属在交变载荷作用下，在它的表面、晶界及非金属夹杂物等处集中产生了不均匀的滑移而引起的。在低应力情况下，退火金属疲劳裂纹核心的产生过程可以分为两个阶段。第一阶段，交变载荷在金属表面产生均匀分布的细滑移线，此时金属表现出加工硬化现象。第二阶段，随着交变载荷的继续作用，在一些靠得很近的细滑移线之间产生交叉滑移，于是滑移带变宽和加深，形成所谓"驻留滑移带"。此后，滑移总是在这些区域内进行，形成滑移不均匀现象。当滑移带内两个平行滑移面之间距离非常小时，就会产生空洞，在形成空洞的棱角处将引起应力集中，并使空洞扩大为裂纹核心。裂纹核心再经不断扩展并互相连接就形成宏观的疲劳裂纹。

晶界和非金属夹杂物等处也是容易产生疲劳裂纹核心的地方，因为滑移带穿过晶界时，由于各晶粒的位向不同使滑移带方向改变，滑移常终止在晶界处，这样就在该处形成了高应力区。在交变应力作用下，滑移带在晶界处引起的变形不断增加，内应力不断增大，最后在晶界处形成疲劳裂纹核心。

在有应力集中的情况下，疲劳裂纹核心常常产生在应力高度集中的部位，如压力容器接管口以及其他几何形状不连续处。而疲劳断裂也经常是在这些地方开始产生。

② 疲劳裂纹的扩展

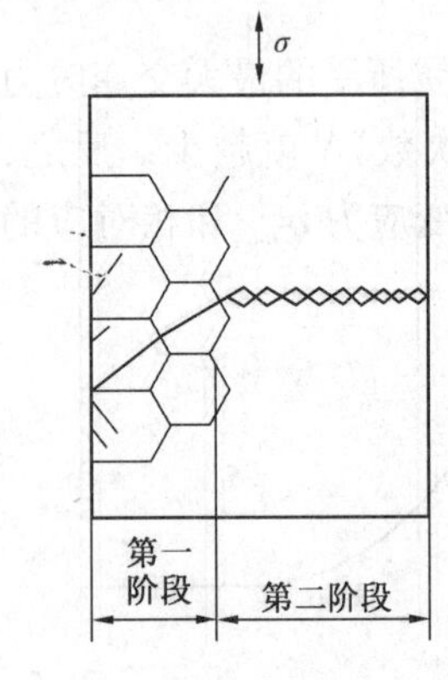

图 2-6　疲劳裂纹的扩展

疲劳裂纹的扩展也可以分为两个阶段。第一阶段，裂纹通常从金属表面上的驻留滑移带或非金属夹杂物等处开始，沿最大切应力方向(和主应力方向近似45°)的晶面向内扩展，由于各晶粒的位向不同以及晶界的阻碍作用，裂纹的方向逐渐转向与主应力垂直，如图 2-6 所示。这一阶段的扩展速率是很慢的，大约每一个应力循环的扩展只有埃(Å)数量级($1Å=10^{-10}$m)。扩展的深度也只有几个晶粒。

裂纹扩展方向和主应力方向相垂直的一段为扩展的第二阶段。这一阶段扩展的途径是穿晶的。扩展的速率也较快，每一个应力循环的扩展大约为微米(μ)数量级($1\mu m=10^{-6}$m)。有些金属在电子显微镜断口分析中所看到的疲劳辉纹(疲劳条带)主要是在这一阶段形成的。不过钢的疲劳断口上的疲劳辉纹并不明显。

如果裂纹在有应力集中的情况下扩展，则不会出现第一阶段而直接进入第二阶段。

3. 金属疲劳断口

金属疲劳断口一般用肉眼即可看到有两个明显不同的区域，一个是疲劳裂纹产生及扩展区，另一个是最后断裂区。

在疲劳裂纹产生及扩展区，常常可以见到像贝壳一样的花纹，这些花纹是一条条以疲劳裂纹策源点为中心的同心弧线，称为疲劳线或前沿线。疲劳裂纹策源点则往往产生在构件存在应力集中的部位。在这个区域内，裂纹断面在交变载荷下受到反复挤压和研磨，因而比较平滑，有时还会光亮得像细瓷断口一样。

最后断裂区是构件在疲劳裂纹不断扩展的情况下，由于有效截面积逐渐缩小，应力不断增大，以致超过材料的断裂强度而发生断裂后形成的一个区域。这个区域的断口与静负荷下带有尖锐缺口的构件断口相似。如果是塑性材料，则断口呈暗灰色纤维状；若为脆性材料，则断口呈粗粒结晶状。

金属疲劳断口上的这两个区域所占面积的相对比例，随名义应力和应力集中情况的不同而有所差异。如果构件的名义应力较小而又没有较大的应力集中，则疲劳裂纹产生及扩展区域所占的面积较大。反之，则裂纹产生及扩展区的面积就小。断口的疲劳线也常随应力集中程度及材料的性能等因素的不同而发生变化。因此在金属疲劳断口上可以根据两个区域所占面积的大小来估计构件名义应力的高低和应力集中程度的大小。

（二） 压力容器的疲劳断裂

上面所讲的金属疲劳现象是金属在交变载荷的作用下产生的，且这种反复应力的交变次数一般都在 $10^4 \sim 10^5$ 次以上。所以这种疲劳断裂常常发生在那些高速回转的机器零件上，如高速发动机的连杆及曲轴及传动齿轮等。对压力容器来说，虽然加压和卸压也会使器壁承受变动的负荷，但按一般容器所要求的使用寿命，即使把较大幅度的压力和温度波动也计算在内，除个别一些容器外，它的负荷变动次数通常都不会达到 10^5 或更大一些的周次。那么为什么压力容器也会产生疲劳断裂呢？这就要谈到金属的低周疲劳问题。

1. 金属的低周疲劳

金属的疲劳根据它所受应力的大小、应力交变频率的高低可以分为两类：一类是通常所说的疲劳，它是在所受应力较低而应力交变频率又较高的情况下发生的；另一类是低周疲劳，或称低周次大应力疲劳，它是在所受应力较高（一般都接近或高于材料的屈服强度）而应力交变频率又较低的情况下发生的。金属的低周疲劳，断裂时应力交变次数约在 $10^2 \sim 10^5$ 次之间。压力容器的疲劳断裂绝大部分都属于低周疲劳。工程上由于金属低周疲劳而断裂的机器零件还是相当多的，如飞机的起落架，潜艇的壳体以及发动机的涡轮盘等。正因为如此，所以它近年来得到了充分的重视。

低周疲劳问题是上世纪60年代才引起人们注意的新问题，目前仍在发展中，国内外都在研究。这里仅简单地介绍低周疲劳的疲劳曲线及疲劳设计的基本方法。

低周疲劳的特点是应力较高而断裂时应力交变次数（或称疲劳寿命）较低。金属低周疲劳断裂时，它的交变应力的大小与疲劳寿命之间是否有直接关系呢？开始人们仿照一般疲劳曲线的试验绘制方法，试图作出低周疲劳的最大交变应力－断裂时交变次数的疲劳曲线（即 $\sigma_{max} - N$ 曲线）。但试验结果表明，低周区域的数据非常分散，作出的疲劳曲线很不可靠。但如果把总应变幅度 ε_t 作为控制变量，则可以作出低周疲劳的总应变幅度－断裂时交变次数的疲劳曲线（即 $\varepsilon_t - N$ 曲线），这说明低周疲劳的应力交变次数决定于它的总应变幅度。

图2－7是三种类型碳钢和合金钢的低周疲劳试验结果。从图中可以看出，低强度碳钢的低周疲劳抗力反而比高强度的高合金钢的疲劳抗力相对地高些，所以为了防止构件的低周疲劳断裂，应该选用塑性好的材料。

曼森－科芬（Mansofl Cofnn）根据图2－7中总应变幅度与应力交变次数之间的对数关系提出了如下的关系式：

$$\varepsilon_t N^m = C \tag{2-6}$$

式中，m 和 C 是材料常数。指数 m 与材料种类、试验温度有关，一般为 0.3～0.8 左右。常数 C 则与材料在静拉伸试验时的真实伸长率相接近。

为了使用的方便，提出了一个"虚拟应力幅度"（应力半幅）的概念。并作出了虚拟应力幅度"σ"与交变次数 N 的低周疲劳曲线。这个虚拟应力幅度"σ"是根据总应变幅度（包括弹性应变和塑性应变）按虎克定律计算出来的，所以它的关系式为：

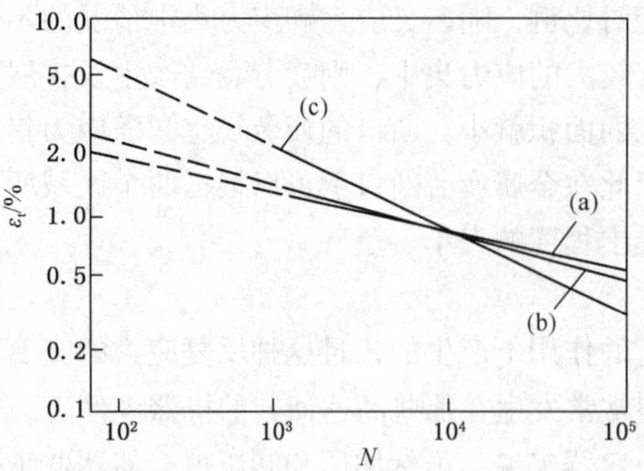

图 2-7　三种钢的 ε_t-N 曲线

(a)高合金钢；(b)低合金钢；(c)碳钢和碳-锰钢

$$“\sigma” = \frac{1}{2}E\varepsilon_t \qquad (2-7)$$

当然，材料发生塑性变形时，应力与应变之间的关系是不遵守虎克定律的，所以这样计算出来的应力自然不是真实的应力值，而是一个“虚拟”的应力。

有了虚拟应力幅度以后，就可以把 ε_t-N 曲线绘制成“σ”$-N$ 曲线，并且可以选用一定的安全系数得出低周疲劳的设计应力曲线，根据机件所需的疲劳寿命决定它的许用应力。

虚拟应力幅度虽然是一个虚拟的数值，但目前仍被认为是度量低周疲劳的一个好方法，现已有许多国家的规范用它作为疲劳设计的依据。

2. 压力容器的疲劳断裂

压力容器的疲劳断裂问题过去并未引起人们的重视，因为它并不像那些高速转动的机械那样承受了高频率的交变应力，且以往制造的容器又多采用塑性较好的材料，设计应力也较低，所以问题并不突出。只是由于近年来各国对压力容器的设计安全系数普遍在逐步降低，制造容器又开始广泛采用高强度钢。这些钢种并未能改善它的抗低周疲劳性能，且在制造过程中容易产生裂纹或其他缺陷，从而增加了压力容器疲劳断裂的危险性。

压力容器的疲劳断裂，绝大多数都是属于金属的低周疲劳。金属低周疲劳的特点是，承受较高的交变应力，而应力交变的次数并不需要太高，这些条件在许多压力容器中是存在的。

① 存在较高的局部应力

低周疲劳的应力条件是接近或超过材料的屈服强度，这在压力容器的个别部位是可能存在的，因为在压力容器的接管、开孔、转角以及其他几何形状不连续的地方，在焊缝附近，以及在钢材存有缺陷的区域内都有程度不同的应力集中。有些区域的局部应力往往要比设计应力大好几倍，所以完全有可能达到甚至超过材料的屈服强度。这些较高的局部应力如果仅仅是几次的反复作用，也并不会造成容器的断裂。但是如果频繁地加载和卸载，就会使受力最大的晶粒由产生塑性变形而逐渐发展成微小的裂纹，随着应力的周期变化，裂纹两端即逐步扩展，最后导致容器的断裂。

② 存在反复的载荷

压力容器器壁上的反复应力主要是在以下的情况中产生。

间歇操作的容器经常进行反复加压和卸压，容器在运行过程中压力在较大幅度的范围(如超过 20%)内变化和波动；

容器的操作温度发生周期性的较大幅度的变化，引起器壁温度应力的反复变化；

容器有较大的强迫振动并由此而产生较大的局部应力；

容器部件受到周期性的外载荷的作用。

（三） 疲劳断裂的特征

疲劳断裂的压力容器，一般都具有以下的一些特征。

1. 容器没有明显的变形

压力容器的疲劳断裂也是先在局部应力较高的地方产生微细的裂纹，然后逐步扩展，到最后剩下截面积的应力达到材料的断裂强度后发生开裂的。所以它也和脆性断裂一样，一般没有明显的变形，即使它的最后断裂区是韧性断裂，也不会使容器产生整体塑性变形，即断裂后的容器直径不会有明显的增大，大部分壁厚也没有显著的减薄。

2. 断裂断口存在两个区域

疲劳断裂的断口形貌与脆性断裂有明显的区别。疲劳断裂断口一般都存在比较分明的两个区域，一个是疲劳裂纹产生及扩展区，另一个是最后断裂区。在压力容器的断口中，裂纹产生及扩展区并不像一般受对称循环载荷的机器零件那样光滑，因为它所受的应力都是拉伸应力而没有压应力，断面不会受到反复的挤压研磨。但它的颜色还是和最后断裂区有区别。而且大多数压力容器的载荷变化周期较长，裂纹扩展较为缓慢，加上器内介质在裂缝内的渗透侵蚀，所以有时仍可以见到裂纹扩展的弧形纹路。如果断口上的纹路比较清晰，由此还可较容易地找到产生疲劳裂纹的策源点。策源点的断口一般都与其他区域的形貌不一样，且常常是在应力集中的地方，特别是在容器的接管处。

3. 容器常因开裂泄漏而失效

疲劳断裂的容器一般不象脆性断裂那样常常会产生脆片，而只是开裂一个缝口，使容器泄漏而失效。

4. 断裂总是在容器经过反复的加压和卸压以后发生

容器的疲劳断裂是器壁在交变应力作用下，经过裂纹的产生和扩展最后才断裂的，所以它总是发生在容器反复多次的加压和卸压以后。疲劳裂纹从产生、扩展到断裂，进展都比较缓慢，疲劳断裂的过程比起脆性断裂来要慢得多。至于需要经受多少次的交变载荷容器才会产生疲劳断裂，那就决定于它的局部应力的大小以及原来是否存在缺陷和缺陷的严重程度。一般来说，即使容器存在缺陷，只要裂纹的深度并不超过它失稳扩展的临界尺寸而引发脆性断裂，那么由裂纹的扩展到最后的疲劳断裂也需要经过反复多次的交变载荷。因为裂纹扩展速率在第二阶段也不过是每一个应力循环仅扩展微米数量级。所以压力容器的低周疲劳断裂，虽然没有一个明确的应力交变次数界限，但一般认为都在$10^2 \sim 10^5$次之间。

（四） 防止疲劳断裂的设计问题

压力容器的疲劳断裂既然是由于反复的交变载荷以及过高的局部应力所引起，那么要防止它发生这类事故，除了在运行中尽量避免那些不必要的频繁加压和卸压、过分的压力波动和悬殊的温度变化等载荷因素外，主要的还在于设计容器时采取适当的措施。一方面尽可能地减少应力集中，以使容器器壁个别部位的局部应力不至于超过材料的屈服强度。另一方面，如果容器确实难以避免出现较高的局部应力，则应作疲劳分析和疲劳设计。

有关压力容器的疲劳分析与设计，国外一些规范的规定还不大一致，但基本出发点还是相同的，这里仅介绍一些初步的概念。

1. 要作疲劳分析的容器

压力容器是否要作疲劳分析，这要看它经受交变载荷的次数以及局部应力的大小来定。一般认为，只有容器的应力交变次数大于 1000 次，且它的局部应力大于材料屈服强度时才需要考虑疲劳问题。应力交变次数应包括容器的开停次数、压力变化幅度较大(如大于设计压力的 20%)的次数以及器壁温差较大的变动次数等。局部应力应考虑由压力引起的应力、热应力和其他载荷所产生的应力。

2. 疲劳设计的基本方法

疲劳设计的主要依据是所用材料的低周疲劳曲线，即虚拟应力幅度 - 交变次数曲线。根据这样的试验曲线再取一定的安全系数(应力安全系数常取为1.5~2)，确定出设计应力曲线，并由此曲线按容器所需的使用寿命(应力交变次数)决定它的最高设计应力。或按容器的最大局部应力决定它的使用寿命。

金属低周疲劳问题的研究还在继续深入，近年来各国都作了不少试验研究工作，包括低周疲劳曲线问题，不同交变载荷对它的影响，金属存在缺陷的影响以及容器开孔和接管的疲劳试验及交变次数的计算方法等等。这对防止压力容器的疲劳断裂是很有价值的，特别是对那些频繁间歇操作、压力波动幅度较大或器壁温差变化较大的容器。

四、应力腐蚀断裂

压力容器的腐蚀断裂是指容器壳体由于受到腐蚀介质的腐蚀而产生的一种断裂形式。据美国总电站公司对美国及欧洲700家公司有关配管系统事故情况的统计，在399件破坏事例中，属于腐蚀破坏的有112件，约占总破坏件数的28%。在国内，容器因腐蚀断裂而在运行中发生爆炸事故也是常见的，特别是在石油化工容器中。

(一) 钢的腐蚀破坏形式

钢的腐蚀破坏形式按它的破坏现象来分，可以分为均匀腐蚀、点腐蚀、晶间腐蚀、应力腐蚀和腐蚀疲劳。其中点腐蚀和晶间腐蚀属于选择性腐蚀，应力腐蚀和腐蚀疲劳属于腐蚀断裂。下面先简单介绍这几种腐蚀破坏的产生及其影响。

1. 均匀腐蚀

均匀腐蚀是指分布在材料整个接触面上的腐蚀现象。这种腐蚀发生于腐蚀性介质在金属表面不形成保护膜的情况下，或当细粒状的阳极区域及阴极区域均匀地分布在金属的表面时。

均匀腐蚀使构件的厚度逐渐减薄，当构件被严重腐蚀以至剩余厚度不能承受外加载荷时，构件即被破坏。这种腐蚀只减弱构件的承载截面积，而不会对剩余金属的力学性能产生影响。钢构件被均匀腐蚀而发生破坏时，从破坏的形式来说，应该仍属于韧性破坏，只不过这种破坏只是由于金属受腐蚀而引起的。

均匀腐蚀是危险性比较小的腐蚀破坏形式，因为它比较容易被发现，且是接触了有腐蚀性介质的构件。设计时一般都根据它需要的使用寿命和介质对材料的腐蚀速率留有腐蚀裕度，所以在实际工作中，由于均匀腐蚀而造成的破坏还是比较少见的。

2. 点腐蚀

点腐蚀是指构件表面上受到点状的局部腐蚀，包括局限在个别点上的深坑腐蚀及面积较大的密集斑点腐蚀等。碳钢、低合金钢以及不锈钢都可能发生点腐蚀破坏。

碳钢和低合金钢在潮湿的空气、土壤及海水中均容易产生点腐蚀，特别是当它的表面存在氧化皮时。据试验，预先经酸洗清除过氧化皮的低合金钢，在海水中的平均腐蚀深度为0.091mm/a，最大腐蚀深度为0.11mm/a，即腐蚀基本上是均匀的。而带有氧化皮的相同材料，平均腐蚀深度和最大腐蚀深度则分别为0.1mm/a和0.4mm/a，即有严重的点腐蚀。其他试验还表明，氧化皮的表面积所占的比例越大，点腐蚀的深度也越深。表面存在氧化皮之所以加速钢在海水中的点腐蚀，是因为覆盖有氧化皮的表面在海水中构成了腐蚀电池的阴极，而没有氧化皮的表面则成为阳极，因此腐蚀集中在没有氧化皮的表面上发生。

不锈钢的点腐蚀常常是由含氯化物的溶液所引起。海水、普通自来水以及含有氯化铁或氯化铜的溶液均可使不锈钢产生点腐蚀。其机理是，在某些氯化物溶液中，氯以离子的状态存在，这种氯离子可破坏不锈钢表面的钝化膜，使受破坏的表面变为活性状态，形成腐蚀电池的阳极，而周围钝化膜完整的部分为阴极，于是点腐蚀集中产生在钝化膜受到破坏的表面上。不锈钢的点腐蚀还与它的成分以及热处理和加工情况有关。曾经发生过这样的点腐蚀事例：有一批不锈钢管经过冷弯后，用普通自来水作水压试验合格，放置数月后进行安装时，发现弯管的外侧管壁上存在点腐蚀现象，用金属针即可穿透，造成全部管子报废。经查明是由于所用的试压水含有较高浓度的氯离子所致。

钢的点腐蚀常常是由于产生穿透性孔而造成破坏的，非穿透的点腐蚀一般说来仅仅是减少了构件受腐蚀处的承载面积，而其余未被腐蚀部分则不受影响。所以只有产生大面积的密集斑点腐蚀才会影响构件的强度，特别严重时才会造成破坏。这种破坏，从形式上来说，也是属于韧性断裂。局部的深坑腐蚀可以引起应力集中，在深坑周围产生较高的局部应力。如果承受的是反复交变载荷，则有产生疲劳破坏的可能。若材料的韧性较差，或处在较低的使用温度下，也有可能由此而产生脆性破坏。不过，对一般压力容器来说，这种腐蚀并不是最危险的，因为它并不像裂纹缺陷那样产生高度的应力集中。

3. 晶间腐蚀

晶间腐蚀是一种局部的、选择性的腐蚀破坏。这种腐蚀破坏是金属沿着晶粒的边界进行，腐蚀性介质渗入金属的深处，金属晶粒之间的结合力因腐蚀而受到破坏。材料的强度及塑性几乎完全丧失，因而在很小的外力作用下即会损坏。例如，经过严重的晶间腐蚀的奥氏体不锈钢，表面看来还十分光亮，但只要用锤轻轻敲击，它就会碎成粉末，利用这种现象可以制造不锈钢粉。

晶间腐蚀可以在许多金属材料中产生。如铜铝合金、铝镁合金及镍钼合金等。在黑色金属中，只有不锈钢才会产生晶间腐蚀。而在不锈钢中，马氏体不锈钢(含铬12% ~18%的铬钢)也不会有晶间腐蚀，只有铁素体不锈钢(含铬15% ~30%的铬钢。含铬15% ~18%的铬钢属于马氏体还是铁素体由它的含碳量而定，含碳量较低者为铁素体)和奥氏体不锈钢(镍铬钢)才有可能产生晶间腐蚀现象。

铁素体不锈钢的晶间腐蚀一般认为是由于淬火过热引起的，因为高温加热时碳向晶界吸附，使晶界区形成奥氏体间层组织。这种奥氏体间层组织因贫铬而引起晶界区耐腐蚀性能降低。也有解释为这种奥氏体间层组织在冷却时转变为马氏体产生很大的应力而引起晶间腐蚀；或是因为受铬扩散的限制首先转变为不耐蚀的渗碳体型碳化物而引起了晶间腐蚀。

奥氏体不锈钢的晶间腐蚀是在低温(400 ~ 850℃)再加热时，碳从过饱和的奥氏体中析出，沿奥氏体晶界析出碳化铬，使晶界区贫铬而引起了晶间腐蚀。

铁素体不锈钢在焊接后的晶间腐蚀产生在焊接处，而奥氏体不锈钢则产生在距焊接处有一段距离的地方。

晶间腐蚀是一种危险性比较大的腐蚀破坏形式，因为它不在构件表面留下腐蚀的宏观迹象，也不减少厚度尺寸，只是沿着金属的晶粒边界进行腐蚀，使它的强度及塑性大为降低，因而容易造成构件在使用过程中损坏。

4. 应力腐蚀

应力腐蚀又称腐蚀裂开，是金属在腐蚀性介质和拉伸应力的共同作用下而产生的一种破坏形式。金属发生应力腐蚀时，腐蚀和应力这两个因素是相互促进的。一方面，腐蚀使金属的有效截面积减小和表面形成缺口，产生应力集中，如果是晶间腐蚀，则还会使金属的晶粒之间的结合力降低；另一方面，应力加速腐蚀的进展，使表面缺口向深处(或沿晶间)扩展，最后导致断裂。所以应力腐蚀可以使金属在应力低于它的抗拉强度的情况下破坏。

5. *疲劳腐蚀*

疲劳腐蚀(或称腐蚀疲劳)也是金属材料在腐蚀和应力的共同作用下引起的一种破坏形式，其结果也是造成金属的断裂破坏，它与应力腐蚀不同的是，疲劳腐蚀是由交变的拉伸应力和介质对金属的腐蚀作用引起的。金属发生疲劳腐蚀时，介质的腐蚀作用与材料的疲劳也是相互促进的。一方面，腐蚀使金属表面局部损坏并促使疲劳裂纹的产生和发展；另一方面，交变的拉伸应力破坏了金属表面的保护膜并促使表面腐蚀的产生。

金属的疲劳腐蚀过程与应力腐蚀相似。首先也是在表面形成腐蚀缺口并引起应力集中而形成疲劳裂纹的策源点。在交变的拉伸应力作用下，被破坏的保护膜无法再形成，沉积在腐蚀坑中的腐蚀产物又阻止氧的扩散使保护膜难以恢复。所以腐蚀坑的底部始终是处在活性状态而构成腐蚀电池的阳极。这样在腐蚀与交变应力的共同作用下，裂纹不断扩展直至金属最后断裂。

疲劳腐蚀破坏的构件，其宏观特征是具有疲劳破坏的断口，即断口常有两个明显不同的区域，一个是腐蚀疲劳裂纹产生及扩展区，另一个是最后断裂区。疲劳裂纹的策源点往往都是构件表面的腐蚀坑。疲劳腐蚀的裂纹多为穿晶分布的，裂纹形成以后以穿晶方式向内部逐步扩展。

金属的疲劳腐蚀破坏可在它的交变应力低于材料的机械疲劳极限的情况下产生，因为在腐蚀介质的作用下，金属材料的抗疲劳性能将显著降低。酸性溶液使钢的疲劳抗力降低要比碱性溶液为大，含有氯离子的中性溶液严重地降低了钢的疲劳抗力，且氯离子含量越高，疲劳抗力降低得越厉害。

在腐蚀介质中，金属没有一定的疲劳极限，即它的疲劳曲线没有平直部分，所以一般都规定，把与某一个交变次数相对应的应力作为“条件疲劳极限”。

（二） 应力腐蚀的过程与方式

压力容器的腐蚀断裂从金属的破坏现象来看也是各式各样的，有均匀腐蚀、点腐蚀、晶间腐蚀、应力腐蚀和疲劳腐蚀，而其中最危险而又较常见的是壳体金属被应力腐蚀破坏而产生的断裂。压力容器一般都承受较大的拉伸应力，而它的结构也常常难以避免地存在程度不同的应力集中，如在开孔等处，且容器的工作介质又经常是带有腐蚀性的，特别是石油、化工容器。因此，有必要介绍应力腐蚀断裂的基本过程及断裂方式。

应力腐蚀造成金属断裂可以分为三个特征性的阶段。

1. *孕育阶段*

这一阶段是由于金属表面腐蚀过程集中和拉伸应力集中的共同作用而逐渐形成一些最初的腐蚀——机械性裂纹。金属表面的应力集中可由不均匀的内应力、金属表面缺陷(擦伤、加工纹路、裂纹及夹层等)和结构形状不连续所引起。如果局部集中的应力在开始时还不足以形成裂纹，则这一阶段就延长下去，直到金属的个别部位受到局部腐蚀，形成薄弱区域，并在此区域内局部应力增长到能产生最初的腐蚀——机械性裂纹为止。如在腐蚀小孔上的局部应力可以随着电化学过程的进一步发展，使圆形小孔蜕变成为腐蚀裂纹。因为小孔中受应力最大的区域是腐蚀电池的阳极，所以首先遭到电化学破坏。

2. *腐蚀裂纹扩展阶段*

这一阶段是最初的腐蚀——机械性裂纹，在腐蚀性介质电化学作用和金属内主要拉伸应力的共同作用下进一步扩展的过程。裂纹扩展总的方向一般都是和主拉伸应力方向相垂直。它的腐蚀机理可以用图2-8来解释：最初的裂纹1的侧面是一层保护膜2，它构成腐蚀电池的阴极，裂纹的尖端3是腐蚀电池的阳极，在主要拉伸应力的作用下(应力方向如图中4)，裂纹尖端3前面的区域5是金属局部应力最大的地方，也是裂纹将要扩展的区域。由于裂纹尖端存在高度集中的局部应力，且腐蚀电池又是大面积的阴极(裂纹的侧表面)与小面积的阳极(裂纹尖端部分)的组合，因而裂纹扩展速率很高，它每小时的速率可以达到毫米数量级甚至厘米数量级。

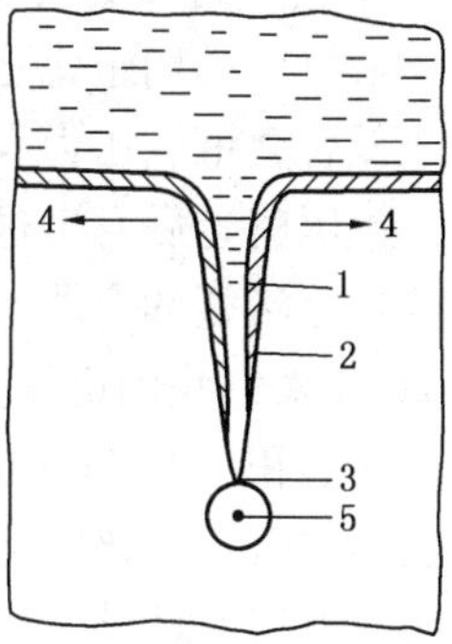

图2-8　应力腐蚀裂纹的扩展

1—原始裂纹；2—保护膜；3—裂纹尖端；4—应力方向；5—裂纹将要扩展的区域

3. 最终破坏阶段

随着裂纹的进一步扩展，其中的一条裂纹会由于拉应力越来越大，而比其他的裂纹更快地成长，且到最后会排斥别的裂纹的扩展而把主要拉伸应力都转移到这首要的裂纹中来，结果导致构件的断裂。在这一阶段中，断裂是在机械因素起主要作用的情况下进行的，越是到后期，机械因素所起的作用也越大。

应该指出，应力腐蚀时裂纹的形成和扩展过程有两种方式：一是从最初开始就只有一条裂纹并优先地得到发展，且也只有这一条裂纹逐步扩展而导致构件的断裂。在这种情况下，从构件断裂的表面上不会找到其他的裂纹存在；另一种方式与上述相反，构件从开始就产生了许多最初的腐蚀——机械性裂纹。这许多裂纹在相当长的一个时期内几乎是以相同的速率扩展。只是在最后阶段，才沿着这些裂纹中的一条发生几乎是纯机械性的断裂。在这种情况下，与断裂处相邻近的构件表面上会发现一系列平行分布的腐蚀——机械性裂纹。

应力腐蚀是按上面所述的第一种方式还是按第二种方式进行，主要决定于在裂纹的生成和扩展过程中，是机械因素还是腐蚀因素占优势。如果是机械因素占优势，则在某一应力集中的部位产生了最初的腐蚀——机械性裂纹后，它的成长越来越快，其他裂纹的形成就没有条件，于是从开始到断裂就只有一条裂纹在扩展；如果是腐蚀因素占优势，则在已经形成的裂纹中，随着裂纹的不断加深，它扩展的速率将越来越慢，这就存在这样的可能性，即除了第一条外还会继续产生其他的平行裂纹，且它们都以差不多的速率扩展。只是到了最终断裂阶段才会使裂纹的扩展集中到其中的一条上来，并最后造成构件的断裂。

应力腐蚀裂纹可能是沿晶界分布的，也可能是穿晶分布的，或者是兼具上述两种特征的混合型裂纹。应力腐蚀的断裂面大体上总是与主要拉伸应力相垂直，而这种腐蚀只有在拉伸应力状态下才能发生，构件受压缩应力时是不会产生应力腐蚀的。

应力腐蚀破坏的构件，其宏观特征一般表现为表面局部腐蚀严重，且最后常常是脆性断裂。但也有表面没有宏观局部腐蚀就发生断裂的。在这种情况下，在断裂构件中常常找不到其他的应力腐蚀裂纹。

应力腐蚀裂纹的发生和发展，主要受三方面因素的影响，即材料的化学成分和组织、应力的状态和大小以及腐蚀介质的活性。

（三）压力容器的应力腐蚀及其特征

应力腐蚀是一种最危险的腐蚀破坏形式，特别是在压力容器中，因为它常常是在未被发现的情况下突然发生损坏。下面结合国内外的一些事故实例，介绍几种常见的压力容器应力腐蚀断裂的机理及其特征。

1. 液氨对碳钢及低合金钢容器的应力腐蚀

液氨广泛用于化肥、石油化工、冶金及制冷等工业部门。液氨的贮存和运输大部分用碳钢或低合金钢制压力容器。在某些条件下，液氨可能产生应力腐蚀。从20世纪50年代初开始，美国就先后发生过多次液氨槽车、农业施肥用贮氨罐等的应力腐蚀断裂事故。据统计，这些贮运液氨的容器，已使用3年的约有3%发生腐蚀断裂，由此普遍引起了人们的注意。近20年来，我国也发生过几起液氨贮罐爆炸事故。如1979年3月16日，山东省某县化肥厂一个容积为6.45m^{3}的卧式液氨贮罐在使用中突然断裂爆炸，大量液氨喷出、蒸发，产生二次爆炸着火。该贮罐直径1.236m，壁厚16mm，用20g钢板焊制。经检查，断口齐平，有旧裂纹痕迹。此外，1971年7月在辽宁省某市化肥厂，1974年12月在江苏某县化肥厂，都发生过液氨贮罐的断裂爆炸事故，造成多人伤亡。这些贮罐断裂爆炸虽然原因较多，但液氨引起的应力腐蚀是其中主要原因之一。在国内虽然还没有发现有球形液氨贮罐断裂爆炸事例，但近年来各地通过对液氨球罐的定期检查，发现大多数球罐都存在裂纹。例如，1979年某钢铁公司化肥厂对两台120m^{3}的液氨球罐进行内部检查，发现内壁有数以百计的裂纹。这些裂纹大都分布在长年处于液面下部的南极板与下温带组焊的周向焊缝上。裂纹多与焊缝垂直，由焊缝中心向两侧扩展。裂纹深4～6mm，长度一般为10～30mm。经分析，认为是液氨引起的应力腐蚀裂纹。日本神奈川县对从1959年至1972年期间所制造的球罐进行检查统计，液氨球罐的裂纹率达38%，其中大部分为应力腐蚀裂纹。

在一般情况下，无水液氨只对钢产生很轻微的均匀腐蚀，但液氨贮罐在充装、排料及检修过程中容易受空气的污染，而大气中的氧及二氧化碳会促进氨的应力腐蚀，其反应如下：

$$2NH_3 + CO_2 \longrightarrow NH_4CO_2NH_2$$

$$NH_4CO_2NH_2 \longrightarrow NH_4^+ + CO_2NH_2^-$$

$$O_2 + 2NH_4^+ + 2Fe \longrightarrow 2F_2^+ + 2OH^- + 2NH_3$$

反应中产生的氨基甲酸氨（$NH_4CO_2NH_2$）对碳钢有强烈的腐蚀作用，它使钢材表面钝化膜在滑移台阶处产生断裂，并沿此处产生阳极型的应力腐蚀裂纹。

从国内外大量检验的实际情况来看，液氨的应力腐蚀主要是焊接残余应力。许多资料表明，残余应力高的部位比残余应力低的部位腐蚀严重，而经过消除焊接残余应力退火处理的焊缝，要比焊后未进行热处理的焊缝腐蚀裂纹少得多。

许多试验资料还表明，球形容器所用的钢材强度越高，产生应力腐蚀裂纹的倾向就越大。综合国内外有关液氨贮罐的调查资料可以看出，屈服强度高于320MPa的钢材焊制的液氨贮罐，几乎全部都发现有应力腐蚀裂纹。而屈服强度低于220MPa的低碳钢贮罐，只有比例数很小的几台存在少量的应力腐蚀裂纹。

液氨对压力容器的应力腐蚀与它的工作温度有明显的关系。根据调查资料统计，发生应力腐蚀的液氨贮罐，除了南非和日本有两台贮罐是在较低的温度（分别为－6℃和－20℃）下运行外，其他发现有应力腐蚀的液氨贮罐都是室温贮存，最高温度都在零度以上。至于在常压下贮存的氨罐（－33℃），则从未发现过有应力腐蚀裂纹。温度对液氨应力腐蚀的影响，除了因为应力腐蚀是电化学腐蚀过程，温度的增高有利于此一过程的进行这个因素外，估计还与液氨中氧的含量有关。因为在低温贮存过程中，氧的含量会因不断蒸发而减少。

根据以上分析，采取下列措施有利于防止液氨对贮存容器的应力腐蚀。

（1）在焊接工艺上采取措施，减小焊接残余应力。焊缝最好都要经过消除残余应力的处理，冷压封头必须经过热处理。

(2) 尽可能采用强度较低的低碳钢来焊制液氨贮罐。

(3) 尽量保持较低的工作温度，低温贮存。

(4) 减小空气污染。

(5) 在液氨中加入0.1% ~0.2%的水。大量的试验资料表明，并经实际应用所证实，液氨中含有0.2%的水有缓蚀作用。不过对于高强度钢，0.2%的水对阻止应力腐蚀裂纹扩展的作用并不大。

2. 热碱溶液对钢制容器的应力腐蚀

压力容器的工作介质中，如果含有一定浓度的氢氧化钠溶液，在温度较高的特定环境下会对碳钢或合金钢产生应力腐蚀。这种现象俗称碱脆或苛性脆化。

(1) 碱脆机理

钢碱脆的机理目前还没有统一的见解。一般认为是碳钢在高温下与水蒸气产生了如下的化学反应：

$$3Fe + 4H_2O \longrightarrow Fe_3O_4 + 4H_2$$

在这个反应过程中，氢氧化钠起着催化作用，其过程是：

$$3Fe + 7NaOH \longrightarrow Na_3FeO_3 \cdot 2Na_2FeO_2 + \frac{7}{2}H_2$$

$$Na_3FeO_3 \cdot 2Na_2FeO_2 + 4H_2O \longrightarrow Fe_3O_4 + 7NaOH + \frac{1}{2}H_2$$

$$3Fe + 4H_2O \longrightarrow Fe_3O_4 + 4H_2$$

反应产生的Fe_3O_4覆盖在钢的表面上并形成一层保护膜。但是在局部区域，可能由于过高的局部拉伸应力而使这层保护膜遭到破坏，也可能由于氢氧化纳在表面的富集使Fe_3O_4被溶解，或是它们的联合作用，在金属表面形成最初的腐蚀——机械性裂纹。这种裂纹一经形成，还会进一步促使氢氧化纳在裂缝内富集，从而产生电化学腐蚀现象。由于稀碱溶液可以使钢钝化，加上Fe_3O_4的覆盖作用，因此金属表面及裂纹的侧表面就成为腐蚀的大阴极，而在裂缝内的浓碱溶液能够溶解Fe_3O_4，所以裂纹的尖端区域就成为小阳极。再加上拉伸应力的作用，一方面它阻止裂纹尖端区域内形成保护膜，另一方面又在此处造成高度的应力集中，使裂纹得到迅速扩展，最后导致断裂。

碱脆是沿着钢的晶界开裂的，这种现象也有两种不同的解释，一种见解是由于应力或晶界杂质，使钢板在碱性溶液中产生晶间腐蚀，这给氢脆开辟了途径。更多的意见是氢在其中起主导作用，因为氢可以向晶界扩散，在钢的晶粒间形成含氢的固溶体，这样就减弱了晶粒之间的结合力，并增加脆性，因而在拉伸应力作用下沿着晶界开裂。

(2) 产生碱脆的条件

钢的碱脆一般要同时具备以下三个条件，即高的温度、高的碱浓度和拉伸应力。

关于引起碱脆的碱液浓度，威尔(Weir)通过试验后指出，浓度为10%的氢氧化纳溶液就可能引起碱脆，而5%的浓度则不能。但是，问题是在锅炉和某些压力容器中，局部的地方常发生氢氧化纳富集的现象。例如，在盐的沉积物及多孔性氧化皮的下面以及蒸发速率高的地方。在含有碱的热水加热容器中，每产生一个蒸汽泡就会使它侧腹下面水的碱浓度比其他地方高一些。但是，如果表面光洁，则当汽泡离开后，此处的浓度会重新变得均匀。而如果表面不光洁或盖有多孔性物质，则此处的水将慢慢被浓缩而使碱浓度增大。

引起钢碱脆的拉伸应力，可以是外应力，也可以是内应力，或者是两者的联合作用。有些文献指出，对碱脆裂纹的扩展，外应力肯定是不必要的。应该特别指出的是，应力的大小自然是碱脆的一个影响因素，但更为重要的因素是应力的均匀与否。很多试验证明，不均匀的拉伸应力最容易引起碱脆。

碱脆常常发生在锅炉的承压部件中，因为它有可能同时具备发生碱脆的三个条件，即高的温度、较高的碱浓度和拉伸应力。

锅炉用水经过处理后一般都含有过剩的碱（氢氧化钠），虽然在正常情况下，炉水中碱的浓度应调节到使它不会对钢产生腐蚀，但在局部地方常会因氢氧化纳富集而使水的碱浓度增大。例如在上述的沉积物或多孔性氧化皮的下面以及特别有利于气泡形成的那些地方，如常见的漏缝处。因为在铆接或法兰连接处如果有漏缝，它只允许蒸汽外漏而不能让水泄出，因进到漏缝中的水将会逐渐被浓缩而含有越来越多的氢氧化钠，最终就有可能达到发生碱脆所需要的浓度。

至于不均匀的拉伸应力，在锅炉的承压部件中是比较普遍存在的，如在开孔周围及封头过渡区等处。特别是在铆接漏缝的捻铆处以及紧固不均匀的法兰连接泄漏处，局部应力可能更大。

压力容器发生碱脆断裂的事故比较少见，但是如果存在上述碱脆条件也同样会发生碱脆断裂。

1979年10月某厂发生了一次人造水晶高压釜断裂爆炸事故。该高压釜内径300mm，壁厚100mm，高约5.85m。用镍铬钼钒钢（43CrNi2MoV）锻制。设计压力为150MPa，设计温度380℃，工作介质是百分比浓度约为5%的氢氧化钠溶液。

该釜1977年1月第一次试用，1979年10月在进行第4次运行过程中突然发生爆炸，釜体从底部（距底平面约17mm）横向断裂，整个高压釜腾空而起，竖直冲破房顶飞出，最后又差不多从原位落下，倒落在二楼楼板上，并将附近的两个高压釜撞坏。

事故后检查，釜内壁未发现有明显的腐蚀，也没有超压的迹象（防爆帽没爆破，事故前的操作记录为压力136MPa，温度369.5℃）。断口上有两个明显的断裂区：内圈约宽80～85mm，是裂纹扩展区，这部分断口与横断面约成20°～30°角，表面较粗糙，在该区域的内侧有一圈宽约20～30mm的蓝黑色腐蚀产物，与釜内壁的颜色相同。最外层约宽10～15mm，是最后断裂区。断口正好处在釜体内径突变的截面上，因高压釜加工内孔时不慎在此处加工出一宽约3.75mm的突台。

釜体材质经检验其化学成分符合设计要求，力学性能也基本符合规定。常温下，σ_b = 1100～1150MPa，σ_s = 970～990MPa，δ_5 = 15%～19%，α_K = 33.3～41.2N·m/cm^2（设计要求为 $\sigma_b \geqslant 1078$，$\sigma_s \geqslant 931$，$\delta_5 \geqslant 11\%$，$\alpha_K \geqslant$ 34.3N·m/cm^2）。在设计温度（380℃）下，σ_b = 930～960MPa，σ_s = 780～800MPa，δ_5 = 15%，α_K = 80.4～83.3N·m/cm^2（设计要求为 $\sigma_b \geqslant$ 980MPa，$\sigma_s \geqslant$ 833MPa）。金相组织为索氏体，但晶粒度差异较大，且存在大块夹杂物。

经过分析，认为此高压釜的断裂与碱脆应力腐蚀有关。虽然釜内的氢氧化纳溶液的浓度仅为5%，但在筒内一圈突台处完全可以产生氢氧化纳的富集，即在此处可能存在局部高浓度的碱液。釜体此处的突台，产生较大的应力集中，是高压釜筒体腐蚀裂纹的生成和扩展的主要因素，也是造成釜体断裂的主要原因。

（3）碱脆断裂的特征

锅炉与压力容器发生碱脆断裂时，一般具有以下的一些特征：断裂发生在应力集中的地方，且断口常与主要拉伸应力大体上垂直；在断裂处附近，时常可以发现有沿着晶界分布的许多分枝的裂纹；断口上往往粘附有许多磁性氧化铁；断口作金相检查可以看出裂纹是沿金属晶粒边界扩展的。有些文献还指出，碱脆断裂的构件仍有一定的塑性变形（伸长率约为0.25%～0.45%）。

当然，也并不是所有的碱脆断裂都完全具有上述这些特征，有些构件发生碱脆时就不一定在断裂处附近能找到其他裂纹，其原因就象前面在讨论应力腐蚀时所讲过的那样。

3. 一氧化碳等引起的应力腐蚀断裂

近年来，国内外都先后有充装一氧化碳和二氧化碳混合气体容器（气瓶）发生爆炸事故的示例，这也是由应力腐蚀而产生的腐蚀断裂。

1970年5月，日本一公司在充装混合气体（CO为26%，CO_2为14%，N_2为60%）时，突然发生气瓶爆炸。检查爆破片发现瓶内壁上存在许多裂纹。这个气瓶使用时间还不到1年，充装气体的压力在规定的许用压力（15MPa）范围内。事故后对该公司所充装的其他气瓶进行了普查，发现有同样的裂纹存在。经过大量试验证实，这种混合气体只有在含有水分的情况下才能对钢产生严重的应力腐蚀。由此认为，这批气瓶的应力腐蚀是由于该公司在充装气体前把气瓶放置在室外，使瓶内渗入了雨水，以致混合气中含有水分而造成的。

国内也有过一氧化碳气体对气瓶的应力腐蚀示例。上海某厂充装了工业一氧化碳气体（CO为95%，CO_2为3%～4%，$H_2O \leqslant 1\%$）的9个气瓶，在使用了5个月到1年的时间内先后都发生了瓶壁漏气现象，其中还有一个发生了断裂爆炸事故。检查另一工厂的同类气瓶（都为充装工业一氧化碳气体），在使用了5个月的40个气瓶中，发现29个气瓶瓶壁有穿透漏气。这些气瓶的制造材料为锰钢（42Mn），质量合格，许用工作压力为15MPa，而实际充装压力仅为10～11MPa。

经过实验室的反复对比试验和分析研究后认为，在工业一氧化碳气体中含有二氧化碳和水分，因而对气瓶产生了应力腐蚀。在通常情况下，一氧化碳气体可以被铁吸附，在金属表面形成一层保护膜，但由于气瓶反复多次的充气，瓶壁上的交变应力使这层保护膜遭到局部破坏，于是在保护膜被破坏的地方，因二氧化碳和水的作用，使铁发生快速阳极溶解，并形成向纵深方向扩展的裂纹。实验证明，在无水的一氧化碳气体中，不存在对钢产生应力腐蚀的现象。

4. 硫化氢对钢制容器的应力腐蚀

在以原油、天然气或煤为原料的炼油、石油化工及煤气工业设备中，硫化氢的腐蚀是一个比较普遍的问题。其中尤以湿硫化氢对碳钢及低合金钢的应力腐蚀最值得注意。20世纪60年代以来，各国相继发生了不少压力容器因硫化氢应力腐蚀的断裂事故。如1962年2月，日本川崎有一台容积为1200m^3的丙烷球形贮罐，在使用20天后即因泄漏而停止使用，检查发现在上温带与赤道带的环焊缝中有6处横裂纹穿透了整个器壁。球罐用800MPa级的高温钢制造，介质中硫化氢含量为0.03%。事隔半年，在该市又检查发现有两台用700MPa级高强钢制的其容积为500m^3的液化石油气球形贮罐，在投料12天后即发生泄漏。上温带与赤道带环缝、赤道带与下温带环缝均有穿透裂纹。容器介质中硫化氢含量高达1.7%。我国某市石油公司在1978年10月也发现有一台容积为400m^3的液化石油气贮罐在使用115天后即发生焊缝泄漏，在赤道带与上温带的环缝上有长1840mm的裂纹，其中有450mm长已穿透器壁。贮罐内壁还发现有氢鼓包。经分析，是由于介质中含有较高的硫化氢，产生应力腐蚀所致。

硫化氢对钢制压力容器的应力腐蚀，在应力因素方面，除了薄膜应力以外，主要是焊接残余应力及强力装配组焊引起的附加应力等。在腐蚀因素方面，介质中含量较高的硫化氢及水分与高强度钢焊缝的淬硬组织构成了腐蚀环境的特殊组合。一般认为，湿的硫化氢与铁元素会产生如下反应：

$$Fe + H_2S \longrightarrow FeS + 2[H]$$

产生的氢原子向金属内部扩散、聚集，使金属变脆，在氢的作用下形成鼓包和裂纹。

对硫化氢的应力腐蚀起促进作用的因素较多，如钢材的组成、强度和硬度以及硫化氢浓度、溶液的 pH 值和工作温度等。一般来说，钢中的硫、镍、氢含量越多，钢材的强度，特别是硬度越高；介质中硫化氢含量越高，溶液的 pH 值越小，就越容易产生应力腐蚀。温度对硫化氢应力腐蚀的影响，则以 20℃ 左右为最敏感，升高或降低温度都有利于减轻应力腐蚀。

预防硫化氢对压力容器的应力腐蚀，除了从根本上降低工作介质中的硫化氢含量以外，比较有效的措施是消除或减小焊接残余应力及其他附加应力。最通用的办法就是进行焊后热处理。如果能在容器内壁涂以环氧树脂等防腐层，也可收到较好的效果。

5. 高温高压氢气对钢的腐蚀

在石油、化工容器中，有一些容器的工作介质为温度高达数百度、压力高达数十兆帕的高温高压氢气，如合成氨装置、热裂石油装置、酒精和石油加工装置中的容器。如果处于上述工作条件下操作，一旦设计、制造或使用不当就有可能因氢的腐蚀而导致破坏。高温高压氢气对钢的腐蚀属于化学腐蚀，与上述属于电化学腐蚀的应力腐蚀在机理上是不一样的，但它也是由于介质的作用，使材料产生缺陷而造成容器在低应力下破坏，因而在本节中讨论。

1974 年，某化工实验厂发生了主要因氢脆而导致氨合成塔的断裂泄漏事故。该容器内径 710mm，壁厚 157mm，由一个厚 13mm 的内筒(材料为 20g)及 24 层厚 6mm 的层板(材料为 3 号镇静钢)包扎焊接而成。1959 年投产，1974 年 2 月在运行中发现塔外保温层泄漏高压气体，停机后检查发现筒体内壁环焊缝处有 4 条裂纹，其中两条连在一起共长 580mm。经分析，认为是受高温高压氢腐蚀而产生的氢脆裂纹。

钢的氢脆是由于高温高压的氢进入钢内，使它的强度及塑性降低。解释钢氢脆的理论主要有以下几种：

① 氢进入钢中与渗碳体相互作用，生成甲烷，使钢脱碳。其反应式为：

$$Fe_3C + 2H_2 \longrightarrow 3Fe + CH_4$$

因为钢的主要强化相渗碳体被氢还原了，所以强度大为降低；

② 氢与渗碳体相互作用所生成的甲烷不能溶解于纯铁体中，而产生巨大的内压力，其数值可达 1.8×10^6MPa，致使钢沿晶界发生断裂；

③ 进入钢中的氢原子沿着钢的晶粒边界(或晶格中的缺陷处)结合成氢分子，并产生很大的内压力，从而使钢的强度大为降低；

④ 钢中含有大量的氢时，富氢的固溶体具有较大的脆性和较小的强度。

上述关于钢氢脆的理论，以第一种解释最有说服力。因为它已被一些实际事例所证实，即在发生氢脆的钢中确实存在脱碳现象。如在上述氢脆断裂的氨合成塔中，从断裂处取样分析的结果，钢的含碳量由原有的 0.19% 降至 0.05% ~0.07%。塔内壁的金相组织为脱碳的铁素体，珠光体全部消失，且还可清晰地看见沿铁素体晶界扩展的裂纹。

钢的氢脆是否会产生，主要决定于氢的压力、温度、作用时间和钢的化学组成。

一般说来，氢的压力越大，温度越高，碳钢的脱碳层就越深，发生氢脆断裂的时间也越短，其中温度是重要的因素。在较高的温度(如 >700℃)下，即使氢的压力只有 0.1MPa，碳钢也可能发生氢脆。如果温度较低（如 <200℃），就是在压力为 100MPa 下氢脆也难以产生。在合成氨工业中，大部分氨合成塔的外筒都是用碳钢制造的，虽然氮氢混合气的压力大都在 32MPa 甚至更高，但是由于塔内壁有一层冷气保护（温度较低的混合气沿着塔内壁表面流过），使它的壁温一般不超过 100℃，因而并没有氢脆断裂现象。上述氨合成塔之所以发生氢脆开裂，据分析，主要是由于它在长期操作中塔壁温度经常大大超过规定所致。

钢中碳与合金的含量对氢脆也有很大影响。碳的含量越高，在相同温度和压力条件下，就越容易发生氢脆。在合金钢中，碳含量的影响就更为明显。如果在钢中添加有铬、钛、钒等元素，则因为这些元素能形成稳定的碳化物，使氢不能与钢中的碳相互作用而生成甲烷，因而可以阻止钢产生氢脆。

氢不仅可在高压使用条件下进入钢内，在炼钢、焊接等加工过程中，如果有水蒸气存在，则氢也可能进入钢内。因为在高温下水按下列反应被还原而生成氢：

$$H_2O + Fe \longrightarrow FeO + H_2$$

这些氢随即溶解在液态金属中，它也同样可以使钢发生氢脆。由于氢脆而断裂的容器，可以在它的腐蚀表面及断口上看到一些氢脆的特征。首先，在微观上，它的腐蚀表面常常可以见到钢的脱碳铁素体组织。沿着断口由腐蚀面向外观察金相组织时，可以看出脱碳的深度。被氢腐蚀的破坏，带有沿着晶界扩展的腐蚀裂纹。氢腐蚀严重的容器，有时宏观上就可发现由于氢腐蚀而产生的鼓包现象。

6. 氯离子引起不锈钢容器的应力腐蚀

在奥氏体不锈钢制造的压力容器中，如果有氯化物溶液存在，也会产生应力腐蚀。这种应力腐蚀是由溶液中的氯离子引起的。氯离子使不锈钢表面的钝化膜受到破坏，在拉伸应力的作用下，钝化膜被破坏的区域就会受腐蚀而产生裂纹，成为腐蚀电池的阳极区，连续不断的电化学腐蚀就可能导致金属的断裂。

有些文献指出，无论是高浓度的氯化物，或者是在高温高压的水中若含有微量的氯离子，均有可能产生应力腐蚀，且两者并无本质上的差别。

在实际生产过程中，这种应力腐蚀往往是由于操作不正常或疏忽大意而引起的。有些设备并不是在正常操作条件下被腐蚀破坏，而是在停止运行期间由于含有氯化物的溶液冷凝和浓缩而产生应力腐蚀。国外曾报道过不锈钢设备在停车期间，由于残留有 5% 氯化物冷凝液，因而产生应力腐蚀裂纹而造成设备泄漏。也有些压力容器因用含氯离子较高的水进行耐压试验，残留在容器内的水被浓缩而产生了应力腐蚀。

氯离子引起的奥氏体不锈钢的应力腐蚀，其裂纹通常都是穿晶型的，且多数为分枝状裂纹。

这种应力腐蚀可由外应力引起，也可由内应力引起。许多腐蚀破坏事例表明，多数腐蚀裂纹都是产生在焊缝附近，说明焊接残余应力是一个重要因素。

此外，在压力容器中，还有其他一些气体也能产生腐蚀。如在合成氨装置中的氮、氢、氨混合气，其中的氮就能在高温高压条件下渗入碳钢中（最大渗入量比原来钢中的含量大 20 倍或更高），且与铁及其他合金元素生成氮化物，使钢变硬变脆，改变了它的力学性能。氮和氢的联合作用，促使氮经过氢腐蚀所生成的裂纹剧烈地往金属内部深处渗透。氨则部分地分解为原子氢和氮，加速腐蚀作用。

（四）防止压力容器应力腐蚀断裂的措施

设备的防腐蚀措施是各式各样的，需要根据不同的设备条件和不同的工作介质采用不同的方法。在压力容器中，通常采用下面几种防腐蚀措施。

1. 选择合适的抗腐蚀材料

大多数的工作介质对设备材料的腐蚀作用都是有选择性的，即它只能对某一些材料或在某一种操作条件下产生腐蚀。如高温高压的氢可使碳钢产生严重的脱碳而造成氢脆，但对于铬钼钛合金钢则不会产生这种腐蚀作用。所以在设计制造压力容器时可以根据工作介质的腐蚀特点选用合适的抗腐蚀材料。

2. 使容器壳体与腐蚀性介质隔离

为了避免腐蚀性介质对容器壳体产生腐蚀，可以采用耐腐蚀的材料把工作介质与容器壳体隔离开来。常用的方法是在容器内壁涂上防腐层或内加衬里。表面涂层可以是金属的，如电镀层及喷镀层等。也可以是非金属的，如油漆及搪瓷等。容器的衬里也有金属衬里和非金属衬里两种。近年来则多采用复合钢板来制造容器壳体，复合钢板内层为抗腐蚀钢，外层则为一般碳钢或高强度钢，这样就可以防止工作介质对壳体的腐蚀。

3. 消除能引起应力腐蚀的因素

在压力容器的各种腐蚀破坏形式中，最危险的是应力腐蚀，而应力腐蚀又往往要在一定的条件下才能产生。因此可以在容器的设计、制造和使用过程中采取相应的措施来消除可能引起应力腐蚀的各种因素。如容器的不均匀应力常是应力腐蚀的一个重要因素，因此对有可能产生应力腐蚀的容器，应尽一切可能从结构上减小或消除过大的局部应力。制造时除了在焊接工艺上采取措施减少残余应力外，一般都应进行焊后热处理。有些介质对材料的应力腐蚀不但与材料的化学组成有关，且还与它的金相组织有密切关系，这就需要通过不同的热处理来获得抗腐蚀的金属组织。表面粗糙或存在“死角”有时会造成腐蚀性溶液的浓缩而产生应力腐蚀，如上面列举的人造水晶高压釜就是一个例子，应在设计和加工容器时尽力避免。也有的应力腐蚀是因为介质中混有其他成分而引起，如工业一氧化碳气体只是在有水分的情况下才对充装的容器产生应力腐蚀，因而应在使用中采取措施清除这些能引起应力腐蚀的杂质。更应该注意的是，往往由于工作中的疏忽或不重视，有些本来不应产生应力腐蚀的容器被腐蚀破坏了。用含氯离子较高的水对不锈钢容器进行水压试验，容器在停用期间因残液的蒸发、浓缩就可能产生应力腐蚀。这些都需要通过加强对压力容器的维护管理，建立必要的规章制度来解决。

五、 压力冲击断裂

压力冲击断裂是指容器内的压力由于各种原因而急剧升高，使壳体受到高压力的突然冲击而造成的断裂爆炸。

（一） 压力冲击造成容器爆炸的事例

1. 某化肥厂高压容器的爆炸

1976 年 4 月，河北省某化肥厂合成氨设备进行检修，全部高压容器进行了压力为 18.6MPa 的耐压试验，没有发现严重的缺陷。但在设备安装完毕准备投产前进行系统气密试验（试验压力为 13.7MPa）的保持压力期间，整个系统，包括 5 台高压容器、排管水冷却器及高压管道全部炸毁。造成厂房倒塌，数以千计的碎片四处飞散，远的飞离千余米。不但击毁设备及附近的建筑物，且使附近的操作人员绝大部分被碎片击死或重伤，甚至击伤厂外的行人。事故损失十分惨重。事后查明，这起高压容器爆炸属于压力冲击断裂。其原因是用原有的煤气压缩机来压缩空气进行系统气密试验，而该机与煤气柜等设备的连接管道没有彻底隔绝(只关闭了阀门)，结果因阀门泄漏，致使一部分煤气通过压气机进口总管与室内空气一齐被压入试压系统中，空气与煤气组成的混合气体在器内发生爆炸，产生很高的冲击压力，造成全部容器断裂。

2. 液化石油气槽车的压力冲击爆炸

1985年夏，广西某单位在检验液化石油气槽车，进行气密性试验时，也发生过这类爆炸事故。该槽车在进行外部检查时，更换了部分阀门，按规定应作气密性试验。试验前槽车没有经过内部清理与置换(只打开放空阀排放器内剩余气体)，仅用明火在放空阀出口处作点火试验，以器内所放出的气体不能点燃为标准，来判别器内是否还残留有可燃气体。经多次点火试验，认为器内无残余可燃气体后，即关闭阀门。数小时后通入空气进行气密性试验，当试验还未达到规定的设计压力时，整个槽车断裂，封头飞出。事后分析，事故是由于器内的石油残液在环境温度较高的情况下(爆炸时间是14时左右)继续蒸发出可燃气体，与试压的空气混合，在静电或由高速流动的铁锈、油垢等物产生摩擦热的诱发下，发生了化学爆炸，爆炸产生的压力冲击，造成容器断裂。

3. 日本氨气贮罐的爆炸

1966年4月，日本某化工厂的一台直径0.48m，高2m的氨气贮罐，在用瓶装氮气清洗连接管道时，由于工作失误，错将瓶装氧气通入管道了。当开启该连接管道的阀门时，管内的氧气迅即进入氨气贮罐内，造成氨氧的化学反应爆炸并导致整个容器断裂。

（二） 压力冲击断裂的类型及其原因

在器内突然发生高速的压力冲击，大部分是由化学反应引起的，也有些是属于物质相变等物理现象。下面介绍几种较为常见的压力冲击类型及其产生的原因。

1. 可燃气体与助燃气体（氧、 空气）的反应爆炸

如果两种气体在器内的混合比例在爆炸的极限范围内，遇到适当的条件即会被点燃而形成燃烧波，并在器内迅速扩延和传播，形成压力冲击。造成可燃气和助燃气同时混入同一容器内的原因有以下几个方面：

(1) 阀门零件泄漏，使可燃气体通过关闭着的阀门流进空气或氧气容器内；或者是因可燃气体贮罐的连接密封结构失效，漏入空气等。

(2) 操作失误，造成可燃气体与助燃气体混合。例如某合成氨厂在系统检修完毕开车时，没有按规定将两个连接氧气管道的阀门关闭，结果氧气窜入有可燃气体的压缩机贮罐、缓冲器等设备内，开车后很快即产生混合气体爆炸，系统上的容器被压力冲击而断裂。

(3) 两种气瓶混装。常见的是用氧气瓶充装氢气，或用氢气瓶充装氧气。充装前没有认真检查，而原有气瓶又有较多的剩余气体，结果形成混合气体爆炸。

2. 聚合釜内“爆聚”

单体分子的聚合大都是放热反应，因此必须适当控制其反应速率，并进行充分的冷却。如果釜内反应失控，将会迅速聚合，放出大量的热量，压力急速上升，造成“爆聚”，使聚合设备受压力冲击而断裂。这种反应常见的原因有：①催化剂使用不当；②冷却装置失效等。

3. 器内的反应失控

化工过程中很多工艺过程是放热的，特别是放热的分解反应。如果反应失控，反应后气体体积将会增加并伴随着产生大量的热，这样即会产生压力冲击，使容器断裂。常见的原因有：

① 原料投入计量错误或器具失灵；

② 原料不纯，特别是含有对反应起加速作用的杂质等；

③ 搅拌或冷却装置失效。如因为突然停电，搅拌器停止工作或突然停水，冷却装置未能起冷却作用等。

4. 液化气体“爆沸”

盛装液化气体的容器如果因压力突然释放，气态空间与大气相遇，则器内因压力骤减液体出现过热现象而迅速蒸发，产生大量的气体，也会造成容器的压力冲击断裂。可能产生气体“爆沸”的原因如下：

① 容器上误装爆破片，因器内压力升高，爆破片断裂；

② 容器壳体局部开裂；

③ 两种沸点相差悬殊的液化气体突然混入一个容器内。

（三） 压力冲击断裂的特征

压力冲击断裂的原因，基本上类似于延性断裂，都是因为器内压力太高致使器壁应力过大而造成的。但是从断裂的基本情况来看，则与延性断裂完全不一样。因为在压力突然冲击的情况下，一方面器壁的承载速率很高，使壳体材料的韧性下降；另一方面器内贮存的巨大能量迅速释放，因而不会造成壳体只裂开一个小的缝口。从压力冲击断裂壳体的形貌状态来看，颇似因部件存在缺陷而产生的脆性断裂。压力冲击断裂有如下一些特征。

（1）壳体碎裂　压力冲击断裂的容器，常常产生大量的碎块，这是其主要特征。它的碎裂程度一般都超过脆性断裂的壳体。如果是可燃性混合气体在器内爆炸而造成的压力冲击断裂，还有可能是粉碎性爆炸。

（2）壳体内壁常附有化学反应产物或痕迹　因为压力冲击断裂大多是由于器内物料发生燃烧或其他化学反应而产生的，所以在壳体或碎块的内壁常可发现反应产物或观察到金属有经过高温烘烤的痕迹。

（3）断裂时常伴有高温产生　放热反应产生的高温气体在壳体被压力冲击而断裂后随即排出，会使周围的物料燃烧或被烘烤，还常常因此而发生火灾；断裂的当时，壳体或碎块的温度也比较高。

（4）断口形貌类似脆性断裂　断面一般没有或只有很薄的一层剪切唇，断口是平直的，开裂的方向也无一定的规律性。

（5）容器释放的能量较大　根据断裂容器周围所造成的破坏情况所估算的破坏能量，往往要比容器在理论计算的断裂压力下爆炸所释放的能量大得多。

（四） 压力冲击断裂事故的预防

压力冲击断裂是在瞬间发生的，造成的危害也相当严重，必须加以预防。压力冲击断裂其实就是压力容器在非正常工况状态下引起的爆炸事故，因此必须从根本上加以预防，常用的预防措施如下。

1. 完善规程和管理制度

（1）生产工艺设计及操作规程的管理制度　凡有可能产生异常工况的压力容器，在操作规程中必须从生产工艺角度加以注意，并在操作规程中注明防范措施和操作方法，如可燃气体介质与助燃气体介质之间的系统关联管线，必须配置可靠的切断装置或切断阀，如在切断阀后加盲板等。当生产系统不能采取盲板隔离时或需经常性的工况变换或间歇使用时，必须在关联管线上装设两只切断阀，且两只切断阀之间还应加装放空阀，并注明这些阀门的操作步骤和操作要求，如两切断阀在切断隔离期间阀间放空必须处于长开状态，确保在切断阀出现泄漏时两种气体不会发生互串。

对一些工艺过程可能会出现副反应等非正常化学反应的压力容器，在生产工艺设计及操作规程中均必须严格控制工艺指标和操作要求。对操作要求、操作步骤、不正常情况的处理以及防止误操作都要有相应的措施。压力容器内这些容易产生的非正常化学反应往往都是放热反应，如聚合釜内的聚合反应等。

此外，压缩气体及液化气体的充装必须按国家的有关标准规定，制定完善的气瓶充装操作规程和管理制度。包括充装前后的检查，从规程及制度上防止气体错装、混装和过量充装，完善瓶装气体特别是液化气体在运输、储存、销售及使用等各环节中的管理制度和使用规程。

（2）检修检测规程和管理制度　压力容器发生压力冲击断裂的事故中有不少跟检验有关，因此必须根据压力容器的生产工艺状况、介质的特性结合检修内容制定压力容器或生产系统的检修规程。包括检修前的介质置换、关联系统切断加盲板等处理工作；检修后的试压、气密试验机系统置换及抽查关联管道盲板等程序，特别是对易燃介质系统和强氧化性介质系统检测时须作气压试验和气密试验。

（3）仪器仪表安全附件保养规程　仪器仪表是压力容器生产控制的“眼睛”，要防止压力容器发生压力冲击断裂就必须确保仪器、仪表测量和显示的准确性，特别是有可能发生非正常化学反应的仪器仪表，如温度、压力、流量（物料配比）、气体成分自动分析、自动控制、自动调节和安全泄压等仪表或装置，都要有严格的检测和维护保养规程和管理制度，以确保压力容器安全附件准确有效，发挥其应有的作用。

2. 加强现场的管理和作业人员的培训

规程制度的健全还必须加强对其管理，包括检查和考核，杜绝违章现象。压力容器的管理人员、操作人员及其他有关的检修检测人员都必须经过专门的培训，持证上岗。对压力容器的操作、检修及检测必须一丝不苟，建全生产检修的巡回检查和多重检查的管理责任制，使规程制度落实到点、落实到人，从而杜绝压力容器异常情况的出现。

六、蠕变断裂

金属材料在应力与高温的双重作用下，会产生缓慢而连续的塑性变形。高温承压部件如果长期在金属蠕变的温度范围内工作，就会因金属的蠕变而使部件的直径增大，壁厚逐步减薄，材料的强度也有所降低，严重时会导致承压部件的断裂。

压力容器的蠕变破坏是比较少见的，特别是容器壳体因蠕变而发生断裂的情况就更为罕见。这是因为在高温下操作的容器所占的比例较小，而有些装置虽然操作温度较高，但往往在结构上或工艺流程上采取了适当措施使容器壳体的温度保持在较低的水平上。如氨合成塔，虽然塔内反应温度较高，但由于在塔内壁流过较低温度的气体，可以使它的壳壁温度保持在100℃或200℃以下。有些容器壳体的工作温度较高，在设计时则选用合适的材料来控制它的蠕变速率。所以蠕变断裂一般只见于容器的个别部件，如管子等，且多发生在不正常的使用情况下。

1. 蠕变断裂的常见原因

压力容器部件的蠕变断裂常见于以下的一些原因。①选材不当，例如由于设计时的疏忽或材料管理的混乱，错用碳钢代替抗蠕变性能较好的合金钢来制造高温容器部件。②结构不合理，使部件的局部区域产生过热。③制造时材料组织改变，抗蠕变性能降低，如奥氏体不锈钢的焊接常会使其热影响区材料的抗蠕变性能恶化，大的冷弯变形也有可能产生同样的影响。有一台铬钼矾钢过热器，因为管子冷弯后没有进行热处理，结果在 520 ~ 550℃ 的操作温度下因抗蠕变强度降低，在弯头区域产生了许多蠕变裂纹(晶间裂纹)，并导致过热器在弯头处断裂。④此外，操作不正常、维护不当，致使容器部件局部过热也常是造成蠕变断裂的一个主要原因。如锅炉或其他加热器的管子，常因积满水垢或其他覆盖物而致管子局部温度过高而断裂。

2. 蠕变断裂的特征

容器部件发生蠕变断裂时，一般都有比较明显的变形。变形量的大小则视材料在高温下的塑性而定。但是值得注意的是，有些材料在常温下进行加载试验时具有良好的塑性，而在较高的使用温度下会变脆。这时，断裂的部件常常没有明显的变形。高温下钢的石墨化就会使它的塑性显著降低，因石墨化而引起断裂的断口呈脆性形貌，并由于石墨存在而呈现黑色。从断裂的性态来说，这种断裂实际上是高温下的脆性断裂(钢因石墨化而断裂也称“黑脆”)。不过，因为它是在长期高温作用下产生的，所以也可以把它看作是由于抗蠕变性能的降低而发生的破坏。

3. 蠕变断裂的预防

预防压力容器部件的蠕变断裂，主要应从以下几个方面来考虑：首先在设计容器时要根据容器的使用温度选用合适的材料，并按该材料在使用温度和需要的使用寿命下的蠕变极限选取许用应力；制造容器时要避免采用能使材料降低抗蠕变性能的加工方法；使用时必须防止部件发生局部过热的现象，因为材料的局部温度过高，即使在较低的应力状态下也会发生蠕变损坏。

对压力容器的蠕变断裂及其预防问题，还待进一步摸索研究。例如，高温容器选取许用应力的问题，一般只考虑使它的薄膜应力不超过材料在使用温度和使用寿命下的蠕变极限，而根本没有考虑局部应力。而在压力容器中，常常存在一些应力集中的地方，这些地方的局部应力就有可能引起较高的蠕变速率并造成破坏。再如，材料的蠕变极限一般都按硬性规定的时间(100000h)来确定，这也是不够合理的，因为不同设备所需要的高温使用期限相差很远。因此，近年来许多国家都在开展对压力容器蠕变问题的研究工作，其中许多课题还在研究试验阶段。

第二节　容器部件的安全性能

一、　承压部件的强度

(一)　有关强度验算的理论与参数

1. 强度理论

一个处于简单应力状态(指单向受力)的构件，只要将它的应力 σ 与材料的许用应力 $[\sigma]$ 相比较，就可很容易判断它的强度是否足够，要求的强度条件自然是：

$$\sigma \leqslant [\sigma]$$

简单拉伸构件的应力 σ 可以根据它所作用的外力除以受力的截面积来计算，而材料的许用应用 $[\sigma]$ 则是材料的强度性能指标除以相应的安全系数(有关许用应力与安全系数的概念将在下面详述）。例如一根受直接拉伸的圆杆，其圆截面积是 A，拉力为 F，材料的强度性能数据为"σ"，规定的安全系数为 n，则可以建立强度条件为：

$$\sigma = \frac{F}{A} \leqslant [\sigma] = \frac{\text{“}\sigma\text{”}}{n}$$

但是，对压力容器这种处于复杂应力状态下（二向应力或三向应力）的承压构件，就不能采用这种直接与材料强度试验数据相对比的方法来建立强度条件了。因为材料的强度性能数据都是根据它所做出的试件经过简单的拉伸（或压缩）试验测得的，而构件所受的应力则是两向的或三向的，且各向的应力又可能存在各种大小不同的比值。压力容器的承压部件，无论是球体，圆筒体或者各种形式的封头，都是承受多向应力的壳体，如何将壳体的复杂应力与材料在简单拉伸条件下测试的数据相对比，就得应用材料力学中的强度理论了。

强度理论是人们在大量观察和研究了各种类型材料在不同受力条件下的破坏情况以后，根据对材料破坏现象的分析而提出的各种假说。每种假说（强度理论）都认为材料的破坏是由某一种因素所引起的，在常温、静载荷条件下的强度理论目前较常用的有 4 个，可以分为两类：第一类强度理论适用于材料的脆性断裂，有最大拉应力理论和最大伸长线应变理论。第二类强度理论适用于材料发生显著的塑性变形后的破坏，有最大剪应力理论和形状改变比能理论。下面先简单介绍这 4 种常用的强度理论。

（1）最大拉应力理论

最大拉应力理论是根据最大正应力理论经过修正而得出的。因为最大正应力理论是最早提出的强度理论，故最大拉应力理论又称为第一强度理论。这一理论所作的假说是，最大拉应力是引起材料脆断破坏的因素，认为不管应力状态如何复杂，只要构件内一处的 3 个主应力（依大小排列为 σ_1、σ_2、σ_3）中最大的拉应力 σ_2 达到材料的抗拉强度值时材料即发生脆断破坏。

因此，按照这一理论观点，对处于复杂应力状态下的构件所建立的强度条件即为：

$$\sigma_1 \leqslant [\sigma] \tag{2-8}$$

（2）最大伸长线应变理论

最大伸长线应变理论是根据最大线应变理论经过修正后得出的。最大线应变理论是在最大正应力理论之后提出的，故也将最大伸长线应变理论称为第二强度理论。这一理论所作的假说是，最大伸长线应变 ε_1 是引起材料脆断破坏的因素，认为不管应力状态如何复杂，只要构件内一处的最大伸长线应变 ε_1 达到材料在简单拉伸状态下的极限伸长值，材料即发生脆断破坏。因此，按照这一强度理论的观点，对处于复杂应力状态下的构件所建立的强度条件即为：

$$[\sigma_1 - \mu(\sigma_2 + \sigma_3)] \leqslant [\sigma] \tag{2-9}$$

（3）最大剪应力理论

最大剪应力理论又称第三强度理论。它所作的假说是，最大剪应力 τ_{max} 是引起材料破坏的因素，认为不管应力状态如何复杂，只要构件内一处的最大剪应力 τ_{max} 达到材料在简单应力状态下的抗剪强度极限值，材料即发生屈服破坏。因此，按照这一强度理论的观点，对处于复杂应力状态下的构件所建立的强度条件即为：

$$(\sigma_1 - \sigma_3) \leqslant [\sigma] \tag{2-10}$$

（4）形状改变比能理论

形状改变比能理论通常也称第四强度理论。它所作的假说是，形状改变比能 u_d 是引起材料屈服破坏的因素，认为不管应力状态如何复杂，只要构件内的形状改变比能 u_d 达到材料在简单应力状态下的这一极限值时，材料即会发生屈服破坏。按照这一强度理论，对处于复杂应力状态下的构件所建立的强度条件即为：

$$\sqrt{\frac{1}{2}[(\sigma_1-\sigma_2)^2+(\sigma_2-\sigma_3)^2+(\sigma_3-\sigma_1)^2]}\leqslant[\sigma] \qquad (2-11)$$

如果将式(2-8)~式(2-11)写成一个统一的形式，则可以用下式表达强度条件：

$$\sigma_d\leqslant[\sigma] \qquad (2-12)$$

式中的 σ_d 是根据不同强度理论得到构件中3个主应力的各种组合。从式(2-12)可以看出，这种主应力的组合 σ_d 和简单拉伸条件下的拉应力在安全程度上是相当的，因此，通常就把 σ_d 称作当量应力或相当应力。根据这4个强度理论所得到的当量应力表达式即为：

$$\sigma_d^1=\sigma_1 \qquad (\text{按第一强度理论})$$

$$\sigma_d^2=\sigma_1-\mu(\sigma_2+\sigma_3) \qquad (\text{按第二强度理论})$$

$$\sigma_d^3=\sigma_1-\sigma_3 \qquad (\text{按第三强度理论})$$

$$\sigma_d^4=\sqrt{\frac{1}{2}[(\sigma_1-\sigma_2)^2+(\sigma_2-\sigma_3)^2+(\sigma_3-\sigma_1)^2]} \qquad (\text{按第四强度理论})$$

根据大量实验资料数据，碳钢或低合金钢等材料制造的压力容器的延性断裂，以形状改变比能理论计算的结果比较符合试验结果，尤其是用作屈服判据时。但目前在压力容器的设计计算中，第三强度理论却得到普遍应用。一方面是因为最大剪应力理论的物理概念比较直观，另一方面是按此理论设计，比较偏于安全。

2. 有关强度验算的参数

(1) 许用应力与安全系数

验算构件的强度时，常用安全系数。所谓强度安全系数是指制造构件材料的强度性能指标与构件工作时实际产生应力之比值，这个比值就是工作安全系数或实际安全系数。如果它不小于规定的安全系数(或称许用安全系数)，即表示构件具有足够的强度，可以保证设备安全运行。

但是，在设计新的构件或校核构件强度时，常用的是许用应力。所谓许用应力是指材料或构件工作时所产生的应力允许达到的数值。显然，各种不同的材料，许用应力也是不同的。

从上列定义可以得出，材料的许用应力等于材料的强度指标除以许用安全系数。许用应力常用符号[σ]表示，而安全系数常用符号 n 表示，若材料的强度指标统一用"σ"表示，则有如下关系：

$$[\sigma]=\text{“}\sigma\text{”}/n$$

至于选用哪一种强度指标来确定许用应力，则与部件的运行条件及失效准则有关。

对于塑性材料制成的承压部件，应要求它不产生全面的塑性变形，即大面积屈服。应防止材料产生应变硬化，即经过塑性变形后强度升高，塑性、韧性和抗腐蚀性能都降低的现象发生。所以压力容器的承压部件，一般都以屈服强度 σ_s 或 $\sigma_{0.2}$ 作为确定许用应力的基础。

对脆性材料或没有明显屈服点的塑性材料，常根据抗拉强度来确定其许用应力，即以材料的断裂作为限制条件。但是，对压力容器的承压部件，其最大的不安全性是断裂，且按材料的抗拉强度来确定许用应力已成为习惯，人们在长期的生产实践中也积累了丰富的经验。

因此对工作壁温为常温或温度不很高的承压部件，虽然是用延性材料制成的，但其许用应力也应满足上述以塑性变形和以断裂为限制的两个条件，即取下列两个数值中的较小者。

$$[\sigma] = \sigma_b / n_b \tag{2-13}$$

$$[\sigma] = \sigma_s^t / n_s \tag{2-14}$$

对高强度钢等塑性较差材料制造的承压部件，以抗拉强度为基准确定许用应力更为必要。不但可以使设计压力(或许用压力)和爆破压力之间保持一定的距离，且对防止容器的低应力脆断也有间接的保证作用。

上两式中的 σ_b 是指材料在常温下的抗拉强度，而 σ_s^t 是指材料在最高工作温度 t 时的屈服强度。因为常用来制造压力容器承压部件的碳钢及低合金钢，其屈服强度随温度的升高而明显下降，所以确定许用应力时应以材料在工作温度下的屈服强度 σ_s^t 为基础。这类材料的抗拉强度性能则比较特殊，在温度不太高时，抗拉强度反而随温度的升高而稍有增大，只有当温度超过 300℃以后，抗拉强度才迅速下降。所以按抗拉强度确定许用应力时，一般以常温下的抗拉强度为依据，而不考虑其随温度的变化。

对工作温度高(达到材料的蠕变温度，即一般碳钢和低合金钢 $t > 420$℃，铬钼合金 $t > 450$℃，奥氏体不锈钢 $t > 550$℃)的压力容器部件，确定许用应力时还应考虑材料的长期高温强度指标，即持久强度 σ_D^t，蠕变极限 σ_n^t。在这样的工作条件下，许用应力应取下列 3 者中的最小值。

$$\begin{aligned} [\sigma] &= \sigma_b / n_b \\ [\sigma] &= \sigma_s^t / n_s \\ [\sigma] &= \sigma_D^t / n_D \end{aligned} \tag{2-15}$$

式(2-15)中的 σ_D^t 是材料在最高工作温度下的持久强度，n_D 是对持久强度的安全系数。在缺少材料的高温持久强度时，可用 σ_n^t / n_n 来确定许用应力(σ_n^t 是材料在最高工作温度下的蠕变极限，n_n 是对蠕变极限的安全系数)。只有在特殊的要求下，才同时采用蠕变极限和持久强度来确定许用应力。

机械设备的强度安全系数是为了保证设备安全运行而必须保留有适当的强度裕度而确定的一个经验系数。它的必要性在于：

① 设备的实际工作状态与理论上的计算存在一定的差别。例如材料的强度标准是用标准试样按规定的加载方式测得的，与容器设备的实际承载就有较大的出入；

② 对影响部件强度的某些因素，很难在计算时考虑周到而没有遗漏；

③ 为人们至今尚未完全认识的影响因素留有一定的安全裕度。

安全系数的确定比较复杂，它不但与技术水平有关，而且也与国家的技术政策有关。从技术的角度分析，确定压力容器安全系数的大小应考虑以下诸因素：

① 计算方法和计算公式的准确性和可靠程度；

② 材料质量的稳定性与强度指标的变动范围；

③ 制造、装配、检验的质量允许偏差；

④ 容器载荷的稳定性及安全装置的精确程度与允许误差；

⑤ 容器在生产中的重要性以及发生事故可能产生后果的严重性。

根据我国《压力容器安全技术监察规程》与有关容器设计规程的规定，钢制压力容器的安全系数可以按表 2-1 选用。每个部件都应满足表中各项安全系数的要求。也就是说，容器的强度设计或验算，对已有成功经验的钢材，其许用应力应按其各项强度指标除以表2-1

中的安全系数，取其中的最小值。

表 2-1　容器部件的安全系数

制造材料	对常温下最低抗拉强度 σ_b	对常温和设计温度下的屈服点 σ_s 或 σ_s^t	对设计温度下的持久强度（经 10 万小时断裂）		对设计温度下的蠕变极限（在 10 万小时下蠕变率为 1%）
			σ_b 平均值	σ_b 最小值	σ_n^t
碳钢、低合金钢	$n_b \geqslant 3$	$n_s \geqslant 1.6$	$n_D \geqslant 1.5$	$n_D \geqslant 1.25$	$n_n \geqslant 1$
奥氏体不锈钢	—	$n_s \geqslant 1.5$	$n_D \geqslant 1.5$	$n_D \geqslant 1.25$	$n_n \leqslant 1$

按 GB 150—1998 的规定，普通碳素结构钢的许用应力，应在表 2-1 所列安全系数计算得的最小值的基础上，再乘以质量系数 0.9。

（2）焊接材料的强度及焊缝系数

压力容器承压部件大都是用钢板焊接的，焊接容器的强度自然要受焊接质量的影响。如何考虑这种影响呢？一般是将材料的原有强度打一个折扣，这折扣值称之为焊缝系数，习惯上用"ϕ"表示。焊缝系数 ϕ 表示钢材由于焊接或焊缝中可能存在的缺陷而对原有强度削弱的程度。很明显，这个系数的大小在很大程度上取决于实际的施焊质量？很难预先确定。

按有关压力容器设计规范的规定，由经过考试合格的焊工按规定的焊接工艺规程施焊的容器，焊缝系数 ϕ 根据焊接接头的型式和焊缝的无损探伤检验要求，按表 2-2 的规定选取。

上表所列的单层壳体的焊缝系数，对于多层包扎焊接壳体，如果每层焊缝是沿圆周错开排列，则焊缝系数应当加大。我国有关规范规定，多层焊缝系数为 0.95。有些国家的规范则规定，这种壳体的焊缝系数为：

$$\phi = 1 - \frac{1 - \phi_0}{n}$$

式中　ϕ——筒体多层焊接的焊缝系数；

ϕ_0——层板的焊缝系数；

n——层板层数。

表 2-2　焊接容器的焊缝系数

接头形式 \ 无损探伤 / 焊缝系数	100% 无损探伤	局部无损探伤	无 法 探 伤
双面焊对接焊缝	1.0	0.85	
单面对焊（有垫板）	0.90	0.80	
单面对焊（无垫板）		0.70	0.60①

① 此系数仅适用于厚度不超过 16mm、直径不超过 600mm 的壳体环向焊缝。

（3）腐蚀裕量

为了保证容器的使用寿命，使它在设计规定的期限内有足够强度，因此在进行容器强度的设计和校验时，必须对壁厚留有适当的裕量，以避免它在使用期限内因受介质腐蚀造成器壁的减薄而导致强度不足，甚至发生断裂爆炸事故。这种厚度附加量就是腐蚀裕量。

容器的腐蚀裕量根据工作介质对容器材料的腐蚀速率和容器的设计使用年限而定。理论上，腐蚀裕量为腐蚀速率(单位为 mm/a)与设计寿命(单位为年)的乘积。但通常都按经验确定。对介质无明显腐蚀作用的碳钢和低合金钢容器，一般取腐蚀裕量不小于 1mm，对介质腐蚀性极微的不锈钢容器，可不留腐蚀裕量。

（二） 承压部件的强度验算

1. 常用薄壁壳体的强度验算

(1) 球形容器或半球形封头

根据薄膜理论的推导，承受内压的球形壳体，其经向应力 σ_ϕ 与环向应力 σ_θ 相等，即

$$\sigma_\phi = \sigma_\theta = \frac{pD}{4S} \qquad (1-13)$$

壳体上任意点 3 个主应力分别为：

$$\sigma_1 = \sigma_2 = \frac{pD}{4S};\sigma_3 = 0$$

代入第三强度理论的强度条件，即得

$$\sigma_d^3 = \sigma_1 - \sigma_3 = \frac{pD}{4S} \leqslant [\sigma]^t$$

由于球形容器与半球封头习惯上以内径作为公称直径，则以 $(D_i + S)$ 代替上式的壳体中间曲面直径 D，并考虑到焊缝强度的削弱而引入焊缝系数 ϕ，即得球形壳体的承压所需壁厚为：

$$S_0 = \frac{pD_i}{4[\sigma]^t\phi - p}$$

在确保制成后的壳体厚度具有不小于上式计算的承压壁厚以及在使用期限内备留腐蚀厚度之后，最终保证使用寿命所需的壁厚应为：

$$S = S_0 + C_2 = \frac{pD_i}{4[\sigma]^t\phi - p} + C_2 \qquad (2-16)$$

对半球形封头，给定的常常是内半径 R_i，则其所需壁厚即为：

$$S = \frac{pR_2}{2[\sigma]^t\phi - 0.5p} + C_2$$

若已知球形壳体的实际最小壁厚 S，则可以求得其许用压力为：

$$[p] = \frac{4[\sigma]^t\phi(S - C_2)}{D_i + (S - C_2)} \qquad (2-17)$$

式中 p——容器的设计压力，MPa；

$[p]$——容器的许用压力，MPa；

D——容器的中间曲面直径，mm；

$[\sigma]^t$——材料在工作温度下的许用应力，MPa；

ϕ——焊缝系数，按表 2-2 确定；

S_0——容器承压所需壁厚，mm；

S——保证容器使用寿命所需的壁厚，验算许用压力时则为容器实际最小壁厚，mm。

(2) 圆筒形壳体

由薄膜理论公式可知，承受内压的圆筒形壳体，经(轴)向应力和环(周)向应力分别为：

$$\sigma_\varphi = \frac{pD}{4S} \tag{1-14}$$

$$\sigma_\theta = \frac{pD}{2S}$$

则壳体上任意点的三个主应力按大小顺序分别为：

$$\sigma_1 = \sigma_\theta = \frac{pD}{2S}$$

$$\sigma_2 = \sigma_\varphi = \frac{pD}{4S}$$

$$\sigma_3 = 0$$

代入第三强度理论的强度条件，即为：

$$\sigma_d^3 = \sigma_1 - \sigma_3 = \frac{pD}{2S} \leqslant [\sigma]^t$$

引入焊缝系数 ϕ、并用内径 $(D_i + S)$ 代替 D，即得圆筒形壳体的承压所需壁厚为：

$$S_0 = \frac{pD_i}{2[\sigma]^t\phi - p}$$

保证使用寿命所需壁厚为：

$$S = \frac{pD_i}{2[\sigma]^t\phi - p} + C_2 \tag{2-18}$$

容器的许用应力为：

$$[p] = \frac{2[\sigma]^t\phi(S - C_2)}{D_i + (S - C_2)} \tag{2-19}$$

式中的符号同式(2－17)。

(3) 锥形壳体

由薄膜理论应力分析可知，锥形壳体从锥顶至锥底(大端)应力是不一样的。大端的应力大；小端的应力小。所以在必要时，两端的壁厚可以不一样。作为圆筒形容器的锥形封头，一般都是等厚的，壁厚按大端的强度设计。

由薄膜理论公式可得承受内压的锥形封头的径向应力 σ_φ 和环向应力 σ_θ 分别为：

$$\sigma_\varphi = \frac{pD'}{4S \cdot \cos\alpha}$$

$$\sigma_\theta = \frac{pD'}{4S \cdot \cos\alpha} \tag{1-15}$$

式中，D'是锥形壳体所求应力点圆形截面的中间面直径。对于锥形封头，大端的直径与容器(圆筒体)相同。在此处的 3 个主应力分别为：

$$\sigma_1 = \sigma_\theta = \frac{pD}{2S} \cdot \frac{1}{\cos\alpha}$$

$$\sigma_2 = \sigma_\varphi = \frac{pD}{2S} \cdot \frac{1}{\cos\alpha}$$

$$\sigma_3 = 0$$

同理可得锥形封头承压所需壁厚为：

$$S_0 = \frac{pD_i}{2[\sigma]^t\phi\cos\alpha - p} + C_2 \tag{2-20}$$

其许用应力为：

$$[p] = \frac{2[\sigma]^t\phi(S - C_2)\cos\alpha}{D_i + (S - C_2)} \tag{2-20}'$$

式中 α——锥体的半顶角；其他符号同式(2-17)。

(4) 椭圆形封头

椭圆形封头在其顶部的应力为最大，经向应力 σ_φ 和环向应力 σ_θ 为：

$$\sigma_\varphi = \sigma_\theta = \frac{pD}{4S}(D/2h)$$

但目前用作强度设计与校核的壁厚计算公式都根据实际经验数据作了适当的修正。承受内压的椭圆形封头，承压所需壁厚和设计壁厚分别为：

$$S_0 = \frac{pD_iM_1}{2[\sigma]^t\phi - 0.5p} \tag{2-21}$$

$$S = \frac{pD_iM_1}{2[\sigma]^t\phi - 0.5p} + C_2$$

若已知封头的实际最小壁厚为 S，则许用应力为：

$$[p] = \frac{2[\sigma]^t\phi(S - C_2)}{M_1D_i + 0.5(S - C_2)}$$

$$M_1 = \frac{1}{6}\left[2 + \left(\frac{D_i}{2h}\right)^2\right]$$

式中 M_1——椭圆形封头形状系数，其值可直接由表2-3查得；

h——封头内曲面的高度，mm；其他符号同式(2-17)。

表2-3 椭圆形封头的形状系数 M_1 值

$D_i/2h$	2.6	2.5	2.4	2.3	2.2	2.1	2.0	1.9
M_1	1.46	1.37	1.29	1.21	1.14	1.07	1.00	0.93
$D_i/2h$	1.8	1.7	1.6	1.5	1.4	1.3	1.2	1.1
M_1	0.87	0.81	0.76	0.71	0.66	0.61	0.57	0.53

(5) 碟形封头

碟形封头的中央部分是球面体，但在球体与转角的连接处存在较大的附加弯曲应力。对这样一种壳体的强度设计或验算，目前的方法是按照球面部分的壁厚乘以一个形状系数 M_2，系数 M_2 与比值 R_c/r（球面部分的曲率半径与转角半径之比）的大小有关，它相当于封头由于形状不连续而造成应力增大的一个系数。

承受内压的碟形封头，承压所需壁厚与设计壁厚分别用下列公式计算：

$$S_0 = \frac{pR_cM_2}{2[\sigma]^t\phi - 0.5p} \tag{2-22}$$

$$S = \frac{pR_c M_2}{2[\sigma]^t \phi - 0.5p} + C_2$$

其许用压力为:

$$[p] = \frac{2[\sigma]^t \phi (S - C_2)}{M_2 R_c + 0.5(S - C_2)} \qquad (2-22)'$$

$$M_2 = \frac{1}{4}\left(3 + \sqrt{\frac{R_c}{r}}\right)$$

式中 M_2——碟形封头形状系数，其值可直接由表2-4查得；

R_c——碟形封头球面部分的内曲率半径，mm；

r——碟形封头转角半径，mm；其他符号同公式(2-17)。

表2-4 蝶形封头的形状系数 M_2 值

R_c/r	1.0	1.25	1.50	1.75	2.0	2.25	2.50	2.75
M_2	1.00	1.03	1.06	1.08	1.10	1.13	1.15	1.17
R_c/r	3.0	3.25	3.50	4.0	4.5	5.0	5.5	6.0
M_2	1.18	1.20	1.22	1.25	1.28	1.31	1.34	1.36
R_c/r	6.5	7.0	7.5	8.0	8.5	9.0	9.5	10.0
M_2	1.39	1.41	1.44	1.46	1.48	1.50	1.52	1.54

2. ***厚壁圆筒体的强度验算***

前面已经分析了厚壁壳体承压时所产生的应力，如何根据这些应力来验算容器的强度，则与所采取的失效观点有关。目前国内外推荐的厚壁容器强度计算的公式较多，归纳起来，这些计算公式是从下列3种失效观点建立起来的。

(1) 弹性失效准则及由此确定的许用应力

弹性失效准则的基本观点是，当厚壁容器内壁材料的应力达到或超过它的屈服强度，即这部分材料已经失去弹性而进入塑性状态时，容器即失效。理由是筒体内壁屈服后引起材料的应变硬化，使它的塑性下降，且屈服后的内壁有可能产生微小裂纹，降低材料的抗腐蚀性能，加速器壁的一般性腐蚀和应力腐蚀。这种失效观点一直统治了几十年，到现在仍然被各国广泛采用，目前我国也采用这种弹性失效的设计观点。

按照弹性失效准则，厚壁筒体内壁的应力不应超过材料的许用应力。但厚壁壳体上作用着三向应力。故应当以“当量应力”来建立强度条件。这样，虽然都是按同一种失效准则，也因为采用不同的强度理论而得到了各种不同的公式。

① 第一强度理论的计算公式 按照第一强度理论，仅受内压的厚壁筒体，内壁的当量应力为:

$$\sigma_d^1 = \sigma_1 = \sigma_{ti} = p\frac{K^2+1}{K^2-1}$$

由此可建立强度条件:

$$\sigma_d^1 = p\frac{K^2+1}{K^2-1} \leqslant [\sigma]^t$$

厚壁圆筒的许用压力即为:

$$[p] = \frac{K^2 - 1}{K^2 + 1}[\sigma]^t \tag{2-23}$$

② 第二强度理论的计算公式　按照第二强度理论，受内压厚壁圆筒内壁的当量应力为：

$$\sigma_d^2 = \sigma_1 - \mu(\sigma_2 + \sigma_3) = \sigma_{ti} - \mu(\sigma_{ri} + \sigma_{zi})$$

$$= p\frac{K^2 + 1}{K^2 - 1}\mu\left(\frac{p}{K^2 - 1} - p\right)$$

$$= \frac{p(K^2 + \mu K^2 + 1 - 2\mu)}{K^2 - 1}$$

代入$\mu = 0.3$，建立强度条件，整理后得出其许用压力为：

$$[p] = \frac{K^2 - 1}{K^2(1 + \mu) + 1 - 2\mu}[\sigma]^t \tag{2-24}$$

③ 第三强度理论的计算公式　按此强度理论，内壁的当量应力为：

$$\sigma_d^3 = \sigma_1 - \sigma_3 = \sigma_{ti} - \sigma_{ri} = p\frac{K^2 + 1}{K^2 - 1}(-p) = p\frac{2K^2}{K^2 - 1}$$

建立强度条件，并整理后的厚壁筒体的许用压力为：

$$[p] = \frac{K^2 - 1}{2K^2}[\sigma]^t \tag{2-25}$$

④ 第四强度理论计算公式　按此理论，内壁的当量应力为：

$$\sigma_d^4 = \sqrt{\frac{1}{2}[(\sigma_1 - \sigma_2)^2 + (\sigma_2 - \sigma_3)^2 + (\sigma_3 - \sigma_1)^2]}$$

$$= \sqrt{\frac{1}{2}[(\sigma_{ti} - \sigma_{zi})^2 + (\sigma_{zi} - \sigma_{ri})^2 + (\sigma_{ri} - \sigma_{ti})^2]}$$

$$= \frac{\sqrt{3}pK^2}{K^2 - 1}$$

建立强度条件，并整理后的厚壁筒体的许用压力为：

$$[p] = \frac{K^2 - 1}{\sqrt{3}K^2}[\sigma]^t \tag{2-26}$$

在相对壁厚和材料许用应力相同的条件下，按照不同的强度理论公式进行计算，所得到的许用压力是不同的。不过在$K < 1.2$的情况下，各个强度理论公式计算的结果并无明显差距。当K值增大后，就有了显著的差异。其中以第三强度理论计算的许用压力最小，第四强度理论计算的次之，第一强度理论计算的许用压力最大。根据国内外大量的试验实测数据表明，按第四强度理论计算出的筒体屈服压力与实测数据最为接近，而第一、第三强度理论则与实测值差距较大。但由于第一强度理论公式（俗称拉美公式）提出较早，使用历史较长，而第三强度理论公式则偏于安全，所以这两种公式目前仍为许多国家所采用。有些国家则同时要用两种理论公式进行强度校核，而要求的安全系数（或许用压力）则不同，实际的结果都是比较接近的。

对于$K \leqslant 1.5$的厚壁高压容器，我国目前仍用薄壁中径公式，即公式（2－17）及公式（2－18）进行壁厚设计与强度校核。至于$K > 1.5$的厚壁容器采用什么公式和多大的安全系数，目前国内还没有正式的标准或规范。

(2) 塑性失效准则及由此确定的许用压力

由公式(2-23)~公式(2-26)可以看出，按照弹性失效准则，压力容器的许用压力$[p]$与材料的许用应力$[\sigma]^t$之间都存在下列的关系式：

$$[p]=f(K)[\sigma]^t$$

式中的$f(K)$虽然随不同的强度理论而异，但由这几个公式都可看出$f(K)<1$，且按弹性失效理论，$[\sigma]^t<\sigma_s^t$，这样按弹性失效准则必须是：

$$[p]<[\sigma]^t<\sigma_s^t$$

也就是说，容器的许用压力必须小于材料的许用应力，无论K值多大，或者说器壁取多厚都是如此。显然，这个结论是不合理的，也是不符合实际情况的。它只能说明弹性失效准则的局限性。也因此而出现了按塑性失效或断裂失效观点的强度设计。

塑性失效准则的基本观点是，厚壁壳体仅内壁材料产生屈服，并不会导致容器的破坏。因为承受内压的厚壁壳体，应力分布是内壁大，外壁小。当仅仅是内壁达到屈服时，它的外层金属仍处于弹性状态，因而能限制内壁已屈服材料的进一步塑性流动。只有当内压继续增大到外壁材料也达到屈服，也就是整体屈服时，容器才算失效。随着超高压容器的出现，这种观点日益得到重视。有些国家已经正式采用这种观点作为设计准则。

根据理论分析推导，若按第三强度理论，并假设材料抗拉屈服强度为剪切屈服强度的两倍，则厚壁圆筒达到整体屈服，即塑性区由内壁逐步扩大到外壁时的压力为：

$$p_{so}=\sigma_s\ln K \tag{2-27}$$

为了保证设备安全，必须考虑有一定的安全系数(设为n)，则按塑性失效准则，厚壁圆筒的许用压力即为：

$$[p]=\frac{p_{so}}{n}=\frac{\sigma_s}{n}\ln K \tag{2-28}$$

若按第四强度理论，则圆筒的整体屈服压力为：

$$p_{so}=\frac{2}{\sqrt{3}}\sigma_s\ln K$$

需用压力为：

$$[p]=\frac{2}{\sqrt{3}}\frac{\sigma_s}{n}\ln K \tag{2-29}$$

(3) 断裂失效准则及由此确定的许用压力

这种准则的基本观点是，用塑性材料制成的厚壁容器，即使达到整体屈服状态，也不能算作真正失效。因为材料的应变硬化作用，将限制材料继续发生塑性流动。只有当压力继续增大到使壳体材料不断产生塑性流动而致断裂时，才算失效。目前也有少数国家采用这种观点制订设计准则。

断裂失效准则是以大变形理论为依据的。关于厚壁圆筒在大变形情况下的断裂压力，目前已经提出了许多计算公式，包括全经验公式和完全根据塑性理论的公式。

公式(2-27)给出了厚壁圆筒的整体屈服压力。在此压力下，整个器壁上的应力都达到了材料的剪切屈服强度。按此推理，假设整个器壁的应力都均匀地等于材料的抗拉强度，圆筒即发生断裂，则可以按下式计算厚壁圆筒的断裂压力：

$$p_b=\sigma_b\ln K$$

斯文桑(svensson)在上列理论公式的基础上，提出了一个更为精确的修正公式：

$$p_b=F_m\sigma_b\ln K \tag{2-30}$$

式中 p_b——厚壁圆筒的断裂压力，MPa；

σ_b——筒体材料的抗拉强度，MPa；

K——筒体的外内径比；

F_m——修正系数，应变硬化指数的函数，

$$F_m = \left(\frac{0.25}{m+0.227}\right)\left(\frac{e}{m}\right)^m$$

修正系数 F_m 随应变硬化指数 m 的变化情况见表 2-5。

表 2-5 不同 m 值下的 F_m 值

m	0	0.10	0.2	0.3	0.4	0.5
F_m	1.10	1.06	0.99	0.92	0.86	0.80

公式(2-30)考虑了材料应变硬化对断裂压力的影响，因而比较精确，而且实验结果表明，按此公式计算的圆筒断裂压力与实际试验所得的数据相当接近。

从公式(2-30)及表 2-5 可以看出，用抗拉强度相同的材料制成的厚壁容器，其断裂压力随应变硬化指数 m 的增大而降低。这是因为应变硬化指数较高的材料制成的容器，在没达到断裂压力前，已经发生了较大的塑性变形，容器直径增大，器壁厚度减薄。

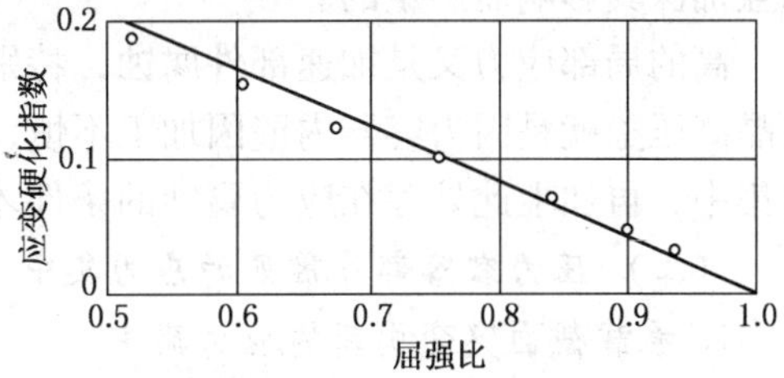

图 2-9 应变硬化指数与屈强比的关系

材料的应变硬化指数与它的屈强比(材料屈服强度与抗拉强度之比)有关。对于常用来制造容器的中低强度钢(碳钢和低合金钢)，应变硬化指数随屈强比的变化见图 2-9。

为确保容器安全运行，考虑了安全系数 n 之后，即得厚壁圆筒的许用压力为：

$$[p] = \frac{pb}{n} = F_m \frac{\sigma_b}{n} \ln K \qquad (2-31)$$

二、 承压部件的结构与安全

(一) 应力集中及其对安全的影响

在第一章中所推导出的各种结构形状部件的应力计算公式，都是假设整个构件都存在连续的弹性作用，构件任意截面上的应力都是按数学规律分布的。如壁厚均匀的圆筒形壳体在内压作用下所产生的应力就是这样。但是，如果容器的承压部件存在缺口或承载截面突然改变，则应力的分布将是不规则和不均匀的，在缺口边缘和截面突变处，应力将会比其他部位显著增高。这种现象称为应力集中。由于应力集中而在构件的小区域内所产生的高应力即为局部应力。

应力集中对结构部件强度和安全的影响，不仅取决于所产生局部应力值的大小，更与下列因素有关。

(1) 材料在使用环境下的力学性能，特别是材料的塑性和韧性；

(2) 部件承受载荷的类别，是固定的静态载荷，还是反复载荷；

(3) 高应力部位所接触的工作介质在使用环境中是否会对构件材料产生腐蚀，特别是应力腐蚀。

用碳钢或低合金钢等塑性良好的材料制成的承压部件，如果仅承受稳定的压力载荷或重复次数很少的载荷，构件的应力集中对它安全的影响是不大的。因为过高的局部应力使材料发生屈服时，应力将从过高应力的纤维层转移到邻近的低应力区，高应力即得以缓解，而结构的大部分材料仍处于弹性状态，构件不会因应力集中而直接导致破坏。铆接的锅炉汽包及其他压力容器就是一个很好的例证。虽然在铆钉孔的周边，存在很高的局部应力(一般都高于材料的屈服强度)，但只要材料有良好的塑性，且运行环境又不构成应力腐蚀的特殊条件，则部件可以在长期的稳定压力下安全运行。

如果部件承受多次的重复载荷，包括容器频繁的开停，压力或温度的大幅度波动，即使材料塑性较好，部件的静态强度裕度也较大，应力集中的影响还是十分重要的。因为高的局部应力会使反复承载的部件因疲劳而断裂。

延塑性较差或在使用环境下呈脆性的材料应力集中对部件的强度和安全的影响也是十分重要的。高的局部应力往往使脆性材料因缺乏塑性变形的能力而容易形成裂纹等缺陷，并使应力集中更为严重，许多压力容器的脆性断裂就是因为高局部应力与严重缺陷同时存在，并相互加深其影响而产生的。

高的局部应力又是加速部件腐蚀，特别是应力腐蚀的重要因素。上一章中所谈到的人造水晶高压釜就是因为容器内壁因加工不慎，形成一圈深约 3.75mm 的突台，致使器壁产生应力集中，再加上此处存在应力腐蚀的条件才导致断裂的。

（二） 压力容器部件常见的应力集中

1. 承载截面突变引起的应力集中

(1) 事故实例

在压力容器的承压部件中，常存在截面突然改变的局部结构，例如圆筒形壳体由厚薄不同的两段筒节或沿圆周不同厚度的两半筒壳所组成；由不同结构形状的部件(如法兰与圆筒)组成的组合壳体等。在这样一些截面改变处，不可避免地存在应力集中，情况严重时，也会造成压力容器的断裂爆炸，甚至是灾难性事故，例如：

1982 年，某厂一台大型蒸压釜的端盖在运行中断裂爆炸，造成多人死亡、10 多人重伤、经济损失也十分严重。发生事故的是一台直径为 2.58m、长 25.6m、容积 170m^3 的制砖用蒸压釜。釜内有砖坯 24000 块，用压力为 0.8MPa、温度为 200℃ 的过热蒸汽进行蒸压。容器设计压力为 1MPa。1975 年安装完毕后曾作过压力为 1.5MPa 的耐压试验，1977 年投产。1982 年 11 月 29 日，这 5 台蒸压釜中的一台(一号)在恒温蒸压过程中(压力为 0.8MPa)，无折边球形端盖突然沿法兰边缘断裂，盖板飞出，釜内高压高温蒸汽外喷，大量砖块扫射而出，越过车间大门最远的飞离约 200m。车间正面(离蒸压釜端盖约 38m)的门窗玻璃及窗框全部破坏，在场的工人全被蒸汽烫伤或砖块击伤。事故发生后，全国各地的有类似结构的蒸压釜全部被迫停止使用，进行检查或更新，造成国内当年青砖减产。

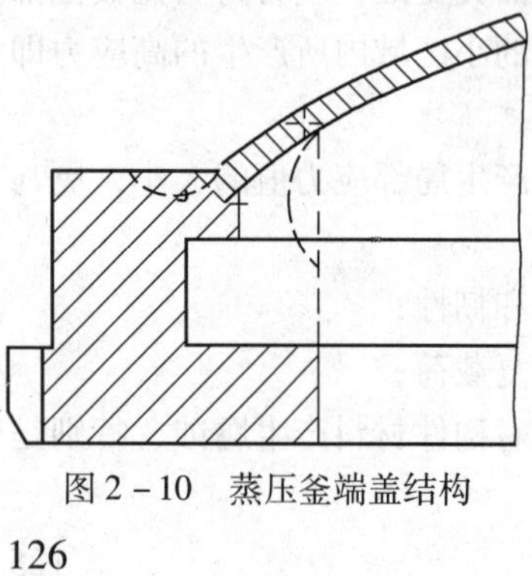

图 2－10　蒸压釜端盖结构

经过分析，事故的主要原因是端盖结构不良。该设备是仿制产品，原来的结构是端盖球面板与法兰在连接处有圆滑平缓的过渡段，如图 2－10 中的虚线所示。仿制时，因不易加工，未经认真分析研究，将过渡部分改成如图 2－10中实线所示的连接结构。由于很薄的球面盖板(13mm)与较厚的法兰没有圆滑平缓过渡，在连接处产生严重的应力集中。再加上选材不当，法兰材料采用焊接性较差的35号钢，熔焊质量很差，在焊缝热影响区有微裂纹，因而在很高局部应力作用下，经过反复的开停(该釜共运行3021次)，端盖因低周疲劳而断裂。

由于承压截面厚度改变而又不能圆滑平缓过渡，因此发生了容器或承压部件断裂事故。在国外也时有发生，如日本川崎有一台高压换热器，外径1756mm，壁厚144mm，设计压力为20.7MPa。容器上部的内壁沿整个圆周开有一条深槽，借嵌入在这个槽内的模块将容器的顶盖固定。由于槽在转角处的过渡半径太小，截面形状突变，因而在水压试验时，压力刚升到29.9MPa即从此形状突变的转角截面处发生脆性断裂，裂缝的长度达容器周长的80%。

疲劳断裂阀门盖的使用压力为1.37MPa，由于在截面厚度变化处没有圆滑过渡，引起很大的局部应力，在使用期间受到压力波动及开停车等交变载荷作用，因此在转角处产生疲劳裂纹。在使用的200个阀门盖中，有30%发生疲劳断裂。有的因裂纹的扩展使整个盖子沿转角处断开，有的则因裂纹穿透整个厚度产生泄漏而失效。

(2) 应力集中系数

承压部件如果必须采用厚薄不同的截面组合连接，一般都是使其在连接处平滑过渡，防止截面突然改变，以减轻连接处的应力集中。平滑过渡的方法通常有两种，即斜坡过度(锥度过渡则更为理想)和圆角过渡。

斜坡过渡经常用于厚件和薄件的连接。方法是将厚件的连接端逐步削薄，使其形成一楔子，把截面逐渐地由厚变薄。理论分析和实验证明，采用斜坡过渡的构件，其应力集中系数K_t(K_t=最高的局部应力/平均应力)要比无斜坡过渡的小得多。一般是过渡段的斜度越大，应力集中系数越小。

根据理论分析，受拉伸的构件，采用斜坡过渡连接时，应力集中系数随过渡段斜度的变化如表2-6。

由表2-6可以看出，采用斜坡过渡连接时，若过渡段的斜度小于1:3，则局部处的最大应力不会比平均应力高10%。在压力容器的有关结构规范中，就是据此规定它的许用过渡斜度的。

表2-6　斜坡过渡的应力集中系数

过渡斜度	1:1	1:2	1:3	1:4	1:5
应力集中系数K_t	1.55	1.16	1.07	1.04	1.02

厚薄不同断面的连接也可以用圆角过渡。圆角过渡的应力集中系数不容易用解析法求得，一般由实验确定。费罗奇特(Froeht)用光弹法测定了受拉伸或受弯曲的厚薄断面用圆角过渡时的应力集中系数，见图2-11(a)和图2-11(b)。

从图中可以看出，为了降低过渡段的应力集中系数，除了尽可能减小厚度差外，更主要的是采用大的过渡圆弧半径。此结论不但适用于受简单拉伸的构件，也适用于复杂应力状态下的容器承压部件，如筒节、开孔补强或结构附件之间的过渡。图2-11(a)中的应力集中系数虽然是在简单拉伸状态下确定的，但也可用于壳体与法兰、壳体与平封头等的不同厚度的连接。

2. 开孔引起的应力集中

由于工艺条件或结构上的需要，压力容器一般都要开孔或安装接管，如供进料或出料用的管孔，供进入内部检查用的人孔或手孔等。壳体开孔以后，一方面由于器壁材料被削弱而

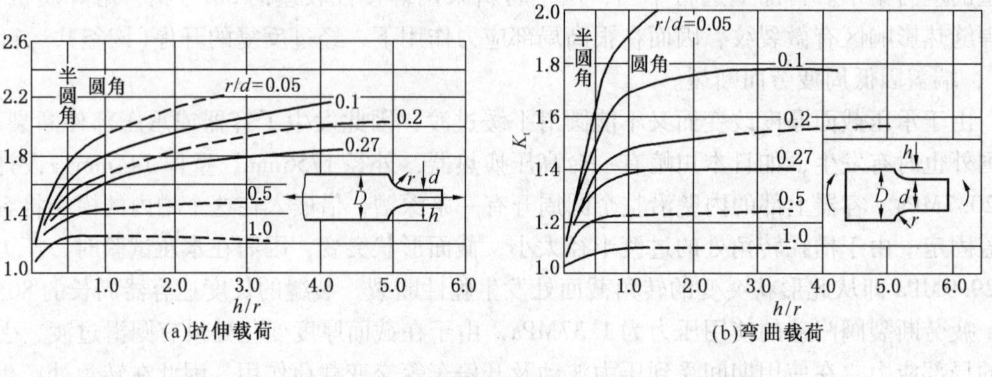

图 2－11　圆角过渡的应力集中系数

引起应力增加，另一方面由于结构的连续受破坏，在开孔或接管处将产生较大的附加弯曲应力。这样在壳体开孔或接管的周围，就产生较为严重的应力集中，存在较高的局部应力。

为了加深对壳体开孔产生应力集中的了解，可先分析受拉伸平板开孔时的应力集中。

(1) 平板上开圆孔引起的应力集中

设在宽度为 B 的平板上有一直径为 d(半径 r)的小孔，$B \gg d$，平板受单向拉伸，均匀分布的应力为 σ，则由弹性理论可以证明：

在通过小孔中心的截面 mm'(与受力方向垂直)上应力分布情况为：

$$\sigma_{mm'} = \frac{\sigma}{2}\left(2 + \frac{d^2}{4p^2} + \frac{3d^4}{16p^4}\right) \tag{2-32}$$

在截面 nn'(与受力方向平行)上的应力分布为：

$$\sigma_{nn'} = \frac{\sigma}{2}\left(1 - \frac{3d^2}{4p^2}\right)\frac{d^2}{4p^2} \tag{2-33}$$

式中　σ——平板的均布应力；

d——小孔的直径；

p——所求应力点离孔中心的距离。

应力分布曲线如图 2－12(a)所示，从应力分布图及计算公式可以看出：

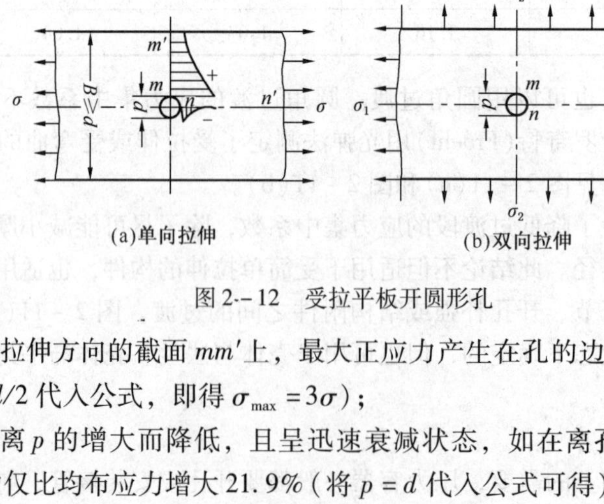

图 2－12　受拉平板开圆形孔

① 在垂直于拉伸方向的截面 mm'上，最大正应力产生在孔的边缘 m 处，应力集中系数为 $K_t = 3$(将 $p = d/2$ 代入公式，即得 $\sigma_{max} = 3\sigma$)；

② 应力随距离 p 的增大而降低，且呈迅速衰减状态，如在离孔边等于小孔的半径处，即 $p = d$ 时，应力仅比均布应力增大 21.9%(将 $p = d$ 代入公式可得)，若与孔边的距离等于小孔的直径，即 $p = 1.5d$ 时，应力仅增大 7.4%。有些压力容器设计规范规定容器开孔的补

强有效范围为孔径的两倍，就是考虑到这种应力分布状态而确定的。因为超出此范围处的应力已经小于均布应力的1.219倍。

③ 在横截面 nn' 上也因开孔而产生正应力（如果不开孔，受单向拉伸的平板在此截面上是不存在正应力的），正应力的最大绝对值也在孔的边缘 n 处，其值为 $-\sigma$，是与均布应力值相等的压缩应力。此截面上的应力也是随与孔边距离的增大而迅速衰减的。

若开孔的平板两向受力，应力分别为 σ_1 和 σ_2 如图2－12(b)时，则孔边的应力情况可根据上述的单向受力情况而得。

当 σ_1 单独作用时，孔边 m 点的应力为：

$$\sigma'_{\mathrm{m}} = 3\sigma_1$$

孔边 n 点的应力为：

$$\sigma'_{\mathrm{n}} = -\sigma_1$$

而当 σ_2 单独作用时，孔边 m 点的应力为：

$$\sigma''_{\mathrm{m}} = -\sigma_2$$

孔边 n 点的应力为：

$$\sigma''_{\mathrm{n}} = 3\sigma_2$$

因此，当两向应力 σ_1 及 σ_2 同时作用时，孔边 m 点的应力为：

$$\sigma_{\mathrm{m}} = \sigma'_{\mathrm{m}} + \sigma''_{\mathrm{m}} = 3\sigma_1 - \sigma_2$$

孔边 n 点的应力为：

$$\sigma_{\mathrm{n}} = \sigma'_{\mathrm{n}} + \sigma''_{\mathrm{n}} = -\sigma_1 + 3\sigma_2$$

由此可以看出，双向受力的平板，开圆孔而产生的应力集中系数与两向应力之比值 σ_1/σ_2 有关。如果 $\sigma_1 = 2\sigma_2$，即相当于受内压的薄壁圆筒的应力状态，则由于开孔而产生的最大应力集中系数为2.5，最高正应力在孔边 m 点处，即

$$\sigma_{\mathrm{m}} = 3\sigma_1 - \sigma_2 = 3\sigma_1 - \frac{1}{2}\sigma_1 = 2.5\sigma_1$$

如果两向应力相等，$\sigma_1 = \sigma_2 = \sigma$，即相当于受内压薄壁球壳的应力状态，则由于开孔而产生的最大应力集中系数为2.0。即

$$\sigma_{\mathrm{m}} = \sigma_{\mathrm{n}} = 3\sigma_1 - \sigma_2 = 2\sigma$$

（2）平板开椭圆形孔的应力集中

压力容器上的开孔一般是圆形孔，但在特殊需要下，也常开设椭圆形孔，如介质为高温蒸汽或有毒气体的容器，为了安全，常采用内闭式人孔或手孔。在这种情况下，为便于孔盖的装入，就得开设椭圆形孔。

受单向拉伸的平板，如果开设椭圆形孔，如图2－13(a)，则由理论分析可知，在平行于应力方向截面的孔边 n 处，其应力与圆孔相同，即 $\sigma_{\mathrm{n}} = -\sigma$。而在垂直于应力方向截面的孔边 m 处的应力则为：

$$\sigma_{\mathrm{m}} = \sigma\left(1 + \frac{2b}{a}\right) \tag{2-34}$$

公式(2－34)表明，开椭圆形孔的平板，孔边的应力集中系数与椭圆形孔孔径的比值有关。

如果椭圆孔的长径平行于应力方向，即 $b < a$，则孔边的应力集中系数将较小，且孔越是长而窄，孔边的应力就越小。因此，平行于应力方向的裂纹（相当于短径很小的椭圆形

孔）要比垂直方向的裂纹有较小的扩展倾向。

如果椭圆孔的长径垂直于应力方向，即 $b>a$，则孔边的应力集中系数大于3，即比圆孔的应力集中系数大。所以一个垂直于应力方向很窄的孔，孔边将产生很高的局部应力。它表明了垂直于应力方向的裂纹特别易于扩展。而如果在裂纹尖端钻孔，则相当于增大椭圆孔的短径，可以减小裂纹尖端的应力集中系数，阻止裂纹的扩展。

若开椭圆形孔的平板两向均受拉伸，应力分别为 σ_1 和 σ_2，如图2－13（b），则用叠加的方法可以得出孔边 m 点和 n 点处的应力分别为：

$$\sigma_m = \sigma_1\left(1+\frac{2b}{a}\right)-\sigma_2$$

$$\sigma_n = \sigma_2\left(1+\frac{2a}{ab}\right)-\sigma_1$$

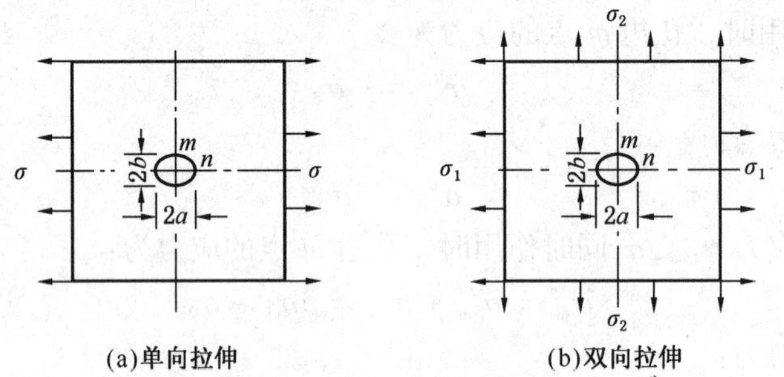

(a)单向拉伸　　(b)双向拉伸

图2－13　受拉平板开椭圆形孔

如果两向应力相等，$\sigma_1=\sigma_2=\sigma$，即相当于受内压薄壁球壳的应力状态，则椭圆孔孔边的应力为：

$$\sigma_m = \sigma_1\left(1+\frac{2b}{a}\right)-\sigma_2 = \sigma\left(\frac{2b}{a}\right)$$

$$\sigma_n = \sigma_2\left(1+\frac{2a}{ab}\right)-\sigma_1 = \sigma\left(\frac{2a}{b}\right)$$

这说明受相等两向应力作用的平板，椭圆孔的应力集中系数要比圆孔的为大。因为前者为 $K_t=\frac{2a}{b}$ 或 $\frac{2b}{a}$；而后者为2。因此，如果球形壳体（球形容器或半球封头）开孔，则从减小应力集中的角度考虑，圆孔比椭圆孔更有利。如果是工艺上必须开设椭圆形孔，例如采用内闭式的人孔结构，则椭圆孔的长短径比也要尽可能小一些。

若平板两向应力不等，$\sigma_1=2\sigma_2$，即相当于受内压的薄壁圆筒的应力状态，则在孔边 m 点及 n 点处的应力可由叠加法分别求得为：

$$\sigma_m = \sigma_1\left(1+\frac{2b}{a}\right)-\sigma_2 = \sigma_1\left(\frac{1}{2}+\frac{2b}{a}\right)$$

$$\sigma_n = \sigma_2\left(1+\frac{2a}{ab}\right)-\sigma_1 = \frac{1}{2}\sigma_1\left(\frac{2a}{b}-1\right)$$

由上式可知，若 $a/b=2$，则可以求得最小的应力集中系数。所以若在两向受力的平板开设椭圆孔，最好是使其两径长度之比与同方向作用的应力大小成反比。当然，椭圆孔的长短径比值有时还得考虑其他因素，但可以肯定的是，椭圆孔的长径应该与最大应力方向平行。也正因为这样，在受内压的圆筒体上开椭圆孔时，椭圆孔的短径总应放在筒体的轴线上。

(3) 薄壁圆筒开孔的应力集中

上面分析了平板开孔的应力集中情况。若在壳体上开孔，则因为壳体是曲面，它的曲率将对孔边的最大应力产生影响。如果在圆筒体开设孔径不太大的圆孔，在 $d \ll \sqrt{D_i S}$ 的条件下，孔边的最大应力集中系数可按下式计算：

$$K_t = 2.5\left(1 + 1.15\frac{d^2}{D_i S}\right) \quad (2-35)$$

式中 d——开孔直径；

D_i——圆筒内径；

S——圆筒壁厚。

公式(2-35)表明，圆筒上开孔的应力集中系数要比平板开孔时大。而在圆筒直径与壁厚不变的情况下，孔径 d 越大，孔边的局部应力也越大。实验还证明，筒体开孔，孔边还会产生弯曲应力。

这样，如果在圆筒上开设直径稍大的圆孔，其应力集中系数 K_t 将有可能大于3。孔边的局部应力将会超过二次应力的限制值 $3[\sigma]$。因此，在壳体上开孔，一般都要补强，以减小孔边的局部应力。

(三) 焊接接头的应力集中

压力容器大多数是由预制成形部件组装焊接而成的。在这些部件与部件(例如筒节与封头)、部件与附件(接管、支座)以及焊接部件自身的焊接接头上都存在程度不同的应力集中，即在焊缝附近会产生较高的局部应力。

焊接接头的应力集中，主要有下列3个方面的原因：

① 焊接金属和基体金属在焊接过程中金相组织的相对变化；

② 焊缝中存在气孔、夹渣、未焊透甚至是焊接裂纹等严重缺陷；

③ 焊接接头造成的构件结构形状的不连续。

前两种原因属于焊接工艺方面的问题，第3种原因则属于设计结构问题。

压力容器的焊缝主要是对接焊缝，在个别情况下，也有角焊缝。对接焊缝中常因焊缝凸起或凹陷而造成截面结构不连续而产生应力集中。角焊缝应力集中现象则更为严重，其原因，一方面是结构形状的明显不连续，包括几何形状的突变及焊缝严重的未焊透等。近年来，国内曾发生过多次因角焊缝应力集中而造成容器断裂的事故。例如：

湖南某厂的蒸煮锅因结构不良，在填角焊缝处断裂爆炸。蒸煮锅的结构如图2-14，主筒体直径1.95m，上封头是半顶角接近80°的无折边锥形封头，下部是一个长锥体，半顶角较小。蒸煮锅的常用压力为0.5MPa，用蒸汽直接蒸煮粮食，间歇操作。由于封头的半顶角太大，近似平板封头，而又采用非焊透结构的填角焊缝，焊缝及容器本体都存在很大的局部应力，加上蒸煮工艺是间歇操作，反复加压卸压，因而在使用不到15个月的时间内即发生爆炸。爆炸前先发生开裂漏气，随即在封头与锅体相连接的焊缝处断裂，造成伤亡事故。

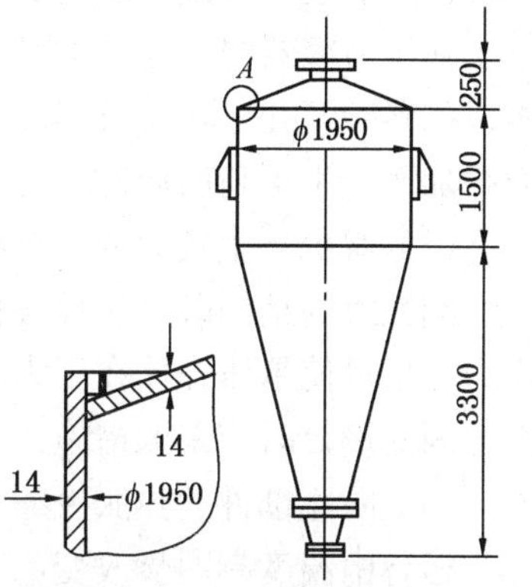

图2-14 发生爆炸的蒸煮锅

广西某造纸厂的一个烘缸，直径1.35m，缸体壁厚16mm，采用厚度为22mm的平板封头填角焊，烘缸内的工作介质为压力0.3MPa的蒸汽。自1968年8月开始使用，用后不久封头即发生严重变形(凸起)，填角焊缝附近的缸体也多次出现漏气现象，但并未引起注意，只简单地补焊后又继续使用，结果于1974年11月间突然发生爆炸事故。在离平板封头填角焊缝约33mm的缸体上整圈较为齐平地断裂，裂口断面有1/3～1/2厚度为旧断痕(即有氧化物)。图2-15(a)是烘缸的结构和断裂处，图2-15(b)是断裂后的烘缸。事故后检查，在烘缸另一端(没断裂端)的内壁上，距平板封头约5mm处也发现有裂纹。对另一台结构完全相同的烘缸进行宏观检查和超声波探伤，也发现有同样的缺陷。这个容器断裂爆炸的主要原因是由于采用了平板封头填角焊，缸体在焊缝附近有很大的附加弯曲应力，经过多年的反复变载(压力和温度)运行，在局部应力过大的区域产生疲劳裂纹，最后导致断裂爆炸。

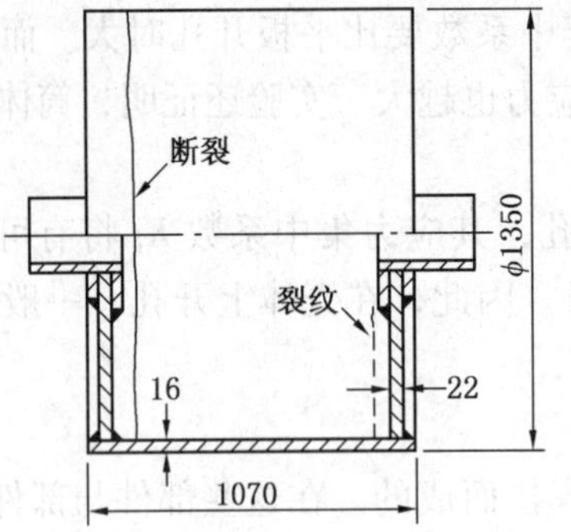

(a)

(b)

图2-15　结构不良的烘缸及其断裂情况

焊接接头的应力集中不仅与结构设计有关，也与焊接工艺有关，情况比较复杂，难以进行定量分析。

(四) 部件结构设计要求

1. 基本要求

为了避免容器在承载时产生过高的局部应力，保证其安全可靠地运行，容器的结构，包括整体的和部件的结构设计都应符合以下原则。

(1) 防止结构形状的突变

受压壳体存在几何形状突变或其他结构上的不连续都会产生较高的不连续应力，因此设计时应尽量避免。对难以避免的结构不连续，应采取圆滑过渡的结构形式，应防止突变。

(2) 引起应力集中或削弱强度的结构应相互错开

在压力容器中，总是不可避免地存在一些局部应力较高或对部件的强度有所削弱的结构，如器壁开孔、转角及焊缝等部位。这些结构在设计时应使其位置互相错开，以防局部应力叠加而产生更高的局部应力，导致容器的破坏。

(3) 避免产生较大的焊接应力或附加应力的刚性结构

刚性大的结构既可使焊接构件因焊接时的自由膨胀或收缩受到约束而产生较大的焊接内应力，也可使承压壳体在压力或温度变化下的伸长或收缩变形受到约束而产生附加弯曲应力，因此设计时应采取措施，予以避免。

(4) 防止部件的热胀冷缩受约束

运行中温度有明显改变(升高或降低)的承压部件，受热时将发生膨胀或收缩，如果这种自然胀缩受到限制，部件内部即将产生热应力，因此在部件设计时应采取相应的措施，使部件不受外部约束，减小自身约束。

2. 对封头结构的要求

圆筒形容器的封头结构形式，一般由设备加工制造条件来确定。个别情况下，也要考虑容器操作工艺过程的需要，但最主要的，首先应该是部件结构的安全可靠。

压力容器的凸形封头最好采用椭圆形封头，并选用标准型，标准椭圆形封头的长短轴比值(即封头半径与深度之比)为2。采用非标准型的椭圆形封头时，长短轴比值不得大于2.6。

在封头半径与深度之比值相同的情况下，碟形封头比椭圆形封头存在较大的弯曲应力，因此应尽少采用。采用碟形封头时，过渡区的转角半径应不小于封头球面内半径的10%，且应不小于封头厚度的3倍，以避免封头在过渡部分及其附近产生过大的弯曲应力。

无折边的球形封头使筒体产生较大的附加弯曲应力，因此只适宜用于直径较小、压力较低的容器上。在任何情况下，无折边球形封头的球面半径都不得大于圆筒体的内径。直径较大或压力较高的低压容器必需采用无折边球形封头时，封头以及与之连接的圆筒体厚度应根据连接处附近的最大合成应力(包括边界应力在内)来确定。要求此处的局部应力不大于所用材料屈服强度的2倍。

锥形封头只在容器的生产工艺确实需要的情况下才采用。无折边的锥形封头，锥体半顶角不得大于30°。锥体半顶角大于30°的封头应采用带过渡段的折边结构，半顶角也不应大于60°。

大端折边的过渡段转角内半径应不小于筒体(锥体大端)内径的10%，且不小于该过渡段厚度的3倍。半顶角不大于45°的锥形封头，小端可以采用无折边结构。当半顶角大于45°时，应采用带过渡段的折边结构。过渡段转角内半径应不小于封头小端内径的5%，且不小于该过渡段厚度的3倍。以免产生过高的附加弯曲应力。

圆筒形容器采用平板封头，会产生严重的边界效应，使筒体在与封头连接的部位存在很高的局部应力。如果必须采用平板封头，也最好是将平板扳边或用厚板加工出一段带有转角圆弧的短筒节，再与圆筒连接。这种扳边的平板封头结构，其优越性在于用对接焊接代替了角焊缝，减小了焊缝因几何形状不连续所产生的应力集中，避免了焊缝和几何形状变化的叠加。采用扳边结构的平板封头，扳边处应圆弧过渡，转角圆弧的内半径一般不应小于壁厚的2倍，且至少应为38mm。

3. 对焊接接头的要求

承压部件的焊接接头是常见的应力集中部位之一，其应力集中系数的大小，首先与焊接接头形式有关。

对接接头是各种焊接结构中采用最多和最完善的焊接接头结构形式。它所形成的结构基本上是连续的，接头及所连接的基本金属(母材)受力都比较均匀，不产生附加的弯曲应力。因此，焊制压力容器的筒体纵向接头和各种封头的拼接接头以及筒体与封头、筒节与筒节连接的环向接头都应采用对接接头结构。

搭接接头是一种老式的焊接结构形式。这种接头不但承受拉应力和剪应力，且因为相互连接的两焊件相互错开(搭接)，中心不在一直线(或弧线)上，使接头处产生弯矩和弯曲应力，因此承压部件一般不应采用搭接接头。个别的压力容器凸形封头与筒体连接若受条件限制不得不采用搭接时，也应双面搭焊，搭接的长度不应小于封头厚度的4倍，且不应小于2.5mm。

角焊缝是应力集中最严重的一种焊接接头结构形式，因为构件在此处形成几何形状变化和焊缝同时并存的薄弱环节，又容易产生未焊透等严重焊接缺陷，因此应尽量避免角焊缝结构，而改用对接焊缝结构。采用带折边的球形封头和锥形封头，平板封头先扳边后对接等，都是避免角焊缝的典型例子。当必须采用角焊结构时，应选用合理的焊接坡口形式，尽可能双面焊接，保证焊透。保证焊缝具有足够的强度及抗弯能力。

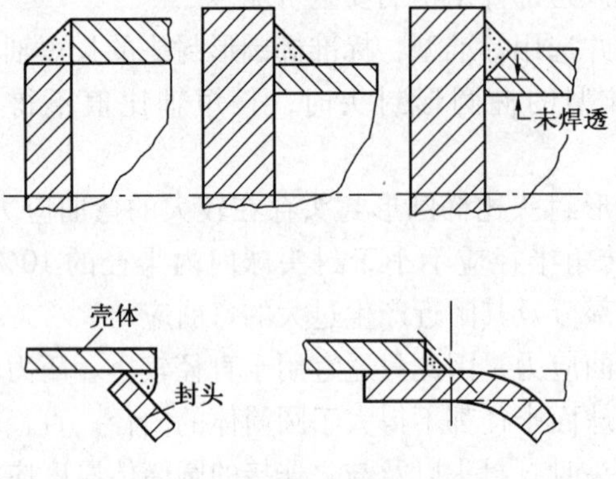

图 2－16　禁止采用的焊接结构

各种焊接接头必须采用全焊透结构。特别是平板封头、无折边球形封头及无折边锥形封头与圆筒体的连接，更应在结构设计上确保焊透。不开坡口的浮焊结构或单面开坡口无法焊透的结构均不得采用。图 2－16 是有关规范中规定禁止采用的焊接结构形式。

厚度不相同的两部件(如筒体与封头、筒节与筒节)对接焊接时，应将厚件在对接处逐渐削薄，使其缓和过渡，以减小不连续处的应力集中。削成的斜度不应大于1∶3。理论分析和实验证明，厚件与薄件的对接接头，用锥形过渡(即厚件两边都削薄)要比单面斜坡过渡更为理想。因为像图 2－17(b)那样的斜坡过渡不但斜度较大，且两焊件不对中，受力中心线不在一直线(或弧线)上，产生附加弯矩及弯曲应力要比图 2－17(a)所示锥形过渡结构的应力集中系数大。

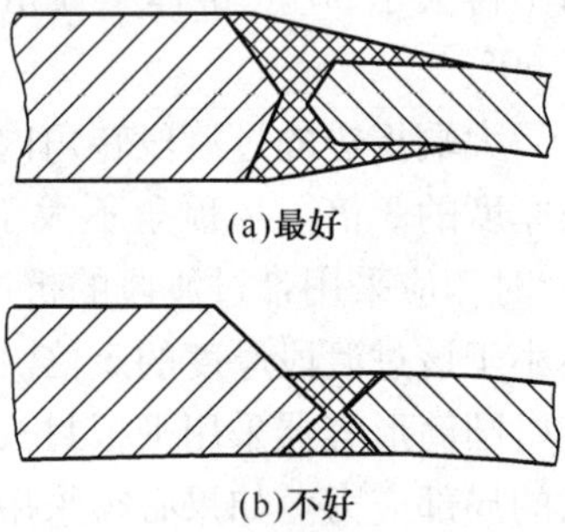

图 2－17　厚度不同的焊件对接形式

4. 开孔与开孔补强

结构原则要求

(1) 关于开设检查孔的要求

为了便于对压力容器进行内部检查和清理，所有容器(换热器及特殊情况除外)都应开设检查孔，检查孔包括人孔、手孔及螺纹管塞检查孔。检查孔的结构及尺寸应符合以下规定。

① 内直径大于等于 1000mm 的容器，至少应开设一个人孔；内径大于等于 500 ~ 1000mm 的，应开设一个人孔或两个手孔；内径大于等于 300 ~ 500mm 的，至少应开设两个手孔。

② 圆形人孔的直径应不小于 400mm，椭圆形人孔尺寸应不小于 400mm × 300mm；圆形手孔的直径应不小于 100mm，椭圆形手孔尺寸应不小于 75mm × 50mm。

③ 如果容器具有可拆连接结构的端盖，如螺旋法兰连接的端盖、“快开式”端盖及其他可拆卸的盖板等，且其尺寸又不小于人孔或手孔的规定尺寸，可以利用来进行容器内部检查时，则可以不必另行开设人孔或手孔。

④ 容器上若设置有螺纹管塞检查孔(带有标准管螺纹管座并配装封闭塞或帽盖)，且其公称管径不小于 50mm 时，可以不必另行开设手孔。

⑤ 检查孔的开设位置应合理恰当，以便于清理容器内部。手孔或螺纹管塞检查孔应分别开设在容器两端的封头上或靠近封头的筒体上。

⑥ 球形压力容器的人孔应设在极带上。

⑦ 工作介质为蒸汽和其他高温或有毒气体的低压容器，人孔盖或手孔盖应采用内闭式结构，以防密封垫圈被气体吹出。

（2）开孔位置与尺寸的限制

压力容器的所有开孔，其位置与最大尺寸应符合以下规定。

① 壳体(包括球体、圆筒体与封头)上的开孔应为圆形、椭圆形或长圆形。若开设的是椭圆形或长圆形孔时，其孔的长径与短径之比值不得大于2。超过此规定时，应沿短径方向采取特殊的加强措施，以减小由于扭矩而引起过大的变形。

② 在圆筒体上开设椭圆形或长圆形孔时，为了减小开孔对筒体强度的削弱，孔的短径应设置在筒体的轴向上。

③ 壳体上的所有开孔都应与焊缝错开，开孔边缘与焊缝的距离应大于开孔处实际壁厚的3倍，且不小于100mm。

④ 在椭圆形或碟形封头的过渡部分开孔时，孔的周边或外加补强元件的边缘与封头周边间的投影距离应不小于封头内径的10%。

⑤ 筒体与封头上开孔的最大直径规定为：

内径不大于1.5m的圆筒体，最大孔径不得大于筒体内径的1/2，且不大于500mm；

内径大于1.5m的圆筒体，最大孔径不得大于筒体内径的1/3，且不大于1000mm；

球形容器和凸形封头上的最大孔径不得大于壳体内直径的1/2；

锥形封头上的最大孔径不得大于开孔中心处锥体内直径的1/3。

（3）开孔补强原则

承压部件的开孔补强应遵循下列原则。

① 按GB 150—1998规定，除设计压力小于或等于2.5MPa，两相邻开孔中心间距(对曲面间距以弧长计算)应不小于两孔直径之和的2倍，接管公称外径小于或等于89mm，且接管最小壁厚满足GB 150中表8-1的可以不另行补强外，一般的开孔都应进行补强。

② 开孔补强的基本要求是，要用足够的金属来补偿由于开孔而引起的强度削弱，使开孔处不产生过高的局部应力；补强金属应集中配置在孔边周围，并应在外形轮廓上注意适当过渡，防止补强结构再度产生应力集中。

③ 补强金属应尽可能在开孔的内侧和外侧对称配置，以防止由于补强材料的不对称而产生局部弯矩和弯曲应力。实验证明，补强金属如果只配置在器壁外侧(这是最常见的一种补强结构形式)，则其应力集中系数要比用等量补强金属的对称形式高20%左右。

④ 开孔补强结构应根据容器的具体条件选用补强圈，厚壁接管或整体锻件补强。补强圈结构只允许用于钢材标准常温抗拉强度小于或等于540MPa而器壁名义厚度小于或等于38mm的壳体。补强圈的厚度也不得大于壳体开孔名义厚度的1.5倍。

⑤ 开孔补强面积(通过开孔中心，并过壳体轴线的纵截面内所需补强面积)一般可按等面积补强法进行计算，即保证用于补强金属的面积不小于由于开孔而削弱的面积。整体补强(包括增加壳体厚度，或以全熔透焊缝将厚壁接管或整体补强锻件与壳体相焊)也可以采用极限设计法。这种开孔补强设计方法的基本原则是使开孔周围的局部应力(薄膜应力与不连续应力的叠加)不大于材料屈服强度的2倍，以及壳体开孔后的屈服压力基本上与未开孔时的屈服压力相同。

三、部件制造质量与安全

（一）部件制造过程中可能产生的缺陷

由于焊接等加工工艺的特点，压力容器承压部件在制造过程中经常会产生各式各样的缺陷。当然，其中有些缺陷是难以完全避免的。但是要保证压力容器不因制造质量而发生事故，必须要求它不存在有危险性的缺陷和超出允许范围的一般性缺陷。在这一节中，先讨论压力容器在制造过程中可能产生的各种缺陷以及这些缺陷对容器安全的影响。

1. 焊接缺陷

焊接缺陷包括焊缝表面缺陷和焊缝内部的缺陷。

（1）焊缝表面缺陷

焊缝表面缺陷主要有焊缝咬边、焊缝缺肉或过分加强以及其他外形上的缺陷。

咬边是指焊缝和母材金属之间出现的凹陷，如图 2－18(a)。产生咬边的主要原因是焊接电流过大和焊接速度不当，使弧坑尺寸增大，而焊条的熔化金属只能填充在弧坑的中部，因而在弧坑的边缘形成洼穴。

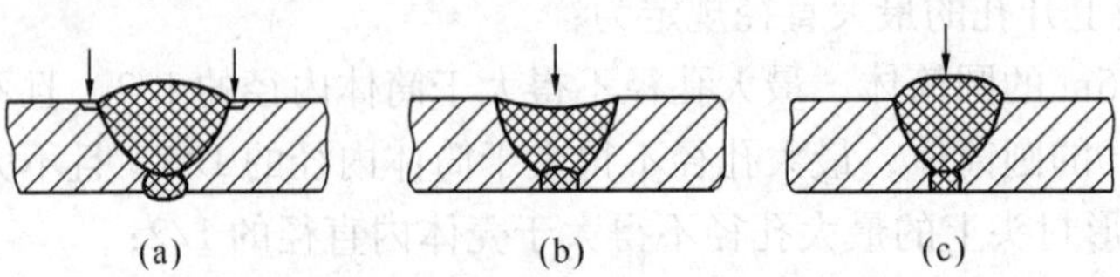

图 2－18　焊缝表面缺陷

焊缝缺肉(削弱)是指焊缝未被熔注金属所填满，使焊缝的高度低于母材金属，如图 2－18(b)。焊缝过分加强是指焊缝上熔注金属堆得过高，如图 2－18(c)。焊缝缺肉或过分加强的主要原因也是焊接电流和速度不当，焊药的熔渣太稠，影响熔注金属形成，或者是焊接坡口不合适等。

（2）焊接裂纹

焊接裂纹是焊缝在焊后冷却到 200℃ 至室温这一段时间内产生的，所以又叫冷裂纹。但是，也有些焊接裂纹并不在冷却过程中立即产生，而是在经过一个短的时间以后才出现。在低合金钢中，常常是在焊后数小时甚至数天才产生裂纹。这种焊接冷却后延迟产生的裂纹，通常称为“延迟裂纹”或“滞后裂纹”。

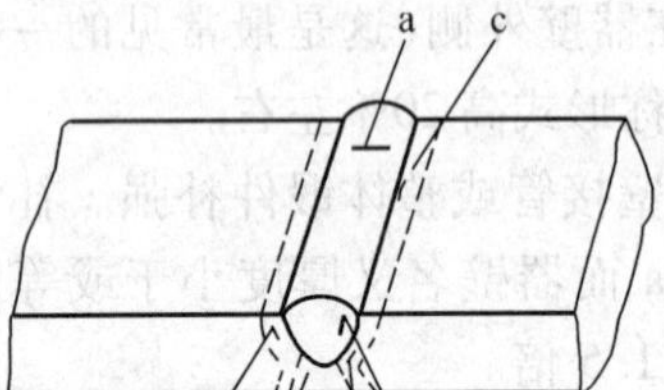

图 2－19　焊接裂纹

焊接裂纹包括熔注金属中的裂纹、焊趾裂纹和热影响区内的裂纹。熔注金属中裂纹可以垂直于焊道的方向，如图 2－19 中的 a；也可以与焊道平行，如图 2－19 中的 b；可以在熔注金属的表面；也可以在熔注金属的内部。焊趾裂纹产生在熔注金属与母材金属的交接处，开裂的方向一般都是与焊道平行，可以在焊缝表面，也可以在焊缝内部，如图 2－19 中的 c 和 d。热影响区内的裂纹有时发生在焊缝根部，即第一道焊缝的热影响区，如图 2－19 中的 e，有时也发生在焊缝中部或上部的热影响区，如图 2－19 中的 f。

焊接裂纹一般都是劈裂式的开裂，而不产生分枝。这与其他裂纹(应力腐蚀裂纹或消除应力退火裂纹等)有显著的区别。

焊接裂纹产生的原因是多方面的，有材料方面的，也有焊接工艺方面的原因。一般可以归纳为：①钢板的焊接性差。如使用含碳量超过 0.35% 的碳钢或含碳量超过 0.3% 的合金钢。这些钢在焊接时，热影响区生成马氏体等淬硬组织，在马氏体形成时，体积膨胀，但它受到附近未淬硬部分的约束，于是在被压缩的马氏体和它附近被拉伸金属之间便产生剪应力，因而在热影响区内产生裂纹。钢中含硫量过高，如超过 0.05%，也会产生焊接裂纹。因为钢中的硫与铁化合生成硫化亚铁 FeS 和 Fe—FeS 二元共晶合金，生成的薄膜分布在铁素体晶粒之间，它在 700 ~ 1000℃ 时强度很低，这就削弱了金属晶粒间的连接，因而产生裂纹。②在焊接过程中进入焊缝中的氢能诱使焊缝和热影响区产生裂纹。一般认为，钢板残留的氢对裂纹的生成不起重要作用。氢主要来自焊条或焊剂中的水分以及大气中的湿气，这些水分在电弧的高温作用下被离解而产生原子态的氢，原子氢在熔融的钢中被大量吸收，冷却后即成为过饱和状态，一方面使该处的塑性降低，另一方面向应力集中处积聚，在结晶不完全或存在夹杂物的地区产生裂纹核，裂纹核受焊接金属收缩时产生的应力作用而生成裂纹并逐渐扩展。所以这种裂纹都是“滞后裂纹”。在高强度钢的焊接中，由这种原因生成的裂纹比较多见。这些裂纹多数是产生在热影响区根部或母材金属与熔注金属交接处的焊趾裂纹。③焊件刚性太大或夹持太紧，使焊接金属在冷却时不能自由收缩，受到过大的约束力，因而产生裂纹。④在较低的温度下焊接，使焊缝金属塑性降低，在冷却中也有可能出现裂纹。

（3）焊缝内部缺陷

焊缝的内部缺陷主要有未焊透、气孔和夹渣。

未焊透是指母材金属与熔注金属局部没有熔合的缺陷。它包括焊件截面未焊透，如图 2 – 20(a)和(b)；沿边缘的未焊透，如图 2 – 20(c)；多层焊中的个别焊道没有熔合，如图 2 – 2(d)所示。

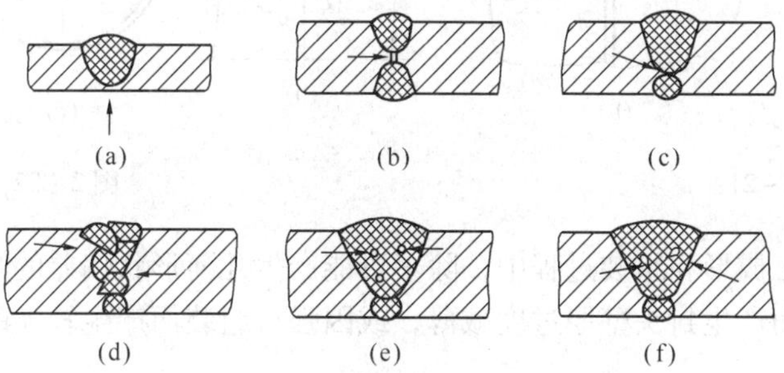

图 2 – 20　焊缝内部缺陷

产生未焊透的主要原因有，焊接电流太小；焊接速度太快，与所用的电流不相称；接头坡口角度太小或钝边太大而间隙太小；焊接前坡口未清理干净等。

气孔是指在焊缝熔注金属内存在有充满气体的小泡，如图 2 – 20(e)所示。它的形成是因为熔池的熔化金属中溶解有多量的一氧化碳、二氧化碳、氢和氧等气体，这些气体如果在焊缝的冷却过程中不能完全排出，就会留存在焊缝金属内而形成气孔。金属中的氧化亚铁和碳起化学作用，因而析出一氧化碳和二氧化碳，是产生气孔的原因之一。

夹渣是指焊缝金属里夹有非金属物，通常是综合的氧化物等。这是因为在焊接过程中，混入熔池中的焊渣在熔化金属凝固前还没有完全析到熔池表面上来，因而被夹杂在熔注金属内而造成的。其形状如图 2 – 20(f)。产生夹渣的主要原因可能是焊条药皮熔渣不容易熔化和太稠；熔渣的比重较大或表面张力太大，使许多单个小熔渣未能合并成大溶渣浮出熔池表面；多层焊的焊道表面清理不好，边缘表面脏污等。

2. 加工成形和组装中的缺陷

压力容器在加工成形和组装过程中可能产生的缺陷主要是表面形状不符合要求，包括封头表面凹凸不平、筒体截面不圆、焊缝错边、接缝角变形(产生棱角)等表面形状的缺陷。

封头表面凹凸不平是指凸形封头表面上存在局部的凹陷、凸出和封头直边上有纵向皱折。前者是由于压制成形时所用的模具不合适或手工成形操作不当所造成的，后者常常是因为凸形封头的相对高度过大或模具不合适。

筒体截面不圆是指圆筒在同一截面上存在有最大直径与最小直径之差，这主要是卷板操作不当造成的。

焊缝错边是指对接焊接的两块接板板边没有对接齐平而产生的错位，它可以产生在圆筒体的纵接缝，如图2－21(a)，但更多见于筒节的环接缝，如图2－21(b)。因为不但两个对接筒节的直径存在偏差会产生整体焊缝错边，且其中任一节筒节存在截面不圆也会造成局部环缝错边。

接缝角变形是指对接的板边虽已对齐，但两边对接板的中心线不连续，因而在外形上产生棱角。这种缺陷可以产生在筒体的环接缝，如图2－22(a)和(b)，但更多的是在圆筒体的纵接缝上，如图2－22(c)和(d)。纵缝的角变形主要是卷板时板边的曲率半径存在偏差而引起的。

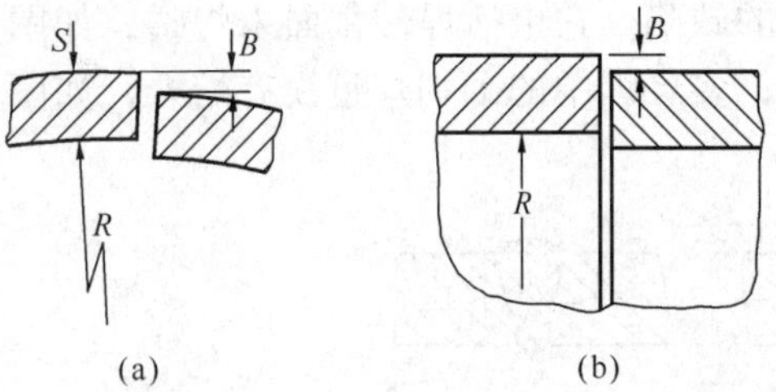

图2－21

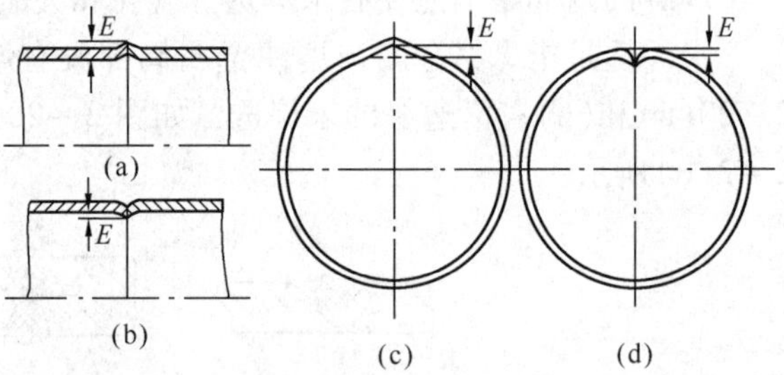

图2－22

压力容器在加工成形和组装过程中，除了可能产生几何形状偏差的缺陷以外，还可能因封头相对高度太大而产生封头壁厚过度减薄，或因强行组装而产生较大的内应力等非表面形状的缺陷。

（二） 制造缺陷对容器安全的影响

压力容器在制造过程中所产生的缺陷主要是由于存在缺口、几何形状不连续或存在较大的内应力，因而有可能影响到容器的安全使用。

1. 缺口的影响

容器中的大部分焊接缺陷，如焊缝咬边、未焊透、气孔或夹渣和焊缝凹陷等，主要是从两方面对它的强度(安全)产生影响。一是由于缺陷的存在，减少焊缝的承载截面积，削弱焊缝的静力拉伸强度，严重时也会导致容器的延性断裂。这种影响的严重程度主要决定于缺陷截面积的大小，可以直接计算，比较容易估计和评价。另一方面，也是最主要的方面，是由于缺口的存在，改变了缺口周围的受力条件，不利于材料的塑性变形，使之趋于甚至处于脆性状态，同时还引起缺口根部的应力集中，易于产生裂纹和使裂纹扩展，导致容器的脆性断裂、疲劳断裂或应力腐蚀断裂。

实验证明，应力集中系数的大小取决于缺口的尖锐程度。缺口越尖锐，即缺口根部的曲率半径越小，则根部下面的应力线密度越大，也即应力分布越不均匀，应力集中系数越大。所以构件上存在的缺口越尖锐，就越容易引起脆性型的破坏。

估计和评价某一类缺口对容器安全可能产生的影响，既要考虑缺陷的大小及其形状(尖锐程度)，还要考虑到容器的制造材料和使用条件可能导致的破坏形式。

就缺陷本身而言，上述带有缺口的各类焊接缺陷，对容器安全可能产生的影响也并不一样。

焊缝凹陷，严重者也会削弱它的静力强度，但作为一种缺口，通常是平缓过渡，即根部的曲率半径较大，不会引起严重的应力集中。

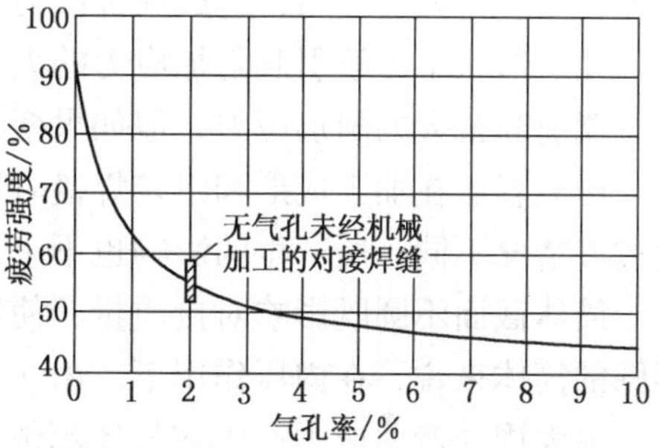

图 2 – 23　气孔率对疲劳强度的影响

气孔和夹渣一般属于体积型缺陷，它的存在可以减弱焊缝的承载截面积。但一些试验资料指出，气孔率不大于7%的焊缝，可以忽略缺陷对静力抗拉强度的影响。而气孔和夹渣引起应力集中，对焊缝的疲劳强度将有较明显的影响，尤其对高周疲劳的持久极限。图 2 – 23 所示为气孔率与经过机加工的对接焊缝疲劳强度的关系。纵坐标是有气孔焊缝的持久极限与无缺陷焊缝的持久极限之比。图中还表明，气孔率为2%但经过机加工的焊缝与气孔率为零而未经加工的焊缝具有大体相同的疲劳强度。

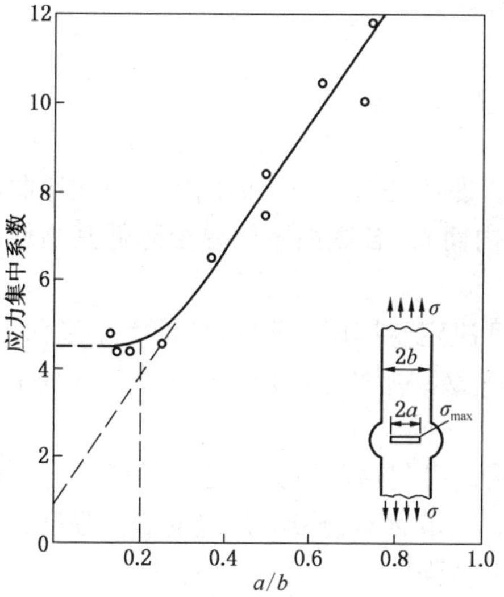

图 2 – 24　未焊透缺陷的应力集中系数

对接焊缝未焊透在焊缝中形成一明显的缺口，产生较为严重的应力集中。图 2 – 24 是对接焊缝内未焊透与应力集中系数的关系。图中的试验数据表明，未焊透不大于20%(即未焊透厚度与焊件全厚度之比)，产生最大局部应力的应力集中系数保持为一常数，其值约为4 ~ 5。未焊透略大于20%时，缺陷的根部形状对应力集中系数的影响很小，主要决定于未焊透尺寸。若未焊透超过20%较多，应力集中系数随净截面应力的增加而增大，成线性关系。所以未焊透缺陷往往是脆性断裂和疲劳断裂的根源。国外曾报道过由于未焊透而产生疲劳断裂的事例：一根外径为120mm、壁厚14mm的高压油管，由于在单面对焊缝中有3 ~ 5mm未焊透，结果在该处产生疲劳裂纹，并贯穿到外壁，高压油呈雾状喷出，随即着火爆炸，酿成火灾。焊缝的严重未焊透也会直接造成容器断裂，例如国外曾有一台工作压力为0.7MPa的蒸煮器，就是因为焊缝内存在严重的夹渣和未焊透而断裂。

焊缝咬边虽然不会明显减少焊缝的承载截面积，削弱它的静力强度，但它是一种比较尖锐的缺口，根部应力集中现象比较严重。有些文献指出，咬边引起的应力集中系数常常可以大于3，是仅次于裂纹的脆裂根源。

焊接裂纹可以视作尖锐程度最严重的一种缺口，它的缺口根部曲率半径接近于零。压力容器的脆性断裂事故有很多是由于焊接裂纹引起的。裂纹还会加剧疲劳破坏和应力腐蚀断裂。所以裂纹是焊接缺陷中最严重的一种缺陷，也是压力容器中最危险的一种缺陷。

2. 几何形状不连续的影响

压力容器在制造过程中产生的另一种类型的缺陷是壳体几何形状的不连续，如表面凹凸不平、截面不圆和接缝角变形等。在第三章中我们已经讨论过壳体在内压作用下产生的应力与它的曲率半径的关系。曲率半径不同的两种壳体连接在一起时，由于应力不同，所产生的变形也不一样。但它们又相互约束，由此在连接处及其附近会引起剪力和弯矩，壳体内产生附加弯曲应力和切应力，造成局部应力过高。

几何形状不连续引起附加应力的大小取决于不连续处的过渡情况。尺寸和形状的突然变化可能引起很大的附加应力，但如果变化十分缓和，则附加应力可以减小。

压力容器在加工成形和组装焊接时所产生的各种缺陷，形成壳体几何形状不连续，其变化过渡情况不同，所产生的影响也不一样。

筒体截面不圆既影响对接质量，使筒节与筒节或筒节与封头的接缝产生局部错边，且就不圆的筒体来说，在内压作用下，由于它的“趋圆”变形，在壳体上要引起周向附加弯曲应力。最大周向弯曲应力产生在长径部位，其值可按下式近似计算：

$$\sigma_b = \frac{3p}{4}\left(\frac{D}{S}\right)^2 \frac{D_{max} - D_{min}}{D} \qquad (2-36)$$

式中 σ_b——由于筒体截面不圆而产生的最大周向弯曲应力，MPa；

p——筒体内压，MPa；

D——筒体平均直径，mm；

S——筒体壁厚，mm；

D_{max}——圆截面的最大直径，mm；

D_{min}——圆截面的最小直径，mm。

由公式(2－36)可以看出，如果截面不圆度过大，即使是承受内压的圆筒，附加弯曲应力也是不可忽视的。对受外压的圆筒(如夹套容器的内筒)，若截面不圆更会降低其临界压力，严重时会由此失去稳定性而被压瘪。

表面局部凹陷和凸出所产生的影响，其严重程度决定于凹陷(或凸起)的大小和深度。一般来说，直径越大和深度越小，几何形状的变化越平缓，所产生的影响也越小。在加工成形过程中所产生的凹凸不平，一般都是比较缓和的。

焊缝过分加强(凸起)也会造成局部结构的不连续，引起局部应力。这种缺陷往往不能引起人们的注意，它虽然不会影响焊缝的静力强度，却会降低结构件的疲劳强度。

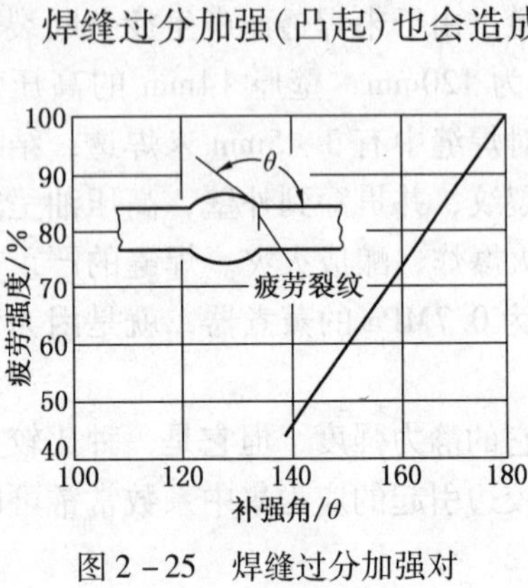

图 2－25　焊缝过分加强对疲劳强度的影响

图 2－25 所示为焊缝凸起对疲劳强度产生的影响：无缺陷的对接焊缝，即表面齐平($\theta = 180°$)时的疲劳强度最高，随着焊缝的过分凸起而引起角度 θ 的减小，即使是表面平滑过渡，疲劳强度也急剧下降。

接缝错边虽然一般都在焊接时用熔注金属填补过渡(如果不填补过渡则应视作缺口)，但其形状的变化仍然是比较尖锐的。这种缺陷和接缝角变形都是在几何形状不连续的缺陷当中影响最大的缺陷。对频繁和反复变载的压力容器，焊缝错边或角变形主要降低它的疲劳强度或缩短了疲劳寿命。图2-26表示了错边或厚度偏差对疲劳强度的影响。横坐标是相对错边量(错边量与板厚之比值)，纵坐标是疲劳强度减弱系数(错边焊缝与齐平焊缝疲劳强度之比值)。图中表明，随着错边量的相对增大，焊缝疲劳强度迅速下降，当错边量达到壁厚的30%时，焊缝的疲劳强度即减弱50%。严重的错边和角变形也可以直接造成压力容器断裂事故。1968年4月，在日本千叶发生的球形容器脆性断裂事故，主要原因就是接缝错边和角变形。该球形容器容积1000m^3，内径12.5m，顶板厚27mm，底板厚28mm。在现场装配焊接时，把顶板上一块厚27mm的月牙板错用在底板圈上。因顶极板比底极板的宽度小20mm，焊缝对不上，不得不嵌入金属条进行焊接。这样焊缝两侧错边约3mm、角变形6°~7°。结果在制成后进行水压试验时，试验压力刚升至设计压力(设计压力为1.76MPa，试压时容器下部的压力仅为1.78MPa)时，整个球体即突然脆裂，裂缝全长约10m，有一块230×70mm的碎片从容器中飞出。事后查明，这脆裂就是从错边及角变形的部位首先开始的，因而断定这是造成容器脆裂的主要原因。

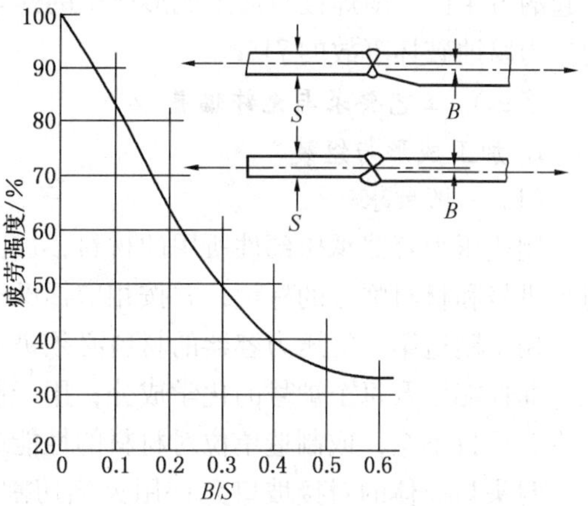

图2-26　错边对疲劳强度的影响

3. 残余应力的影响

压力容器的封头及圆筒等壳体经过冲压、滚卷等冷作加工以及焊接之后，常常在壳体上残留有一部分内应力，即制成后的容器在不承受压力的情况下，有一部分壳壁材料就处于应力状态下。这种残余应力有时可能很大，特别是焊接残余应力，在个别情况下甚至可以达到或接近材料的屈服强度。

焊接残余应力的产生是因为金属熔焊时，焊缝的熔注金属是在熔融状态下填充在焊件接缝中的，当焊缝金属及其周围的母材冷却时，这些金属就要收缩，但它又受到刚性焊件的约束，因而在焊缝附近即产生抗拉应力，这就是焊接残余应力。焊接残余应力的大小取决于焊件对焊缝收缩变形的约束程度。焊件越厚，刚性越大，焊后残余内应力也越大。

冷作加工产生的残余应力与加工变形的程度有关。一般来说，冷变形量越大，产生的残余应力也越大。

残余应力对容器安全的影响也是比较大的，因为内应力有时可以大到使焊件产生裂纹，如果材料的韧性较差，甚至可以使容器不承受压力载荷的情况下自行断裂。当然更多的情况是使容器先产生裂纹，然后在承受载荷时发生破坏。如日本有一台多层高压容器，内径1.56m，壁厚144mm，由于深环焊缝在焊完以后没有经过退火处理，存在较大的焊接残余应力，结果在制成后进行水压试验时，在保持试验压力(试验压力为设计压力的1.5倍)1h之后，锻件封头与筒体连接的环焊缝突然全部裂开。

留存在容器壳体内的残余应力即使不至于产生裂纹，也会加剧容器的疲劳破坏和应力腐蚀破坏。日本横田曾对113件应力腐蚀裂纹事件按作用的应力进行分类统计，在全部应力腐蚀事例中，由于残余应力作用而产生的约占81%。其中因残余应力的作用而产生的应力腐蚀的容器事故共为24件，由焊接残余应力所引起的占13件，由加工成形产生的残余应力所引起的占 4 件。即焊接与加工成形产生的残余应力所引起的应力腐蚀约占全部残余应力引起的应力腐蚀破坏事故的 71%。

（三）工艺要求与允许偏差

1. 加工成形与组装

（1）一般要求

制造压力容器承压部件所用的材料，加工前要先经过认真检查，核对质量证明文件，核对炉批号和材料牌号的标记，并按相应标准的规定检查材料的表面质量。

用于制造第三类压力容器的材料必须进行质量复验，内容至少包括每批材料的力学性能和弯曲性能以及每个炉号的化学成分；用于制造第一、二类压力容器的材料，如果质量证明书内容项目不全，或制造单位对材料的性能或成分有怀疑时，也应复验，补齐所缺的项目。

封头与筒体的对接坡口允许用火焰切割，但必须将坡口表面的熔渣和氧化皮等清除干净。坡口应经过检查，不允许存在裂纹及分层夹渣等缺陷。标准抗拉强度 $\sigma_b > 540$MPa 的钢材以及铬钼低合金钢材经火焰切割的坡口表面，应进行磁粉或渗透探伤检查。

筒节、封头及球壳等经过冷加工或热加工成形后的最小壁厚不得小于图样规定的且包括腐蚀裕量在内(但不包括加工减薄量)的计算壁厚。

承压部件装配组焊时，不应用锤击或其他方法强力组装。

组焊用卡具，如吊耳及拉筋板等应采用与壳体相同的材料，并用相应的焊条与工艺进行焊接。吊耳及拉筋板等割除后留下的焊疤必须打磨平滑。磨平后的壳体厚度不得小于设计壁厚。对低温容器以及焊接裂纹敏感性强的材料，还应作宏观检查与表面探伤。

（2）焊缝布置

焊缝相距太近会增大焊接应力，使焊接材料的力学性能和金相组织改变，甚至可以引起焊接裂纹。因此组装容器部件应合理布置焊缝。

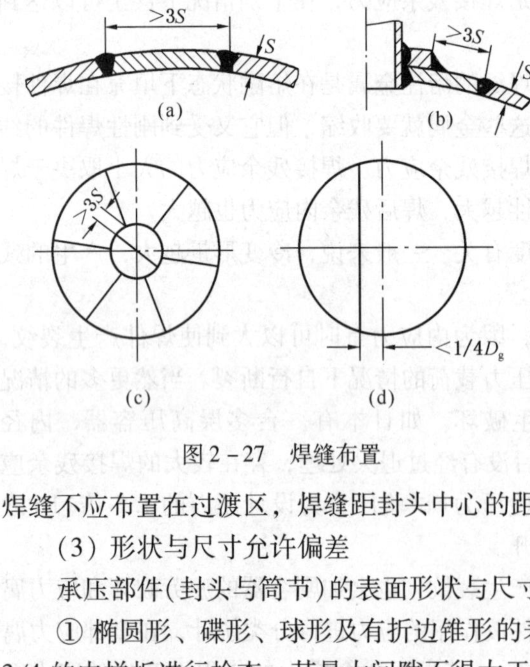

图 2－27　焊缝布置

承压部件组焊不应采用十字焊缝。在相邻的两个筒节之间、筒节与封头之间和同一个筒节中的纵向焊缝应有一定的间距，最小也应大于板厚的 3 倍，并不小于 100mm，如图2－27(a)。开孔补强板的焊缝与筒体焊缝的间距也应大于筒体厚度的 3 倍如图 2－27(b)。由中心圆板与扇形板拼接的凸形封头，只允许有径向和环向焊缝。径向焊缝(包括中心圆板的拼接缝与扇形板焊缝)之间的距离应不小于封头壁厚的 3 倍，并不小于 100mm。如图 2－27(c)。

用数块钢板对接制成的凸形封头，对接焊缝不应布置在过渡区，焊缝距封头中心的距离应小于封头直径的 1/4，如图 2－27(d)。

（3）形状与尺寸允许偏差

承压部件(封头与筒节)的表面形状与尺寸偏差应符合以下规定。

① 椭圆形、碟形、球形及有折边锥形的表面形状偏差需用弦长不小于封头设计内直径 3/4 的内样板进行检查。其最大间隙不得大于封头设计内直径的 1.25%，且存在偏差的部位表面不应突变。偏差的检查应使样板垂直于表面进行测量，允许避开焊缝部位。

② 碟形、折边锥形封头的过渡区转角内半径不得小于设计图样的规定值，用弧形的内样板或外样板进行检查。

③ 受内压的壳体，同一截面上最大内径与最小内径之差，应不大于该截面设计内直径的1%，且不大于25mm。若被检查截面位于开孔处或离开孔中心一倍开孔内径的范围内，则该截面最大内径与最小内径之差，应不大于该截面设计内直径的1%与开孔内径的2%之和，且不大于25mm。

④ 筒体、封头对接纵焊缝角变形所形成的棱角高度[见图2－22(c)和(d)中的*E*]应不大于壳体名义壁厚的10%加2mm，且不大于5mm。用弦长等于壳体设计内直径的1/6，且不小于300mm的样板检查。对接环焊缝角变形所形成的棱角高度[见图2－22(a)和(b)中的*E*]，应不大于壳体名义壁厚的10%加2mm，且不大于5mm。用长度不小于300mm的平尺检查。

⑤ 筒节、封头的对接纵缝以及筒体的凸形封头(半球封头除外)的对接环缝，其错边量[见图2－21(a)中的*B*]的允许值为：

壳体名义壁厚不大于10mm者，错边量不大于壁厚的25%；

壁厚为10～50mm者，错边量不大于3mm；

壁厚大于50mm者，错边量不大于壁厚的1/16，且不大于10mm。

筒节与筒节、筒节与半球封头连接的环向焊缝，其错边量[见图2－21(b)中的*B*]的允许值为：

壳体名义壁厚不大于20mm者，错边量不大于壁厚的25%；

壁厚为20～40mm者，错边量不大于5mm；

壁厚大于40mm者，错边量不大于壁厚的1/8，且不大于20mm；

复合钢板的错边量不得大于钢板复层厚度的50%，且不大于2mm。

2. 焊接

(1) 焊工

压力容器的焊接质量在很大程度上决定于焊工的技术熟练程度。因此所有承压部件的焊接都应由经过考试合格的焊工施焊。

焊工的考试应按《锅炉压力容器焊工考试规则》进行，考试合格的焊工要有合格证和钢印代号。焊工的焊接技术与他从事焊接工作的连续性有关，所以焊工在中断焊接工作达半年以上时，应重新经考试合格。

焊工要按工艺规程进行焊接，并应对所焊的容器焊接质量负责。

(2) 焊接工艺

压力容器的焊接应有工艺规程。工艺规程应根据有关技术条件以及经评定合格的焊接工艺制订。施焊前的焊接工艺评定，应按国家标准《压力容器焊接工艺评定》进行。在更换钢种、改变焊接方法或修改已评定合格的焊接工艺时，都应在焊接前按有关规定重新进行焊接工艺评定。

容器的焊接应在适宜的环境下进行，禁止在下雨、下雪、大风(手工焊时，风速大于10m/s，气体保护焊时，风速大于2m/s)或湿度大(相对湿度>90%)的场地上施焊。如果焊接环境温度较低，使焊件的温度低于0℃时，应在始焊处100mm范围内预热到15℃左右。

(3) 焊缝表面质量

焊缝的内外表面应符合以下的规定：

焊缝和热影响区表面不得有裂纹、气孔、弧坑和夹渣等缺陷；焊缝的外形应符合图纸或有关焊接标准的规定，焊缝与母材金属应圆滑过渡。

用标准抗拉强度 $\sigma_b>540$MPa 的钢及铬钼低合金钢和奥氏体不锈钢制造的容器以及焊缝系数 ϕ 取为 1 的容器，其焊缝表面不得有咬边；其他容器的焊缝存在咬边缺陷时，咬边深度不得大于 0.5mm，咬边的连续长度不应大于 100mm，且两侧咬边的总长度不超过该焊缝总长的 10%。

焊缝两边的熔渣和飞溅的金属应清除干净。

(4) 焊缝返修

经宏观检查或无损探伤发现有不允许存在的缺陷时，可以将缺陷部分铲去进行重焊，并再作探伤检查。但是经过返修的焊缝和热影响区，由于反复多次熔焊，常会产生金属晶粒粗大、硬化及裂纹等缺陷，因此必须严格控制和认真进行。

焊缝返修前应先研究产生缺陷的原因，以便在补焊时采取相应的改进措施。对焊接裂纹的返修更应慎重，确认可以焊补时，应先认真查找出裂纹的端点，并在两端钻孔，钻孔深度应稍大于裂纹的深度。然后将裂纹部分铲去，并加工成合适的坡口，经表面探伤确认已经完全没有裂纹以后再进行补焊。裂纹在补焊时如果还残留有裂纹，这残存的裂纹往往成为日后发生破坏事故的根源。国外曾有一台直径为 46m 的大型贮油罐，由于补焊时没有将裂纹彻底铲除而引起破坏。

焊缝返修应按原有的焊接工艺规程进行。由于焊缝多次返修会严重影响焊缝的质量，因此同一部位的焊缝返修次数一般不得超过两次。

焊缝的返修应在热处理前进行，若在热处理后仍发现有焊缝缺陷需要返修，则补焊后应作必要的热处理。

3. 焊后热处理

(1) 目的

容器壳体上残存的内应力会导致裂纹的产生和扩展，或加剧应力腐蚀的进行，因此应设法消除。最常用消除焊接残余应力的方法是将焊件进行焊后热处理，它是把焊件加热到能消除应力的温度范围内（一般碳钢为 600～650℃），使材料具有很好的延性，在这种情况下，残余应力可以通过材料产生塑性变形而被释放出来。

焊后热处理不但可以消除或降低焊接残余应力，防止焊件产生裂纹，且还能减小或消除焊缝及其附近金属的局部硬化，改善焊接接头区的塑性和韧性。同时，还可以恢复由于冷作和时效而损失的力学性能。

(2) 必须进行热处理的容器

压力容器及其承压部件是否必须进行焊后热处理，主要决定于焊接应力的大小、材料对焊接裂纹的敏感性以及容器工作介质是否具有应力腐蚀的特性。

同样的材料，焊件越厚，焊接内应力越大，因此器壁较厚的容器必须进行热处理。对碳钢和常用低合金钢制造的容器及其承压部件规定必须进行焊后热处理的板厚条件为：

碳钢，如 20R、20g 等，壁厚大于 34mm 者（如焊前预热 100℃以上，可增大至 38mm）；

低合金钢，如 16MnR，壁厚大于 30mm 者（如焊前预热 100℃以上，可增大至 34mm）；对 15MnVR，壁厚大于 28mm 者（如焊前预热 100℃以上，可增大至 32mm）；以及任意厚度的其他低合金钢。

有些低合金钢，如 15CrMo、18MnMoNbR 及 14MnMoVg 等对焊接裂纹敏感性较强，若焊后不及时进行热处理，容易产生滞后裂纹，所以用这些材料制造的容器，都必须进行焊后热处理。

冷成形的筒体，即使厚度没有达到上述的规定，但如果变形量很大，也应进行热处理，以改善冷作后的力学性能。一般规定冷卷筒体必须进行热处理的条件为，对碳钢及16MnR，筒体壁厚不小于公称直径的3%者；对其他低合金钢，壁厚不小于公称直径的2.5%者。

冷成形的凸形封头，因为变形量都较大，所以一般都要进行热处理。

对于工作介质可能具有应力腐蚀的容器，为了防止内应力促进应力腐蚀，容器及其承压部件都应进行热处理。

工作介质的毒性属于极度危害或高度危害的容器也应进行热处理。

（3）热处理方法

容器焊后的热处理，一般宜采用整体热处理。因为整体处理，容器的温度比较均匀，存在温度梯度，消除应力效果较好，只有在条件确实不允许的情况下才考虑进行分段热处理。分段热处理时，重叠加热部分不应小于1500mm。炉外未加热部分要保温，以免产生过大的温度梯度。在加热与未加热部分的交界处，不应有开孔、接管和其他不连续的结构。

近年来，国内外对大型球形贮罐的焊后热处理开始采用器内燃烧法，即在容器内装上几个喷嘴，喷入燃料，在器内进行燃烧将器壁加热。容器外壁保温，并在器壁四周装设电热装置，以保持容器各处的温度均匀，防止产生较大的温度梯度。

消除焊缝内应力的热处理也有采用焊缝局部加热的方法，但效果较差，温度的控制也较困难。采用焊缝局部加热进行热处理时，应特别注意勿使壳体两部分的温差对材料产生不良的影响，且加热的范围应保证能足以消除焊缝及其附近的残余应力。

对用低合金高强度钢焊接的压力容器，应特别注意它的消除应力热处理裂纹，即焊后热处理时产生的裂纹。这种裂纹是发生在热影响区粗晶粒区域的晶间裂纹，呈分枝状，裂纹扩展到母材的细晶粒区即停止。由于这种热处理裂纹而导致压力容器在水压试验时脆裂的事故，国外发生过多次。消除应力热处理裂纹的产生，一般认为是材料在加热至热处理温度时，焊接热影响区的延性不足以调节释放应力所需要的应变而引起。所以这种裂纹只有其化学成分对消除应力热处理裂纹敏感的材料，且在热影响区有较大的残余应力时才会产生。目前对某些材料来说，还没有可靠的热处理工艺措施能保证不出现这种裂纹，根本的办法是不选用对消除应力热处理裂纹敏感的材料。

为了防止压力容器因存在这种裂纹而在运行中发生破坏事故，用低合金高强度钢焊制的压力容器，在经过焊后热处理以后，必须进行严格的无损探伤检查。

（四）检查与验收

1. 焊接试板

为了验证压力容器焊接接头的力学性能，检查它是否具有设计要求的强度、塑性和韧性，应在焊接容器的同时，用相同的条件加焊出专供试验用的焊接试板，以便从试板中切取试样，进行所要求的各个项目的试验。

（1）焊接试板的制备

用焊接试板作各项试验，实际上是对焊接容器所用材料、焊接工艺及焊接环境等进行的一种综合性试验。因此比较重要的压力容器都应该按台焊制焊接试板，并用试板作焊接接头的力学性能试验。只有那些不太重要的容器，且制造条件（包括所用的材料及焊接工艺等）比较成熟时才可以按批（同钢号、同厚度范围）制作试板和进行试验。

焊接试板需应用与制造容器相同的材料(包括牌号、规格、轧制和热处理工艺)和相同的条件(包括焊接工艺及焊接环境)，由施焊容器的焊工焊制。

要求进行焊后热处理的容器，它的焊接试板应随容器一起进行热处理。

(2) 试验项目及合格评定

焊接试板应按国内有关规程、标准和技术条件的要求制作并进行试验和评定。试样的力学性能有一项不合格时，对不合格的项目允许取双倍试样进行复验，或将原试板与容器再热处理一次后全面进行复验。复验仍不合格时，则该产品的产品焊接试板即应评定为不合格。

2. 焊缝无损探伤

焊接缺陷除了咬边、焊缝缺肉或过分加强等可以通过宏观检查发现以外，其他大部分缺陷，如气孔、夹渣、未焊透和裂纹等都是隐藏在焊缝内部的缺陷。有些焊接裂纹虽然产生在焊缝表面，但用肉眼或放大镜检查一般也难以发现。为了检查发现并进而采取措施消除焊接缺陷，压力容器的焊缝一般都要进行无损探伤。

焊缝的无损探伤常用的是射线和超声波两种方法。焊缝射线探伤用得较早，它能比较容易查出气孔、夹渣及未焊透等焊接缺陷，且可以提供检查底片，作为焊缝质量评定的依据和设备的技术资料存档。射线探伤对焊缝裂纹的敏感性差，检查操作也比较麻烦，有时也会受到探伤设备能力的限制，不能用于过厚的焊件。超声波则具有操作方便、无射线危害等优点，特别是近年来随着探伤技术的发展和提高以及新型完善的精密探伤仪的出现，解决了探伤方法中存在的一系列问题，如缺陷的定量测定及定性判别等，因而逐渐得到普遍使用。但用超声波探伤能否发现并正确判定焊接缺陷，在很大程度上决定于探伤人员的技术熟练程度和探伤仪器的精确与否，且探伤发现的缺陷，用目前的仪器还不能如实地记录存查。因此，为了防止由于超声波探伤仪灵敏度不高或探伤人员技术不熟练而对一些重大缺陷“漏检”，选用了超声波探伤后的焊缝，最后还要进行射线抽查复验。

为了确保焊缝不存在超过规定允许的缺陷，压力容器的焊缝最好全部都要经过无损探伤检查。但是，由于焊接容器的焊缝太多，全部探伤需要耗用较多的时间、人力和物力，而随着焊接技术的提高，一般焊缝的质量基本有了保证，因此对那些不太重要，又不容易产生缺陷的容器，其焊缝一般可以不作全部探伤，而只进行局部探伤抽查。

容器焊缝是全部探伤，还是局部探伤抽查，主要应该考虑容器的使用条件和制造条件。使用条件方面，主要应考虑容器一旦发生事故的危害程度以及容器存在缺陷时引起事故的可能性。如对工作介质有毒性属于极度危害或高度危害的容器，如果容器万一断裂，将会引起十分严重的中毒伤亡事故，因此对这种容器就要求有更高的可靠性，它的焊缝必须确保不存在超过规定允许的缺陷，也就是应该全部探伤。第三类压力容器的断裂爆炸也会产生较大的破坏作用，所以也应该要求有较高的可靠性。制造条件方面，主要应该考虑产生焊接缺陷的可能性。如材料强度高和焊接性能差，产生缺陷的可能性就大，对无损探伤检验就要求高一些。同样，过厚的器壁也会增加焊接的困难和容易产生缺陷，检验也应要求严格一些。

但是，应该指出的是，焊缝的局部探伤，是在保证焊接质量的基础上用抽查的方法来代替全部焊缝的检验。允许采用这种抽查的方法是基于材料的焊接性好，制造单位有比较成熟的焊接经验，对保证焊缝的质量有较大的把握等。所以容器制造单位不仅要保证所抽查检验部分的焊缝的焊接质量，同样也要保证没有检查部分焊缝的焊接质量。

为了保证全部焊缝的焊接质量，局部无损探伤的部位应该是有代表性地抽查，且首先要检验 T 形接头等最容易存在焊接缺陷的部位。在一般情况下，每一道纵缝和环缝各抽查一处，而对所有的纵环缝交接接头都应进行检查。

局部无损探伤的抽查量，在任何情况下都不应少于焊缝总长的20%，且不小于250mm。如果抽查发现焊缝存在超过规定允许的缺陷，应增加无损探伤检查的长度，仍发现有不合格时，焊缝应全部进行无损探伤。

3. 耐压试验和气密性试验

(1) 耐压试验

耐压试验是对制成的容器的一种综合性考核。主要是检验它是否具有安全承受使用压力的能力，要求它在高于使用压力的试验压力下不发生渗漏、开裂和塑性变形。

夹套容器的耐压试验应分两次进行，即先对内筒进行耐压试验，经试验合格后再与外筒连接，然后进行夹套内的耐压试验，其他容器的耐压试验均在全部组装焊接工作完毕以后进行，有开孔补强圈的容器应先焊上补强圈，并对补强圈的焊缝进行气密性试验(在补强圈的试验孔内通入压力为0.4~0.5MPa的压缩空气)以后，方可对容器进行耐压试验。

容器耐压试验应用液体作为加压介质，一般应用水，若因特殊原因不能用水而改用其他液体时，所用的液体必须是流动性好且无毒的；沸点和闪点高于试验温度，且不能导致其他的危险。

用水作为加压介质对奥氏体不锈钢制容器进行耐压试验时，应严格控制试验用水的氯离子含量，因为氯离子对奥氏体不锈钢会产生严重的晶间腐蚀。有些地区，特别是沿海地区的自来水常含有较高的氯离子，试验前应先检查用水的氯离子含量，一般要求在25ppm以下，超过时应采取措施(如加硝酸钠溶液等)。

有关容器耐压试验的试验压力、温度、方法、程序、检查和合格评定标准等将在第三章中详细论述。

(2) 气密性试验

气密性试验主要是要检验容器各连接部分(包括焊缝或铆缝和其他可拆连接等)的密封性能，以保证容器能在使用压力下保持严密不漏。

气密试验用的加压介质应该是干燥且洁净的空气、氮气或其他惰性气体。为了保证容器不会在气密性试验时发生断裂爆炸，气密性试验必须是在容器经过规定的耐压试验以后进行。碳素钢和低合金钢制压力容器，气密性试验的气体温度应不低于5℃。

气密性试验的试验压力为设计压力的1.05倍。容器在试验压力下保持10min，然后降至设计压力，并对焊缝及各连接部位进行有无泄漏的检查。小型容器的气密性试验也可以将整个容器浸入水中进行泄漏检查。

气密性试验发现焊缝有泄漏需要进行补焊时，焊后应重新进行耐压试验和气密性试验。要求焊后热处理的容器，还应重作热处理。

4. 容器铭牌和技术资料

(1) 金属铭牌

制成的容器应在明显的部位装设用耐腐蚀材料制作的金属铭牌。金属铭牌上至少应载明容器制造单位名称、制造许可证编号、压力容器类别、制造年月、压力容器名称、产品编号、容器设计压力、设计壁温最高工作压力、最大允许工作压力及容器总重等。低温容器的铭牌不能直接铆入容器的筒体或封头上，也不能在容器壳体上打钢印。

(2) 技术资料

压力容器出厂时必须同时提供下列质量证明文件。

① 产品合格证。

② 容器说明书。说明书至少要包括：容器特性(设计压力、最大允许工作压力、试验压力、设计温度、工作介质、容器类别)；容器竣工总图；容器主要零部件表；容器的热处理状态及其他必要的说明。

③ 质量证明书。内容至少应包括：主要零部件的化学成分和力学性能；无损探伤结果；耐压试验与气密性试验结果；外观及几何尺寸检验结果等。

第三节　压力容器安全装置

压力容器的安全装置系指为了使压力容器能够安全运行而装设在设备上的一种附属机构，又常称之为安全附件。压力容器的安全装置，按其使用性能或用途可以分为以下4大类型。

(1) 联锁装置　指为了防止操作失误而设置的控制机构。如联锁开关、联动阀等。

(2) 警报装置　指容器在运行过程中出现不安全因素而使容器处于危险状态时能自动音响或其他明显报警讯号的仪器。如压力报警器及温度监测仪等。

(3) 计量装置　指能自动显示容器运行中与安全有关的工艺参数的器具。如压力表及温度计等。

(4) 泄压装置　容器超压时能自动泄放压力的装置。

在压力容器的安全装置中，最常用且最关键的是安全泄压装置。因此，本节将详细介绍这种装置的结构、安装和使用等方面的知识。对其他使用较多的安全装置，如压力表等也作适当的介绍。

一、 安全泄压装置概述

(一) 容器超压及其常见原因

压力容器是一种承压设备，但是每一个压力容器都是按预定的工作压力进行设计的，所以它的壁厚只能允许它承受一定的压力，即最高许用压力。在这个压力范围内，压力容器可以安全运行，超过了这个压力，压力容器就有可能因过度的塑性变形而遭到破坏，并会由此造成恶性重大事故。

压力容器超压的原因是多方面的，可能是因物理因素引起的，如液化气体的热膨胀，气体的机械压缩等；也可以是由化学因素引起的，如瓶内气体的燃烧反应、物料的放热或分解反应及化学反应失控等。综合国内外压力容器超压爆炸事故实例，容器超压主要有以下几方面的原因。

1. 操作失误或零件破损引起的容器超压

由于操作失误或零件附件损坏而直接引起容器内压力显著增大的情况有以下两种。

(1) 压力较高的气体进入许用压力较低的容器内

有些容器工艺需要用较低的气体压力，且容器的许用压力也较低，而为了利用现有的高压气体，则在容器的气体进口管路上装设减压阀，使压力较高的气体经过减压后才进入容器内。但是，如果减压阀损坏，或操作失误打开旁通阀，则高压气体可直接进入容器内，造成容器超压甚而因此发生爆炸事故。如某市油漆厂一个液氯预热罐(夹套容器)，设计要求在夹套内通入压力为0.4MPa的蒸汽，将器内的液氯预热。而厂内所用的锅炉蒸汽压力为1.3MPa，所以蒸汽经减压阀降压至0.4MPa才进入夹套。1974年4月，因为生产需用气量较大，为加快液氯的蒸发速度，操作工人将旁通阀打开，使压力为1.3MPa的蒸汽直接进入夹套内。而夹套上又没有装设安全泄压装置，结果造成夹套因超压而发生爆炸。

（2）器内产生的气体无法排出造成压力不断升高

有些容器因化学反应或液体蒸发而产生气体，如果出口阀损坏或因操作失误而被关闭，则器内压力将不断增大，严重时也会使壳体超压而断裂。如1975年1月26日，某市合页厂发生的电热蒸汽发生器爆炸事故，就是由于将出口阀关闭造成的。容器由该厂自制，直径0.6m，高1m。用9kW电炉丝将水加热产生蒸汽，作暖气片耐压试验用。容器制成后进行过压力为0.7~0.8MPa的水压试验(平时工作压力为0.4~0.5MPa)。事故当天，早上7时开始加热，为了使压力升得快，便将蒸汽发生器出口管与贮汽罐相通的阀关闭，到11时25分即发生爆炸，整个封头被掀起。容器上虽装设有安全阀，但装置失灵。而压力表又装在贮汽罐上，爆炸时器内压力多大也无法查明。

2. 满液后的容器因液体受热膨胀而超压

盛装液化气体的容器，有时会因装液过量致使器内在较低的温度时即被液体所充满。由于液体的体积热膨胀系数较大，而它的压缩系数很小，因而当器内液体的温度受环境的影响稍有升高时，压力即急剧增大。这类事故多见于气瓶等一类小型盛装容器。

3. 器内燃烧爆炸生成高温高压气体

可燃介质(气态、液态或固态)在适宜条件下，可以在容器内发生燃烧、爆炸等激烈的氧化反应。由于生成的气体被加热而体积膨胀，器内压力急剧上升，往往很快造成容器的破坏。值得注意的是，这种燃烧、爆炸的产生并不需要明火，有时候还很难确定其引燃源，只是因为器内存在燃烧痕迹，才肯定这种激烈的氧化反应确实在器内进行过。这类性质的容器事故大致有以下两种情况：

（1）器内混合气体爆炸

如果盛装可燃性气体的容器混入助燃性气体，当混合气体中可燃气体的浓度在一定的爆炸范围内时往往在查不清点火源的情况下，就会形成燃烧波，并在器内迅速传播，产生大量的燃烧热，使生成的气体和器内剩余气体受热膨胀，压力急剧上升。这就是器内混合气体爆炸造成容器破坏的原因。

可燃气体的浓度若在最适宜的配比下，混合气体爆炸的最大压力约为初始压力(即未爆炸前的气体压力，以绝对压力计，下同)的5~7倍，最高可达9.2倍(乙炔空气混合气)。浓度接近爆炸上限或下限的混合气体爆炸，最大压力约为初始压力的3~4倍。在最适宜的混合比下，混合气体爆炸所需的引燃能量最小。随着接近上限或下限，引燃能量按指数函数迅速增加。如果超过爆炸临界值，则引燃能量再大也不会引起爆炸。在容器内发生的混合气体爆炸，引燃源可以是静电火花、冲击、摩擦及绝热压缩，也可能是自燃。

压力容器发生这类事故，大都是由于工作失误引起的。例如1966年4月23日在日本琦玉县化工厂发生的氨罐爆炸事故，就是由于将氧气误作氮气造成的。这次事故致使值班操作的3名技术人员全部死亡。发生爆作事故的容器是用以贮存氨(利用苯氨为原料，在温度300℃、压力2.2MPa下，经催化剂作用制造二苯胺过程中产生的副产品)的缓冲罐，直径为0.48m，高2m，壁厚9mm，设计压力3MPa。爆炸原因估计是由于黑夜中误将氧气瓶当作氮气瓶接在氨气缓冲罐的清洗管道上，当打开清洗管道的阀门时，大量氧气通过球形阀迅速流入氨容器内，或者是因为造成局部绝热压缩，或者是管道壁上经氧化的铁锈脱落产生的高温管垢带入器内，使缓冲罐内的氨氧混合气引燃爆炸。由于能量较大，顶封头从环焊缝处脱开，飞出 8m 远，落在一民房的屋顶上。筒体沿轴向开裂，向相反的方向卷曲，倒落在附近。附属的连接管道均成碎段飞出。1981 年 5 月 15 日，国内某化工厂合成氨分厂也发生过器内混合气爆炸事故。原因是操作失误，系统停车检修完毕开车时，连接管道上有两个应该关闭的阀门没有关闭，使氧气窜入可燃气体系统内，导致压缩机的气罐、缓冲器和冷却器发生爆炸。

容器由于器内混合气爆炸而发生断裂时，虽然是属于压力过高、器壁应力过大而导致的断裂。但是由于升压迅速，爆炸能量又大，容器的一部分或全部往往变成碎片飞出，这一点与其他原因造成的延性断裂情况不完全一样。

（2）器内发生燃烧反应

如果容器内同时存在固体或液体可燃性介质和助燃气体（空气或氧气），则在一定的条件下会迅速进行氧化反应，产生大量的燃烧热，使器内气体受热膨胀，压力急剧上升，也表现出一种器内爆炸现象，造成容器断裂。由器内可燃物质燃烧而造成的容器断裂，因反应进行的速度比混合气体爆炸稍慢，容器断裂前常有比较明显的塑性变形，壳体开裂后一般也没有碎片。容器内的可燃物质一般是杂物或残留物，因此往往不为人们所注意。这些可燃物有时在稍高的温度下就会自燃，而不需要火源。正因为如此，这类事故在国内外都不只发生过一次。

1979 年 7 月，某县小化肥厂（年产 3000t 合成氨）在投产 4 年后进行全厂停车大修。其中一台铜液洗涤塔按原计划要进行内部检查，并取出填料环进行清洗。由于底部法兰拆卸困难，改为通入蒸汽煮洗（进塔蒸汽压力约 0.8MPa，蒸煮 12h）。蒸煮结束后排放冷凝液和污物，然后用压力为 10MPa 的压缩空气进行容器的气密试验。试验结束后，在利用铜洗塔内的压缩空气向合成塔吹除触媒粉的过程中，铜洗塔爆断裂开。塔体在离顶部 35m 处（装填料环段的顶部）断裂，断口斜断，有剪切唇和明显的塑性变形。爆破口宽度约为 170mm，最大直径增大变形约 10%，最大壁厚减薄量约 30%，塔内壁表面有烤蓝迹象。

金相检查发现裂口附近的金属曾经受过 920℃以上的高温。种种迹象表明，塔内发生过局部燃烧反应。经分析，认为铜洗塔虽经过蒸汽蒸煮，但塔内仍有大量的油污、硫化物等未能彻底除净。而在塔蒸煮后仍处于较高的温度下即送入空气进行气密试验，使积聚在塔内壁（估计在爆破口附近的部位）的油污、炭黑等在较高的温度下发生自燃现象，于是在塔内局部区域形成高温，使金属的力学强度急剧下降，结果在不太高的温度下产生延性断裂。据目击者称，塔体断裂时曾见到一团烟雾，呈暗红色，并有火星冒出。被燃熔的填料环碎片等使塔外的草袋等易燃物着火燃烧。

国内外还曾多次发生过压缩空气罐及管道因维修不良而造成的器内燃烧爆炸事故，详细情况将在其他章节中论述。

4. 器内化学反应失控造成容器超压

在化工过程中，有许多反应是放热反应，如聚合反应、氧化反应、硝化反应、氯化反应、臭氧化反应、磺化反应、酶化反应及中和反应等。进行这些反应的容器一般都装设有搅拌装置以及夹套或蛇管等冷却装置，以排除反应热，防止器内压力和温度的过分升高，使反应平稳地进行。但是如果冷却不足，器内就会积聚反应热，物料的温度将逐渐升高。而温度的上升，有时又会使反应速度加快，随之而来的是反应热的不断增加和温度的急剧升高，这就是反应失控。这种恶性循环有时会在很短时间内使反应器内的温度、压力都激增，并造成容器破坏，在聚合反应中，这种失控现象又称为“爆聚”。

反应失控的产生可能有多方面的原因，如投料计量错误，原料不纯或催化剂使用不当等。也可能是因为搅拌或冷却装置故障，如因停电使搅拌装置停止转动或冷却水停止循环等。有时甚至还可能会由于器内反应物料黏度较大而随搅拌翼一起转动，因而得不到充分冷却，造成局部高热，最后导致失控。

除了上述的聚合、合成反应失控会导致容器超压以外，分解反应(特别是放热的分解反应)失控时，器内的压力不但会由于气体温度的升高而增大，更由于分解产生气体的体积增加而急剧上升。一般来说，分解反应大多数是吸热反应，但也有些物质的分解是放热的，因此对这类反应必须严加注意。1960 年 1 月，美国密西西比州一个化工厂由于无水马来酸($C_4H_2O_3$)在容器中发生分解反应，产生二氧化碳气体和聚合物，并放出大量分解热，使一个直径 1.5m、高 1.8m，容积 $3m^3$，设计压力为 0.7MPa 的不锈钢容器发生爆炸，2 人当场死亡。不但设备毁坏，还引起火灾，造成巨大损失。

5. *液化气体意外受热使饱和蒸气压增大*

气体受热时，温度升高，体积膨胀，这是众所周知的自然现象。如果在密闭的容器内将气体加热，则它的体积膨胀将受到容器容积的限制而表现为压力升高。对一般永久气体，温度上升幅度不大时，不会引起压力成倍增大。若按理想气体考虑，在常温下的气体，温度每升高 1℃，压力只不过增大约 1/273。而液化气体则不同，它的饱和蒸汽压力由温度而定，且压力随温度的增长率一般都比永久气体大得多。以液氨为例，它的饱和蒸气压力在 0℃时为 0.429MPa(绝对压力，下同)，20℃时为 0.857MPa，30℃时为 1.17MPa，到 50℃时则为 2.03MPa。由此可以看出，液氨温度由 0℃升高到 50℃时，压力约增大 3.73 倍，而一般永久气体，在此温度升高的情况下，压力只增加约 18%。所以液化气体贮罐就比较容易因受热而致压力显著升高，严重时会使容器产生较大的塑性变形甚至断裂。

液化气体在意外的情况下被加热，以致温度升高并引起饱和蒸气压力的增大，也可以在一些低温贮存的液化气体容器中产生。例如远低于大气温度的低温液化气体盛装在有隔热装置的容器中，如果保温层损坏或由于其他原因而失效，贮罐内的液化气体温度也会受环境温度的影响而升高，饱和蒸气压力也随之增大。但是由于这种情况所引起的温度和压力的升高比较缓慢，一般都能及时被发现，而不至使它的压力增大到容器断裂的程度。

常温液化气体容器由于器内介质意外受热导致温度和压力的显著增大，一般有以下 3 种情况。

(1) 因操作失误或自动调节装置失灵使器内液化气体受热

有些液化气体贮罐为了工艺上的需要，使器内液化气体的蒸汽压力始终保持稳定，装设有自动调节装置。器内压力低时，装在容器内的加热器就自开启，使液化气体温度升高，压力恢复到需要的范围，反之，压力高时，冷却装置又自动开启，使器内温度和压力下降。如果这种自控装置由于操作失误或其他原因而失灵，液化气体温度就可能升高并导致器内压力增大。1969 年 3 月 1 日，日本福岛县的一个炼钢厂发生了一起液体二氧化碳贮罐爆炸事故。该罐为直径 1.4m，长 5.6m，容积 $8.2m^3$，壁厚 11mm，设计压力为 2.5MPa 的卧式圆筒形贮罐，按工艺要求，罐内的自动调节装置应使其压力保持在 1.86 ~ 1.93MPa 的范围内(-20℃左右低温贮存)。为了检修，曾于事故前一天下午将所有连通安全阀、压力表的阀关闭，并切断冷冻机电源，但加热器的电源仍然接通。大概经过 11 小时左右，器内液体大量蒸发，液面高度从最初的 65cm 下降到 13cm，罐内上部气体的温度约升高 145℃，超过了二氧化碳的临界温度，压力估计达到9.5MPa以上。根据此压力计算，器壁的周向应力高达

600MPa 以上，超过了材料的抗拉强度。于是贮罐发生爆炸，断裂成 7 大块。因受爆炸冲击波伤害而死亡的有 3 人，伤 38 人。在半径为 1km 内的建筑物都受到程度不同的破坏。由爆破后的罐体可以看出，容器有明显的塑性变形，壳体沿轴向有长约 2. 2m 的裂口，壁厚变形减薄至 5. 2mm，即由原来的 11mm 减薄至一半。

(2) 贮罐内高分子单体聚合放热

随着高分子化学工业的发展，石油化工厂中用以贮装高分子单体的贮罐、中间反应罐日益增多。由于这些高分子单体是具有化学活性的物质，通常在贮存时应加入阻聚剂使其稳定。如果不加阻聚剂，或添加的阻聚剂失效，或液状单体中混入酸、碱等对聚合具有促进作用的杂质，则单体在贮罐内就会部分地自动聚合，并产生大量的反应热。如丁二烯的聚合反应热为 1.36×10^3kJ/kg，氯丁烯为 6.24×10^2kJ/kg，环氧丙烷为 1.3×10^3kJ/kg 等。这些热量将使贮罐内的液状单体温度升高，饱和蒸气压力增大，严重时会导致贮罐断裂。1964 年 6 月 11 日，日本川崎市化工厂一个容积为 14m^3的粗制环氧丙烷贮罐发生爆炸，死 18 人，伤 117 人。容器爆炸的原因就是环氧丙烷中混入了碱，它促进了贮罐内液状单体的聚合，反应热使液化气体温度升高，饱和蒸气压力增大。先是液面计损坏，喷出液体，附近冒白烟。数秒钟后，罐体沿纵向开裂，内压瞬时下降，器内处于过热状态的环氧丙烷发生“爆沸”（蒸气爆炸），容器进一步开裂。上封头及圆筒体等均从焊缝处裂开，下封头与裙式底座从焊缝处断裂飞出。容器内径为 1. 98m，壁厚为 7mm，材料的抗拉强度为 410MPa。按薄壁壳体理论公式计算，其断裂压力约为 2. 89MPa，与此压力相对应的饱和温度约为 180℃。

(3) 贮罐周围火灾使液化气体受热

在液化气体贮罐中，有许多是可燃介质，如液化天然气、液化石油气等。如果贮罐的进出口管道发生泄漏，或用以运输液化气体的槽（罐）车因碰撞或脱轨事故而造成管件开裂，则喷漏出的可燃气体有可能被点燃而在贮罐周围着火。在火焰的烘烤下，罐内液体升温蒸发，压力增大。贮罐上部气相部分的壳体金属也会在高温下因强度降低而促使容器开裂，并随之发生“爆沸”，酿成大火。这类由泄漏着火引起贮罐断裂并造成特大灾害事故的例子，除了在前面列举的美国东俄亥俄州煤气公司液化天然气贮罐，墨西哥市培麦斯公司所属液化石油气供应中心的贮罐爆炸事故以外，还有 1966 年 1 月 4 日法国费赞炼油厂的液化石油气球罐爆炸，使一个现代化的炼油厂化为灰烬。

（二） 安全泄压装置

1. 对安全泄压装置的基本要求

(1) 作用与设置原则

为了确保压力容器安全运行，防止设备由于过量超压而发生事故，除了从根本上采取措施消除或减少可能引起压力容器超压的各种因素以外，装设安全泄压装置是一个关键性措施。

安全泄压装置是为保证压力容器安全运行，以防止其超压的一种器具。它具有下列功能：当容器在正常工作压力运行时，保持严密不漏，若容器内的压力一旦超过规定，则能自动而迅速地排泄出器内的介质，使设备内的压力始终保持在许用压力范围以内。实用上，安全泄压装置除了具有自动泄压这一主要功能外，还有自动报警的作用。因为当其启动排放气体时，由于介质以高速喷出，常常发出较大的响声，这就相当于发出了设备压力过高的报警音响讯号。

压力容器与锅炉的情况不同，不一定每一台容器都必须单独装设泄压装置。例如，在连续的操作系统中，如果有几台容器的许用压力和压力来源均相同，且气体压力在经过每台容器时又不会自行升高，则可以在整个相同的压力系统中（连接管道或其中的一台容器上）装设一个安全泄压装置即可。只有那些由于各种原因致使器内压力在运行过程中有可能升高的容器，才需要单独装设安全泄压装置。在常用的压力容器中，必须单独装设安全泄压装置的有以下几种：

① 液化气体储存容器；

② 压气机附属气体贮罐；

③ 器内进行放热或分解反应时能使压力升高的反应容器；

④ 高分子聚合设备；

⑤ 由载热物料加热，使器内液体蒸发气化的换热容器；

⑥ 经减压阀降压后进气（汽），且其许用压力小于压源设备（如锅炉、压气机贮罐等）的容器。

（2）选用安全泄压装置的基本原则

压力容器应该装设哪一种类型和形式的安全泄压装置是一个十分重要的问题，选用不当，同样会造成容器的超压爆炸。装设的安全泄压装置必须符合以下两条基本原则。

① 安全泄压装置的类型和形式必须与容器的工艺条件相适应，包括器内压力升高速率，物料特性及运行条件等。

② 安全泄压装置的规格应保证能及时泄出气体并迅速降压。为此，要求安全泄压装置的排量不得小于压力容器的安全泄放量。

2. 安全泄压装置的类型及其特点

安全泄压装置按其工作原则和结构形式可以分为阀型、断裂型、熔化型和组合型等几种。

（1）阀型泄压装置

阀型安全泄压装置就是常用的安全阀。它是通过阀的自动开启排出气体来降低器内的过高压力的。这种安全泄压装置的优点是，仅能排放压力容器内高于规定的部分压力，而当器内的压力降至正常操作压力时，它即自动关闭，所以能避免一旦容器超压就得把全部气体排出而造成的浪费和生产中断。装置本身可重复使用多次，安装调整也比较容易。它的缺点是，密封性能较差，即使是合乎规定的安全阀，在正常的工作压力下也难免有轻微的泄漏，由于弹簧等的惯性作用，阀的开启有滞后现象，因而泄压反应较慢。另外，安全阀用于介质为一些不洁净的气体时，阀口有被堵塞和阀瓣有被粘住的可能。

阀型安全泄压装置适用于介质为比较洁净的气体，如空气及水蒸气等的设备中，不宜用于介质具有剧毒性的设备，更不能用于器内有可能产生剧烈化学反应而使压力急剧升高的设备。

（2）断裂型泄压装置

这类安全泄压装置，常用的是爆破片和爆破帽。前者多用于中低压容器，后者多用于超高压容器。断裂型安全泄压装置是利用爆破元件（爆破片）在较高的压力下即发生断裂而排放气体的。它的优点是，密封性能好，在容器正常工作时不会泄漏。爆破片的断裂速度高，故卸压反应较快。介质中若含有油污等杂物也不会对装置元件的动作压力产生影响。它的缺点是，在完成泄压动作以后，爆破元件即不能继续使用，容器一旦超压就得被迫停止运行，爆破元件长期（在正常工作压力下）处于高应力状态，容易因疲劳而过早失效，因而元件寿命较短（定期更换）。此外，爆破元件的动作压力也不易准确预测和严格控制。

断裂型泄压装置宜用于器内可能发生压力急剧升高的化学反应，或介质具有剧毒性的容器，不宜用于液化气体贮罐。对于压力波动较大，即超压的机会较多的容器也不宜选用。

(3) 熔化型泄压装置

熔化型安全泄压装置就是常用的易熔塞。它是利用装置内的低熔点合金在较高的温度下熔化，打开通路，使器内的气体从原来填充有易熔合金的孔中排放出来而泄放压力的。它的优点是，结构简单，更换容易，由合金熔化温度而确定的动作压力较易控制。这类泄压装置是，在装置动作后，元件即不能继续工作，容器被迫停止运行。因受易熔合金强度的限制，装置的泄放面积较小，有时还可能因易熔合金受压或其他原因而脱落或熔化，出现失误动作，以致发生意外事故。

熔化型泄压装置只能用于器内气体压力变化完全由温度来确定的小型容器，如气瓶等。

(4) 组合型泄压装置

这类泄压装置是由两种形式的泄压装置组合而成。常用的是安全阀和爆破片（或易熔塞）的组合结构。组合型泄压装置同时具有阀型和断裂型的优点，它既可以防止单独用安全阀时的泄漏，又可以在完成排放过高压力的动作后恢复容器的继续运行。组合装置的爆破片，可以根据不同的需要，设置在安全阀的入口侧或出口侧。前者可以利用爆破片把安全阀与器内的气体隔离，以防安全阀受腐蚀或被气体中的污物堵塞或黏结。当容器超压时，爆破片断裂，安全阀也开启，容器降压后，安全阀再关闭，容器可以继续暂时运行，待设备停机检修时再装上爆破片。这种结构要求爆破片的断裂不妨碍后面安全阀的正常动作，且要在爆破片与安全阀之间设置检查器具，防止它们之间存有压力，影响爆破片的正常动作。后一种（即爆破片装设在安全阀的出口侧）可以使爆破片免受气体压力与温度的长期作用而疲劳损坏，爆破片则用以补救安全阀的泄漏。这种结构要求能将安全阀与爆破片之间的气体（由安全阀漏出）及时排出，否则安全阀即失去作用。

由于结构复杂，组合型安全泄压装置一般用于介质为具有腐蚀性的液化气体，或剧毒、稀有气体的容器。又因为装置中的安全阀有滞后作用，不能用于器内升压速度极高的反应容器。

（三） 压力容器的安全泄放量

安全泄压装置的作用是防止压力容器超压，要达到这个目的，就必须使安全泄压装置的排量不小于容器的安全泄放量，因为只有这样，才能保证安全泄压装置完全开启以后，容器内的压力才不会继续升高。安全泄压装置的排量是指它在全开状态时在排放压力下单位时间内所能排出的气量。压力容器的安全泄放量则是指压力容器超压时为保证它的压力不会再升高而在单位时间内所必须泄放的气量。有关安全泄压装置排量的计算将分别在下两节中讨论。在这一节中先讨论压力容器的安全泄放量。

压力容器的安全泄放量应该是：容器在单位时间内由产生气体压力的设备（如压缩机、蒸汽锅炉等）所能输入的最大气量，或容器内部的工作介质发生化学反应时在单位时间内所产生的最大气量。因此，对各种压力容器，应该分别按不同的方法来确定出安全泄放量。

1. 气体或蒸汽贮罐的安全泄放量

用以贮存气体或水蒸气的压力容器，由于器内不可能产生气体，且即使容器受到较强的辐射热的影响，器内气体的压力一般也不至于显著升高。这样一类压力容器的安全泄放量主要决定于容器的气体输入量。

（1）单机附属贮罐

压气机储气罐、废热锅炉汽包等的安全泄放量按下式计算：

$$G' = H \tag{2-37}$$

式中 G'——容器的安全泄放量，kg/h；

H——压气机的产气量或锅炉最大蒸发量，kg/h。

（2）集气罐或分气罐

由两台或多台设备集中输气到一个贮罐（集气罐），或由一台设备分别输气到多个贮罐（分气罐）时，贮罐的安全泄放量按下式计算：

$$G' = 2.83 \times 10^{-3} \rho v d^2 \tag{2-38a}$$

或

$$G' = 7.55 \rho_0 v d^2 \frac{p\mathrm{d}}{T} \tag{2-38b}$$

式中 ρ——气体在排放状态下的密度，kg/m^3；

ρ_0——气体在标准状态下的密度，kg/m^3；

p_d——容器（泄压装置）的排气压力（绝对），MPa；

T——容器的排气温度，K；

d——容器的总进管内径，mm；

v——进气管内气体流速，m/s。

对一般气体，$v = 10 \sim 15$m/s；饱和蒸汽，$v = 20 \sim 30$m/s；过热蒸汽，$v = 30 \sim 60$m/s。为安全计，通常应取大值。

【例2.1】 压缩空气贮罐，设计压力为0.8MPa，设计温度为40℃，进气总管的内径为100mm，试计算其最大安全泄放量。

【解】 贮罐安全阀的开启压力最高为容器设计压力，安全阀排气压力最高为开启压力的110%，则容器的排气压力为 $p_d = 0.8 \times 1.1 + 0.1 = 0.98$MPa（绝对），排气温度最高为 $T = 40 + 273 = 313$K。取进气管的气体最大流速为 $v = 15$m/s，已知空气在标准状态下的密度为 $\rho_0 = 1.293 kg/m^3$，则由公式（2－38）即可求得容器的最大安全泄放量为：

$$G' = 7.55 \rho_0 v d^2 \frac{p_d}{T} = 7.55 \times 1.293 \times 15 \times 100^2 \times \frac{0.98}{313} = 4585(\mathrm{kg/h})$$

2. 液化气体贮罐的安全泄放量

液化气体受热蒸发，体积即迅速增大，贮罐压力即随之升高。因此用以贮存液化气体的压力容器，应该按它在可能遇到的最不利的受热情况下的液体蒸发量来确定其安全泄放量。

（1）周围环境有火灾可能的贮罐

介质为可燃的液化气体贮罐，或虽非可燃的液化气体、而周围环境有发生火灾的可能时（例如周围有燃料罐），容器的安全泄放量要按周围发生火灾情况下的液体蒸发量来考虑。

确定容器在火灾情况的蒸发量，关键在于确定容器在火灾情况下的吸热量。美国石油协会（API）根据实验数据和事故实例分析，确认容器在没有绝热材料保温层时，单位时间的最低吸热量为：

$$Q = 2.1 \times 10^4 A^{0.82} \tag{2-39}$$

式中 Q——火灾情况下容器的最低吸热量，Btu/h（1Btu = 1055.06J）；

A——容器的受热面积，ft^2（$1ft^2 = 0.093m^2$）。

如果将公式（2－39），即吸热量的单位用 kJ/h，面积的单位用 m^2，则容器在周围有火灾的情况下的吸热量应为：

$$Q = 21000 \times 1.055 \times (10.764)^{0.82} A^{0.82} = 1.55 \times 10^5 A^{0.82} (\mathrm{kJ/h})$$

美国石油协会提出的吸热量是按实验数据的最低值归纳得出的。有些国家则建议改用实验数据的中间值来确定其吸热量，即：

$$Q = 34500 A^{0.82} \mathrm{Btu/h} = 2.55 \times 10^5 A^{0.82} (\mathrm{kJ/h})$$

一般认为，用这个吸热量来确定容器的安全泄放量是比较安全的，美国的其他一些规范也采用中间值。

我国《压力容器安全技术监察规程》规定，液化气体贮罐的安全泄放量用下式计算：

$$G' = \frac{2.55 \times 10^5 F \cdot A^{0.82}}{q} \tag{2-40}$$

式中 G'——液化气体贮罐的安全泄放量，kg/h；

q——在泄放状态下液化气体的汽化热，kJ/kg；

F——系数，容器装设在地面以下，用砂土覆盖时，$F=0.3$；容器在地面上时，$F=1$；对设置在大于 10L/（m^2·min）的水喷淋装置下时，$F=0.6$；

A——容器的受热面积，m^2。

各种形式的压力容器，其受热面积 A 应分别按下列公式计算：

对封头有半球形的卧式容器

$$A = \pi D_0 L$$

对封头为椭圆形的卧式容器

$$A = \pi D_0 (L + 0.3 D_0)$$

对立式容器

$$A = \pi D_0 L'$$

对球形容器 $A = \pi D_0{}^2$，或从地面起到 7.5m 高度以下所包含的球壳外表面积，取二者中的较大值。

式中，D_0为容器外经，m；L 为卧式容器总长，m；L'为立式容器器内最大液面高度，m。

根据原国家劳动总局颁发的《液化石油汽车槽车安全管理规定》，液化石油气汽车槽车的安全泄放量是按上述试验数据的吸热量中间值确定的。其安全泄放量按下式计算：

$$G' = \frac{1.55 \times 10^5 A^{0.82}}{q} \tag{2-41}$$

如果这种液化气体贮罐装设有完善的绝热材料保温层，则其安全泄放量可以按下式计算：

$$G' = \frac{2.61(650 - t)\lambda \cdot A^{0.82}}{\delta q} \tag{2-42}$$

式中 G'——安全泄放量，kg/h；

t——排放状态下介质的饱和温度，℃；

λ——常温下绝热材料的导热系数，kJ/(m·h·℃)；

A——容器的受热面积，m^2；

δ——保温层的厚度，m；

q——排放状态下介质的汽化热，kJ/kg。

(2) 无火灾危险环境下的液化气体贮罐

介质为非可燃液化气体且装设在不存在火灾危险的环境下（例如贮罐周围不存放燃料，或用耐火建筑材料将贮罐与其他可燃物料隔离）的液化气体贮罐，安全泄放量可以根据其有无隔热保温层分别选用公式（2－42）或式（2－40）所得计算值的30%。

【例2.2】 具有椭圆形封头的卧式氯甲烷（可燃液化气体）贮罐，内直径 $D_i=2.5\text{m}$，壁厚 $S=20\text{mm}$，贮罐总长10m，已知排放状态下氯甲烷的汽化热为335kJ/kg，贮罐无隔热保温层和水喷淋装置，试确定其安全泄放量。

【解】 封头为椭圆形的卧式容器，受热面积为：

$$A=\pi D_o(L+0.3D_o)=\pi(2.5+0.02\times2)(10+0.3\times2.54)=86(\text{m}^2)$$

容器装在地面上，无喷淋装置，系数 $F=1$，则由公式（2－40）即可求得其安全泄放量为：

$$G'=\frac{2.55\times10^5F\cdot A^{0.82}}{q}=\frac{2.55\times10^5\times1\times(86)^{0.82}}{335}=2.94\times10^4(\text{kg/h})$$

【例2.3】 容积为400m³，壁厚为30mm的球形容器，装在地上，罐底离地平面1m，无保温及喷淋装置。用以盛装液化丙烷，已知介质在排放状态下的汽化热为274kJ/kg，试求其安全泄放量。

【解】 贮罐的内直径为 $D_i=\sqrt[3]{V/\frac{\pi}{6}}=\sqrt[3]{400/\frac{\pi}{6}}=9.14\text{m}$，外径 $D_0=D_i+2S=9.14+2\times0.03=9.2\text{m}$。

贮罐在地面上7.5m高度以下所含的表面积为：

$$A=\pi D_0H=\pi\times9.2\times(7.5-1)=187.87(\text{m}^2)$$

此值大于半球表面积 $\frac{1}{2}\pi D_0{}^2$，故取其为贮罐的受热面积。由公式（2－40）即得贮罐的安全泄放量为：

$$G'=\frac{2.55\times10^5F\cdot A^{0.82}}{q}=\frac{2.55\times10^5\times1\times(187.87)^{0.82}}{274}=6.82\times10^4(\text{kg/h})$$

3. 蒸发、反应容器的安全泄放量

由于器内液体被加热蒸发而产生气体，或由于介质的化学反应而使气体的体积增大，即反应后器内压力升高的压力容器，其安全泄放量应分别根据输入载热体的最大热量或器内化学反应可能生成的最大气量以及反应所需的时间来确定。

二、 安全阀

（一） 安全阀的工作特性

1. 工作原理及基本要求

(1) 工作原理

安全阀的结构比较简单，它基本由3个部分组成：阀座、阀瓣和加载机构。阀座和阀体有的是一个整体，有的是组装在一起的，它与容器连通。阀瓣常连带有阀杆，它紧扣在阀座上，阀瓣上面是加载机构，载荷的大小是可以调节的。当容器内的压力在规定的工作压力范围之内时，器内压力作用于阀瓣上的力，小于加载机构施加在它上面的力，两者之差构成阀瓣与阀座之间的密封力，使阀瓣紧压着阀座而使容器内的气体无法排出。当器内的压力超过规定的工作压力并达到安全阀的开启压力时，内压作用于阀瓣上的力大于加载机构施加在它上面的力，于是阀瓣离开阀座，安全阀开启，容器内的气体即通过阀座排出。如果安全阀的排量不小于容器的安全泄放量，器内的压力即逐渐下降，且经过短时间的排放后，器内压力又会很快降回至正常工作压力。此时内压作用于阀瓣上的力又小于加载机构施加在它上面的力，阀瓣又紧压着阀座，气体停止排出，容器保持正常的工作压力继续运行。安全阀就是这样通过作用在阀瓣上的两个力的不平衡作用，来使它关闭或开启，以达到自动控制压力容器超压的目的的。

（2）对安全阀的基本要求

为了保证压力容器在正常工作压力运行，安全阀应符合以下的基本要求：

① 密封性能良好，在正常工作压力下应保持严密不漏；

② 动作灵敏可靠，当进口侧的压力达到规定的开启压力时，能自动迅速开启，顺利排气；

③ 开启状态下，阀瓣动作稳定，无频跳和颤振、卡阻等异常现象；

④ 在排放压力下，阀瓣处于全开位置，并达到额定排量；

⑤ 开启排气降压后应能及时关闭，并继续保持密封状态。

对一个优良的安全阀，除了符合上述的动作灵敏可靠和密封性能良好等基本要求外，还应具有结构紧凑，调节方便等性能。

2. 安全阀动作过程

（1）理想动作

理想的安全阀应具有这样的动作过程：当容器内的压力为正常工作压力时，阀紧密不漏，无任何气体漏出；当压力升高到某一规定的数值时，安全阀立即开启，达到额定的排气量，如图 2－28 的 *ab* 线；随着气体的大量排出，压力急剧下降，如图中的曲线 *bc* 线；当压力降到正常工作压力时，阀瓣在加载力的作用下突然关闭，如图中的 *cd* 线；阀瓣一经关闭即保持密封，再无气体漏出，容器在正常工作压力下继续运行。但是，这仅仅是一个理想的动作过程，在实际中是很难实现的。因为阀瓣在开启前总是先有一段泄漏过程。同时，随着阀瓣的上升，加载机构作用在阀瓣上的力也随之增大，阀瓣也就不可能突然开启到最大升程，即阀瓣开启后压力仍会有一定的增加。

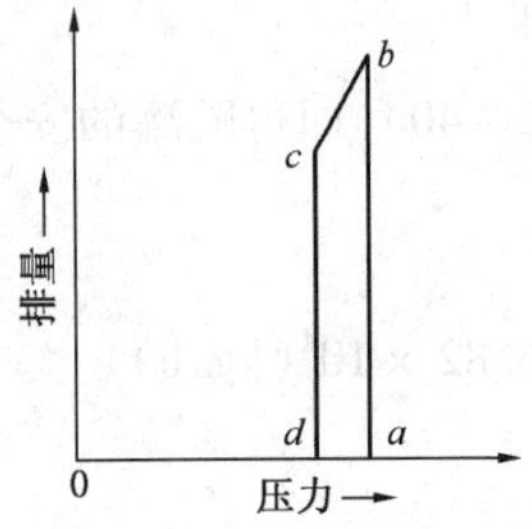

图 2－28　安全阀理想动作过程

（2）实际动作

安全阀的实际动作特性与阀的设计结构有关。结构优良合理的安全阀，阀瓣在开启和关闭时的实际动作可以比较接近理想的动作过程。

下面讨论安全阀阀瓣的受力情况以及它的实际动作过程。

安全阀在有压力的情况下，阀瓣上作用着方向相反的两个力。设 p_1 是阀内气体压力的作用力，它的方向是使阀瓣离开阀座。p_2 是方向与此相反的作用力，它包括加载机构所施加的压力、阀瓣组件（包括阀杆等）的重力以及阀出口处背压的作用力。安全阀的阀瓣就是随着这两个力的变化而动作的。

当 $p_2 > p_1$ 时，在阀瓣与阀座的接触面（密封面）之间就存在接触压力，如果这个压力大于或等于阀的密封面上所必需的密封力，它就保持密封。即安全阀严密不漏的条件是：

$$p_2 - p_1 \geqslant A_b q_b$$

式中，A_b是阀瓣与阀座的接触面积（即密封面的面积）；q_b是为保证密封，在单位面积的密封面所必需的压力，称为密封比压。密封比压 q_b与密封面的材料及加工精度（即光洁度）有关。

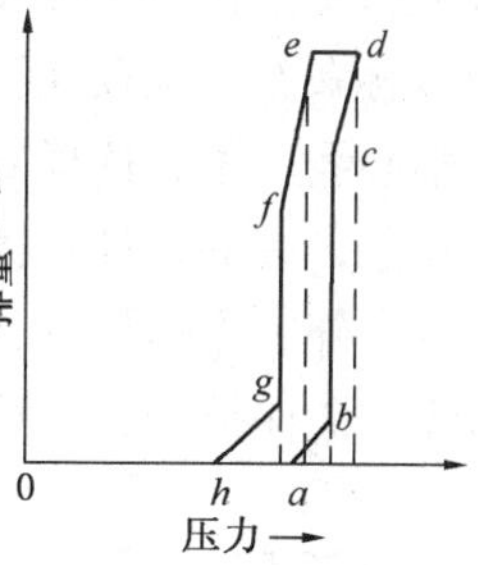

图 2－29　安全阀实际动作过程

如果$p_2 - p_1 < A_b q_b$，即密封面上的压力小于保证密封所必需的压力，则阀产生泄漏，如图 2－29 中的 a 点。但阀瓣并未离开阀座，因为$p_2 - p_1 > 0$。所以在$0 < p_2 - p_1 < A_b q_b$这一过程中，阀虽然处于关闭状态，但一直是泄漏的。这时，$p_2 - p_1$之值主要决定于阀内气体的压力，则当气体的压力达到这样的一个数值，它使$p_2 - p_1 < A_b q_b$时，阀开始泄漏，且随着它的继续增大，$p_2 - p_1$之值也随之减小，一直到降为零，在这一阶段中，阀一直处于关闭而泄漏的状态，如图中的 ab 线。当气体压力继续上升，并使 $p_2 - p_1$，阀瓣即突然开启，排气量迅速增加，如图 2－30 中的 bc 线，这时的气体压力即为安全阀的开启压力，或称整定压力。

由于阀瓣上升，弹簧被压缩，于是 p_2也增大，气体压力也略有升高，如图中的 cd 线。气体压力升高到一定程度后即不应再继续增大，这时的最大压力（图中的 d 点）即为安全阀的排放压力。由于不断排放气体，器内压力开始下降，但排气量仍保持不变，如图中的 de 线。这时的排气量即为安全阀的额定排量（或简称排量）。经过一段排放以后，压力继续下降，排量也逐渐减小，如图中的 ef 线。直至降到一定的数值，阀瓣才开始回到阀座上，但仍有泄漏，如图中的 fg 线。经排放后，阀瓣重新与阀座接触，即阀瓣的开启高度变为零时的进口压力，称为回座压力。阀瓣回座后，由于惯性及密封面的影响，仍要经过一段时间的泄漏，压力继续下降，如图中的 gh 线。

（二） 安全阀的基本结构

1. 常用安全阀的结构形式

工业设备上常用的安全阀，按其整体结构及加载机构的不同，可以分为重锤杠杆式、弹簧式和先导式 3 种。

（1）重锤杠杆式安全阀

重锤杠杆式安全阀是利用重锤和杠杆来平衡作用在阀瓣上的力，其结构如图 2－30 所示。根据杠杆原理可知，加载机构（重锤和杠杆等）作用在阀瓣上的力与重锤重力之比（亦即增大倍数）应等于重锤重心至杠杆支点的距离与阀杆中心至支点距离之比。所以它可以使用质量较小的重锤通过杠杆的增大作用获得较大的作用力，并可以通过调整重锤在杠杆上的位置（或变换重锤的质量）来调整校正安全阀的开启压力（整定压力）。

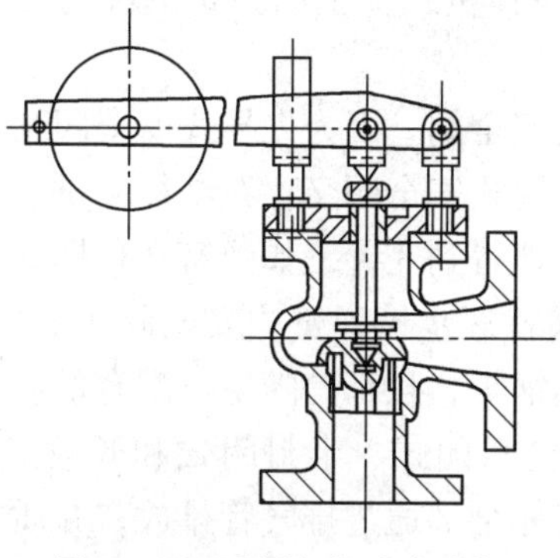
图 2－30　重锤杠杆式安全阀

重锤杠杆式安全阀结构简单，调整容易又比较准确，所加的载荷不会随阀瓣的升高而显著增大，且它的动作性能不大受高温的影响，宜用于温度较高的场合下，所以过去用得较为普遍，特别是用在锅炉和高温容器上。但是，这种形式的安全阀也存在不少缺点：它的结构比较笨重，重锤与阀体的尺寸很不相称，特别是用于高压设备上；阀的密封性能对振动较敏感。因为重锤的重力与阀内气体压力的作用力在正常工作压力下就接近平衡状态，又是在一个较长的杠杆上悬挂着重锤，常因阀的振动而产生泄漏现象。从杠杆与阀杆的接触来看，也存在一些问题。当阀杆顶起杠杆以后，杠杆上的“刀口”就与阀杆不在一个中心线上了，这样阀瓣回座时就会偏斜，尤其是在阀杆顶端的刀口被磨损时。为了克服这种缺点，有的杠杆重锤式安全阀的杠杆改用铰式结构，这样也就使加载机构的结构变得复杂了。另外，重锤杠杆式安全阀的回座压力一般都比较低，有的甚至要降到正常工作压力的70%才能保持密封，这对压力容器的持续正常运行是不利的。

（2）弹簧式安全阀

弹簧式安全阀是利用弹簧被压缩的弹力来平衡作用在阀瓣上的力，其结构如图2－31所示。螺旋圈形弹簧的弹力（压缩量）可以通过转动它上面的调整螺母来调节，利用这种结构就可以根据需要校正调整安全阀的开启（整定）压力。弹簧式安全阀结构轻便紧凑，灵敏度也比较高，安装方位不受限制，对振动也不敏感，所以可用于移动式的压力容器上。这种安全阀的缺点是所加的载荷会随着阀的开启而发生变化。因为随着阀瓣的开启和升高，弹簧的压缩量增大，作用在阀瓣上的弹力随即增大，这对安全阀的迅速开启是不利的。另外，阀上的弹簧会由于长期受高温的影响而使弹力减低。用于温度较高的压力容器时，常常要考虑弹簧的隔热或散热问题，从而使结构变得复杂起来。

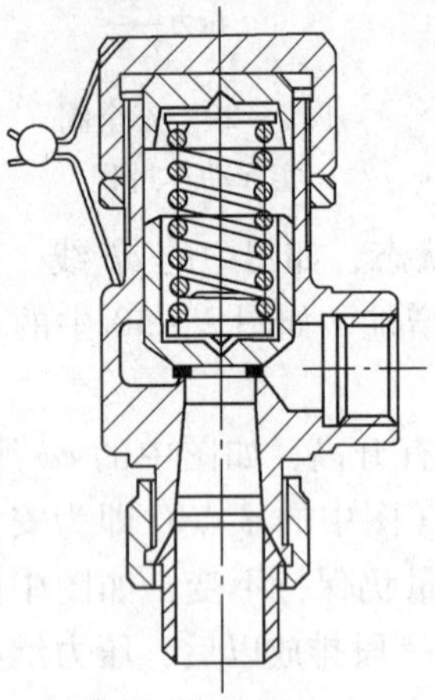

图2－31　最简单的弹簧式安全阀

（3）先导式安全阀

先导式安全阀又称脉冲式安全阀。由主阀和辅阀（导阀）构成，通过导阀的驱动作用带动主阀动作。它的工作原理是，导阀具有一套重锤杠杆式或弹簧式的加载机构。它通过管子与装接主阀的管路连通，当设备内的压力超过规定的工作压力时，导阀首先开启，气体由此排出后通过一根旁通管进入主阀活塞下面的空室，并推动活塞。由于主阀的活塞与阀瓣是由阀杆连接的，且活塞的横截面积比主阀阀瓣的面积大，所以在相同的压力下，气体作用在活塞上的力大于它作用于阀瓣上的力，于是活塞通过阀杆将主阀瓣顶开，大量气体从主阀排出。当设备内气体压力降回至正常工作压力时，导阀上加载机构施加于阀瓣上的力大于气体压力作用在它上面的力，阀瓣即下降，导阀关闭。从而使主阀活塞下面空室内的气体压力降低，主阀跟着关闭，设备继续运行。先导式安全阀结构复杂，通常只用于安全泄放量很大的压力容器。因为口径很大的安全阀如果用杠杆重锤式或弹簧式，要用质量很大的重锤或弹力很大的弹簧，而这两者一般都是有一定的限制的。为了操作方便，杠杆重锤或安全阀重锤的质量一般不宜超过60kg，而弹簧式安全阀弹簧的弹力最大不宜超过2×10^4N，过大、过硬的弹簧不能准确地工作。

在上述这3种形式的安全阀中，用得最普遍的是弹簧式安全阀。因为先导式安全阀结构相当复杂，目前只在大型电站锅炉或水库中应用。而杠杆重锤式安全阀又存在结构笨重、对振动敏感及回座压力低等缺点，再加上弹簧式安全阀在不断地得到完善，如弹簧在长期高温作用下弹力减退的问题已基本解决，因而杠杆重锤式安全阀就逐步被弹簧式安全阀所取代。我国目前只生产少量的杠杆重锤式安全阀，一般都用于蒸汽锅炉，且都是随主机配套供应。

安全阀的形式按照气体排放方式的不同，又可以分为全封闭式、半封闭式和开放式3种。全封闭式安全阀的排气侧要求密封严密，阀所排出的气体全部通过排气管排放，介质不能向外泄漏。主要用于介质为有毒、易燃气体的容器，半封闭式安全阀的排气侧不要求作气密试验，阀所排出的气体除大部分通过排气管排放外，也有一部分可能从阀盖与阀杆之间的间隙中漏出，多用于介质为不会污染环境的气体的容器上。开放式安全阀的阀盖是敞开的，弹簧腔室与大气相通，这样有利于降低弹簧的温度，主要适用于介质为蒸汽以及对大气不造成污染的高温气体的容器。

2. 安全阀的封闭机构

按照阀瓣开启的最大高度与阀孔直径之比值来区分，安全阀又有微启式与全启式之别，它们具有不同的封闭结构。

（1）封闭机构的结构形式

最早的安全阀，封闭机构的结构很简单，只是一个普通的阀瓣与阀座。在这上面没有促使阀瓣升高的辅助装置，其结构示意图如图 2－32（a）。阀瓣与阀座的密封面形式有平面密封、锥面密封和球面密封等。这种密封结构中阀瓣的开启高度很小，一般只有阀流直径的 1/40 左右，所以它的有效排气面积就受到很大的限制。如要求有大的排量，阀的体积就得特别庞大。为了改善这种情况，必须增大阀瓣的开启高度。增大阀瓣开启高度可以通过两条途径：一是增大气体压力所直接作用的阀瓣面积，其阀瓣与阀座的结构示意图如图 2－32（b）所示。从阀孔排放出来的气体先贮存在增压室中，这样就可以使气体压力作用的面积增加。瓣阀得以进一步升高。增压室的形成，一般是在阀座上增设一个可以上下调节移动的圈（称为下调节圈）来完成。这种利用增大气体压力作用面积来增大阀瓣开启高度的方法采用得较早，但效果不太显著。第二种增加阀瓣开启高度的途径是利用气流对阀瓣的反作用力。这种封闭机构的结构示意图如图 2－32（c）。由阀孔排出的气体借助于环向环，向着阀瓣上升的相反方向流动，因而有一个反作用力施加在阀瓣上，使阀瓣的升力增大，开度高度增加。导向环（俗称上调节圈）装在阀瓣上，可以上下移动，使气流的转弯程度得以调节。这种增大阀瓣开启高度的方法效果较好，近年来制造的安全阀，其封闭机构多采用这种结构。

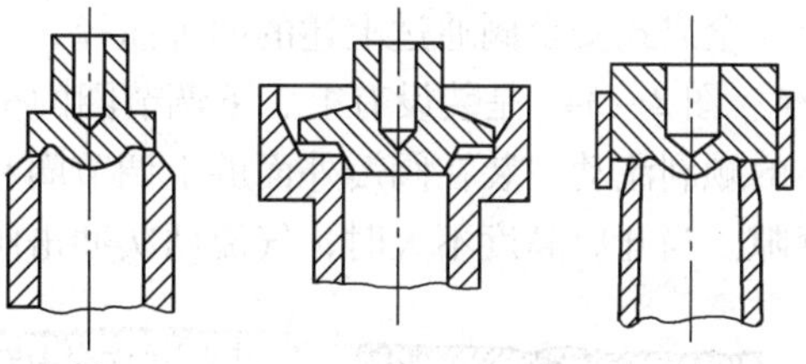

图 2－32　安全阀封闭结构示意图

（2）微启式与全启式安全阀

根据阀瓣开启高度的不同，安全阀有微启式和全启式之分。所谓全启式安全阀是指它在开启时，阀瓣可以上升到足够的高度，达到完全开启的程度。具体来说，就是指它的阀瓣开启高度已经使其帘面积（阀瓣升起时，在其密封面之间形成的圆柱形或圆锥形通道面积）大于或等于流道面积（阀进口端到密封面间流道的最小截面积）。因为阀的帘面积为 $\pi d_0 h$（d_0为流道最小直径，h 为阀瓣开启高度），而阀的流道面积为$\frac{1}{4}\pi d_0^2$，要达到帘面积不小于流道面积，必须使 $h > d_0/4$。也就是说，全启式安全阀的开启高度不应小于流道直径的 1/4。

图 2－34 是结构最为简单的一种微启式安全阀，这种安全阀因为没有帮助阀瓣升高的辅助结构，开启高度很小，一般只有流道直径的 1/40。但它制造、维修、试验和调整都比较方便，宜用于排量不大，要求不高的场合。公称通径在 50mm 以上的微启式弹簧安全阀，为了增加阀瓣的开启高度，一般均在阀座上装设一个调节圈。调节圈用内螺纹连接在阀座外面，通过它的上下调节，可调整气体对阀瓣的作用力。这种装有下调节圈的微启式安全阀，开启高度一般都不小于流道直径的 1/20。图 2－33 是常用的微启式安全阀结构。

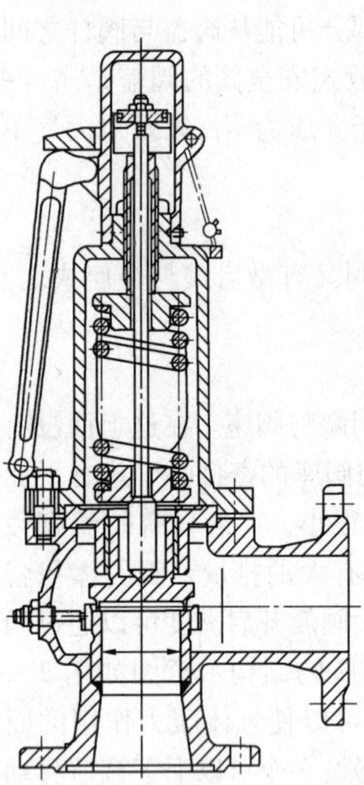

图 2－33　微启式安全阀结构

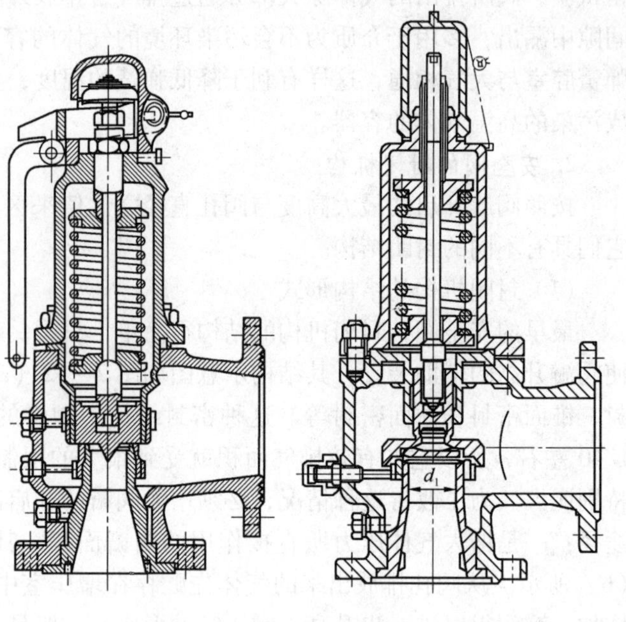

(a)　　(b)

图 2－34　全启式安全阀

全启式安全阀通过上述的两种途径，增加阀瓣的开启高度，使其达到不小于流道直径的 1/4。图 2－34a 是装设有上、下调节圈的全启式安全阀。它具有一个喷嘴的阀座，以保证气体的顺利流动。装在阀瓣外面的上调节圈和阀座上的下调节圈在密封面周围形成一个很窄的缝隙。当开启高度不大时，气流两次冲击阀瓣，使它继续升高。开启高度增大后，上调节圈又迫使气流方向弯转向下，反作用力使阀瓣进一步开启，其气流方向示意图如图 2－35 所示。带上下调节圈的全启式安全阀灵敏度较高，但两个调节圈的位置很难调节适当，使用时非常不便。为了便于调整，近年来制造的全启式安全阀，普遍将上调节圈改为反冲盘的结构。反冲盘不能上下调节，但与阀瓣活动连接，其结构如图 2－34b。

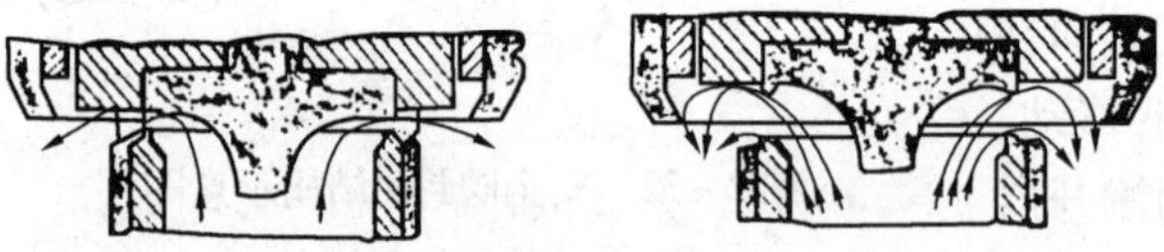

图 2－35　安全阀气流方向示意图

（三）安全阀排量的计算

1. 气体由喷口流出时的流速和流量

（1）理想气体的理论流速和理论流量

容器内的气体在绝热状态下由喷口流出时，根据气体的柏努利方程（能量方程）可以得知其速度、压力和比容有如下的关系：

$$\frac{v_0^2}{2}+\frac{k}{k-1}p_0v_0=\frac{k}{k-1}pv$$

式中　p——容器内气体的绝对压力，N/m^2；

v——容器内气体的比容，m^3/kg；

k——气体的绝热指数；

v_0——气体由喷口流出时的流速，m/s。

对于理想气体，压力与比容有如下关系：

$$pv^k = p_0 v_0{}^k, v_0 = v\left(\frac{p}{p_0}\right)^{\frac{1}{k}}$$

由此得理想气体由喷口流出时的理论流速为：

$$V_0 = \sqrt{2\frac{k}{k-1}(pv - p_0 v_0)} = \sqrt{2\frac{k}{k-1}\left[pv - p_0 v\left(\frac{p}{p_0}\right)^{\frac{1}{k}}\right]} = \sqrt{2\frac{k}{k-1}pv\left[1-\left(\frac{p_0}{p}\right)^{\frac{k-1}{k}}\right]}$$

(2 - 43)

若喷口的流道截面积为 A_0（m^2），流量 G 以单位时间的质量计算（kg/s），则根据公式（2 -43）可以得出理想气体由喷口流出时的理论流量为：

$$G = A_0\frac{v_0}{v_0} = \frac{A_0}{v_0}\sqrt{2\frac{k}{k-1}pv\left[1-\left(\frac{p_0}{p}\right)^{\frac{k-1}{k}}\right]}$$

而

$$v_0 = v\left(\frac{p}{p_0}\right)^{\frac{1}{k}} = v\left(\frac{p_0}{p}\right)^{\frac{-1}{k}}$$

$$\therefore \quad G = A_0\sqrt{2\frac{k}{k-1}pv\left[1-\left(\frac{p_0}{p}\right)^{\frac{k-1}{k}}\right]v^{-2}\left(\frac{p_0}{p}\right)^{\frac{2}{k}}} = A_0\sqrt{2\frac{k}{k-1}\frac{p}{v}\left[\left(\frac{p_0}{p}\right)^{\frac{2}{k}} - \left(\frac{p_0}{p}\right)^{\frac{k-1}{k}}\right]}$$

(2 - 44)

（2）临界压力与临界流速

公式（2 -44）表明，喷管理论流量 G 是进出口侧压力比 p_0/p 的函数。当 $p_0/p=1$ 时，$G=0$。亦即喷管的出口侧的压力 p_0 与容器内的压力 p 相等时，喷口没有气体流出。当压力比 p_0/p 由 1 降至一定值时，流量 G 达到最大值。此后流量 G 又随压力比 p_0/p 的减小而降低，且当压力比 $p_0/p \to 0$ 时，$G \to 0$，如图 2 -36 中曲线 *abo* 所示。这种流量的变化关系，是不符合气体从喷口流出时的实际情况的。试验表明，喷口流量与压力比 p_0/p 之间的关系如图 2 - 36 中的 *abc* 线所示。即当压力比 p_0/p 之值降到使流量 G 达到最大值以后，如果继续下降，流量 G 不再发生变化，仍然保持最大值，如图中的 *bc* 线。而图中的曲线实际是不存在的。

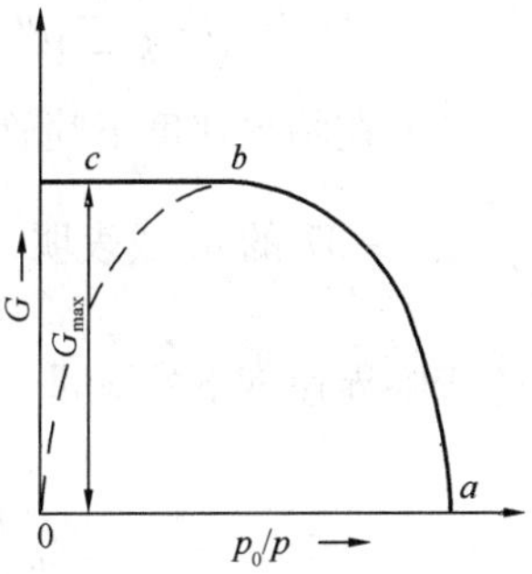

图 2 - 36　喷管气体流量变化曲线

为什么会产生这样的矛盾呢？原来，气体由渐缩喷管喷口流出时，如果喷口后部空间的压力 p_0 与容器内（即喷管入口）的喷管气体流量变化曲线压力 p 相差不大，即 p_0/p 值不太小时，喷口处的气体压力与后部空间的压力大致相同，即气体一出喷口，压力立即降低至外部空间的压力。而当容器内的压力 p 比喷口后部空间的压力 p_0 大得多时，则气体流出喷口时的压力不能立即降至后部空间的压力，而总要比 p_0 大一些。当 p_0/p 之值小到一定程度以后，喷口处的压力与容器内（喷管入口）的压力之比值始终保持一定的数值不变，此时就在渐缩喷管中产生了临界现象。这时在喷口处的压力就称为临界压力，常以符号 p_1 表示。临界压力 p_1 与容器内的压力 p 之比称为临界压力比，常以符号 β_1 表示，即 $\beta_1 = p_1/p$。当喷口处的压力为临界压力时的气体流速称为临界速度，常以 V_1 表示。这个流速也就是气体由喷口流出时所能达到的最大流速。

很明显，喷管中的临界压力比β_1就是当它的流速和流量达到最大值时的压力比p_0/p值。

公式（2-44）表明了流量G与压力比p_0/p的函数关系。若令流量G对压力比p_0/p的导数为零，或令：

$$\frac{d}{d(p_0/p)}\left[\left(\frac{p_0}{p}\right)^{\frac{2}{k}}-\left(\frac{p_0}{p}\right)^{\frac{k+1}{k}}\right]=0$$

时，流量G取得最大值。由此即可求得临界压力比β_1和临界流速V_1。因为

$$\frac{d}{d(p_0/p)}\left[\left(\frac{p_0}{p}\right)^{\frac{2}{k}}-\left(\frac{p_0}{p}\right)^{\frac{k+1}{k}}\right]=\frac{2}{k}\left(\frac{p_0}{p}\right)^{\frac{2-k}{k}}-\frac{k+1}{k}\left(\frac{p_0}{p}\right)^{\frac{1}{k}}$$

$$=\frac{p_0}{p}\left[\frac{2}{k}\left(\frac{p_0}{p}\right)^{\frac{2(1-k)}{k}}-\frac{k+1}{k}\left(\frac{p_0}{p}\right)^{\frac{1-k}{k}}\right]=0$$

而 $$\frac{p_0}{p}>0,\therefore\ \frac{2}{k}\left(\frac{p_0}{p}\right)^{\frac{2(1-k)}{k}}-\frac{k+1}{k}\left(\frac{p_0}{p}\right)^{\frac{1-k}{k}}=0$$

整理后得：

$$\frac{p_0}{p}=\left(\frac{2}{k+1}\right)^{\frac{k}{k-1}}$$

对双原子气体，如氧、氮、氢、空气及一氧化碳等，其绝热指数$k=1.4$，则临界压力比为：

$$\beta_1=\left(\frac{2}{k+1}\right)^{\frac{k}{k-1}}=0.528 \qquad (2-45)$$

由公式（2-43）、式（2-45）即可求得喷管的临界流速为：

$$V_0=\sqrt{2\frac{k}{k-1}pv\left[1-\left(\frac{p_0}{p}\right)^{\frac{k-1}{k}}\right]}=\sqrt{2\frac{k}{k-1}pv\left(1-\frac{2}{k+1}\right)}=\sqrt{2\frac{k}{k+1}pv} \qquad (2-46)$$

（3）在临界速度下喷管的流量

图2-37的bc线表明，当压力比$\frac{p_0}{p}$小于临界压力比以后，喷管的流量始终保持最大值，即等于临界速度下的流量。因此当$\frac{p_0}{p}\leqslant\beta_1=\left(\frac{2}{k+1}\right)^{\frac{k}{k-1}}$时，喷管中的理想气体的流量便是：

$$G=A_0\frac{V_0}{v_0}=\frac{A_0}{v_0}\sqrt{2\frac{k}{k+1}pv}=A_0\sqrt{2\frac{k}{k+1}pv\frac{1}{v^2}\left(\frac{p_0}{p}\right)^{\frac{2}{k}}}$$

$$=A_0\sqrt{\frac{p}{v}\cdot\frac{2k}{k+1}\left(\frac{2}{k+1}\right)^{\frac{2}{k-1}}}=A_0\sqrt{\frac{pk}{v}\cdot\left(\frac{2}{k+1}\right)^{\frac{k+1}{k-1}}} \qquad (2-47)$$

对真实气体，压力、比容与温度之间有如下的关系：

$$pv=\frac{RTZ}{M}$$

式中 T——气体的热力学温标，K；

M——气体的分子量，kg/kmol；

R——气体常数=8314.3J/（kmol·K）。

将$v=\frac{RTZ}{pM}=8314.3TZ/pM$代入公式（2-47），即得真实气体在喷管中的理论流量为：

$$G = A_0\sqrt{\frac{p^2 Mk}{8314.3ZT}\cdot\left(\frac{2}{k+1}\right)^{\frac{k+1}{k-1}}} = 0.010967A_0 p\sqrt{\frac{M}{ZT}}\cdot\sqrt{k\left(\frac{2}{k+1}\right)^{\frac{k+1}{k-1}}} \qquad (2-48)$$

式中，排量 G 的单位为 kg/s，若改用 kg/h，则公式（2－48）便为：

$$G = 3600\times 0.010967A_0 p\sqrt{\frac{M}{ZT}}\cdot\sqrt{k\left(\frac{2}{k+1}\right)^{\frac{k+1}{k-1}}} = 39.48A_0 p\sqrt{\frac{M}{ZT}}\cdot\sqrt{k\left(\frac{2}{k+1}\right)^{\frac{k+1}{k-1}}}$$

令 $39.48\,A_0 p\sqrt{\frac{M}{ZT}}\cdot\sqrt{k\left(\frac{2}{k+2}\right)^{\frac{k+1}{k-1}}} = X$，则

$$G = A_0 pX\sqrt{\frac{M}{ZT}} \qquad (2-49)$$

2. 安全阀的排量

安全阀排量的计算，在原理上与喷管流量的计算相同。但气体在安全阀中的流动情况与在理想的渐缩型喷管中有些差异。考虑到这些差别，可以引入一个额定流量系数 C，并采用安全阀的排放压力 p_d 为计算压力，则安全阀的排量即可按下式计算：

$$G = Cp_d A_0 X\sqrt{\frac{M}{ZT}} \qquad (2-50)$$

下面说明公式（2－50）的各项系数及其选定。

式中，p_d、T 分别为安全阀的排放压力（绝对）和排气温度（热力学温度，K）；M 为分子量。对由多种气体组成的混合气体，可以根据它的组成分别取值作为混合气体的分子量。

式中的 A_0 为安全阀的排放面积（阀排气时，流体通道的最小截面积）。对全启式安全阀，排放面积等于流道面积，即 $A_0=\frac{1}{4}\pi d_0^2$（d_0 为流道直径）。对微启式安全阀，排放面积即为阀开启时的帘面积。即 $A_0=\pi d_0 h\sin\phi$（h 为开启高度，ϕ 为锥形密封面的半锥角。对平面形密封，$\phi=\pi/2$，$\sin\phi=1$）。式中排放面积 A_0 的单位应为 m^2，排气压力 p_d 的单位应为 N/m^2（Pa）。若排放面积 A_0 的单位改用 mm^2，压力 p_d 的单位改用 N/mm^2（MPa），则式中的系数不变。微启式安全阀的开启高度 h 按制造厂提供或实际测定的数据。无数据时，有调节圈者，取 $h=d_0/20$；无调节圈者，取 $h=d_0/40$。

公式（2－50）中的额定排量系数 C，一般取试验实测排量系数（实际排量与渐缩型喷管的理论流量之比）的 90%。它主要考虑气体流过安全阀的最小通道时，气流的实际流速及实际流通面积等与理论流速、理论最小流通面积的差异。另外，安全阀的临界压力比与喷管的临界压力比也不尽相同。因为这两者的流出条件不大一样，而临界压力比是随着流出条件的变化而改变的。试验证明，安全阀的临界压力比一般都要比喷管的临界压力比小一些，亦即安全阀的临界速度以及在临界速度下的流量要比喷管大一些，这些差异也可以在额定排量系数 C 中考虑。影响额定排量系数的因素除与气体的特性有关外，主要取决于安全阀的结构。安全阀的额定排量系数 C 可按安全阀制造厂所提供的或实际试验所取得的数据选用。实在无法取得确定数据时，对产品制造经过有关部门批准、产品经过技术鉴定的安全阀，额定排量系数可取为 $C=0.7\sim0.8$。

公式（2－50）中的 X 是气体特性系数，它是气体绝热指数 k 的函数，即

$$X = 39.48\sqrt{k\left(\frac{2}{k+1}\right)^{\frac{k+1}{k-1}}}$$

对具有不同绝热指数 k 值的各种气体，其特性系数 X 值列如表 2－7。

公式（2－50）中的 Z 是气体的压缩系数，它反映了真实气体在压力、温度与比容之间的关系上和理想气体的差异。各种气体在不同的压力和温度下具有不同的压缩系数，常用气体的压缩系数如图 2－37～图 2－42 所示。其他气体的压缩系数可以根据它的对比压力 p_r（$p_r = p/p_c$，p_c为气体的临界压力）和对比温度 T_r（$T_r = T/T_c$，T_c为气体的临界温度）从下面第三章的图 3－1 中查得。

表 2－7　不同 k 值的气体特性系数 X 值

k	1.06	1.10	1.14	1.18	1.22	1.26	1.30	1.34	1.38
X	24.5	24.8	25.1	25.5	25.8	26.1	26.3	26.6	26.9
k	1.40	1.42	1.46	1.50	1.54	1.58	1.62	1.66	1.70
X	27.0	27.2	27.4	27.7	27.9	28.2	28.4	28.6	28.9

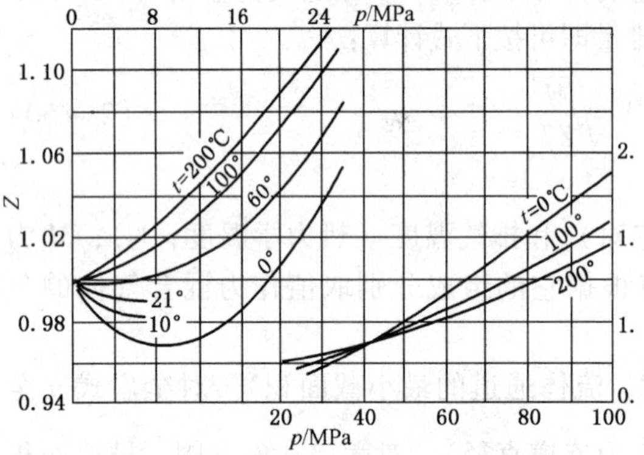

图 2－37　空气的压缩系数

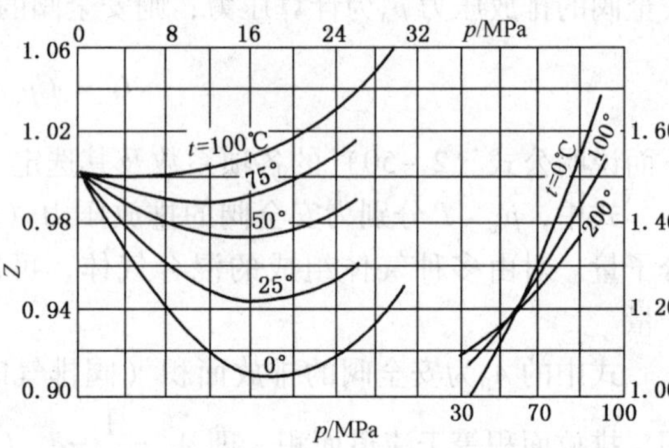

图 2－38　氧气的压缩系数

从图 2－37～图 2－42 可以看出，在常温及压力不太高的情况下，真实气体与理想气体的差异不大，即压缩系数 $z \approx 1$。而一般常用的二原子气体，如空气、氧、氮、氢及一氧化碳等的绝热指数 k 均约为 1.4。因此，对工作介质为双原子气体的中、低压安全阀，可以用

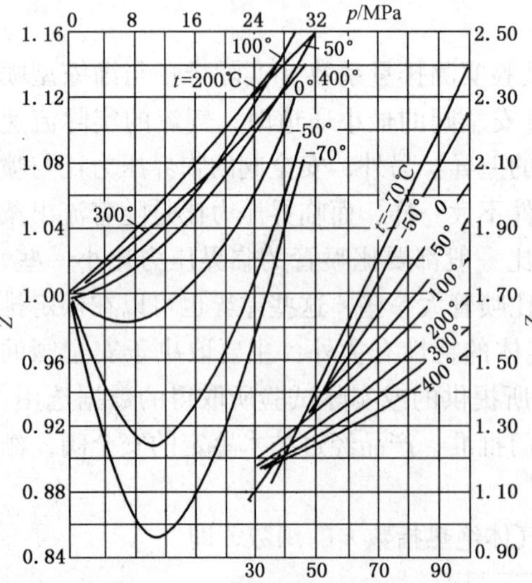

图 2－39　氮气的压缩系数

$Z = 1$，$X = 27.0$（$k = 1.4$ 时）之值代入公式（2－50），即可得简化的安全阀排量计算公式：

$$G = 27 C p_d A_0 \sqrt{\frac{M}{T}} \qquad (2-51)$$

介质为干饱和蒸汽（指最小干度为 98% 或最大过热度为 10℃的蒸汽）时，安全阀排量按下列简化公式计算：压力小于或等于 11MPa 时

$$G = 5.25 C p_d A_0 \qquad (2-52)$$

压力大于 11～22MPa 时

$$G = 5.25 C p_d A_0 \left(\frac{27.644 p_d - 1000}{33.242 p_d - 1061} \right) \qquad (2-53a)$$

式中的符号及单位同公式（2－50）。

在压力容器中，绝大多数安全阀的出口侧压力

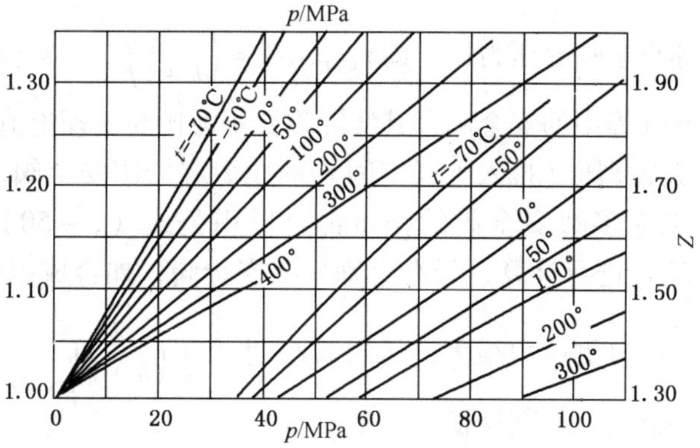

图 2－40　氢气的压缩系数

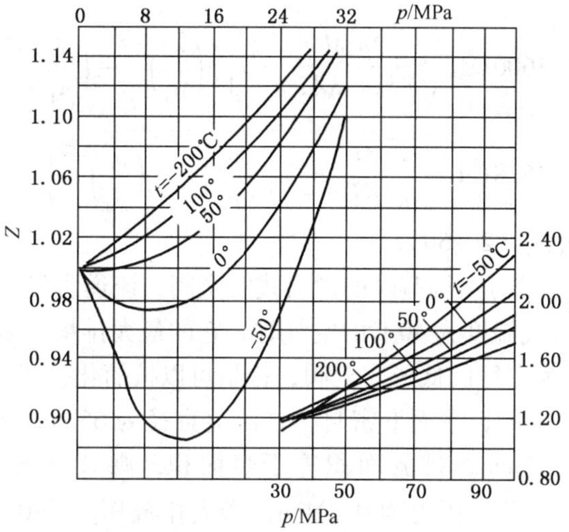

图 2－41　一氧化碳的压缩系数

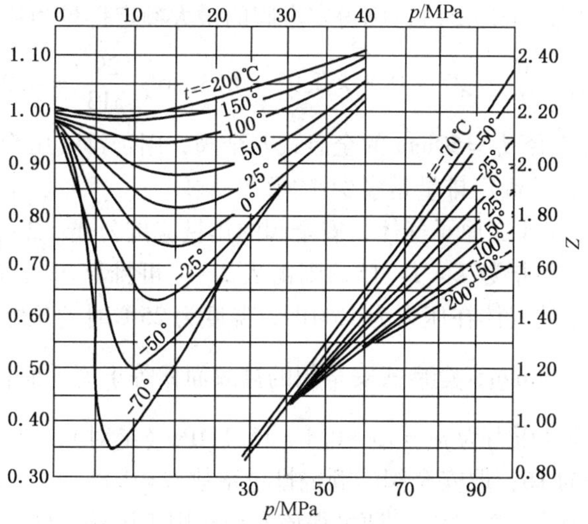

图 2－42　甲烷的压缩系数

与它的排放压力之比都小于临界压力比，即 $p_0/p < \beta_1 = \left(\frac{2}{k+1}\right)^{\frac{k}{k-1}}$（$k = 1.4$ 时，$\beta_1 = 0.528$）。虽然试验结果证明，空气等用的安全阀，其实际临界压力比要比理论值 0.528 小一些（约为 0.3～0.4，但对于一般无背压（排入大气空间）的压力容器用安全阀，其 p_0/p 仍都小于此试验所得的 A 值，所以大多数安全阀的排量都可以用公式（2－50）或分别按简化公式（2－51）、公式（2－52）进行计算，只有个别一些安全阀，如合成氨系统中循环气体压缩机用安全阀，因为阀的出口侧压力很大，压力 p_0/p 才大于 $\left(\frac{2}{k+1}\right)^{\frac{k}{k-1}}$。在这种情况下使用的安全阀，则需应用下列公式计算其排量：

$$G = 3600CA_0\sqrt{2\frac{k}{k-1}\frac{p_d}{v}\left[\left(\frac{p_0}{p_d}\right)^{\frac{2}{k}} - \left(\frac{p_0}{p_d}\right)^{\frac{k+1}{k}}\right]}$$

$$= 3600CA_0\sqrt{\frac{2p_d^2M}{8314.3ZT}\frac{k}{k-1}\left[\left(\frac{p_0}{p_d}\right)^{\frac{2}{k}} - \left(\frac{p_0}{p_d}\right)^{\frac{k+1}{k}}\right]}$$

$$= 55.8CA_0p_D\sqrt{\frac{M}{ZT}\frac{k}{k-1}\left[\left(\frac{p_0}{p_d}\right)^{\frac{2}{k}} - \left(\frac{p_0}{p_d}\right)^{\frac{k+1}{k}}\right]} \tag{2－53b}$$

公式中的符号及单位同公式（2－50）。

【例 2.4】 已知一个带有下调节圈的微启式安全阀，流道直径为 65mm，若用于整定压力为 0.8MPa（表压），排气温度为 40℃的空气时，它的最大排量为多少？

【解】 对工作介质为空气的低压安全阀，排量可以按简化公式（2－51）进行计算。

带调节圈的微启式安全阀，平面形密封，排流道直径为 65mm，阀的开启高度取为 $h = d_0/20$，则 $h = 65/20 = 3.25$mm，排放面积等于帘面积，则 $A_0 = \pi d_0 h = \pi \times 65 \times 3.25 = 663.66\text{mm}^2$。阀的整定（开启）压力为 0.8MPa，最大排放压力为 $0.8 \times 1.1 = 0.88$MPa，绝对压力为 $p_d = 0.88 + 0.1 = 0.98$MPa；排气温度为 $T = 40 + 273 = 313$K，空气的分子量为 29；取安全阀的额定排量系数为 $C = 0.8$。

将上列数值代入公式（2－51），则得安全阀的最大额定排量为：

$$G = 27Cp_dA_0\sqrt{\frac{M}{T}} = 27 \times 0.8 \times 0.98 \times 663.66\sqrt{\frac{29}{313}} = 4.28 \times 10^3,\text{kg/h}$$

【例 2.5】 流道直径 $d_0 = 50$mm 的全启式安全阀，用于排气压为 15MPa（表压），温度为 25℃的甲烷气体时，其额定排量是多少？

【解】 甲烷气体属非二原子气体，安全阀的排量应按公式（2－50）计算。

已知甲烷气体的绝热指数 $k = 1.315$，则由表 2－7 可推算出其气体特性系数为 26.45。由图 2－42 可查得，甲烷气体在压力为 15MPa，温度为 25℃时的压缩系数为 0.82。

阀的流道直径 $d_0 = 50$mm，全启式安全阀的排放面积等于流道面积，即 $A_0 = \frac{1}{4}\pi d_0^2 = \frac{1}{4}\pi \times 50^2 = 1963.5$mm；排气压力为 $p_d = 15 + 0.1 = 15.1$MPa（绝对），排气温度为 $T = 25 + 273 = 298$K；甲烷的分子量为 16；取安全阀的额定排量系数 $C = 0.8$。

将上列数值代入公式（2－50），即可得该安全阀用于甲烷气体时的额定排量：

$$G = Cp_dA_0X\sqrt{\frac{M}{ZT}} = 0.8 \times 15.1 \times 1963.5 \times 26.45\sqrt{\frac{16}{0.82 \times 298}} = 1.6 \times 10^5,\text{kg/h}$$

【例 2.6】 上题的全启式安全阀，若用于排气压力为 2.1MPa 的氨饱和蒸气，其额定排量是多少？

【解】 已知氨的绝热指数为 $k=1.32$，则其气体特性系数为 26.5。氨的临界压力 $p_c=11.26$MPa（绝对），故其对比压力 $p_r=\frac{p}{p_c}=\frac{2.2}{11.26}=0.195$。从图 3-1 可以查得，对比压力为 0.195 的饱和蒸气，其压缩系数为 $Z=0.84$。饱和压力为 2.2MPa（绝对），其对应的饱和温度均为 326K（53℃）。氨的相对分子质量为 17。

将上列数值代入公式（2-50），即可得安全阀用于排放氨时的额定排量：

$$G = Cp_d A_0 X\sqrt{\frac{M}{ZT}} = 0.8\times 2.2\times 1963.5\times 26.5\sqrt{\frac{17}{0.84\times 326}} = 2.28\times 10^4, \text{kg/h}$$

（四）安全阀的选用、安装与维护

1. 安全阀的选用

（1）阀型的选定

压力容器选用哪一种形式的安全阀，主要决定于设备的工艺条件及工作介质的特性。按安全阀的加载机构形式选用，一般的容器宜用弹簧式安全阀。因为它结构紧凑、轻便，也比较灵敏可靠。过去对工作温度较高的压力容器多采用杠杆重锤式安全阀，原因是弹簧式安全阀长期用于高温时，其弹簧会失去原有的弹性。但是近年来，经过不断改进制造工艺，一般的弹簧式安全阀都可用到 200℃，带散热片的弹簧式安全阀还可以用到 450℃。当然，压力较低而又没有震动影响的容器，也可以用杠杆重锤式安全阀。

介质为易燃、有毒气体或制冷剂和其他能污染大气的气体，应选用封闭式安全阀；水蒸气或高温气体宜用开放式安全阀。用于水蒸气的安全阀应选用带扳手的；易燃、有毒气体用安全阀则应选不带扳手的。

对高压容器以及安全泄放量较大而壳体强度裕度又不太大的容器，一般应选用全启式安全阀。因为同样的排量，全启式安全阀的直径比微启式的要小得多，采用全启式安全阀可以减小容器的开孔尺寸。

（2）确定公称压力

安全阀是按公称压力（PN）标准系列进行设计制造的，它的压力系列为 1.6、2.5、4、6.4、10、16、32MPa。公称压力表示安全阀在常温状态下的最高许用压力。因此高温容器选用安全阀时还应考虑阀件材料在高温下许用应力的降低。即选用的安全阀，其公称压力不应小于设计压力除以材料高温许用应力减弱系数，用公式表示即为：

$$PN \geqslant p/\frac{[\sigma]^t}{[\sigma]}$$

式中 PN——安全阀的公称压力，MPa；

p——容器的设计压力，MPa；

$[\sigma]$——阀体材料在常温下的许用应力，MPa；

$[\sigma]^t$——阀体材料在工作温度下的许用应力，MPa。

在确定公称压力以后，还应选定适当级别的弹簧。安全阀一般都在公称压力范围内按工作压力分级，以便配备不同刚度的弹簧。例如公称压力为 $PN=1.6$MPa 的安全阀，按压力大小配备有 5 种级别的弹簧，选用时应按压力容器的设计压力选定其中相应的一种。

(3) 确定安全阀的规格（公称直径 DN）

为了保证安全阀在容器超压并排放气体后，器内的压力不再继续升高，要求安全阀的排量必须不小于容器的安全泄放量。这样，在容器安全泄放量已知的情况下，就可以很容易地确定安全阀需要的排放面积 A'_0 及阀的流道直径 d'_0，即

$$A'_0 = G'/Cp_{\mathrm{d}}X\sqrt{\frac{M}{ZT}}$$

$$d'_0 = A'_0/\pi h\sin\phi\text{（微启式安全阀）}$$

$$\text{或 } d'_0 = 1.13\sqrt{A'_0}\text{（全启式安全阀）}$$

根据计算得的流道直径 d'_0，取稍大而相近于 d'_0 的标准系列直径 d'_0，并按表 2-8 确定安全阀的公称直径 DN。

如果安全阀的铭牌上标注有额定排量，则可以选择排量略大于或等于压力容器安全泄放量的安全阀。但如果容器的工作介质、设计压力及温度等与铭牌注明的条件不一样，则应按铭牌上所标明的排放状态下的排量换算成实际使用条件下的排量，此排量不应小于容器的安全泄放量。

表 2-8　公称直径 DN 与流道直径 d_0　　mm

公称直径 DN			15	20	25	32	40	50	80	100	150	200
流道直径 d_0	全启式	PN1.6，2.5，6.4				20	25	32	50	65	100	125
		PN10				20	25	32	40	50	80	
		PN16，32				15	20					
		PN1.6，2.5，4.0，6.4	12	16	20	25	32	40	65	80		
	微启式	PN16				12						
			8									
		32				14						

(4) 确定安全阀的型号

根据原一机部标准 JB308 阀门型号编制方法的规定，安全阀的型号由 6 个单元组成，其排列方式如下：

类型代号	连接形式代号	结构形式代号	阀体密封面材料代号	—	公称压力数值	阀体材料代号

第一单元为阀门类型代号，用汉语拼音字母表示。弹簧式安全阀的代号为 A；杠杆重锤式安全阀则为 GA。第二单元为连接形式代号，用阿拉伯数字表示。常用的是：1 代表内螺纹连接；2 代表外螺纹连接；4 代表法兰连接。第三单元为结构形式代号，用阿拉伯数字表示：0 代表带散热片、全启式封闭型；1 代表微启式封闭型；2 代表全启式封闭型；3 代表带扳手、双联弹簧微启式开放型；4 代表带扳手、全启式封闭型；7 代表带扳手、微启式开放型；8 代表带扳手、全启式开放型；9 为先导式（脉冲式）安全阀。第四单元为阀座密封面材料代号，用汉语拼音字母表示。常用的有：Y 代表硬质合金；H 代表合金钢；T 代表铜合金；B 代表巴氏合金；F 代表氟塑料；W 代表由阀体直接加工成密封面。第五单元为公称压力值。第六单元为阀体材料代号，用汉语拼音字母表示，如 Z 代表灰铸铁；C 代表铸钢；I 代表铬钼钢；P 代表不锈钢（铬、镍、钛钢）等 [$PN \leqslant 1.6$MPa（16kgf/cm^2）的灰铸铁阀体和 $PN \geqslant 2.5$MPa（25kgf/cm^2）的碳素钢阀体，省略本代号]。

(5) 安全阀形式、规格的校核方法

在实际工作中，经常遇到的是对已经装设或准备换装在容器上的安全阀进行校核或鉴定，以验证其形式和规格是否符合要求。

校核安全阀的形式和规格，一般应按下列程序进行。

① 根据安全阀的型号或实物，查验其形式是否符合容器的工艺技术要求。包括安全阀的加载方式，阀体与密封面的耐腐蚀性与耐热性，阀盖的封闭形式等。

② 根据型号查验其公称压力是否与容器的设计压力及温度相适应，高温容器用安全阀，要考虑阀体材料在容器设计温度下许用应力的减弱。

③ 计算压力容器的安全泄放量。

④ 计算安全阀在实际排放条件下的额定排量。

⑤ 比较安全阀的排量和容器的安全泄放量，如排量稍大于或等于安全泄放量，则安全阀的规格符合要求。

【例 2.7】 空气贮罐，设计压力为 1.0MPa，温度为 40℃，进气总管内径为 50mm，若装设一个型号规格为 A41H-16C，*DN*50 的安全阀，是否符合要求？（安全阀额定流量系数 $C=0.8$）。

【解】 安全阀为弹簧式微启封闭型，密封面材料为合金钢，阀体为碳钢，用于介质为空气时，符合要求；阀的公称压力为 1.6MPa（16kgf/cm^2），不大于容器的设计压力，也符合要求。设安全阀的整定压力为容器设计压力，阀的额定排放压力最高可达 $p_d=1.0\times1.1+0.1=1.2$MPa（绝对），排放温度 $T=40+273=313$K，则按公式（2-38b）可以求得该空气贮罐的安全泄放量为：

$$G' = 7.55\rho_0 vd^2\frac{p_d}{T} = 7.55\times1.293\times15\times50^2\times\frac{1.2}{313} = 1.4\times10^3\text{,kg/h}$$

由表 2-8 可查得，*DN*50 的微启式安全阀，流道直径 $d_0=40$mm，又此种阀装有下调节圈，故可取开启高度 $h=d_0/20=2$mm，故阀的排放面积 $\pi d_0 h=\pi\times40\times2=251.3\text{mm}^2$，空气的分子量为 29。此阀用于低压空气，故应用简化公式（2-51）计算其排量。将有关数据代入该式，即得安全阀的额定排量为：

$$G = 27Cp_dA_0\sqrt{\frac{M}{T}} = 27\times0.8\times1.2\times251.3\times\sqrt{\frac{29}{313}} = 1.98\times10^3\text{,kg/h}$$

对比安全阀的排量与容器的安全泄放量可知，$G=1.98\times10^3>G'=1.4\times10^3$。安全阀的规格符合要求。

【例 2.8】 容积 $V=100\text{m}^3$，壁厚为 20mm 的球形贮罐，装在地面上，无保温层和喷淋装置，用以贮存液化丙烷，贮罐按介质在 50℃ 的饱和蒸气压力设计，安全阀的整定压力为容器的设计压力。若阀的型号规格为 A42Y-40，*DN*80mm，额定排量系数为 0.8。校核此阀是否符合要求。

【解】 液化丙烷 50℃ 时的饱和蒸气压为 1.62MPa（表压），安全阀的排放压力 $p_d=1.62\times1.1+0.1=1.88$MPa（绝对）。

型号 A42Y-40 的安全阀为弹簧式全启封闭型，密封面材料为硬质合金，阀体为碳钢，用于介质为丙烷是适宜的，公称压力为 4.0MPa（40kgf/cm^2）也符合要求。

已知球形贮罐的容积为 100m^3，壁厚为 20mm，则其内直径为 $D_i=\sqrt[3]{6V/\pi}=\sqrt[3]{6\times100/\pi}=5.76$m，外径为 $D_0=5.76+0.04=5.8$m。因整个贮罐都在地面起 7.5m 高度范

围内，故其受热面积应为：

$$A = \pi D_0^2 = \pi \times 5.8^2 = 105.7\text{m}^2$$

容器装在地面上，无喷淋装置，查有关手册可得排放状态，介质的汽化热为274kJ/kg，系数 $F=1$。则由公式（2－40）即可求得贮罐的安全泄放量为：

$$G' = \frac{2.55 \times 10^5 F \cdot A^{0.82}}{q} = \frac{2.55 \times 10^5 \times 1 \times 105.7^{-0.82}}{274} = 4.25 \times 10^4 \text{,kg/h}$$

已知丙烷的绝热指数 $k=1.13$，则由表2－7可推算得其特性系数 $X=25.0$。又由表2－8得知 $DN80$ 的全启式安全阀（$PN1.6$），其流道直径为 $d_0=50\text{mm}$，故安全阀的流道面积为 $A_0 = \frac{1}{4}\pi d_o^2 = \frac{1}{4}\pi \times 50^2 = 1963.5\text{mm}^2$。

查有关数据手册可得丙烷的临界压力 $p_c=4.26\text{MPa}$（绝对）；临界温度 $T_c=370\text{K}$；饱和蒸汽压为1.88MPa的丙烷，其饱和温度约为327K（54℃）排放状态的丙烷，其对比压力 $p_r=p/p_c=1.88/4.26\approx0.44$；对比温度 $T_r=327/370\approx0.884$。查第五章的表5.1得丙烷在此条件下的压缩系数为 $Z=0.73$。丙烷的分子量约为 $M\approx44.1$。

将上列数据代入公式（2－50），得安全阀的额定排量为：

$$G = Cp_d A_0 X \sqrt{\frac{M}{ZT}} = 0.8 \times 1.88 \times 1963.5 \times 25.0 \times \sqrt{\frac{44.1}{0.73 \times 327}} = 3.17 \times 10^4 \text{,kg/h}$$

对比安全阀的排量与容器的安全泄放量可知，$G=3.17\times10^4 < G'=4.25\times10^4$，安全阀的规格不符合要求。

【例2.9】 已知一个安全阀，用于排放压力为1.3MPa（表压）的饱和水蒸气时的排量为20t/h，若将此阀用于设计压力为0.8MPa，温度为20℃，进气总管内径为200mm的空气贮罐，其规格是否符合要求。

【解】 空气贮罐的设计压力为0.8MPa（表压），若安全阀的整定压力为设计压力，则其排放压力即 $p_d=0.8\times1.1+0.1=0.98\text{MPa}$（绝对），排放温度为 $T=20+273=293\text{K}$。则按公式（2－38b）即可求得空气贮罐的安全泄放量为：

$$G' = 7.55\rho_0 v d^2 \frac{p_d}{T} = 7.55 \times 1.293 \times 15 \times 200^2 \times \frac{0.98}{293} = 1.96 \times 10^4 \text{,kg/h}$$

已知安全阀用于排放压力 $p_d=1.4\text{MPa}$（绝对）的饱和水蒸气时的排量为 $2.0\times10^4\text{kg/h}$，则用于排放压力为0.98MPa，温度为293K的空气时的排量应为：

$$G = \frac{27 \times 0.98 \sqrt{\frac{29}{293}}}{5.25 \times 1.4} \times 2.0 \times 10^4 = 2.26 \times 10^4$$

对比安全阀的排量与容器的安全泄放量可知，$G=2.26\times10^4 > G'=1.96\times10^4$。安全阀的规格符合要求。

2. 安全阀的安装

安全阀能否正常工作与它的安装正确与否有很大的关系。安装位置、方式以及排放管道等不适当的安全阀，不但会失去应有的作用，且还会导致意外事故。

（1）安装安全阀的一般要求

安全阀的安装应符合以下要求。

① 安全阀最好直接安装在容器的接口管上，一般应放在顶部。液化气体贮罐上的安全阀，必须装设在它的气相部位。

② 安全阀应垂直安装，特别是杠杆重锤式安全阀，必须使它的阀杆严格保持在铅垂的位置，以保证阀瓣能顺利开启和关闭。

③ 安全阀安放的位置应该考虑便于它的日常检查、维护和检修。

④ 安全阀与它的连接管路上的连接螺栓必须均匀上紧，以免阀体产生附加应力，破坏阀件的同心度，妨碍安全阀的正常动作。

⑤ 安装在室外露天的安全阀，应设有防止气温低于0℃时阀内介质所含水分的冻结而影响安全阀排放的可靠设施。

⑥ 排量较大的安全阀，要考虑它排气时的反作用力以及由此而使接管产生过高的弯曲应力，必要时应进行验算。

(2) 装设进口管的要求

安全阀一般不应另设进口管。在特殊情况下，安全阀确实不便于直接装在容器上而必须装设进口管时，进口管的装设应符合以下要求。

① 进口管的内径不能小于安全阀的公称直径（进口通径）。

② 进口管的长度应尽可能短，并避免使用急转弯及截面局部收缩等增加管路阻力，甚至会引起污物积聚而发生堵塞等的配管结构。

③ 安全阀的进口管道上不应装设截止阀或其他引出管。在特殊的工艺情况下，确实需要在进口管上装设截止阀时，则在运行期间，此截止阀必须处于全开启状态，并进行铅封。

④ 进口管道中的压力降不应超过安全阀启闭压差（开启压力与回座压力之差）的50%；或不大于开启压力的2%～3%，以避免因阻力过大而引起阀门振荡（频繁启闭）或排量降低。

(3) 装设排放管的要求

除了洁净的空气等不会污染大气的气体用安全阀以外，一般安全阀都应装设排放管，以便将气体排放到室外或其他安全场所，并应符合下列要求。

① 排放管的内径应不小于安全阀的排出口通径。如两个以上的安全阀共用一根排放管时，排放管的截面积、应不小于所有安全阀出口面积的总和。

② 排放管应尽量避免曲折和急转弯，以减小阻力。

③ 排放管应加适当的支撑，以免使安全阀产生过大的附加应力（包括热应力）或引起震动。

④ 有可能积聚冷凝液体或雨水的排放管，应在适当的地方装设能接到地面的泄水管。

⑤ 氧气和可燃气体用的安全阀，其他能相互产生化学反应的气体用的安全阀，均不能共用一根排放管。

⑥ 可燃气体可以排入大气中，也可以采取火炬排放。排入大气时，必须引至远离明火或易燃物、且要通风良好的地方。排放管必须逐段用导线接地以消除静电的作用。如果可燃气体的温度高于它的自燃点，则应考虑气体排放后的防火措施，或者气体冷却到温度低于它的自燃点以下再排入大气。用火炬排放的可燃液化气体只能是经过气液分离后的气体。如果是腐蚀性的可燃气体，排放时还应采取防腐蚀措施。

(4) 安全阀排气反作用力的计算

直接或由导管向大气排放气体的安全阀，其最大反作用力可以近似地按下式求得：

$$F_R = 3.98 \times 10^{-2} G \sqrt{\frac{k+1}{k} \cdot \frac{ZT}{M}} - 0.1A_t \qquad (2-54)$$

式中 F_R——安全阀排气时的反作用力，N；

G——安全阀的额定排量，kg/h；

k——气体绝热指数；

Z——气体在排放压力及温度下的压缩系数；

T——气体排放温度，K；

M——气体分子量；

A_t——排放管的横截面积，mm^2。

若排放管不设支撑，则安全阀与容器的接管仅由此反作用而产生的弯矩：

$$M_R = F_R L$$

对内径为 d_i，壁厚为 S 的薄壁圆管，由此反作用力而引起的管壁弯曲应力为：

$$\sigma_B = = 1.27F_R L/Sd_i^2 \qquad (2-55)$$

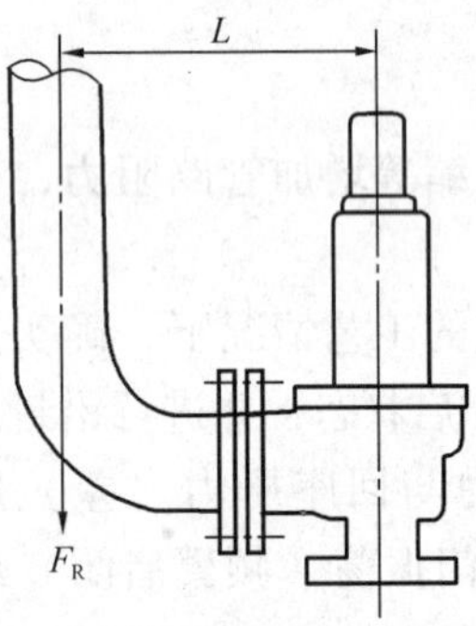

图 2-43　安全阀排气反作用力

式中 σ_B——连接管的最大弯曲应力，MPa；

F_R——反作用，N；

L——阀排放管与进口管中心距离（见图 2-43），mm；

S——圆管壁厚，mm；

d_i——排放管内径，mm。

若由排气反作用力引起的弯曲应力过大，则应加设管子支撑或增加接管壁厚。

【例 2.10】　公称直径为 $DN100$ 的全启式安全阀，装设在设计压力为 4MPa（表压），温度为 40℃的空气贮罐上。用内径 d_i = 100mm，壁厚 S = 3.61mm 的钢管与容器连接，排放管与进口管的中心距离 L = 800mm。求排气反作用力所引起的附加弯曲应力。

【解】　设安全阀额定排量系数为 0.8，并按一般习惯取安全阀的开启压力为容器设计压力 p，则它的排放压力为 $p_d = 1.1 \times 4 + 0.1 = 4.5$MPa，$DN100$ 的全启式安全阀，流道直径 d_0 = 65mm，将上列数据代入公式（2-51）则可求得安全阀的排量：

$$G = 27Cp_d A_0 \sqrt{\frac{M}{T}} = 27 \times 0.8 \times \frac{\pi(65)^2}{4} \times 4.5 \times \sqrt{\frac{29}{313}} = 9.8 \times 10^4, \text{kg/h}$$

由公式（2-54）可求得安全阀排气时的反作用力：

$$F_R = 3.98 \times 10^{-2} G \sqrt{\frac{k+1}{k} \cdot \frac{ZT}{M}} - 0.1A_t$$

$$= 3.98 \times 10^{-2} \times 9.8 \times 10^4 \sqrt{\frac{1.4+1}{1.4} \frac{313}{29}} - 0.1 \frac{\pi(100)^2}{4} = 1.6 \times 10^4, \text{N}$$

故连接管的最大弯曲应力为：

$$\sigma_B = 1.27F_R L/Sd_i^2 = 1.27 \times 1.6 \times 10^4 \times 800/3.6(100)^2 \approx 452, \text{MPa}$$

从计算结果得知，仅由此反作用力 F_R 所引起的弯曲应力即可使钢管断裂，何况安全阀排气时，在带有弯管的管道上实际所产生的应力比这还要大。

3. 安全阀的试验与日常维护

（1）强度试验和密封试验

安全阀在安装前以及在容器定期检验时应进行强度试验和密封试验。

强度试验是验证安全阀是否具有承受工作压力的能力。强度试验一般是试验进口侧的阀体腔。试验时，压力从阀进口处引入，并使密封面强制封闭。试验压力为公称压力的1.5倍。试验介质应为水或其他合适的液体。强度试验时，应有足够长的保持压力时间，以保证对阀门各个表面和连接处进行目视检查。安全阀在试验压力下无变形或阀体渗漏等现象，即认为强度试验合格。

承受附加背压力或安装于封闭的排放系统的安全阀，其排放侧的体腔部位也应进行强度试验，试验压力为最大背压力的1.5倍。对向空排放的安全阀或仅在排放时产生背反的安全阀，不需作排放侧体腔部位的强度试验。

安全阀的密封试验是检验它封闭机构的严密程度。空气或其他气体用安全阀的密封试验压力为：整定压力小于0.3MPa的，比整定压力低0.03MPa；整定压力大于或等于0.3MPa的，为整定压力的90%。水蒸气用安全阀的密封试验压力为整定压力的90%或回座压力的最小值，取二者较小者。用于空气或其他气体的安全阀，密封试验介质为空气；水蒸气用安全阀，密封试验介质为饱和水蒸气。

进行空气或其他气体用安全阀密封试验时，在阀的排出口处堵上盲板，盲板上接一根内径为6mm的漏气引出管，插入水面下13mm。在进口侧通入压力为试验压力的试验介质，其他部位应完全处于封闭状态，同外界隔绝。试验时检查其泄漏率（以每分钟泄漏气泡数表示）。对一般安全阀（无背压），泄漏率以不超过表2-9规定的数值为密封性合格标准。

进行水蒸气用安全阀密封试验时，用目视或听音的方法检查阀的出口端，若未发现泄漏现象，即认为安全阀密封性合格。

（2）安全阀的校正和调整

经试验合格的安全阀，还应进行校正和调整。校正是指通过调节施加在阀瓣上的载荷（对于杠杆重锤式安全阀，就是调整重锤在杠杆上的位置；对弹簧式安全阀，就是调整弹簧的压缩量）来校正它的开启（整定）压力。这种校正工作最好是在专用的气体试验台上进行，没有条件时也可用水作为试验介质进行初步校正，然后再在容器上校正。压力容器安全阀的整定压力应该根据下列原则确定：整定压力不应大于容器的设计压力，以防止容器在超压状态下运行，整定压力又应使阀的密封试验压力不小于容器的工作压力，以保证容器在正常工作条件下具有良好的密封性。这样整定压力就应是工作压力的1.1倍，且应高于工作压力0.03MPa。

表2-9　安全阀密封试验的泄漏率

安全阀流道直径/mm	最大允许世漏率/（气泡数/mm）	
	公称压力 *PN*/MPa	
	<10	≥10
<20	40	60
≥20	20	30

容器用安全阀的整定压力偏差允许为：整定压力小于0.5MPa时，为±0.04MPa；整定压力大于或等于0.5MPa时，为整定压力的±3%。

安全阀的调整是指调整它的排放压力和回座压力。这种调整工作一般要装在容器上进行。调整阀的排放压力和回座压力是调节安全阀的下调节圈的位置，使其与阀瓣之间有适当的间隙。试验调整工作往往要反复多次才能完成。例如，如果安全阀在整定压力下仅有泄漏声而并不起跳，且容器内压力有继续升高的趋势，则应停止试验。降压后，把下调节圈往上调节，使它与阀瓣之间的间隙缩小。若调整以后安全阀能开启排气，但压力下降后有剧烈震动和“蜂鸣”声，则是调节圈的间隙仍较大，还要再往上调节。如调整后的回座压力大为降低，甚至小于工作压力的80%，则应把调节圈往下调节，使其间隙增大些。

调整合适的安全阀应该是：蒸汽用安全阀的排放压力应小于或等于整定压力的103%；空气或其他气体用的安全阀，排放压力应小于或等于整定压力的110%。一般蒸汽设备用安全阀，启闭压力（整定压力与回应压力之差）应不大于整定压力的10%（整定压力小于或等于0.4MPa时，启闭压差则为不大于0.04MPa）；空气或其他气体用安全阀，启闭压差不大于整定压力的15%（整定压力小于或等于0.2MPa的，启闭压力为不大于0.03MPa）。

经过校正调整的安全阀，应进行铅封，以防加载调节装置和调节圈的固定螺钉受到意外的变动。

(3) 安全阀的日常维护

要使安全阀经常处于良好的状态，保持灵敏正确，必须在容器的日常运行过程中加强对它的维护和检查。

① 要经常保持安全阀的清洁，以防止阀体弹簧等被油垢脏物等粘满或被锈蚀，防止安全阀排放管被油垢或其他异物堵塞。设置在室外露天的安全阀，冬季气温过低时应检查它有无冻结的可能性。

② 要经常检查安全阀的铅封是否完好，检查杠杆式安全阀的重锤是否有松动，被移动以及加挂重物的现象。

③ 发现安全阀有渗漏迹象时，应及时进行更换或检修。禁止用增加载荷的方法（如加大弹簧的压缩量或移动重锤和加挂重物等）来减除阀的泄漏。安全阀产生渗漏的原因一般是，有脏物粘在密封面上或密封面被腐蚀、磨损因而产生凹坑沟痕；阀瓣及阀座等零件的同心度由于安装不正确或其他原因而被破坏；弹簧长期受高温的作用而失去原有的弹性；安全阀装配质量不良等。

为了防止安全阀的阀瓣和阀座被气体中的油垢、水垢或结晶物等粘住或堵塞，用于空气、水蒸气以及带有粘滞性物质，而排气又不会造成危害的其他气体的安全阀，应定期作手提排气试验。试验时应缓慢操作，轻轻将提升扳手（弹簧式安全阀）或重锤慢慢抬起，听到阀内有气体排出时，即慢慢放下。不允许将提升扳手或重锤迅速提起又突然放下，因为这样会使阀瓣在阀座上剧烈振动，冲击损坏密封面。排气试验后，如发现安全阀内有泄漏的声音，则可能是阀瓣倾斜，可以将提升扳手或重锤再次进行试验。安全阀手提排气试验的间隔期限可以根据气体的清洁程度来确定。

④ 安全阀必须实行定期检验，包括清洗、研磨、试验和校正调整。安全阀的定期检验间隔期可以与锅炉、压力容器的检验间隔期相同。

三、 爆破片装置

（一） 爆破片装置在压力容器中的应用

爆破片又称防爆膜、防爆片，是一种断裂型的安全泄压装置。由于它是利用膜片的断裂来泄压的，所以泄压以后即不能继续有效使用，容器也被迫停止运行，因此它只是在不宜装设安全阀的压力容器中才使用。

需要装设爆破片的压力容器，大体有以下几类。

1. 工作介质为不洁净气体的压力容器

在石油化工生产过程中，有些气体往往混杂有黏性（像煤焦油）或粉状的物质，或者容易产生结晶体。对这样的一些气体，如果采用安全阀作为安全泄压装置，则这些杂质或结晶体就会在长期的运行过程中积聚在阀瓣上，且可能使阀座产生较大的黏结力，或者堵塞阀的通道，减少气体对阀瓣的作用面积，使安全阀不能按规定的压力开启，失去安全泄压装置应有的作用。在这种情况下，安全泄压装置应采用爆破片。

2. 由物料的化学反应而产生或增加了压力的反应容器

有些反应容器由于容器内的物料发生化学反应而产生大量的气体，进而产生压力或使原有的压力升高。这样的压力容器常常由于操作不当，如投料的数量不对，原料质量不纯，反应速度控制不当等而引发压力骤增。在这种情况下，如果采用安全阀作为安全泄压装置，一般是难以及时泄放压力的，因为这种反应的速度很快。会使容器内的压力急骤增加。如可燃气体与氧气的反应，可以在数毫秒之内使容器内的压力升高6~7倍。而在这短短的时间内，由于惯性的影响，安全阀还来不及开启，或即使已经开启但压力仍迅速增加，最后还会使容器爆破。这种事例国内外都曾经发生过，因此这类容器的安全泄压装置就必须采用爆破片。

3. 工作介质为剧毒气体的压力容器

在压力容器中，有些是盛装剧毒气体的，例如氟化氢（HF）、氰化氢（HCN）等。这类压力容器的安全泄压装置也应该采用爆破片，而不宜用安全阀，以免污染环境。因为对安全阀来说，微量的泄漏是难免的，即使是用硬橡胶或钢纸板等弹性好的材料作密封元件，也不能达到绝对严密。据试验，一些密封性能比较好的安全阀，即使有足够大的密封比压，直径为20mm的阀，泄漏量也只能低到不大于1mL/min。直径大的阀，泄漏量还随它的直径成比例增加。所以介质为剧毒气体的压力容器，如果装设安全阀，在长期运行过程中，从阀向外泄漏出的剧毒气体也是相当可观的，即使由排放管引至室外或其他安全场所，也会造成污染。

（二）爆破片装置的形式与特点

近年来，随着化学、石油化学工业的发展，对爆破片装置的精度要求越来越高，爆破片装置的结构形式也越来越多。在此节中，将介绍国内外常用的几种爆破片装置形式。

1. 剪切型（切破式）

这是早期广泛使用的一种爆破片装置形式，目前用得较少。

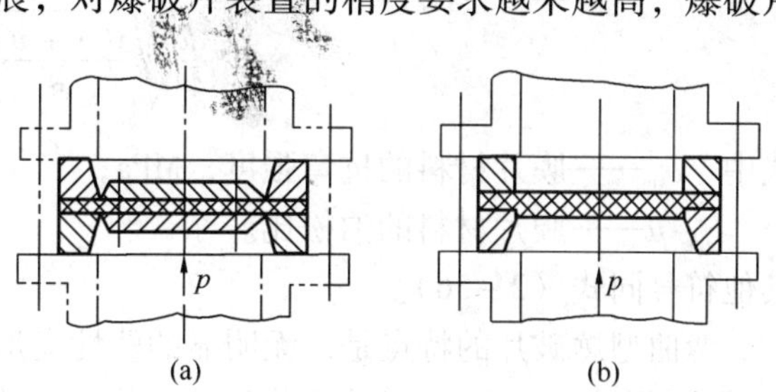

(a) (b)

图2-44 剪切型爆破片装置

常用的有夹片式和突台式，见图2-44a、b。爆破片（膜片）中间部分较厚，目的是防止它在承压时产生较大的弯曲变形，以便使它的周边受较大的剪切载荷而沿边缘切断。爆破片一般用不锈钢、铜、镍及铝等塑性好的材料制造。膜片周边部分的厚度作选料试验用时，可按下式计算：

$$S = p_b d / 4\tau \qquad (2-56)$$

式中 S——爆片剪切周边的厚度，mm；

p_b——爆破片装置的设计爆破压力，MPa；

d——爆破片剪切周边的直径，mm；

τ——材料的抗剪强度，MPa。

该公式是建立在纯剪切的条件上的，所以只有在膜片具有足够的刚度（保证它不产生较大的弯曲变形与应力）以及夹持器周边必须足够的锋利（保证不产生较大的压应力）时才能成立。

剪切型爆破片装置的特点是，全面积排放，阻力小，排量系数较大；在相同条件下，膜片较厚，较易于制造加工；爆破片的实际动作压力（爆破压力 p_b）受周边条件（膜片突台与周边交界处的过渡圆角的大小及夹持周边的锋利程度等）的影响很大，因而不够稳定；膜片被切破后常被整体冲击，易阻塞排气管道。

2. 弯曲型（碎裂式）

弯曲破坏型爆破片装置也是用得较早的一种形式，常用的爆破片形式有夹紧式和自由嵌入式两种，见图2-45a、b。它是利用膜片在较高的压力载荷下产生弯曲应力以使材料达到抗弯强度而碎裂排气的，所以膜片常用铸铁、硬塑料及石墨等脆性材料制造。

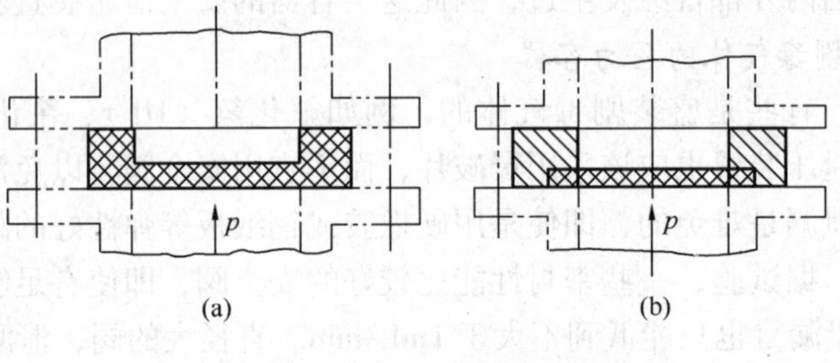

图2-45 弯曲型爆破片装置

膜片的选料试验厚度可以按平板的应力公式推算，即

$$S = \frac{d}{4}\sqrt{3p_0/\tau_0}\text{（夹紧式）}$$

$$S = \frac{d}{4}\sqrt{\frac{э(э+u)}{\varepsilon}\frac{p_b}{\sigma_b}}\text{（夹紧式）} \qquad (2-57)$$

式中 σ_b——膜片材料的抗弯强度，MPa；

μ——膜片材料的泊松比。

其他符号同式（2-56）。

弯曲型爆破片的特点是，无明显的塑性变形，动作反应最快；膜片比较厚，容易按需要的尺寸制造加工，适用于动载荷与脉动载荷；动作压力受材料强度及装配误差的影响波动很大，故最不稳定；膜片强度低，常因安装不慎而断裂，膜片断裂后成碎片飞出，影响排气管道的畅通。

3. 正拱普通拉伸型（断裂型）

正拱普通拉伸型爆破片装置是用塑性良好的材料，如不锈钢、镍、钢及铝等材料制成爆破片装在一副夹持器内而构成。早期的爆破片是平板片状，承压以后即发生塑性变形而成凸形。随着压力的增大，膜片的变形不断增加，厚度逐渐变薄当压力达到一定值后，爆破片即被拉断。由于平膜片在装入后随容器的压力波动而不断变形，对它的动作压力有一定的影响，所以近年来生产的爆破片都经过液压预拱成凸型。预拱成型压力一般都大于容器的正常工作压力，因而安装在容器以后，膜片的形状一般不会改变（在正常工作压力以下时），这样可以使它的动作压力比较稳定。图 2－46 为其结构示意图。

正拱普通拉伸型爆破片装置夹持器的内径与平面应有圆角，以免爆破片变形时周边受剪切，影响动作压力的稳定。倒角半径的大小与夹持器内径、膜片厚度及材料的塑性有关。用不锈钢、铜、铝及镍等塑性较好的材料制造的爆破片，夹持器的倒角半径可参考表 2－10 的数值。

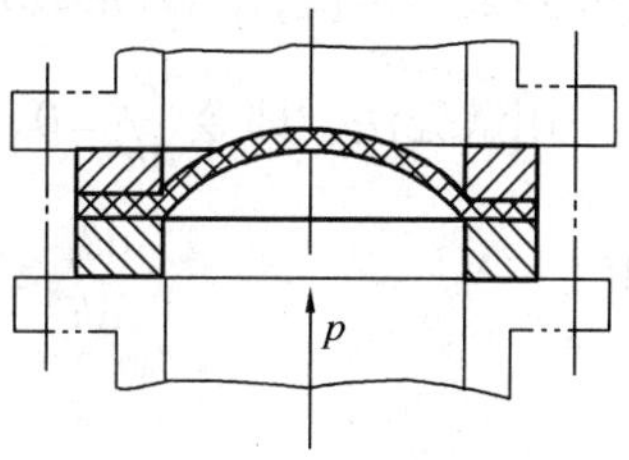

图 2－46　正拱普通拉伸型爆破片装置

表 2－10　爆破片装置夹持器的倒角半径

夹持器内径/mm	10	25	40	50	70
圆角半径/mm	0.5	1	1.5	2	25
夹持器内径/mm	80～100	125～150	175～200	250～400	>500
圆角半径/mm	3	3.5	s	6～7	8～10

正拱普通拉伸型爆破片初始厚度的计算，几十年来国外都作过不少研究与探讨，但迄今还很难得到一个理想的通用精确公式。对拉伸破坏膜片的变形断裂过程，较早提出的假设条件是：膜片的厚度始终保持一致；膜片塑性变形后材料的体积不变；膜片很薄不能承受弯矩，仅存在薄膜应力。这样，膜片的初始厚度即可按以下方法计算。

设爆破片的夹持半径为 r，初始厚度为 S，变形后所形成的球面半径为 ρ，挠曲高度为 b，膜片减薄后的厚度为 S_0。根据膜片变形前后材料体积不变的假设，则得：

$$\pi r^2 S = 2\pi\rho b S_0$$

$$S_0 = \frac{r^2 S}{2\rho b}$$

式中，h 为膜片的相对挠度，即 $h = b/r$

又因

$$r^2 + (\rho - b)^2 = \rho^2$$

故

$$\rho = \frac{1 + h^2}{2h} r$$

代入得：

$$S_0 = \frac{rS}{2\rho h} = \frac{S}{1 + h^2}$$

在内压 p 的作用下，半径为 ρ 的球面膜片的薄膜应力为：

$$\sigma = \frac{p\rho}{2S_0} = \frac{pr}{s} \cdot \frac{(1 + h^2)^2}{4h} = k_1 \frac{pr}{s} \tag{2-58}$$

式中，$k_1 \dfrac{(1+h^2)^2}{4h}$，是膜片的应力系数。

对于球面膜片，根据最大剪应力理论或能量理论，它在平面应力状态下的当量应力就是它的薄膜应力。从公式（2－58）可以看出，膜片的拉伸应力 σ 不但与压力 p、膜片的初始厚度 S 以及夹持半径 r 有关，而且与膜片变形的相对挠度 h 有关，因为应力系数 k_1 是 h 的函数。k_1 与 h 的关系如图 2－48 所示。

从图 2－47 可以看出，膜片刚开始变形，即相对挠度 h 较小时，应力系数 k_1 较大，即薄片的应力 σ 较高，因而加速了它的变形。而随着 h 的增大，应力系数 k_1 逐渐降低，一直到 h

增大到某一定值，应力系数 k_1 达到最小值，如图中的 A 点。此后 k_1 又随着 h 的增大而增大。

用微分法，即令 $\frac{dk_1}{dh}=0$，可以求解出当 k_1 达到最小值时的 h 值。

因

$$\frac{dk_1}{dh}=\frac{d}{dh}\frac{(1+h^2)^2}{4h}=\frac{(1+h^2)(8h^2-1)}{(4h)^2}=0$$

故

$$h=\frac{\sqrt{3}}{3}\approx 0.577$$

$$k_1=\frac{(1+h^2)^2}{4h}\approx\frac{1}{1.3}$$

如果爆破片在 $h=0.577$ 时，应力 σ 达到了材料的断裂强度 S_k，则膜片即发生断裂。因此由公式（2-58）得：

$$S=\frac{pr}{1.3S_k}=\frac{pd}{2.6S_k} \qquad (2-58a)$$

式中 S——膜片的计算厚度，mm；

p——防爆片装置的设计爆破压力，MPa；

d——夹盘的内径，mm；

S_k——膜片材料的断裂强度，MPa。它是材料试验被拉断时的真实应力，等于拉断试样时的负荷除以试样断裂时缩颈处的截面积。

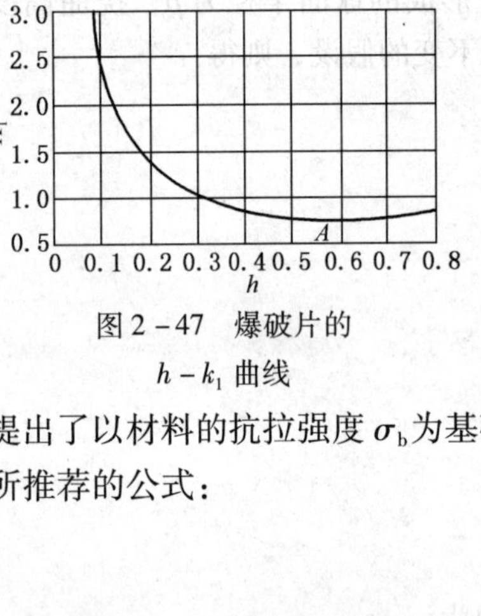

图 2-47　爆破片的 $h-k_1$ 曲线

但是，经过反复的试验证明，按公式（2-58a）所算得的厚度制成的膜片，其实际爆破压力与设计爆破压力相距颇大，特别是由于膜片材料的断裂强度 S_k 难以取得准确的数据而用 σ_b 代替 S_k 时。产生误差的原因主要是计算膜片厚度时的一些假设不大符合实际情况。其中包括，膜片变形后的曲面并不是真正的球面，膜片各处的厚度也不是均匀地减薄等。

由于材料的真实断裂强度 S_k 的数据不易取得，后来便提出了以材料的抗拉强度 σ_b 为基础的经验公式，即原《压力容器安全监察规程》附件三中所推荐的公式：

$$S=\frac{p_b d}{3.5\sigma_s^t} \qquad (2-58b)$$

公式（2-58a）和公式（2-58b）都没有考虑具有不同塑性的材料对膜片爆破压力的影响。实际上，膜片材料塑性不同，断裂时的变形程度就不一样，所以这样的公式就不能精确地用于各种材料制成的膜片。公式（2-58c）是考虑了材料不同塑性影响后的膜片厚度计算公式：

$$S=\frac{p_b d}{8\sigma_b}\psi \qquad (2-58c)$$

式中，ψ 为材料塑性修正系数，它与材料的伸长率 δ 有如下的函数关系：

$$\psi=\left[\frac{1+\delta}{(1+\delta)^{\frac{1}{2}}-1}\right]^{\frac{1}{2}} \qquad (2-58c)'$$

根据实验以及爆破片制造厂的实际数据表明，在上面 3 个普通拉伸型膜片厚度计算公式中，以公式（2－58c）比较接近实际，但也有较大的离散性。由于影响爆破片动作压力的因素较多，所以比较可靠的方法还是以相同材料（同牌号，同热处理工艺）在相同夹持条件（包括夹持器的形状、尺寸、倒角半径及夹紧程度）下的实际数据为准。

研究表明，各种材料制造的正拱普通拉伸型爆破片的初始厚度都可以用下式表达：

$$S = p_b d/A \tag{2-58d}$$

式中，A 可以称之为材料的强度——塑性常数，可由实验得出。表2－11是国内外一些单位的综合试验值。当然，由于使用情况和试验条件（包括材料的热处理、力学性能、膜片厚度以及加工精度等）不完全相同，表中的数据不一定适用于各种场合下使用的爆破片。但它可以为爆破片的试验设计提供一个比较近似的计算数据。

设计爆破片时可以根据表2－11所列的 A 值按公式（2－58d）初步算得它的试验厚度，然后按试验厚度制作出试验膜片，并测定其实际爆破压力。如果实际爆破压力与设计爆破压力的误差超过规定的允许误差，则应按实际爆破压力与设计爆破压力之比值校正膜片的设计厚度。在相同的条件（材料及其热处理条件、膜片厚度与直径比，夹持器直径及圆角半径）下，爆破片的实际爆破压力与实际厚度成正比。

表2－11　各种爆破片材料的 A 值

膜片材料名称	牌　　号	A 平均值/MPa	数据的试验范围	
			厚度/mm	爆破压力/MPa
铝	L_3	2.5×10^2	0.4～0.5	3～5
黄　铜	H_{62}	1.3×10^3	～0.8	5～40
铜	T_1	8×10^2	～0.5	2～40
不锈耐酸钢	1Cr18Ni9Ti	2.4×10^3	0.8～0.9	10～40
镍	Ni	1.6×10^3		

表2－11是在室温下试验的膜片数据。如果所设计的爆破片是在与室温相差较大的温度下使用，则表中的A值应乘以材料在使用温度下与室温下的抗拉强度之比值。

正拱普通拉伸型爆破片装置的特点是，无碎片飞出，阻力也不大；膜片的动作压力较前两种稳定；膜片在高的拉伸应力长期作用下，尤其是受脉动载荷时，寿命较短；由于受成形箔材厚度规格的限制，往往难以取得所需要的动作压力。

4. **正拱开缝型**

正拱开缝型爆破片是在普通拉伸型的基础上，为解决成形箔材的厚度规格不能适应各种需要的动作压力而发展起来的。它在预拱成凸形膜片上开设一圈小孔，膜片承压后，小孔之间的孔带即产生较大的拉伸应力，并在压力达到规定值后而断裂。由于小孔沿径向开槽，所以断裂后膜片沿此槽开裂，形成花瓣，使其能顺利排气。膜片凹侧贴有一层含氟塑料，以保持在正常工作用压力下的密封和变形，其结构如图2－48所示。

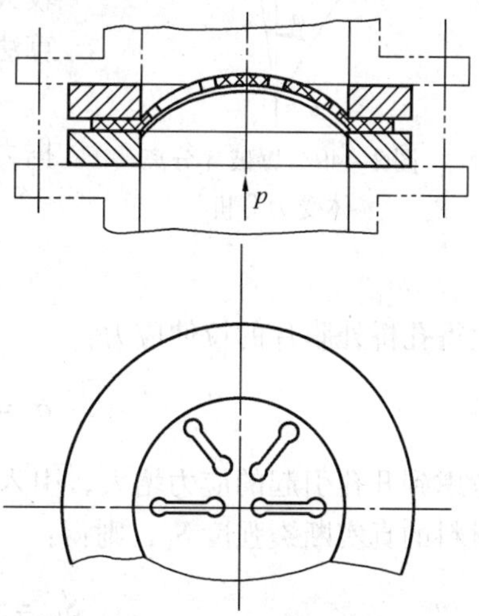

图2－48　正拱开缝型爆破片装置

膜片可以按箔材的成品厚度规格制造，用调整孔桥间的宽度（可以变动小孔直径，但一般是调整小孔中心圆的直径）来调节膜片的爆破压力，以满足容器设计压力的需要。

这种膜片的动作压力与厚度及开孔直径等尺寸之间的关系，一般有以下两种计算方法：

（1）极限变形假定法

设膜片初始厚度为S，夹持直径为d，膜片上开设两圈小孔，孔径为ϕ，孔数为n，外圈孔中心圆直径为d_1（接近于d，见图2－49），内圈中心圆直径为d_0。

当S、ϕ、n值固定不变时，膜片的动作压力p_b将与d_o成正比。当$d_o = n\phi/\pi$时，即内圈小孔是连接着的，此时爆破压力p_b应为零。若把d_o一直扩大到d_1，则得此膜片的最大爆破压力，按公式（2－58c）可得：

$$(p_b)_{max} = (p_b)_{do=dl} = \frac{\delta\sigma_b S}{\Psi d} \cdot k_2$$

式中的分数即为无孔膜片按公式（2－58c）计算的动作压力，k_2是考虑由于边缘开孔的影响而引入的强度减弱系数。

由此按相似三角形比例法则可得：

$$\frac{p_b}{(p_b)_{max}} = \frac{d_0 - n\phi/\pi}{d_1 - n\phi/\pi}$$

故
$$p_b = \frac{d_0 - n\phi/\pi}{d_1 - n\phi/\pi} \cdot \frac{gk_2\sigma_b S}{\Psi d} \quad (2-59)$$

公式（2－59）即为按极限变形法推导出的膜片动作压力计算式。式中，k_2为开孔强度减弱系数，按试验值可取为0.5～0.6；ψ为材料塑性修正系数，按公式（2－58c）′计算。

（2）成形曲率不变假定法

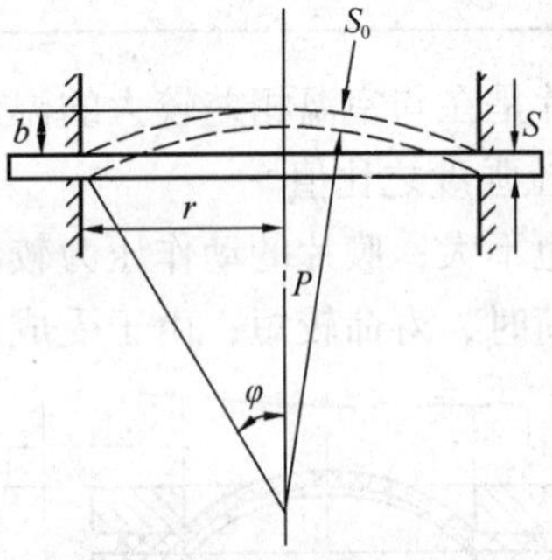

图2－49　爆破片分离体受力分析

前述极限变形假定法是按与其正比例关系得出的，但实际上这两者并不是精确的线性关系，且开孔膜片在承压后，孔桥带存在较大的应力集中，承受变形应该主要集中在孔桥处，而不应该在考虑如单向拉伸那样的极限变形。也就是说，成形后再开孔的膜片在承受压力时，它的曲率半径应不会有较大的改变。因此可以提出成形曲率不变（拱高不变）的计算法。

将膜片沿内圈小孔的孔中心圆周裁下，见图2－49，则根据力的平衡条件可得：

$$\frac{\pi}{4}d_0^2 p = (\pi d_o - n\phi) S_0 \sigma \cdot \sin\alpha$$

故得孔桥处膜片的拉伸应力：

$$\sigma = \frac{\pi}{4}d_0^2 p / (\pi d_o - n\phi) S_0 \sin\alpha$$

考虑到开孔引起的应力增大，引入应力增大系数k_3并假想$p = p_b$时，孔桥间的最大应力达到材料的真实断裂强度S_k，则得：

$$S_k = k_3 \frac{\pi}{4}d_0^2 p_b / (\pi d_o - n\phi) S_0 \sin\alpha$$

设内圈孔的中心圆直径在未预拱成形前为d'_0，则由变形关系可推导出：

$$d_0' = \frac{2\rho - d}{\sqrt{\rho^2 - \left(\frac{d_0}{2}\right)^2} + \rho}$$

由此得断裂处在预拱变形前的圆周截面积：

$$A = S(\pi d_o - n\,¢)\cdot\frac{2\rho - b}{\sqrt{\rho^2 - \left(\frac{d_0}{2}\right)^2} + \rho}$$

并由于

$$S_k(\pi d_o - n\,¢)S_0 = \sigma_b S(\pi d_o - n\,¢)\cdot\frac{2\rho - b}{\sqrt{\rho^2 - \left(\frac{d_0}{2}\right)^2} + \rho}$$

$$\sin\alpha = \frac{d_0}{2}\Big/\rho = \frac{d_0}{2}\Big/\frac{b^2 + \left(\frac{d}{2}\right)^2}{2b}$$

故得开孔膜片的动作压力为：

$$p_b = \frac{4\sigma_b Sb(\pi d_o - n_c)}{k_3\pi d_o\left[b^2 + \left(\frac{d}{2}\right)^2\right]}\cdot\frac{2\rho - b}{\sqrt{\rho^2 - \left(\frac{d_0}{2}\right)^2} + \rho}$$

式中 b——膜片成形高度，mm；

S——膜片初始厚度，mm；

d——膜片直径，mm；

d_0——内圈孔中心圆直径，mm；

ρ——膜片成形球面半径，$\rho = \frac{b^2 + \left(\frac{d}{2}\right)^2}{2b}$；

n——小孔个数；

$¢$——小孔直径，mm；

k_3——开孔应力增大系数，$k_3 \approx 1.5 \sim 2.0$。

正拱开缝型爆破片的特点是，膜片可以采用较大的厚度，以增加刚性；调整小孔的孔桥宽度可以获得任意动作压力；开裂的程度较大，有利于气体的排放；加工精度要求高，制造较困难，内衬的密封薄膜易断裂而使爆破片早期失效。

与正拱开缝型爆破片比较起来，刻槽型爆破片有更大的优点，它用刻槽（或压痕）的方法来调整爆破片的动作压力，比开缝式的加工容易得多，且实验证明这种爆破片的动作压力也比较稳定。

5. 反拱型 （压缩型、 失稳型）

反拱型爆破片凸面承受压力，当压力达到一定值时，凸形膜片会失稳而突然翻转，于是被装设在其上面的刀具切破或整片脱落弹出。膜片的制造材料与正拱型相同。反拱带刀架型和脱落型爆破片如图 2－50a、b 所示。

爆破片的动作压力（失稳压力）只与材料的弹性模量 E 及凸面的曲率半径有关，可用下式表示，

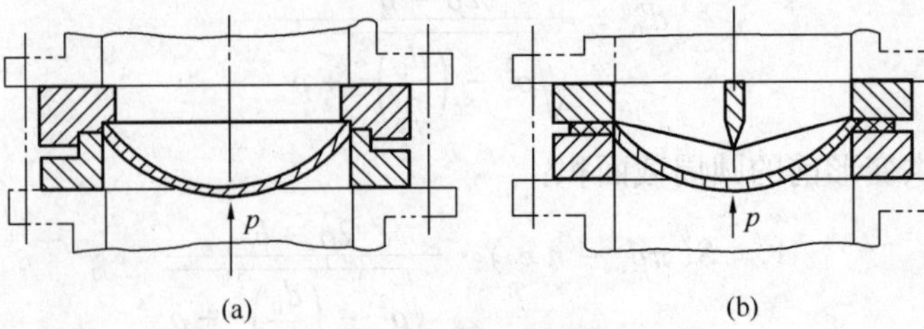

图 2-50　反拱型爆破片装置

$$p_k = k_4 E \varphi_h \left(\frac{S}{D}\right)^2 \tag{2-60}$$

式中　p_k——爆破片的动作压力（失稳翻转），MPa；

S——膜片的初始厚度，mm；

D——膜片的承压直径，mm；

E——膜片材料的弹性模量，MPa；

k_4——系数，对平面夹紧的不锈钢膜片，$k_4=0.5\sim0.55$；镍制膜片，$k_4=0.45\sim0.50$；

ϕ_h——膜片的成形高度系数，$\phi_h=\left[\frac{4h}{(1+h^2)^2}\right]^2$；

h——成形高度与半径之比值。

反拱型爆破片的特点是，在几何尺寸一定的情况下，失稳压力只与弹性模量 E 有关，而材料的 E 一般是比较稳定的，所以膜片的动作压力较易控制；在压力与直径相同的条件下，膜片较厚，有利于加工制造；在工作压力下，膜片产生的压缩应力一般小于材料的屈服强度，对疲劳、蠕变不敏感，因而膜片寿命较长；可以通过调整穹形的相对高度 h 来调整动作压力，因而膜片的厚度能按箔材的成品规格厚度选用；由于要装设切破工具等，排放面积受到影响，排量系数减小；加工组装精度要求较高（膜片表面要无伤痕疤点，夹紧牢固无松脱现象）。

（三）爆破片装置的选用

1. 类型的选择

压力容器应该根据介质的性质、工艺条件及载荷特征等选用爆破片装置。

在介质性质方面，首先要考虑所用的介质在工作温度下对膜片有无腐蚀作用。如果介质是可燃气体，则不宜选用铸铁或碳钢等材料制造的膜片，以免膜片断裂时产生火花，在器外引起可燃气体的燃烧爆炸。

为了防止膜片金属在高温下产生蠕变，致使它在低于设计爆破压力时即爆破，应选用许用温度极限不低于实际使用温度的材料来制造膜片。常用膜片材料的许用温度极限列于表 2-12中。

表 2-12　常用膜片材料的最高工作温度

膜片材料	铝	铜	不锈钢	镍	蒙乃尔合金
最高工作温度/℃	100	200	400	400	430

脉动载荷或压力大幅度频繁波动的容器，最好选用反拱型或弯曲型爆破片，因为其他类型的爆破片在工作压力下膜片都处于高应力状态，较易疲劳失效。

2. 爆破片动作压力的选定

为了确保容器不超压运行，爆破片的动作压力应不大于压力容器的设计压力。但动作压力与正常操作压力之比值究竟应保持多大，是人们关注的一个问题。因为装置爆破片的压力容器，在设计压力确定以后，要由此值确定容器的操作压力；或者在一定的操作压力条件下，由此比值确定容器的设计压力。各国有关规范中对爆破片的动作压力与工作压力之比值的规定大不相同。前苏联锅炉安全监察手册规定为1.25，英国压力容器规范规定为1.5，而日本安全泄放装置使用准则要求根据压力容器的压力波动情况来确定，对稳压状态的爆破片，动作压力与工作压力之比为1.2；用于脉动压力状态时为1.7。当然，这些规定都与所用的压力容器设计安全系数有关。国内有关标准规定：确定爆破片的最低标定爆破压力，可根据容器的最大工作压力 p_w 按表2－13选取，或由设计者根据成熟的经验或可靠数据确定。

表2－13　爆破片的最低标定爆破压力

爆破片形式	爆破压力/MPa	爆破片型式	爆破压力/MPa
正拱普通型	$1.43p_w$	反拱型	$1.1F_w$
正拱开缝型	$1.25p_w$	正拱型，脉动载荷	$1.7F_w$

3. 排泄面积的确定

为了保证爆破片断裂时能及时泄放容器内的压力，防止容器继续升压爆炸，爆破片必须具有足够的排泄面积。与对安全阀的要求一样，爆破片的排泄量应不小于容器的安全泄放量。由此即得爆破片的泄放面积为：

$$A \geqslant G'/CpX\sqrt{\frac{M}{ZT}}$$

式中　A——爆破片的排泄面积，mm^2；

G'——容器的安全泄放量，kg/h；

p——爆破片的动作压力；

X——气体介质的特性系数，见表2－7；

M——容器内气体的分子量；

T——排放情况下气体的热力学温度，K；

Z——气体的压缩系数

C——流量系数，$C = C_1 \cdot C_2$；

C_1——爆破片接口管（与容器连接）流量系数，具有喇叭型渐缩口者，$C_1 = 0.87$；一般直圆管，$C_1 = 0.71$；

C_2——膜片排放口流量系数，剪切破坏型及脱落式失稳型爆破片，$C_2 = 1$；其他形式的，$C_2 = 0.8 \sim 0.90$。

（四）爆破片装置的质量要求

爆破片装置作为一种安全泄压装置，必须保证它能在规定的压力范围内爆破。爆破片实际动作压力的准确与否，在很大程度上取决于膜片的制造质量。因此，要得到符合要求的爆破片，必须有严格的质量要求。

1. 一般要求

爆破片装置应经过有关部门审查，确认具有制造爆破片的技术与装备的制造厂制造。制造爆破片的材料应具有质量证明书或合格证，并应经过性能复验。为了使制造膜片的材料具有均匀的强度与相同的力学性能，制造同批膜片的材料必须严格保持相同的成分和相同的热处理条件。膜片的每一坯片都应按规定进行外观检查与实际厚度测定，每一测点的厚度偏差都应在规定的范围内（厚度 $S \leqslant 0.10$mm 者，允许偏差不大于 0.003mm；厚度 $S > 0.10$mm 者，允许偏差不大于厚度的3%）。

2. 产品外观质量

爆破片的产品外观质量应符合以下要求。

（1）外观形状与尺寸应符合设计图样要求，加工表面应光洁。

（2）爆破片的内外表面无裂纹、锈蚀、微孔、气泡、划痕和夹渣；不存在可能影响爆破性能的划伤等。开缝型或刻槽型爆破片的孔或缝应无毛刺，其形状尺寸应符合设计要求。

（3）表面有防涂层的膜片，涂层必须致密，不得有气孔等缺陷；有密封膜的膜片，密封膜厚度应均匀。

3. 爆破性能

为了验证爆破片的实际爆破压力，每批产品都应按下列规定进行爆破试验。

（1）同批次（同规格、同材料、同工艺及同炉号）的爆破片产品，应按下列规定的数量抽取样品进行爆破试验：

同批次爆破片成品总数	爆破试验抽样数量
<10	2
10 ~ 15	3
16 ~ 30	4
31 ~ 100	6
101 ~ 250	4%，但不小于6
250 ~ 1000	3%，但不小于10

（2）整个爆破片试验系统应配置有两个压力表，其中一个应尽量靠近试验爆破片，另一个可置于压力源出口的可见部位。

（3）测定爆破压力的弹簧管压力表，其最大量程应是爆破片设计压力的1.5 ~3 倍。设计爆破压力为 0.1 ~2.5MPa 的试验用弹簧管式压力表，精度等级为 0.4 级；设计爆破压力 >2.5MPa的，精度等级为1级。试验用的压力表应经过校验，并在有效期内使用。为了避免目测压力产生的误差，应采用带有定针的压力计或装设压力自动记录仪。

（4）抽样试验的爆破片，实际爆破压力的允许值应在表 2－14 的规定范围内。

表 2－14　爆破压力允许偏差

爆破片形式	爆破压力/MPa	允许偏差
正拱形	<0.2	±0.010MPa
	≥0.2	±5%
反拱型	<0.3	±0.015MPa
	≥0.3	±5%

爆破片的抽样试验应在设计温度下进行，如果在常温下试验结果能够保证设计温度下的爆破性能，则可以在常温下进行。

（五）爆破帽

1. 结构特点

爆破帽又称防爆帽，也是一种断裂型安全泄压装置，由于它的外形似“帽”而得名。

爆破帽的式样较多，但它的基本作用原理是一样的。它的主要元件是一端封闭，中间具有薄弱断面的厚壁短管，当容器内的压力超过规定，以致它的薄弱断面上的拉伸应力达到材料的抗拉强度时，爆破帽即从此处断裂，气体便从管孔中排出。图 2－51 是国内一些高压釜所使用的爆破帽。为了防止爆破帽断裂后飞出伤人，在它的外表面装有套管式保护装置。

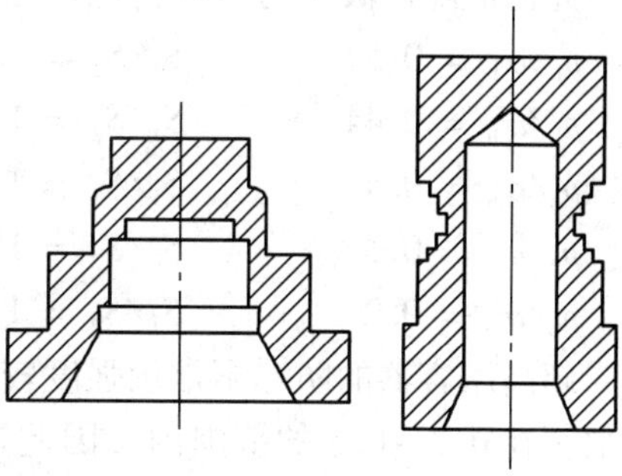

图 2－51　爆破帽

爆破帽的特点是结构简单，制造也比较容易，且爆破压力误差较小，比较易于控制。但它一般只适用于超高压容器。因为这些容器的安全泄压装置不需要有太大的泄放面积，且爆破压力较高，爆破帽的薄弱断面可以保持有较大的厚度，使它易于制造。

2. 爆破帽壁厚计算

爆破帽是考虑当容器超压时它能从最薄弱的断面处被拉断而进行泄压的，所以它的爆破压力决定于最薄弱断面的实际壁厚。关于爆破帽壁厚的计算，目前普遍采用以下两种方法。

（1）按轴向拉伸应力计算

这种方法把爆破帽在内压力作用下最薄弱断面上产生的轴向拉伸应力作为当量应力，并假定它达到材料的抗拉强度，爆破帽即断裂。因此得：

$$\sigma = \frac{pbd^2}{(d+2s)^2 - d^2} = \frac{p_b d^2}{4(S^2 + dS)} = \sigma_b$$

$$S^2 + dS - \frac{p_b d^2}{4\sigma_b} = 0$$

$$S = \frac{-d + \sqrt{d^2 + \dfrac{p_b d^2}{\sigma_b}}}{2} = \frac{d}{2}\left(\sqrt{1 + \frac{p_b}{\sigma_b}} - 1\right) \tag{2-61}$$

式中　S——爆破帽最薄弱断面的壁厚，mm；

d——爆破帽内直径，mm；

p_b——设计爆破压力，MPa；

σ_b——爆破膜材料的抗拉强度，MPa。

（2）按下列经验公式计算：

$$S = \frac{p_b d}{4.4\sigma_b} \tag{2-62}$$

式中的符号与公式（2－61）相同。

从一些单位所作的试验结果来看，同理论公式（2－61）和经验公式（2－62）所算得的壁厚制成的爆破帽，实际爆破压力与设计爆破压力之差都较小，说明这两个计算公式都是比较正确的。比较这两个公式可知，在一定的条件下，它们所算得的壁厚是很接近的，因为公式（2－61）的计算壁厚 S_1 与公式（2－62）的计算壁厚 S_2 之比为：

$$\frac{S_1}{S_2} = \frac{\sqrt{1 + \dfrac{p_b}{\sigma_d}} - 1}{2} \times \frac{4.4\sigma_b}{p_b} = 2.2\frac{\sigma_b}{p_b}\left(\sqrt{1 + \frac{p_b}{\sigma_b}} - 1\right)$$

此比值随爆破压力与材料抗拉强度之比作如下的变化：

$p_b/\sigma_b = 0.5$ $S_1/S_2 = 0.9889$

$p_b/\sigma_b = 0.44$ $S_1/S_2 = 1$

$p_b/\sigma_b = 0.4$ $S_1/S_2 = 1.0077$

$p_b/\sigma_b = 0.3$ $S_1/S_2 = 1.028$

$p_b/\sigma_b = 0.2$ $S_1/S_2 = 1.05$

超高压容器的防爆帽常用强度较高的合金钢制造，它的爆破压力与材料抗拉强度之比值一般都在0.2～0.5的范围内，因此这两个公式的计算壁厚之比都介于1.05～0.989之间，即两者的壁厚几乎是相同的。

3. 爆破帽制造

同爆破片的制造一样，制造爆破帽的材料也要求具有比较均匀的成分与性能，所以同批制造爆破帽的材料也必须保持相同的成分和热处理条件。

爆破帽的内外径尺寸公差不一定要求过严，但对它的薄弱断面的实际壁厚必须严格控制。薄弱断面的壁厚大于1mm的爆破帽，允许偏差可以控制在0.5%～1%的范围内。

制成后的爆破帽也必须经过抽样作爆破压力试验，只有经过试样试验合格，爆破帽才能投入使用。

四、 其他安全装置

（一） 压力表

1. 压力表的结构和原理

压力表又称压力计，是用以测量流体压力强度的器具。凡是需要单独装设安全泄压装置的压力容器，都必须装有压力表。

压力表的种类很多，按它的结构和工作原理可以分为液柱式、弹性元件式、活塞式和电量式4大类。

液柱式压力表利用液体静压力作用的原理，根据液柱的高度差来确定所测的压力值。有U形管、单管及斜管等几种形式。这类压力表的特点是结构简单、使用方便及测量准确。但因为受液柱高度的限制，它只是用于测量较低的压力。在压力容器中一般是不使用这类压力表的。

弹性元件式压力表是利用弹性元件的弹力与被测压力平衡的原理，根据元件变形的程度来确定被测的压力值。有单圈弹簧管式、螺旋形（多圈）弹簧管式、薄膜式（又称波纹膜式）、波纹筒式和远距离传送式（接触点式、带变阻器式的传送器）等多种形式。这类压力表的优点是结构坚固、不易泄漏，具有较高的准确度，对使用条件的要求也不高。但使用期间必须经常检验；且不宜用于测定频率较高的脉动压力。

活塞式压力表利用加在活塞上的力与被测压力平衡的原理，根据活塞面积和加在其上的力来确定所测的压力。它的优点是准确度很高，测定范围较广，但不能连续测量，所以只适宜于作校验用的标准仪表。

电量式压力表利用物体的各种不同的物理现象，根据物体在不同压力下产生物理量（电量）的变化来确定被测的压力值。有电阻式、电容式、压电式及电磁式等多种形式。这类压力表可以测量变化很快的压力和超高压压力，在一些现代化的工厂中逐渐得到较多的采用。

在压力容器中，目前被广泛应用的是单弹簧式压力表。在一些工作介质对仪表零件有腐蚀作用的容器中，也有使用波纹膜式压力表的。本节仅介绍这两种压力表的结构与原理。

(1) 单弹簧管式压力表

单弹簧管式压力表是利用中空的弹簧弯管在内压作用产生变形的原理制成的。按位移量的转换机构，这种压力表又可以分为扇形齿轮式和杠杆式两种。图2-52是带有杠杆转动机构的单弹簧压力表的结构。它的主要元件是一根横断面为椭圆形或扁平形的中空弯管，通过压力表的接头与压力容器相连接。当有压力的流体进入这根弯管时，由于内压的作用，弯管向外伸展，发生位移变形。这些位移通过拉杆及弯曲杠杆的传动而带着压力表的指针转动。进入弯管的流体压力越高，弯管的位移量也越大，指针转动的角度也越大。这样，容器内气体的压力即由指针在刻度盘指示出来。

(2) 波纹膜式压力表

这种压力表的结构示意图如图2-53所示，它的弹性元件是波纹薄膜。薄膜被一副特制的盒形法兰夹持住，上下法兰分别与压力表表壳及管接头相连，容器内的流体压力通过管接头进入薄膜下部的气腔内，使薄膜受压向上凸起，并通过销柱、拉杆及齿轮转动机构等带动指针，从而在刻度盘上指示出容器内流体的压力值。

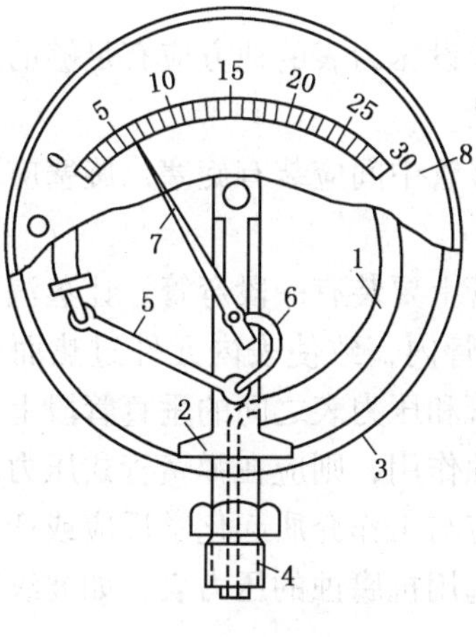

图2-52 单弹簧管压力表

1—弹簧弯管；2—支座；3—表壳；4—接头；5—拉杆；6—弯曲杠杆；7—指针；8—刻度盘

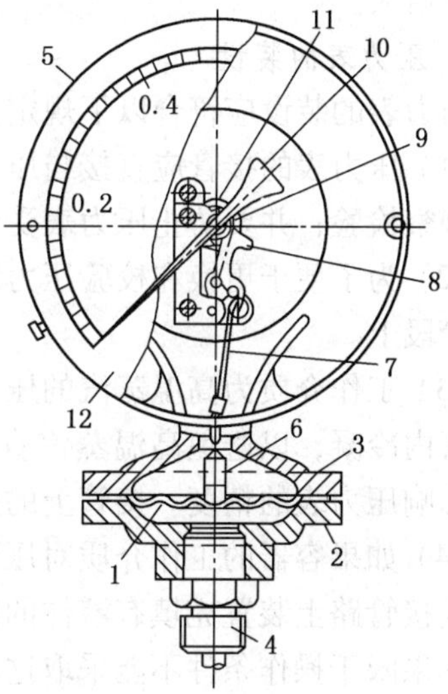

图2-53 波纹膜式压力表

1—平面薄膜；2—下法兰；3—上法兰；4—接头；5—表壳；6—销柱；7—拉杆；8—扇形齿轮；9—小齿轮；10—指针；11—游丝；12—刻度盘

由于受到薄膜中心挠度的限制（最大挠度一般不超过1.5~2m时，这种压力表的转动机构要求有较大的传动比）。波纹膜式压力表的灵敏度和准确度都较差，也不能用于较高压力的测量（一般不大于3.0MPa）。但它对震动和冲击不太敏感，更主要的是它可以在薄膜底部用抗介质腐蚀的金属材料制成保护膜，将腐蚀性介质与压力表的其他元件隔绝，因而常用于有腐蚀性介质的化工容器。

2. 压力表的选用

选用压力表时，应注意以下各项。

（1）装在压力容器上的压力表，其最大量程（表盘的刻度极限值）应与容器的工作压力相适应。压力表的量程最好选用为容器工作压力的2倍，最小不能小于1.5倍，最大不能大于3倍。因为压力表的量程越大，同样精度等级的压力表，它的允许误差的绝对值也越大，肉眼观察的偏差也越大。如果压力容器选用量程过大的压力表，就会影响压力读数的准确性。压力表的量程过小，容器的工作压力接近或等于压力表的刻度极限值，又会使弹簧的弯管经常处于很大的变形状态下，因而容易产生永久变形，引起压力表的误差增大。从压力表的寿命和维护方面来要求，它的使用压力范围，在稳定压力下，不应超过刻度极限的70%；在波动压力下，不应超过60%。同时，压力表的量程过小，万一容器稍微超压，还往往会产生错觉（指针转一圈接近零位），误认为没有压力，造成更大的事故。

（2）压力容器用的压力表还应具有足够的精度。压力表的精度是以它的允许误差占表盘刻度极限值的百分数按级别表示的（例如精度为1.5级的压力表，其允许误差为表盘刻度极限的1.5%），精度等级一般都标在表盘上。低压容器所用的压力表，其精度一般不应低于2.5级；中、高压容器用的压力表，精度不应低于1.5级。

（3）为了使操作工人能准确地看清压力表，压力表的表盘直径不应过小。在一般情况下，容器所用压力表盘直径不应小于100mm，如果压力表装得较高或离岗位较远，表盘直径还应增大。

3. 压力表的装设

压力表的装设应符合以下规定。

（1）压力表的接管应直接与压力容器本体相连接；装设压力表的地方应有足够的照明和便于观察检验；并要防止压力表受到高温辐射或引起振动。

（2）为了便于更换和校验压力表，压力表与容器的接管中间应装有旋塞，旋塞应装在垂直的管段上。

（3）工作介质为高温蒸汽的压力容器，压力表的接管上要装有一段弯管，让蒸汽在这一段弯管内冷凝，以避免高温蒸汽直接进入压力表的弹簧管内，致使表内元件过热而产生变形，影响压力表的精度。接管上的旋塞，应装在这段弯管和压力表之间的垂直管段上。

（4）如果容器的工作介质对压力表的零件材料有腐蚀作用，则应在弹簧管式压力表与容器的连接管路上装置充填有液体的隔离装置，充填液不应与工作介质起化学反应或产生混合物。如果限于操作条件不能采取这种保护装置时，则应选用抗腐蚀的压力表，如波纹膜式压力表等。

（5）压力表最好固定在工作压力相同的容器上使用，这样可以根据容器的最高许用压力在压力表的刻度盘上刻出警戒红线。但不应把警戒红线图画在压力表的玻璃上，以免玻璃转动，产生错觉，造成事故。

4. 压力表的维护

要使压力表保持灵敏准确，除了合理选用和正确安装以外，在压力容器运行中还应加强对压力表的维护和检查。

（1）压力表应保持清洁，表盘上的玻璃要明亮清晰，使表盘内指针指示的压力值能够清楚易见。表盘玻璃破碎或表盘刻度不清的压力表应停止使用。

（2）压力表的连接管要定期吹洗，以免堵塞。特别是用于含有较多油污或其他黏性物料气体的压力表连接管，尤应勤于吹洗。

（3）经常注意检查压力表的指针转动与波动是否正常，检查连接管上的旋塞是否处于开启状态。

(4) 压力表必须定期进行校验，已经超过校验期限的压力表应停止使用。在容器正常运行过程中发现压力表指示不正常或有其他可疑迹象时，应立即检验校正。

(二) 液位计

液位计是用以显示容器内液面（气液交界面）的一种测量仪表。它不但是工艺生产中观察和测量液位，以保证生产正常进行的重要仪表，也是压力容器的一种安全装置。它可以防止由于盲目操作，致使器内因满液而发生液体膨胀而造成的压力容器超压爆炸事故。盛装液化气体的储存容器，包括大型球形贮罐、卧式贮槽和槽（罐）车和气液相反应容器等都应装设液位计。

1. 液位计的形式与适用范围

液位计是根据连通管原理制成的，一般结构都比较简单。它的结构形式较多，除了常用的有玻璃管式液位计、玻璃板式液位计、浮子液位计及防霜液位计等外，目前还有一些液位自动指示仪器。这些指示液位的仪表各具特点，也有各自的适用范围。

玻璃管式液位计结构简单、价格低廉，在一般中低压容器上用得十分广泛。但玻璃管的耐压能力有限，适用于设计压力不大于 1.6MPa、介质流动性好、且不易堵塞的场合。

玻璃板式液位计结构稍为复杂一些，它用耐压的玻璃板代替了玻璃管，且有装设玻璃板的金属盒和压盖。这种液面计又有透光式和反射式两种。透光式玻璃板液位计适用于设计压力不大于6.4MPa，洁净而无色透明的液体；反射式玻璃板液位计适用于设计压力不大于4.0MPa，不太洁净而稍有色泽的液体。

浮子液位计一般装设在地下槽等类容器上，它具有不易堵塞、不用保温、使用可靠、易采取防腐蚀措施等特点，装设浮子液位计可从地面上观测地下槽的液位，但它的承压能力较低，一般不超过 0.4MPa，且不宜用于装有搅拌装置或液面波动较大的容器上。

防霜液位汁适用于设计压力不大于 4.0MPa，介质温度低于 0℃ 的承压设备。它的主要特点是不会因工作介质温度低造成液位计周围结霜而影响液位的观测。

2. 液位计的装设和使用

选用、装设和使用液位计或液位自动指示器时，应注意以下各项。

(1) 工作介质为易燃或有毒性的容器，应装设玻璃板式液位计或液位自动指示器；大型液化气体贮槽应装设安全可靠的液位指示器。

(2) 液位计或液位自动指示器应有防止液位计泄漏的装置和保护罩。

(3) 玻璃板式液位计应以 1.5 倍的工作压力进行耐压试验，经检验合格后才能安装和使用。

(4) 液位计或液位自动指示器应装在便于观测液位的地方，并应有良好的照明。

(5) 液位计应经常保持洁净，玻璃管或板必须明亮清晰，液位清楚易见。

(6) 应经常检查液位计的工作状态：如气液连通开关是否处于开启状态；连通管或开关是否堵塞，各连接处有无渗漏现象等。

第三章　压力容器定期检验

第一节　检验目的与基本要求

一、压力容器定期检验的目的

压力容器的定期检验是指在容器的使用过程中，每间隔一定的期限即采用各种适当而有效的方法对容器的各个承压部件和安全装置进行检查和必要的试验。借以早期发现容器上存在的缺陷，使它们在还没有危及容器安全之前即被消除或采取适当措施进行特殊监护，以防压力容器在运行中发生事故。

压力容器虽是静止设备，不像高速转动机器的部件那样易于磨损或产生疲劳。但是由于它长期承受压力和其他一些载荷，有的还要受到腐蚀性工作介质的腐蚀，或在高温或深冷的工艺条件下工作，因此压力容器在使用过程中，原材料或制造过程中遗留的微小缺陷就会发生扩展变化，也可能产生新的缺陷。例如：

由于工作介质对容器材料具有腐蚀性，使容器部件发生局部腐蚀或均匀腐蚀而致壁厚逐渐减薄，或由于晶间腐蚀、应力腐蚀而致材料的力学性能降低；

由于频繁地加压和卸压，或操作压力波动的幅度及频率过大，使容器在反复交变载荷作用下，在原材料存在缺陷或应力集中的部位产生疲劳裂纹；

由于容器承压部件设计壁厚太小、应力过大，或容器操作使用不当及超温超压运行，因而产生较大的塑性变形；

由于容器结构不良、材料选用不当或焊接质量低劣，在焊缝及其附近或其他局部应力过高的部位存有裂纹，这些裂纹在使用过程中扩展；

由于容器安装不当、容器本体或其支承附件发生震动，使容器磨损；

由于容器部件长期经受高温下的压力载荷，因而使材料产生蠕变以致部件严重变形或紧固件松弛等等。

显然，压力容器这些缺陷如果不能及早发现或消除，任其发展扩大，则必将在继续使用过程中发生断裂破坏，导致严重的爆炸事故。

实行定期检验，是及早发现缺陷，消除隐患，保证压力容器安全运行的一项行之有效的措施。这已被国内外长期的生产实践所证实。在这方面，国内有过不少的经验和教训。

综上所述，对压力容器进行定期检验，是为了及早发现缺陷，消除隐患，保证压力容器在检验周期内安全运行。其主要目的如下：

（1）了解压力容器的安全状况，及时发现问题，及时修理和消除检验中发现的缺陷，或采取适当措施进行特殊监护，从而防止压力容器事故的发生，保证压力容器在检验周期内连续地安全运行。

（2）通过定期检验，进一步验证压力容器设计的结构形式是否合理，制造和安装质量如何以及缺陷的发展状况等。

（3）及时发现运行管理中存在的问题，以便改进管理和操作。

因此，为了防止事故的发生，确保安全运行，压力容器的使用单位除了加强对其日常管理和维护保养外，还要定期进行全面的技术检验，对压力容器技术状况做出科学的判断，以确定压力容器能否继续使用。

二、 检验周期和项目

1. 检验周期

压力容器的检验周期应根据容器的技术状况、使用条件和有关规定来确定。《压力容器安全技术监察规程》将压力容器的定期检验分为外部检查、内外部检查和耐压试验。

压力容器检验周期具体规定如下：

（1）正常情况

① 外部检查，每年至少一次。

② 内外部检验。安全状况等级为1、2级的，每6年至少1次；安全状况等级为3级的，每3年至少1次。一般对于安全状况为4级的压力容器应提出相应的监控条件和措施，其监控时间不宜过长；定为5级的压力容器，在未经修理及对缺陷处理之前，不可再作为承压设备使用。

③ 耐压试验。对固定式压力容器，每两次内外部检验期间内，至少进行1次耐压试验，对移动式压力容器，每6年至少进行1次耐压试验。

④ 投用后首次内外部检验周期一般为3年。以后的内外部检验周期，由检验单位要根据前次内外部检验情况与使用单位协商确定后报当地安全监察机构备案。

（2）非正常情况

① 有下列情况之一的压力容器，内外部检验周期应适当缩短：

a. 介质对压力容器材料的腐蚀情况不明或介质对材料的腐蚀速率大于0.25mm/a，以及设计者所确定的腐蚀数据与实际不符的。

b. 材料表面质量差或内部有缺陷，材料焊接性能不好以及制造时曾多次返修的。

c. 使用条件恶劣或介质中硫化氢及硫元素含量较高的（一般指大于100mg/L时）。

d. 使用已超过20年，经技术鉴定后或由检验员确认按正常检验周期不能保证安全使用的。

e. 停止使用时间超过2年的。

f. 经缺陷安全评定合格后继续使用的。

g. 经常改变使用介质的（如印染机）。

h. 搪玻璃设备。

i. 球形储罐（使用$\sigma_b \geqslant 540$MPa材料制造的，投用1年后应开罐检验）。

j. 介质为液化石油气且有氢鼓包应力腐蚀倾向的，每年或根据需要进行内外部检验。

k. 采用“亚铵法”造纸工艺，且无防腐措施的蒸球每年至少一次或根据实际情况需要缩短内外部检验周期。

② 安全状况等级为1、2级的压力容器有下列情况之一时，内外部检验周期可适当延长。

a. 非金属衬里层完好的，其检验周期可延长，但不能超过9年。

b. 介质对材料腐蚀速率低于0.1mm/a（实测数据），有可靠的耐腐蚀金属衬里（复合钢板）或热喷涂金属（铝粉或不锈钢粉）涂层的压力容器，通过1~2次内外部检验确认腐蚀轻微或衬里完好的，检验周期可延长，但不超过 12 年。

c. 装有触媒的反应容器以及装有充填物的大型压力容器，其检验周期根据设计图样和实际使用情况由使用单位、设计单位和检验单位协商确定，报当地安全监察机构备案。

2. 检验项目

(1) 外部检查　是指在用压力容器运行中的不停机在线检查，外部检查可由检验单位有资质的压力容器检验员进行，也可由经安全监察机构认可的使用单位压力容器专业人员进行。以宏观检查为主，必要时再进行测厚、壁温检查和腐蚀性介质含量测定等，外部检查项目至少应包括如下几项。

① 容器外壁的防腐层及保温层是否完整无损，有无脱落、松动或变质等失效现象。

② 器壁上有无锈蚀、凹陷、鼓包以及其他损伤，焊缝或其附近有无裂缝等缺陷。

③ 容器上的所有焊缝有无渗漏，法兰及其他可拆连接处有无泄漏，外壁有保温层及其他覆盖层的容器，有无显示出泄漏的现象。

④ 紧固件是否完整无损，有无螺栓脱扣、螺母松动或紧固螺栓欠缺不全等缺陷。

⑤ 容器是否按规定装设了安全装置，安全装置的选用、装设是否符合要求，安全装置的维护是否良好，是否灵敏可靠，是否超过了规定的使用检验期限。

⑥ 容器及其连接管道的支撑是否稳当，有无倾斜下沉、振动摩擦以及不能自由胀缩等不良现象。

⑦ 容器的操作压力及操作温度是否在设计规定的范围内，工作介质的成分与质量是否符合设计的规定。

外部检查的重点部位是容器的本体和几何形状不连续处，如焊缝及热影响区、接口部位及补强部位以及局部受热或受冷部位。对绕带式或多层包扎式容器还需检查漏孔及信号孔是否有漏液或漏气现象发生，同时还应疏通检漏管。有条件自检的单位，应将外部检查情况包括检验日期，发现问题以及检验结论等认真填写容器检验记录并存档。无条件自检的单位，应按检验日期报当地锅检所，由当地锅检所派员现场检验，并出具检验报告。

(2) 内外部检验　是指在用压力容器停机时的检验。内外部检验应由检验单位有资格的压力容器检验员进行。检验的目的是尽早发现容器内外部所存在的缺陷以及原有缺陷的发展情况，以确定容器能否继续运行和为保证容器安全运行所必需采取的相应措施。内外部检查至少包括下列项目。

① 外部检查的全部项目。

② 容器内壁的防护层（涂层或镀层）是否完好，有无松脱或被冲刷、刮落等现象。有衬里的容器，衬里是否有凸起、裂开或其他损坏的迹象。

③ 容器的内壁是否存在腐蚀、磨损以及裂纹等缺陷。对发现的缺陷进行定性和定量的测定，包括缺陷的尺寸或严重程度，分析缺陷产生的原因以及确定对缺陷的处理等。

④ 容器有无宏观的局部变形或整体变形，发现有塑性变形时测定其变形量，并判断其严重程度。

⑤ 工作介质在操作压力和操作温度下对器壁的腐蚀有可能引起金属材料组织恶化（如脱碳、晶间腐蚀）的容器，应对器壁进行金相检验、化学成分分析和表面硬度测定。

经过内外部检查的容器，应有检验人员根据检验情况做出检验结论。检验结论可以分为：按原设计工艺条件继续使用，采取适当的措施后继续使用或不能继续使用等。

对内外部检查发现有缺陷的容器，除了判废（即不能继续使用）者外，可以根据容器的使用条件和缺陷的具体情况（包括缺陷的性质及严重程度等）采取适当的措施继续使用，这些措施包括如下几项。

① 消除所发现的缺陷或对有缺陷的部位进行修补，经消除缺陷或进行修补后检查不再发现缺陷。

② 改变容器的原有工艺条件，如降低使用压力，调整使用温度等。

③ 采用特殊的监护措施，如设置发射仪器进行监护等。

④ 缩短检验周期。

容器的内外部检查情况，包括检验日期、出现的缺陷以及检验结论等，应认真填写容器检验记录。检验中发现有缺陷的容器必须将缺陷的部位、尺寸、消除或修补情况以及所采取的具体措施登记入检验记录内，需要缩短检验周期的容器还必须注明下次检验日期。

（3）耐压试验　是指压力容器停机检验时，所进行的超过最高工作压力的液压试验或气压试验。压力容器内外部检验合格后，按检验方案的要求或根据被检容器的实际情况，由检验人员确定进行液压试验或气压试验，有关耐压试验的内容、方法及评定等将在本章第三节详细论述。

（4）气密性试验　又称致密性试验，主要是检查压力容器各接口各焊缝连接处的严密性。因此，对于介质为毒性程度极度，高度危害或设计上不允许有微量泄露的压力容器，除进行耐压试验外，还应进行气密性试验。已经进行过气压试验且合格的压力容器一般可不再进行气密性试验。

气密性试验与耐压试验的区别是，耐压试验是检验压力容器的耐压程度，属强度试验；气密性试验是检验压力容器密封严紧性，是密封性能的试验。耐压试验是在拆除安全装置、阀门及仪表等各附件，并封闭各接口后的条件下进行；气密性试验是在安全装置、阀门及仪表等安装齐全，容器装置的配置尽量模拟生产状态的条件下进行。气密性试验必须在容器经过水压试验并合格以后进行，以确保压力容器不会在气密性试验中发生断裂爆炸，造成大的伤害。

气密性试验使用的加压介质应该是干燥洁净的空气、氮气或其他惰性气体，具有易燃介质的在用压力容器，则不得使用空气作为实验介质，应选用氮气或其他惰性气体。

气密性试验压力通常为容器的设计压力，试验时气体的温度不低于5℃。试验前必须将容器中不参与气密试验的部分或设备用盲板隔断。为防止容器在试验中断裂造成伤害，试验场地应划定安全防护区，要有明显的安全标志，可靠的防护措施。

试验时，应缓慢通气，当压力达到试验压力的10%时，应暂停进气，对连接密封部位及焊缝等进行检查，若无泄漏或异常现象可继续升压。升压应分梯次逐级提高，每级之间适当保压，以观察有无异常现象。达到试验压力后，应保持10～30min，保压过程中试验压力不得下降。检查容器各连接部位及焊缝有无泄漏，确认无泄漏即为合格。试验完毕后，应缓慢将气体排净。

压力容器气密性的检查方法有如下几种。

① 在被检查的部位涂刷肥皂水，检查肥皂水是否鼓泡。

② 在试验介质中加入1%的氨气，在被检查部位表面用5%硝酸汞溶液浸过的纸带覆盖，如果有不严密的地方，氨气就会泄漏而使纸带的相应部位形成黑色的痕迹。此法较为灵敏、方便。

③ 在试验介质中充入氦气，如果有不严密的地方，可用氦气检漏仪在被检部位表面检

测出氦气。氦气检漏仪可以发现气体中含有万分之一的氦气，因此，灵敏度较高。

④ 小型容器可浸入水中检查，被检部位置于水面下约 20 ~ 40mm 深处，检查是否有气泡逸出。

三、 检验要求

1. 检验单位和检验员

由于压力容器是一种通常盛装易燃、有毒介质并有爆炸危险的特殊设备，因此从事压力容器定期检验工作的检验单位和检验人员就须有一定的资格。《在用压力容器检验规程》规定，压力容器定期检验工作必须由有资格的检验单位和考试合格的检验人员承担，其资格认可和考试规则应符合《锅炉压力容器检验机构资格认可规则》及《锅炉压力容器检验员资格鉴定考核规则》的要求。经资格认可的检验单位和鉴定考核合格的检验员，可以从事允许范围内相应项目的检验工作。超出允许范围所进行的检验工作，一概视为无效。同时，该检验单位和检验人员要为此承担相应的后果和责任。

检验单位应保证检验质量，包括对检出缺陷处理后的再检验质量。检验时应有详细记录，检验后应出具《在用压力容器检验报告书》。保证检验质量是对检验单位最基本的要求，否则，检验后的压力容器的安全质量得不到保证，反而给压力容器埋下事故隐患，也就失去了检验的意义。因此，为保证检验质量，检验单位必须不断提高检验水平，对检验报告严格把关，并对检验结果负责。同时，《在用压力容器检验规程》规定凡明确有检验员签字的检验报告书，必须由持证检验员签字方为有效。这既是检验员的权限，也是检验员的责任，表明检验员对检验报告的正确性负责。

2. 准备工作

为保证检验结果的可靠性和正确性，做好检验前的准备工作是十分必要的。检验人员要与使用单位密切合作，做好停机后的技术性处理和检验前的安全检查，确认符合检验工作要求后，才可进行检验。

(1) 使用单位　压力容器使用单位应根据生产工艺特点和压力容器的安全状况制定压力容器年度检验计划，并报主管部门和当地质量技术监督部门，锅炉压力容器安全监察机构。使用单位主管部门应负责督促落实，质量技术监督部门负责监督检查。通过与检验单位的协调，具体落实检验日期。检验前，使用单位应做好以下准备工作。

① 技术资料　为了了解和掌握被检容器设计、制造及投用后的运行以及以往检验情况，检验工作开始前，使用单位应主动配合检验单位，为审查被检容器的技术资料提供必要的方便。

需审查的技术资料有如下一些文件。

a. 容器设计资料，包括设计图样、设计及安装（使用）说明书及强度计算书等。

b. 制造安装资质证明资料，包括制造日期、产品合格证、制造质量证明书、竣工图及质量技术监督部门锅炉压力容器检验单位出具的安全质检报告。对现场组装的大型容器，还应提供现场组装质量证明文件及竣工验收记录。国外进口的压力容器还应有质量技术监督部门锅炉压力容器安全监察机构审核签发的进口压力容器安全性能检验报告。

c. 运行操作资料，包括使用单位压力容器登记卡及运行操作记录（开停记录以及有关运行参数、介质成分、载荷变化情况及运行中出现的异常情况的资料）。

d. 历次检验资料，包括历次检验报告和记录、安全附件定期校验资料和质量证明资料。

e. 修理和改造资料，包括重大修理、改造方案及其批准文件、施工记录、检验报告及竣工图等。

② 检验现场　检验工作开始前，使用单位必须做好现场的一切准备工作。

a. 压力容器停机后，首先应切断与容器相关的电源，拆除保险丝，并设置明显的安全标志。切断容器与其他设备连接的通路，特别是与可燃或有毒介质设备连接的通路，不但要关闭阀门，还必须用盲板严密封闭。

b. 将容器内部的介质全部排净。对盛装易燃、助燃、毒性或窒息性介质的容器，还必须进行置换、中和、消毒及清洗等技术处理，并经取样分析达到有关规范和标准的规定。

c. 对影响内外表面检验的附件或其他物体应按检验要求进行清理或拆除。需要进行检验的表面，特别是腐蚀部位和可能产生裂纹性缺陷的部位，应彻底清扫干净，并按要求进行打磨。

d. 搭设必要的脚手架或轻便梯。

e. 使用单位还应做好安全防护工作。安全防护工作是压力容器定期检验得以顺利进行的保证，所以对安全防护工作绝不能因“麻烦”而“偷工减料”，应按有关规程的要求做好各项安全防护工作。如对能够转动的或其中有抖动部件的压力容器，应锁住开关，固定牢靠；为检验而搭设的脚手架、轻便梯等设施，必须安全牢固；检验中如需现场射线探伤时，应隔离出透照区，设置安全标志。

（2）检验单位　为了保证检验工作顺利开展，不耽误检验工期，保证检验质量，检验单位也必须做好如下准备工作。

① 制定检验方案　检验单位应认真审查使用单位提供的压力容器技术档案，根据掌握的被检压力容器的情况，制定出相应的检验方案，确定检验项目和检验程序以及检验方式和方法等，并按规定予以审批认可。

在制定检验方案时，应考虑如下几方面的问题。

a. 要了解容器的用途和结构。因为根据容器的结构和使用特性，可以分析出容器在使用过程中哪些部位和部件使用条件恶劣，容易产生缺陷，在检验中予以注意。

b. 考虑容器的工作介质和工作温度，介质不同或同一介质浓度不同，对容器的腐蚀和对防腐层的破坏作用均不相同。对介质为腐蚀性的容器，应重点检查容器底部、接管周围、焊缝表面和有表面缺陷的部位，因为这些部位介质浓度较高，腐蚀程度比其他部位严重。考虑工作温度，主要是对高、低温容器要引起重视，如高温容器要注意检查是否发生过热、脱碳及蠕变等现象。

c. 考虑容器的安装位置，主要考虑安装地点和周围环境等因素对安全的影响。如室外容器要检查风吹、雨淋及日晒的影响；承受风载的容器要检查拉撑杆及紧固件是否完好；安装地质条件不理想的容器，要注意检查基础下沉和地面开裂等现象；周围环境污染严重的容器，要注意检查外表面的腐蚀情况。

② 配置必要的检测仪器设备　检验单位根据检验方案中确定的检验项目和检验程序，选择配置相应的检测仪器和设备，其仪器和设备应在相应的检验周期内，能保证现场使用灵敏可靠和检测数据的结果准确无误。

③ 配备相应的检验力量　检验单位还应根据压力容器的类别，检验项目的多少，检验技术难易程度确定有相应资格的检验人员和配备某些专业项目的检验人员。

3. 基本要求

《在用压力容器检验规程》规定了在用压力容器检验的基本要求，其内容如下。

① 外部检查应以宏观检查为主，必要时可进行测厚、壁温检测和腐蚀介质含量测定等。

② 内外部检验应以宏观检查及壁厚测定为主，必要时可采用表面探伤、射线探伤、超声波探伤、硬度测定、金相检验、应力测定及耐压实验等。

定期检验明确提出以宏观检验为主（内外部检验时增加了壁厚测定为主的内容），但不是取消其他检验方法。当检验员发现宏观检查的问题较大，或对检验结果有怀疑时，应采用其他检验方法作进一步的检验。

4. 安全要求

压力容器定期检验，重点是内部检验，检验员需进入容器的内部，稍有不慎，就会造成机毁人亡的事故。因此，为确保被检设备、检验设备及检验人员的安全，检验单位和使用单位都应充分重视检验中的安全问题，精心组织制定周密的安全措施，防患于未然。

（1）安全隔离　将检验人员进入的工作场所与某些可能产生事故的危险性因素严格隔绝开来，即切断压力容器与设备之间以及与物料、水、电、气等动力部分的联系。隔断用的盲板要有足够的强度，以免被运行中的高压介质胀破，隔断位置要明确指示出来。切断与容器有关的电源后，应挂上严禁送电的明显标志。

（2）加强通风　在进入容器前，应将容器上的人孔和检查孔全部打开，使空气对流一定时间。检查中也应保证通风，一般情况下应保证自然通风，必要时应强制通风。

（3）定期进行安全分析　检验前，虽然对容器进行了清洗、置换及中和等技术处理，并经取样分析合格，但随着检验工作的进行，可能会产生新的不安全因素。因此，应根据具体情况，定期取样，进行安全分析。检验过程中容器内部气体成分的安全分析主要包括如下内容。

① 易燃气体含量　在爆炸下限大于4%（体积比）的易燃气体的容器内，空间合格浓度小于0.5%；在爆炸下限小于4%的容器内，空间合格浓度小于0.4%。

② 含氧量　容器内部空间的气体含氧量应在18%～23%（体积比）之间。

③ 有毒气体含量　主要以《工业企业设计卫生标准》中的要求为准。

在压力容器内有多种毒物存在的情况下，应注意毒物的联合作用问题。此外，在取样分析时，要注意采样的位置，要深入现场调查，根据容器内的具体情况和介质的性质，在最具代表性的部位取样。

（4）注意安全用电　进入容器检查时，应使用12V或24V低压防爆灯或手电筒。检测仪器和修理工具的电源超过36V时，必须采用绝缘良好的胶皮软管，并有可靠的接地。

（5）专人监护　检验人员进入容器内工作时，由于存在中毒、窒息、触电及燃烧爆炸等危险因素，同时人员进出困难，联系不方便，因此容易出现发生事故而不能及时被发现的情况，导致事故扩大而造成不应有的伤亡损失。所以，在检验过程中，必须要有专人在容器外监护，并有可靠的联络措施。监护人员应坚守岗位，尽职尽责。

（6）安全防护　检验人员在进入检验场所前，应穿好安全工作服，不可穿打滑或带铁钉的鞋。进行射线探伤时，应计算安全距离和采取可靠的屏蔽措施，并做好辐射区的警戒工作。在进行耐压试验和气密试验时，不得在升压过程中进行检验。

5. 检验报告书

检验单位的检验人员，应按《在用压力容器检验报告书》规定的内容，根据所检验的项目，认真、准确地填写检验报告书。检验员应认真分析有关资料和检验结果，签署检验报告，并盖检验单位印章，在容器投入使用前送交使用单位。

《在用压力容器检验报告书》由质量技术监督部门规定格式，根据具体情况决定填写的份数，但最少应填写两份，分别由检验单位和使用单位保存，且应保存至设备寿命终止。检验报告书的内容应包括如下内容。

① 检验结论报告。

② 原始资料审查报告。

③ 内外部表面检查报告及缺陷部位图。

④ 壁厚测定报告。

⑤ 磁粉探伤报告与探伤部位图。

⑥ 渗透探伤报告与探伤部位图。

⑦ 射线探伤报告与探伤部位图。

⑧ 超声波探伤报告与探伤部位图。

⑨ 化学成分分析报告。

⑩ 硬度测定报告。

⑪ 金相分析报告。

⑫ 安全附件检验报告。

⑬ 耐压试验报告。

⑭ 气密试验报告。

第二节　常见的缺陷及其检验

压力容器必须定期进行技术检验。检验的目的是要早期发现容器所存在的缺陷，及时地消除隐患，以防缺陷继续发展扩大，最后造成破坏事故。

压力容器中比较常见的缺陷是腐蚀、裂纹和变形。在这一节中，我们将讨论这些缺陷，包括它产生的原因、重点检验部位和缺陷的评定处理等。

一、腐蚀

腐蚀是压力容器在使用过程中最容易产生的一种缺陷，特别是在化工容器中。它是由于金属与所接触的介质产生化学或电化学变化作用而引起的。容器的腐蚀可以是均匀腐蚀、点腐蚀、晶间腐蚀、应力腐蚀和腐蚀疲劳。不管是哪一种形式的腐蚀，严重时都会导致容器的失效或破坏。

（一）产生的原因与重点检验部位

1. 外壁的腐蚀

压力容器的内外表面都可能产生腐蚀。容器的外壁一般是大气腐蚀，大气腐蚀作用与地区及季节等有密切关系，在干燥的地区或季节，大气腐蚀要比潮湿地区或多雨季节轻微得多。铁在潮湿的大气中被腐蚀的机理是首先生成腐蚀产物——氢氧化亚铁 $Fe(OH)_2$，然后继续与空气中的氧起作用转变为氢氧化铁 $Fe(OH)_3$。氢氧化铁以一种疏松的沉淀形式覆盖在金属表面上，它不能对空气的继续入侵起保护作用，且还由于它具有吸湿性，更加速了大气腐蚀作用的进行，一直到铁完全被腐蚀，最后生成水合的氧化铁——铁锈（nFeO、

mFe_2O_3、pH_2O)时为止。船舶上使用的容器，外壁一般都比较容易腐蚀，这与使用环境中空气的湿度较大有关。此外，被污染的大气，常常也会加速腐蚀的进行，例如，由于烧煤，空气中常含有较大量的二氧化硫，它吸收空气中的水分生成硫酸，对铁合金等产生严重的腐蚀。据试验，在相对湿度为88%的空气中，含0.01%二氧化硫的空气对铁的腐蚀作用，要比纯空气大10~13倍（以失重计)。

压力容器外壁的腐蚀多产生于经常处于潮湿状态和易于积存水分或湿气的部位。有些小容器常用独立的支架（支架不与容器焊接在一起）支承或固定，在支承架与容器之间的接触面上常常会发生比较严重的腐蚀。还有些容器的外表面与地面接触的部分也容易产生腐蚀，它除了具有易于积存水分、灰垢和铁锈等加速腐蚀的条件以外，还因接地电流的作用而产生外部电流腐蚀。

检查压力容器外壁的腐蚀情况时，应特别注意检查上述这些部位。

2. **内壁的腐蚀**

容器内壁的腐蚀主要是由于工作介质或它所含杂质的作用而产生的。一般说来，工作介质具有明显腐蚀作用的容器，设计时都采取防腐蚀措施，如选择耐腐蚀材料，进行表面处理或表面涂层，在内壁加衬里等等。这些容器内壁的腐蚀常因防腐措施遭到破坏而引起。

涂层（涂刷油漆）或镀层是压力容器常用的一种防腐蚀措施。但有些容器常因个别地方的防腐层被破坏而造成局部腐蚀，如有的是由于安装内部构件时不小心而被碰损或刮落，有的是由于局部气流速度过高而被冲刷磨蚀，也有的是由于结构上的原因难以喷涂。例如很多氮肥厂的水洗塔，都是在内壁涂刷环氧树脂或喷铝来进行防腐的，因塔内壁焊有支承塔板或篦子的角钢圈，角钢圈附近的防腐层往往因未喷涂上或很快脱落，这些地方的局部腐蚀一般都较严重。某厂的水洗塔，投产使用仅5年多，在角钢圈附近的局部腐蚀即深达10mm左右，形成一条断续的环状凹坑。因此，对内壁有涂层或镀层的容器，必须认真检查这些防腐层的完好情况，重点应检查局部流速过高、喷涂防腐层施工困难以及防腐层容易脱落的其他部位。

在一些化工用的钢制容器的壳体内常衬有金属或非金属衬里，以防止工作介质对钢质壳体的腐蚀。由于壳体与衬里的热膨胀系数不同，当温度及压力变化时，衬里易产生凸起或开裂等缺陷，并由此造成工作介质渗出衬里，造成外壳腐蚀。对这些容器，内部检查时应特别注意衬里的完好情况。用金属或其他塑性材料作的衬里，应经过气密试验，以检查有无泄漏。容器衬里的气密试验，过去大都是在衬里与外壳的夹壁通入压缩空气，在衬里内用肥皂水涂刷焊缝或其他可疑处，以检验这些部位是否泄漏。有些带衬里的容器，在外壳上开设有许多检查孔（大多是压力较低的低压容器），这样的容器可以用氨渗透法进行气密试验。方法是在容器衬里内通入含氨约1%（体积比）的空气，并在外壳的检查孔上贴有浸过酚酞或5%硝酸亚汞的纸片（显示剂）。如果衬里有泄漏，则在泄漏处附近检查孔上的纸片即会显示出有色斑点。这种试漏方法灵敏度较高，但寻找泄漏处往往比较困难。近年来，在国外，氨渗透法已逐渐被其他更先进的方法所取代，常用的有卤素试漏法、六氟化硫试漏法和氦质谱试漏法。这些方法也都是在容器的衬里内分别通入含有卤素的气体（常用的是氟里昂12或氯仿），或六氟化硫，或氦气，然后用特制的检漏仪进行检查。如果有泄漏，检漏仪即会发出音响讯号，或在仪器表盘上指示出漏气量的大小。经过气密试验发现有泄漏的衬里，应将其一部分或全部除去，以检查容器外壳的腐蚀情况。

容器内壁的腐蚀也可能是由于正常的工艺条件被破坏而引起。这些容器在正常操作条件下，介质对器壁并无腐蚀作用，所以设计时一般都没有采取防腐蚀措施。而当操作条件不正常或使用不当时，则往往会产生腐蚀。如干燥的氯，对钢制容器不产生腐蚀，而如果氯气中含有水分或充装氯气的容器因进行水压试验后没有干燥，或由于其他原因进入了水分，则氯与水作用生成盐酸或次氯酸，对容器内壁即会产生强烈的腐蚀。一氧化碳对铁合金一般也没有腐蚀作用，因为它可以被铁吸附，在金属表面形成一层保护膜。但如果气体中或贮装容器内存在水分，则会产生严重的应力腐蚀，器壁上会出现穿透性裂纹，甚至导致容器的破坏。此外，工艺条件中的温度不正常也往往会引起或加剧介质对容器的腐蚀。所以在进行容器的内部检查时，最好事先了解一下容器的使用情况和工艺条件的执行情况。考虑到这些不正常现象的可能性，故应注意重点检查容器在这种情况下易于产生缺陷的地方。

容器内壁的腐蚀还可能是由于结构上的原因而引起或加剧的。如带有腐蚀性沉积物的容器，排出管高于容器的底平面，或采用凹型底封头（凸面受压），使容器的低洼“死角”长期积聚有腐蚀性的沉积物，因而在这些地方产生腐蚀。此外，焊缝及热影响区，铆接容器的铆钉周围及接缝区都是比较容易产生腐蚀的地方，应重点进行检查。

（二）检查与处理

1. 腐蚀的检查与测定

容器外壁腐蚀的检查比较简单，因为大气腐蚀一般都是均匀腐蚀（如表面生成一层层铁锈）或局部腐蚀（深坑腐蚀、密集点腐蚀或片状腐蚀），这些缺陷用直观检查的方法即可发现。外壁涂刷有油漆防腐层的容器，如果防腐层完好无损，而且又没有发现其他可疑迹象，一般不需要清除防腐层来检查金属壁的腐蚀情况。外面有保温层或其他覆盖层的容器，如果保温材料对器壁材料无腐蚀作用，或容器壳体外壁有防腐层，在保温层完好无损的情况下，也可以不拆除保温层（或只拆除一小部分以检验容器外壁金属表面的情况），但如果发现有泄漏或其他有可能引起腐蚀的迹象，则至少在可疑之处应拆除部分保温层进行检查。

容器内壁腐蚀的检查要比外壁复杂一些，因为内壁可能有各种形式的腐蚀。对均匀腐蚀和局部腐蚀，也可以通过直观检查，即观察器壁的表面情况以及器内的腐蚀产物等来发现。对晶间腐蚀和断裂腐蚀（应力、腐蚀和腐蚀疲劳），除了严重的晶间腐蚀可以通过锤击检查有所发现外，一般用直观检查是难以判断的。所以对工作条件（介质、工作压力和工作温度）有可能引起这类腐蚀的容器，内壁应进行金相检验、化学成分分析和硬度测定。断裂腐蚀常在腐蚀表面先产生裂纹，有关腐蚀裂纹的检查，将在“裂纹”一节中论述。

内壁有防腐涂层、镀层或衬里的容器，如果保护层完好无损，又没有发现其他可疑迹象，一般可以不予清理或拆除，但衬里要作气密性检验。对内壁检验有妨碍的构件应予拆除。

经过直观检查，若发现容器外壁或内壁有均匀腐蚀或局部腐蚀，则应测量被腐蚀处的剩余壁厚。腐蚀后剩余壁厚的测定，可以用以下的一些方法。

（1）在容器开孔附近的部位，可以从开孔处测量。

（2）用任何无损检验工具或仪器测量，但所用仪器或工具的精度应在壁厚测量容许偏差范围内。剩余壁厚测量容许偏差为

容器壁厚 $S \leqslant 8\mathrm{mm}$，容许偏差 $\Delta S = 0.1S$；

容器壁厚 $S > 8\mathrm{mm}$，容许偏差 $\Delta S = 0.05S$ 或 $0.8\mathrm{mm}$，取较大值。

（3）不能用无损检验法测量时，可以采用钻孔检查法测定。测得了剩余壁厚，器壁的腐

蚀厚度以及腐蚀速率即可确定（腐蚀速率为腐蚀厚度除以已经使用的年限，以 mm/a 计）。

2. 缺陷处理

对检查发现有腐蚀缺陷的容器如何处理，常常要根据容器的具体使用情况来决定。下面提出一些通用性的处理原则。

(1) 内壁发现有晶间腐蚀及断裂腐蚀等缺陷的容器，一般不宜继续使用。如果腐蚀程度轻微，允许根据具体情况，在改变原来的工作条件（不会再产生同类形式的腐蚀）下使用。

(2) 符合下述情况的分散点腐蚀（深坑腐蚀），在不妨碍工艺操作的情况下，可以不予考虑，即对缺陷不作处理，容器继续使用：

腐蚀周围不存在裂纹；

腐蚀最大深度不超过计算壁厚（不包括腐蚀裕度的计算壁厚）的一半；

在任意直径为 200mm 的面积内，点腐蚀的总面积不超过 $4500mm^2$，且在此范围内，沿任一条直线上的点腐蚀的长度总和不超过 50mm。

(3) 均匀腐蚀和局部腐蚀（包括片状腐蚀和密集斑点腐蚀），根据其剩余壁厚，按剩余壁厚应不小于计算厚度的原则，确定其继续使用、缩小检验间隔期限、降压使用或判废。其中的计算厚度应包括用至下次检验日期所需的腐蚀裕度（即检验间隔期限与腐蚀速率的乘积）。对远离焊缝处（与焊缝的距离大于壁厚的 2 倍，且不小于 25mm）的腐蚀区，其计算厚度应该取焊缝系数为 1 所算得的值。其中局部腐蚀区的剩余壁厚，如果腐蚀区的直径或长度不超过容器直径的 1/3，且不大于 1m，则可取计算截面的平均壁厚值。

二、裂纹

裂纹是压力容器中最危险的一种缺陷，因为它是导致容器发生脆性断裂的主要因素，同时又会促进疲劳断裂和腐蚀断裂的产生。在国内外发生的许多压力容器事故中，大部分都与裂纹有关。根据英国一个联合调查小组对一部分使用年限在 30 年以下的容器事故情况的调查，在所发生的 132 次事故中，由于裂纹而造成的为 118 件，占全部事故的 89.4%，其中疲劳裂纹为 47 件，占 35.6%；腐蚀裂纹为 24 件，占 18.2%。所以裂纹这种缺陷在压力容器中一般是不允许存在的。

（一）压力容器中的裂纹

压力容器中的裂纹，按其生成的过程，大致可以分为两大类，即原材料或容器制造中产生的裂纹和容器使用过程中产生或扩展的裂纹。前者包括钢板的轧制裂纹、容器的拔制裂纹、焊接裂纹和消除应力热处理裂纹；后者包括疲劳裂纹和应力腐蚀裂纹。

1. 原材料的轧制裂纹

这种裂纹是由于金属材料本身存在疏松、缩孔和非金属夹杂物等缺陷积聚在一起，经轧制后而生成的线性缺陷。这种缺陷可以在材料的内部，也可以在表面，无一定的方向性和固定的部位。有时，在钢板或锻件的表面上，还会存在由于冶炼缺陷而造成的沿轧制的纵长方向延伸的毛细管小裂纹，这种裂纹形似发丝状，所以称为发裂。它的长度一般都不超过 0.1mm，有时候分布较广，但用肉眼观察一般不容易发现，而只是在磁力探伤时有微小的磁粉积聚痕迹，有的可以用手锉很容易锉去。这种裂纹比起其他裂纹的危害要小些，而且在压力容器中也不是常见的。

在一些拔制（拉伸）的小型高压容器中，如压气机的高压油水份离器及瓶式高压贮罐等，也常常发现有类似的轧制裂纹，这些发裂多沿容器的轴向分布，且数量较多，分布较广，但深度一般都不大。近年来，国内有些单位对一些使用过 20～40 年的这类高压容器进行定期检验时，发现有不少容器存在这样的裂纹。有的容器可能是由于这类小裂纹在长期运行过程中逐步扩展，而致在水压试验中发生断裂。

2. 焊接裂纹

焊接裂纹也是压力容器定期检验中经常发现的一种缺陷，它主要是在容器制造过程中产生的。这些裂纹可能是由于容器制造厂质量检验不严，或原有缺陷轻微未被发现而在使用过程中有所扩展。也有些焊接裂纹是在使用后焊补中产生的。焊接裂纹产生的原因及部位等已在第二章中讨论过。

3. 消除应力热处理裂纹

这是一种呈分枝状的晶间裂纹，是在焊后消除应力热处理时产生的，也可以在使用中扩展。这种裂纹产生的原因及部位等也已在第三章中讨论过。

4. 疲劳裂纹

疲劳裂纹是因为容器的结构不良或材料存在缺陷，造成局部应力过高（一般是计算应力达到材料的屈服强度的两倍以上），因而在容器经过反复多次的加压或卸压（或压力过分波动）之后而产生的裂纹。这种裂纹由产生、扩展以至断裂，一般都需要经过许多次的反复加载，在一些开停频繁的压力容器的定期检验中有时可以发现这种裂纹。

5. 腐蚀裂纹

腐蚀裂纹是腐蚀性介质在一定的工作条件（压力、温度）下对材料进行腐蚀而逐渐形成的一种裂纹，其往往与应力有关。因为应力和腐蚀两者互相促进，后者在材料表面形成缺口产生应力集中，或削弱金属的晶间结合力，而前者则加速腐蚀的进展，使表面缺口向深处（或沿晶间）扩展。容器的应力腐蚀可以从开始到断裂在整个被腐蚀的表面上只存在一条裂纹，也可以一开始就形成许多裂纹，且在开始阶段都以大致相同的速度扩展。这种应力腐蚀裂纹究竟以哪一种方式进行，则决定于在裂纹产生过程中，应力和腐蚀两者哪一种是主要因素。腐蚀裂纹的产生必须具备一定的条件（介质、浓度、温度及压力），且也只能在某一类材料而不是在所有的材料中都会产生。

（二）裂纹的检查

压力容器中的裂纹既是一种比较危险的缺陷，也是一种比较常见的缺陷。特别是近年来国外制造的容器，大多采用强度较高的新钢种，裂纹的问题就更为突出。根据国内许多使用单位的检验情况来看，有不少容器都存在这一类缺陷，有的还相当严重。如云南省某氮肥厂检验 10 台进口的高压容器，发现有 8 台存在比较严重的裂纹，其中仅铜液洗涤塔的焊缝经检查发现有深度在 4mm 以上的裂纹 18 处，最深的裂纹达 7.8mm（塔壁厚 40mm）、裂纹长达 480mm。北京某化工厂引进的 4 个大型乙烯贮罐，在 1975 年检验时，发现有大量的焊接滞后裂纹，有的贮罐的裂纹数竟达 100 处以上，裂纹普遍深达 7.5～10mm，占壁厚的20%～25%。其他单位检验的容器，也有类似情况。在这类裂纹情况严重的容器中，有高压容器，也有中低压容器。有从国外引进的，也有国内自制的。从对所发现的缺陷进行分析的结果来看，既有容器制造时留下的裂纹，也有在使用过程中新产生的裂纹。所以在压力容器的定期检验中，必须认真对待裂纹的检查。

1. 重点检查部位

压力容器的裂纹虽然在它的内外表面的各个部位都可能存在，但是一般最容易产生裂纹的地方是焊缝与焊接热影响区以及局部应力过高的部位。

焊缝与焊接热影响区常会存在焊接裂纹，这些裂纹可能与焊道垂直，也可能与焊道平行。检查时，对每条焊缝的表面，包括熔注金属、熔注金属与母材交接处和热影响区，都应认真检查，特别是焊缝表面有缺陷的地方，如咬边、错边及弧坑等处。对焊接返修的部位尤应注意。大型球形容器由于在现场组焊，施工条件较差，很多又都是采用强度较高的钢种，比较容易产生焊接滞后裂纹。这种裂纹多在熔合线附近，且与焊道平行，检验时应特别注意这些部位的检查。

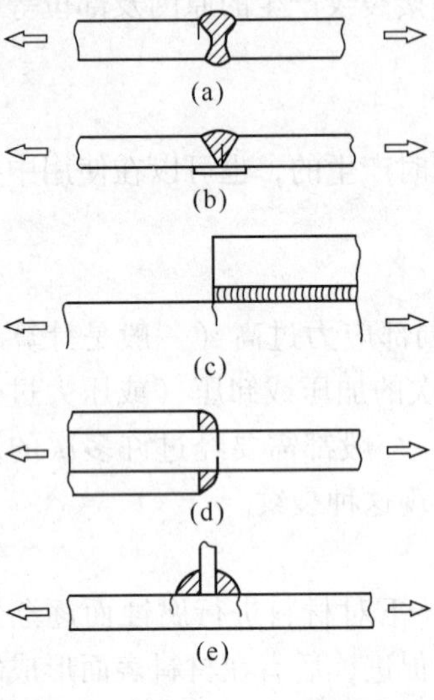

图 3－1　焊缝附近的疲劳裂纹

焊缝与焊缝附近又是容易产生疲劳裂纹的部位，特别是在焊缝的交叉口、角焊缝、接管焊缝和焊缝表面缺陷处。图3－1示出了各种形式焊缝容易产生疲劳裂纹的地方。（a）没有经过修磨的横向对接焊缝；（b）有垫板的横向对接焊缝；（c）纵焊缝或角焊缝（焊缝端部的影响）；（d）角焊缝上受载荷的横向焊缝；（e）角焊缝上不受载荷的横向焊缝。

焊缝附近常存在较大的残余应力，这也是容易产生应力腐蚀裂纹的地方。国外对一些液氨贮罐产生应力腐蚀裂纹的事例进行了分析，认为腐蚀裂纹与焊缝未经退火因而存在较大的残余应力密切相关。近年来，国内也发生过多次液氨贮罐爆炸事故，有些则在定期检验中发现贮罐内壁的焊缝周围存在大量裂纹。

局部应力过高的部位也容易产生疲劳裂纹。有一台压缩机用空气贮罐，只是在罐体上加焊了两个角支撑，以便在上面安放空压机，结果使用了15个月之后，在角钢与贮罐角焊缝的焊处由于应用集中而产生疲劳裂纹。裂纹的长度分别为1.5in（38mm）和3in（76mm）。

局部应力过高的地方还容易产生应力腐蚀裂纹。因为这种裂纹的产生与局部应力的大小有关。

压力容器中较高的局部应力主要产生在结构不连续的地方，如容器的开孔周围、管板的桥带、封头的过渡部分及其附近，壳体与管板连接处及加焊附近的终止处等。

此外，有些容器还要根据它的制造与使用情况，估计可能会产生哪一类裂纹，然后重点检查容易产生这一类型裂纹的部位。如对具备有产生应力腐蚀裂纹工作条件的容器，应注意检查易于积聚腐蚀物的部位。像锅炉或其他类似的容器，如蒸发器等，要特别注意检查有漏水现象的漏缝与胀接处是否有碱脆裂纹。

2. 检查方法

裂纹的检查可以用直观检查和无损探伤。不能忽视直观检查的作用。实践证明，有许多严重的裂纹缺陷都是通过直观检查发现或初步发现其迹象再通过无损探伤进一步加以确认的。无损探伤无论是液体渗透探伤、荧光探伤和磁力探伤，对检查表面裂纹都有较高的效用，可以根据检验时的具体情况适当选用，具体探伤方法将在下面简要介绍。

（三）缺陷处理

压力容器在定期检验中，发现有裂纹缺陷时，首先应根据裂纹所在的部位、数量、大小、分布情况以及容器的工作条件等分析裂纹产生的原因，必要时可以通过金相检验等方法，以判明裂纹是原材料存在的缺陷，还是容器制造时留下的，或者是使用过程中产生的。

然后再根据缺陷的严重程度（裂纹尺寸、所在部位及对容器的影响等）和容器的具体情况（材料的韧性、在工作压力下的应力水平、反复变载的次数及应力腐蚀的可能性等）确定对缺陷或对存在缺陷的容器处理方法。下面介绍一般的裂纹缺陷的处理原则。

（1）由于材料轧制或拔制容器所留下的微裂纹一般都比较浅，可以用手锉或砂轮等磨去。打磨消除缺陷时要注意表面形状的平滑过渡。对于数量多、分布广的原材料发裂，如果材料的韧性较好，又经过较长时间的使用，证明缺陷没有扩展，可以通过打磨 1～2 处较严重（从表面探伤的情况判断）的裂纹以判明其最大深度，其他缺陷可以留待观察其有无扩展趋势，容器的检验间隔期限可以适当缩短。

（2）焊接裂纹应在检查发现时予以铲除。铲除时应先找出裂纹的两端点，然后在端点上钻出小孔，小孔的深度大体与裂纹一致，然后沿裂纹方向用手铲或风铲将裂纹旁边的金属铲去，直至用无损探伤不再发现裂纹为止。铲去裂纹后的洼槽应打磨成平滑过渡，一般不宜焊补，特别是材料的焊接性或焊接条件较差时。因为补焊时常容易产生新的裂纹。如湖南省某氮肥厂的氨合成塔，1969 年安装时发现内壁有缺陷，经打磨处理后进行了焊补，1973 年定期检验时，在原打磨焊补处又重复发现裂纹，再经打磨消除，并经磁力探伤合格后继续使用，1975 年再检查时，又发现此焊补处有深约 1mm、长约 15mm 的裂纹，这说明原来在焊补处的裂纹虽然很轻微，磁力探伤也没有发现，但在使用中会逐步扩展成为宏观裂纹。

铲除裂纹后留下的未经补焊的洼槽，可以根据其深度及大小作为分散点腐蚀或局部腐蚀缺陷，按上面的腐蚀缺陷的处理方法确定其继续使用或采取其他适当措施。

即使是材料焊接性良好的焊制容器，在检验中发现裂纹时，也不能在未查明裂纹产生的原因和裂纹未彻底铲除的情况下进行补焊。江苏省某县化肥厂曾因此发生过一次液氨贮罐爆炸事故。这个容器直径 2m，长 15m，筒体壁厚 20mm，封头壁厚 22mm。1965 年安装，投产后多次发现封头焊缝泄漏，都是经过补焊后又继续使用，结果于 1974 年在运行中发生爆炸。一端封头沿环焊缝附近全部断裂，并碎成 4 块，最大的一块飞离 200 余米。贮罐本体向封头飞离的相反方向冲出，穿过一个木工房（摧毁两道墙），停落在离原位约 25m 的场地上。封头前方距离约 17m 处的房屋被摧毁。因贮罐内液氨流出，大量蒸发成氨气向四周扩散，造成多人中毒受伤。

（3）由于结构不良及局部应力过高而产生裂纹的部件一般不应继续使用。因为这样的容器即使把发现的裂纹铲除也会产生新的裂纹，况且铲除裂纹后留下的洼槽将使这一地方的局部应力进一步加大。

（4）存在腐蚀裂纹的容器，也不应将裂纹铲除或焊补后继续使用，因为铲除裂纹后留下的槽坑或焊补区将会加剧应力腐蚀。

（5）在特殊情况下，由于容器制造或原材料留下的裂纹确实难以消除，经过具有资格的压力容器缺陷评定单位检查鉴定，并根据断裂力学的分析和计算，确认裂纹不会扩展，且有足够的安全裕度时，容器可以采取可靠的监护措施，继续使用，但要缩短检验间隔期限，严密监视裂纹的发展情况。

三、 变形

变形是指容器在使用以后整体或局部地方发生几何形状的改变，这种缺陷一般在压力容器中是比较少见的。

（一）容器的变形及其产生的原因

容器的变形一般可以表现为局部凹陷、鼓包、整体扁瘪和整体膨胀等几种形式。

局部凹陷是容器壳体或封头的局部区域受到外力的撞击或挤压而发生的表面凹注，这种变形一般只能在壳壁较薄的小容器中产生。一般说来，凹陷并不引起容器壁厚的改变，而只会使某一局部表面失去了原有的几何形状。

鼓包是容器的某一部分承压面因严重的腐蚀（大面积的片状腐蚀），壁厚显著减薄，因而在内压作用下发生的向外凸起变形。个别情况下，也可因容器的局部温度过高，致使材料的力学性能降低而产生鼓包，这种变形将使容器这一区域的壁厚进一步减薄。

整体扁瘪是因为受外压的壳体壁厚太薄，以至在压力作用下失去稳定性，丧失原有的壳体形状，这种变形只能发生在容器的受外压部件，如夹套容器的内筒等。受外压壳体的扁瘪变形，一般都是以有规则的波状形式向内凹瘪，波形数可以是 2 个、3 个、4 个以至任意个，因此截面为圆形的壳体，变形后就可以成为扁椭圆形或梅花形等各种有规则的形状。

整体膨胀变形是因为容器壁厚太薄或超压使用，致使整个容器或某些截面产生屈服变形而造成的。例如，有些充装液化气体的气瓶常因充装过量，在温度升高的情况下，器内液体体积膨胀，压力剧烈上升，因而发生整体膨胀变形，使气瓶由原来的圆筒形变成腰鼓形。长期在高温下工作的压力容器，如果材料选用不当或应力过高，也会因材料发生蠕变而使容器整体膨胀变形。不过这种变形一般都是缓慢进行的，只有在特殊的监测下才能发现。

（二）检查与处理

变形的检查，一般可用直观检查，对于严重的局部凹陷、鼓包以及整体扁瘪，通过肉眼观察是不难发现的。严重的整体膨胀变形也可以通过直观检查发现，因为圆筒形容器产生这种变形时，往往都是两端径向变形较小而中间部分膨胀较大（因两端径向变形受到封头的限制），形成一种腰鼓形。不大严重的局部变形和整体变形可以通过量具检查来发现，例如用平直尺、弧形样板等工具，或用测量容器直径的方法来确定。

对需要通过测定容器尺寸的变化以监测材料的蠕变速率的高温容器，则可以在温度较高，应力较大的部位固定一些监测点，用量具定期检验其变化情况。

产生变形缺陷的容器，除了不太严重的局部凹陷以外，其他的一般不宜继续使用。因为经过塑性变形的容器，壁厚总有不同程度的减薄，且变形部分的材料也会因应变硬化而降低其韧性，耐腐蚀性能也较差。对轻微的鼓包变形，如果变形的面积不大，而且又未影响到容器的其他部分，则在容器材料焊接性较好的情况下，可以考虑采用挖补处理。即将局部鼓包的部分挖去，再用相同形状和材料的板块进行补焊，焊后按容器原来的技术要求对焊缝进行技术检验。

四、常用检验方法简介

对压力容器进行内外部检查常用的检验方法一般可概括为直观检查、量具检验和无损探伤等几种。

（一）直观检查

直观检查主要是凭借检查人员的感觉器官对容器的内外表面情况进行检验，以判别其是否存在缺陷。

常用的直观检查是肉眼检查，即用肉眼直接观察容器的表面情况，检查其是否有局部磨损的深沟、腐蚀深坑或斑点；容器壳体有无凹陷、鼓包等局部变形；容器内外部的防腐层或衬里是否完好；金属表面有无明显的重皮折叠或裂纹等缺陷。用肉眼检查有怀疑的地方还可以用放大镜进一步观察。

对小型容器或容器密闭部分的内部检查，则用灯管检查法，即借手电筒或吊入容器内的小灯泡的照射，以检查发现容器内表面的缺陷，如腐蚀深坑、斑点或凹陷、鼓包等局部变形。长度较大的管式容器可以用内壁反光仪探入容器内部进行检查。装有手孔的小型容器，可以用手从手孔中伸入触摸容器的内表面，检查金属壁是否光滑，有无洼坑和鼓包等缺陷。

锤击检查也是一种直观检查方法，这是过去检查锅炉与压力容器最常用的一种方法。它是利用一把大小适当（一般为 0.5kg 左右）的手锤轻轻敲击容器或其部件的金属表面，根据捶击时所发出的音响和小锤弹跳的程度（凭手的感觉）来判断金属部件是否存在缺陷。一般来说，若捶击时发出清脆的声音，且小锤的弹跳情况良好，表明被敲击的部分没有重大缺陷。反之，若锤击时发出闷浊的声音，则可能在被检查部位或其附近有重皮折叠或裂纹等。对晶间腐蚀比较严重的金属器壁，用锤击检查时，声音特别闷浊（像敲打瓦片似的），且小锤的回弹能力也较差。锤击检查也可以用来检查铆接容器的铆钉是否有松动、腐蚀等缺陷。检查时，轻轻敲击铆钉头，并用手触摸另一边的钉头与底板靠接的地方，如果感觉有移动，则表示铆钉松动。有严重碱脆腐蚀的铆钉接缝，有时用手锤敲击就可以把钉头折断。锤击检查还可以用小锤的尖端刨挖金属壁上被腐蚀的深坑，以便于测量腐蚀深度。

直观检查方法比较简单，是对压力容器进行内外部检查的基本方法。它不但可以直接发现较为明显的容器表面缺陷，且对进一步用其他方法详细检查也可以提供线索和根据。不过，这种方法的检验效果在很大程度上决定于检验人员的经验和熟练程度，因此，应该在实践中不断进行摸索和总结。

（二）量具检查

量具检验是根据需要使用各种不同的工具仪器对容器的内外表面直接进行测量，以检验存在的缺陷及其严重程度。常用的方法是用平直尺或弧形样板紧靠容器的表面，测量检查容器部件的平直度或弧度，以确定它在轴向或周向的变形程度。或用测深卡尺直接测量被磨损的沟槽或腐蚀深坑的深度，以确定容器金属表面的磨损或局部腐蚀的严重程度等。

在容器金属壁发生均匀腐蚀、片状腐蚀或密集斑点腐蚀时，直接用测深卡尺是难以测出器壁的腐蚀深度的，在这种情况下，过去经常用钻孔检查法来测量剩余壁厚及其腐蚀深度。这种方法一般是用手钻或电钻在容器表面腐蚀最严重的地方钻出一个直径约为 6 ~ 10mm 的穿透孔，钻孔后将孔边的毛刺等清理干净，然后用简易的量具通过小孔测量出器壁的剩余厚度。检查完后即在小孔上绞制螺纹，并用螺钉上紧，最后把钉头和多余部分铲去，两端用小锤捻铆，使与容器的内外壁表面平齐。对于焊接性良好的材料，也可采用焊接的方法将检查小孔填平。如果器壁较厚，不能保证完全焊透时，应在器壁的一面或两面扩成锥形孔或阶梯形孔。钻孔检查也可以用来检查已经发现的裂纹、金属重皮折叠等缺陷的深度。

用钻孔检查法检查测量容器的剩余壁厚比较麻烦，也影响容器的外形完整美观，所以除特殊情况外，目前已很少被采用，而由超声波测厚法所替代。

超声波测厚用的超声波测厚仪有共振与脉冲等形式。它是根据超声波的两种基本特性制成的，即超声波在同一种固体材料中以固定的速度传播（速度的大小决定于材料的物理性能）；具有不同声阻抗的两种材料（如钢板与空气）之间的表面会反射回声波。用超声波测厚仪测量容器的壁厚时，应先把要测定的表面清理干净，并打磨光亮，然后按测厚仪使用说明书的规定，用已知厚度的试块把测厚仪的各个旋钮调整好，在测厚仪换能器（探头）与容器待测表面上涂上一些水玻璃或机油等液体作为声耦合剂，把换能器紧紧贴靠在要测的金属壁表面，并稍加移动，从测厚仪上即可直接测读出所测器壁的厚度。

（三）无损探伤

无损探伤就是在不损坏被检零部件的基础上，用各种方法探测零部件内部或表面所存在的缺陷，而这些缺陷往往都是用直观检查法所不能发现或确认的。无损探伤的方法很多，概括地可以分为射线（X射线、γ射线）探伤、超声波探伤和表面探伤3大类。在压力容器的定期检验中，重点是检查发现容器在使用过程中产生的缺陷或原有缺陷的变化扩展情况，这些缺陷绝大部分都是表面缺陷。因此，压力容器的定期检验着重是表面探伤。

表面探伤的方法很多，已有不少专业书籍论述。这里只简要地介绍几种常用的，如液体渗透探伤、荧光探伤和磁力探伤等基本知识。

1. 液体渗透探伤

液体渗透探伤或叫着色探伤，是根据一种物理现象即毛细管作用这个基本原理进行的，它把一种渗透力较强的液体（称为渗透液），涂刷或喷涂在被检查零部件的表面上，如果被检验的零部件表面存在微小缺陷（如裂纹），渗透液则即渗透到缺陷的缝隙中去。随后把被检部件表面上的渗透液清除干净，涂刷或喷涂以一种显示剂，由于毛细管作用，渗入到缝隙中的渗透液又会渗到表面的显示剂中来，因而在显示剂上就显示出一条与缺陷形状相同的影像。用这种方法可以检查金属或非金属表面的裂纹及重皮折叠等缺陷。

液体渗透探伤用的渗透液和显示剂有多种，最简单的渗透液是煤油，显示剂用白垩浆，但使用这种渗透液和显示剂的探伤灵敏度不高。为了增强显现性能，常在煤油中加配一些其他溶剂，并加入一种鲜明易见的可溶性颜料，同时采用吸附性较强的显示剂。目前用得较为普遍的是渗透液为80mL煤油、20mL苯，并加入1g的苏丹Ⅳ，显示剂为70mL火棉胶(5%)、20mL苯、10mL丙酮，加入5g的氧化锌，这种渗透液的渗透性能较强，且颜色均匀，可以发现微细裂纹。

进行液体渗透探伤时，应先将容器待探伤检查部位的灰尘、水垢、铁锈及熔渣等全部清理干净。表面有油垢或漆皮时，可用汽油或丙酮等溶剂清洗。表面粗糙，有碍于显示缺陷的，还应将表面打磨。表面清理后，用毛刷（或用喷涂法）将渗透液涂刷在需要进行探伤检查的部件表面上。为了使渗透液能渗入微细的缺陷中去，应有充裕的渗透时间，不能用刷子一刷而过，而必须是反复涂刷多次（最好是浸浴），使渗透液与检查表面接触的时间最短不少于3min（如果温度低于20℃时，还应适当增加）。经过充分时间的渗透以后，可用浸有汽油、煤油等干净的棉纱团或碎布将表面残存的渗透液擦揩干净（在光滑的表面上仅用干净的棉纱团或碎布擦揩即可），最后在上面涂刷或喷涂一层显示剂（注意不要反复涂刷）。干燥后（可以自然干燥或用热风吹干）仔细检查显示剂上有无带有颜色（渗透液的颜色）的缺陷形象显出。

进行液体渗透探伤时，容器的壁温及室温都不宜低于5℃或高于50℃。在显示剂干燥以后应立即进行检验，最迟也不要超过30min，否则渗透液会在显示剂中扩散，使缺陷的形象模糊不清，缺陷的尺寸及部位难以鉴别（有些人在检查时用手锤敲击被检查部位附近或其背面，这是不恰当的，因为这样也会影响缺陷尺寸及形状的鉴定）。检查时要有足够的照明，以防细微缺陷的漏检，也可以借助放大镜来发现较轻微的缺陷。

探伤用溶液是易燃品，且有毒性，操作时要注意防火，并采取必要的通风措施。国外近年来多采用喷雾法，用无毒的或微毒的溶液。我国最近也已开始使用微毒的探伤气雾剂。

2. 荧光探伤

荧光探伤的原理与液体渗透探伤相似，不同的是荧光探伤用的渗透液是荧光液，而检查时则用紫外线照射。渗入的荧光液在紫外线的激发下可发出强烈的荧光，因而使被检查表面上的缺陷被发现。荧光探伤比一般液体渗透探伤的灵敏度高一些，但它需要有紫外线光源。

荧光探伤的操作步骤与液体渗透探伤一样，先把容器待检查部分表面上的脏污、油垢等清除干净，用毛刷在上面涂刷荧光液，涂刷时要使荧光液与检查表面有充分的接触时间（一般为5～20min），使荧光液能渗透到极小的缝隙中去。经过充分渗透之后，用微弱流动的水将留存部件表面的荧光液洗去，或用干净的布彻底擦净。待干燥后（可以用干的锯末屑擦揩），在被检查的表面上涂上显示剂，干的显示剂则用粉扑。检查时用紫外光照射，如果被检查的表面上有缺陷，则由于荧光液及显示剂的作用，在缺陷处即出现强烈的荧光，根据发光程度的不同，可以判别缺陷的大小。

荧光物质有多种，有固体的和液体的，液体荧光物质易于渗入缺陷的缝隙中去，但残留在其表面的荧光物往往不易彻底除净，而用水冲，又有可能把掺入缝隙内的荧光物也冲走。固体荧光物质（常用的是硫化锌、硫化钙、硫化锌—镉等）虽可以克服上述缺点，但粉质物不易掺入较细的缝隙中，探伤的灵敏度不高，所以通常都采用液体荧光物质。常用的荧光液为85%的煤油和15%的航空煤油（按重量计）的混合液。这种荧光液渗透力强，流动性较好，具有适当的粘度，易于附着在被检查的部件表面上，且也比较容易清洗除去。

显示剂的作用是增强缺陷处荧光物的发光程度，以利于发现微细的缺陷。显示剂必须有良好的附着力，易于将渗入缺陷内的荧光液吸附至表面，而且必须是非荧光性的（即它本身在紫外线照射下不发光），以便于检查。常用的显示剂是氧化镁粉和碳酸镁粉。这些显示剂要求用1000～6000孔/cm^2的筛子筛过，且要干燥。

用作探伤的紫外线光源一般采用石英水银灯。这是一种内部充满氖气的灯管或灯泡，通入电源后即放出紫外线。由于紫外线还夹杂有一些可见的光，会影响对缺陷的观察，所以常在水银石英灯下面放置一镍玻璃，将可见光吸收，只让紫外线透过。紫外线光源的强度要合适，单从缺陷的显示性能来看，紫外线光源越强越好，因为光源功率太小将难以使掺入微细缺陷中的荧光液发光，因而不易于发现。但是，若紫外线灯的功率太大，也会使被探伤表面上残存的微量荧光液发光，造成缺陷形象模糊不清，难以辨认，且还会浪费过多的电力，因此用作荧光探伤的水银灯的功率一般约为250W左右即可。

3. 磁力探伤

磁力探伤又称磁粉探伤或电磁探伤。它的原理和方法是将被检查的工件磁化至饱和程度，使它产生磁力线。当被检工件的表面或接近表面的地方存在裂纹、夹渣或气孔等缺陷时，就会阻碍磁力线的通过，产生漏磁现象，而使缺陷两侧表面上产生一对有S、N极的局部磁场。若在被检的表面上撒放磁铁粉，则磁粉即会被这局部磁场所吸附，产生磁粉集聚，从而把缺陷的形象清楚地显示出来。

将工件磁化的方法很多，可以在被检工件上直接通入电流，或在工件外面绕上通入电流的线圈，也可以用电磁铁或永久磁铁靠近工件，使它磁化。无论用哪一种方法将工件磁化，只有在磁力线与线性缺陷（如裂纹）的方向相垂直时才会产生最大的漏磁现象。如果磁力线与缺陷的方向平行，则在缺陷处就不会产生明显的磁粉集聚，缺陷也不会被发现。因此，为了能检查发现工件上各种不同方向的线性缺陷，至少要把工件在相互垂直的两个方向进行磁化，可以把主件的电流方向或磁力探伤仪安放的位置转换一个垂直的角度，或采用联合磁化的方法，使被探伤的工件同时产生相互垂直的两个磁场。

压力容器的磁力探伤一般多采用触探（磁轭）法。因为容器的外形和横截面积都比较大，不适宜于在它上面绕上磁化线圈或直接通入贯穿电流。所以大多是用一个移动式的触探型磁力探伤仪靠近待检查表面的周围，使它局部磁化，进行分部探伤检查。为了保证检验灵敏度，使用的磁铁应具有一定的磁动热，交流电磁轭的提升力应不小于5kg，直流电或永久磁轭的提升力应不小于20kg。两磁轭间的距离宜在80～160mm之间。

如果需要探伤的表面范围较小，如仅限于检验焊缝和焊接热影响区，也可以用电极触点法进行。即用两个电极接触容器被检查表面周围的两个点上，通入直流电或交流电，使其局部磁化。两电极触点之间的距离最好保持在80～200mm的范围内，电极尖端应保持清洁平整。为保证检验灵敏度，应根据电极接触点间距和钢板厚度适当选用电流强度，一般为每cm的触点间距通入35～50A的电流，板厚较小者用小值。

探伤时，先将待检查容器表面上的水分、油垢、锈蚀以及松动的氧化皮等全部清理干净。一般的钢板及焊缝表面都能达到检查需要的表面要求，只有较严重的腐蚀或粗糙的表面妨碍缺陷显示时，才需要锉光、打磨或经喷砂处理。根据容器被检查表面的情况以及易产生缺陷的方位，选用适当的磁化方法和磁化电流，通电时间一般每次约为0.5～1s。检验应连续进行。在磁化电流通过时再施加磁粉，干磁粉应喷涂或撒布，湿磁粉液应缓慢地浇上，要注意适量，必要时可轻敲工件加以振动。为避免漏检，每一探伤区域应在相互垂直的两个方向进行磁化和检查，且每段探伤的范围要有足够的重叠。

从被检查表面上磁粉的集聚形态大体上可以判别缺陷的大小，一般说来，缺陷的尺寸较大或较深，它表面集聚的磁粉也较高、较浓。通过分析磁痕（磁粉集聚的痕迹），或者结合宏观的和微观的金相检验，可以对缺陷的性质及其产生的原因得出结论。

探伤时，要注意假缺陷的磁粉集聚现象。有时候磁粉集聚并不是因为工件存在裂纹或夹渣重皮等缺陷，而是表面过分粗糙或工件透磁性的变化（如热影响区的边缘）等，必要时可以与其他检验方法联合使用加以判别。

磁力探伤用的磁粉，要选用经过充分氧化、具有高导磁率，低顽磁性的高价氧化铁粉，常用的是Fe_3O_4。磁粉的粒度要均匀，大小要适宜于形成缺陷形象，一般要求用150～200目的筛子筛选，并除去黏土或非磁性铁粉等杂质。为了增强显示能力，最好将磁粉着色，使它与被检查的表面颜色有明显的区别。湿式的磁粉液（又称磁悬液），是把适量的磁粉加在各种油液中，这些油液需要具有不易蒸发、表面张力小及渗透性强等性能。常用的是变压器油和煤油各50%配成的混合油，每升混合油加入15～30g的磁粉。

经过磁力探伤后的工件都有剩磁。工件探伤后是否必须经退磁处理，视剩磁对工件的影响来决定。对于压力容器，一般在磁力探伤后不需进行退磁处理。

第三节　压力容器耐压试验

压力容器的耐压试验是用水或其他适宜的液体作为加压介质，在容器内施加比它的最高使用压力还要高的试验压力，并检查容器在试验压力下是否有渗漏、明显的塑性变形或其他缺陷。

一、 目的与作用

耐压试验的主要目的是检验压力容器的强度，即验证它是否具有保证在设计压力下安全运行所必需的承压能力。同时也可以通过它在局部地方的渗漏等现象，来发现容器潜在的局部缺陷。

耐压试验的主要目的，国外还有些不同的意见。有的认为耐压试验的主要目的是检验容器各连接部位和有潜在缺陷处是否泄漏，而不是验证容器的强度。理由是，压力容器是否具有足够的强度，应该通过强度计算来判断，如果要用耐压试验来验证容器的强度，则只有在试验时测定容器是否出现屈服现象才有实际意义，但如果要求每一个压力容器在耐压试验时都作这样的测定，实际上是难以办到的。

压力容器的强度虽然可以通过计算来验证，但毕竟还是理论数字，这当中不仅存在计算理论公式的选用及其精确性问题，就是计算时所选用数据（如材料的力学性能、容器的壁厚等，特别是对已经使用过的容器）的误差有时也会使理论计算与实际试验结果存在较大的差距，且对有些容器形状复杂部位的强度是难以用简单公式准确计算的。至于容器在耐压试验时是否出现屈服现象的问题，对高压容器，特别是不能进入内部进行技术检验的一些重要容器，应要求在耐压试验时测定容器的容积残余变形，以检验它是否已经出现屈服现象。对一般的中低压容器，虽然试压时不要求测定残余变形，但如果容器在耐压试验时产生整体屈服或较大的局部屈服，也可以从试验时升压过程出现的异常现象中发现，如果有明显的塑性变形，那就更容易通过直观检查来发现。所以压力容器进行耐压试验的主要目的是验证它的强度，即检验它是否具有承受工作压力所需的强度（当然还应该包括有一定的安全裕度）。如果容器的强度不够，那就会在耐压试验时出现塑性变形甚至破裂而被发现，而不至于在使用过程中发生爆炸事故。压力容器在耐压试验时破裂虽然也可能造成一些破坏，但比起它在使用过程中发生爆炸事故所造成的破坏，危害性要小得多。这是因为耐压试验是预防性试验，在进行试验时就考虑到容器有破裂的可能性，因而采取了一些必要的措施（如容器在试验压力下，操作人员不接近容器等）。更主要的是耐压试验用水或其他无害液体作加压介质，这与容器在使用过程中介质主要是气体的情况大不一样，因为气体的爆炸能量要比液体的大得多。在化工、石油工业所用的容器中，工作介质大多是易燃、有毒的气体，如果容器在使用过程中破裂爆炸，事故后果就将更为严重。

从国内、外的一些试验情况来看，压力容器在耐压试验时破裂或产生明显的塑性变形的事例也是不少的，这说明，耐压试验对于检验压力容器是否具有足够的强度有着重要的实际意义。

有些文献指出，对存在裂纹等严重缺陷的容器，如果在耐压试验时不爆破，较高的压力也不会对原有的缺陷产生不良的影响。因为在长期承受正常压力载荷的过程中，施加一次高于平时运行压力的试验压力，会起到改善缺陷处受力状况的作用。表现在：较高的试验压力，可以使裂纹产生较大的开裂变形，而材料的塑性流动，裂纹尖端的曲率半径将会增大，应力集中系数将减小，从而降低裂纹尖端附近的局部应力；又由于耐压试验时的应力较大，裂纹尖端附近存在一鱼尾纹状的塑性变形区。泄压后，因受到周围材料（处于弹性状态）收缩变形的影响，此塑性区即存在残余压缩应力。从而可以部分的抵消容器承受工作压力时所产生的较高拉伸应力。另一方面，由于结构或工艺方面的原因，容器在局部地区可能存在较大的残余拉应力，耐压试验时，这些局部地区的残余应力与耐压试验时所产生的较大的载荷应力叠加，有可能使材料局部屈服，从而引起应力再分布，减小原有的残余拉伸应力。对承受反复载荷的容器，如果存在裂纹缺陷，则定期检验中的耐压试验（压力高于正常运行时的最高压力）可以延缓裂纹的扩展。实验证明，偶尔一次的过载应力对随后的恒定低载荷下的裂纹扩展速度有明显的延缓作用。这种作用可以用图3-2来说明，图中纵坐标表示裂纹尺寸（对表面裂纹即为深度尺寸），横坐标表示应力循环次数。点数表示无峰值载荷时的裂纹扩展速率，实线表示经过若干次过载荷时的裂纹扩展速率。由该图可看出，每次过载后又返回正常载荷时，裂纹扩展速率都有明显的减缓。

二、试验用加压介质

压力容器进行耐压试验时，在一般情况下，加压介质只能用水或其他适宜的液体（具有挥发性小、易流动、不燃和无毒等特性），而不应用气体。因为耐压试验的目的既然是检验压力容器的强度，那就应该考虑容器在耐压试验时有破裂的可能性，而且耐压试验的试验压力要比它的最高使用压力还高，所以容器在耐压试验时破裂要比使用时破裂的可能性更大。为了减轻容器万一在耐压试验时破裂所造成的破坏，耐压试验的加压介质应选用液体。由于水的来源和使用都比较方便，又具有作耐压试验所需的各种性能，因而就常常被用作耐压试验的加压介质，耐压试验也就被称作水压试验。

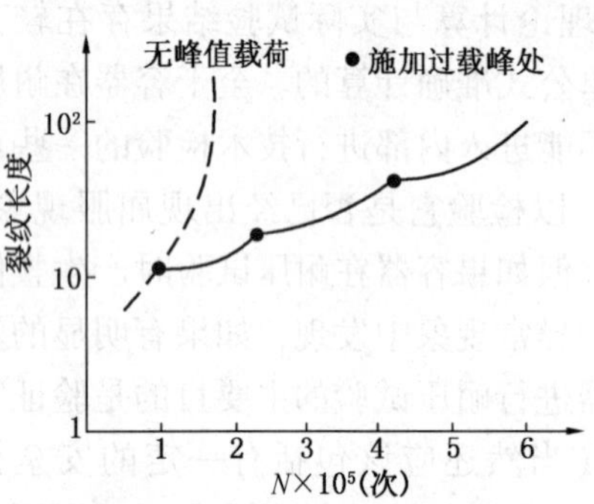

图3-2　过载对裂纹扩展速率的影响

要使一个容器内介质的压力从大气压力升到较高的压力，就必须要对加压介质作一定的功，它以内能的形式储存在介质之中，一旦容器破裂，器内压力即降回至大气压力，这时储存在介质中的能量也就释放出来。压缩一定体积的气体至某一压力所需的功（等于气体的膨胀功）要比压缩同体积的液体至相同压力所需的功大得多，所以相同体积、相同压力的气体泄压时所释放的能量（简称爆破能量）要比液体大得多。

下面将从理论上计算并比较体积和压力都相同的气体和液体（水）的爆破能。

（一）气体膨胀时所作之功

根据气体热力学原理，理想气体进行绝热膨胀，由压力为 p 降至大气压力（0.1013MPa）时所作之功为：

$$U_g = \frac{pV}{k-1}\left[1-\left(\frac{0.1013}{p}\right)^{\frac{k-1}{k}}\right]\times10^3 \qquad (3-1)$$

式中　U_g——气体膨胀所作之功，kJ；

p——器内气体的绝对压力，MPa；

V——容器的容积，m^3；

k——气体的绝热指数。

常用的气体多为双原子气体，其绝热指数 $k=1.4$，则这些气体绝热膨胀所作之功即为：

$$U_g = \frac{pV}{k-1}\left[1-\left(\frac{0.1013}{p}\right)^{\frac{k-1}{k}}\right]\times10^3 = \frac{pV}{1.4-1}\left[1-\left(\frac{0.1013}{p}\right)^{\frac{1.4-1}{1.4}}\right]\times10^3$$

$$=2.5pV\left[1-\left(\frac{0.1013}{p}\right)^{0.2857}\right]\times10^3 \qquad (3-2)$$

（二）压缩液体所消耗之功

液体受压缩时，由于它的体积缩小甚微，所消耗的功也较小。压缩液体所消耗之功（等于液体泄压膨胀所作之功）可按下式计算：

$$U_1 = \frac{\Delta p \Delta V}{2} = \frac{\Delta p^2 V \beta}{2} \times 10^3 \quad (3-3)$$

式中 U_1——压缩液体所消耗之功，kJ；

Δp——液体的增压，MPa；

ΔV——液体被压缩了的体积，m^3；

V——容器（亦即液体）的容积，m^3；

β——液体的压缩系数，MPa^{-1}。

对于水，它在常温（20℃）和压力在10MPa以内的条件下的平均压缩系数为 $\beta = 4.52 \times 10^{-4}$，因此将水由大气压力（0.1013MPa）压缩至 p（MPa，绝对）时所消耗之功即为：

$$U_1 = \frac{\Delta p^2 V \beta}{2} = \frac{(p-0.1013)^2 V}{2} \times 10^3 \times 4.52 \times 10^{-4}$$

$$= 0.226(p-0.1013)^2 V \quad (3-4)$$

公式（3－2）和公式（3－4）分别表明了气体和水泄压膨胀时所作之功，亦即有压力的气体和水的爆破能量，比较这两式即可得其体爆破能量 U_g 和水爆破能量 U_i 之比：

$$U_g/U_i = 2.5pV\left[1-\left(\frac{0.1013}{p}\right)^{0.2857}\right] \times 10^3/0.226(p-0.1013)^2 V$$

$$= 1.1p\left[1-\left(\frac{0.1013}{p}\right)^{0.2857}\right] \times 10^4/(p-0.1013)^2 \quad (3-5)$$

表3－1列出了各种常用压力下的气体与水的爆炸能量之比值。

表3－1　常用压力下的 U_g/U_i 值

表压力/MPa	0.4	1.0	5.0	15.0	32.0	40.0
比值 U_g/U_i	1.26×10^4	5.99×10^3	1.51×10^3	5.62×10^2	2.78×10^2	2.26×10^2

从表3－1可以看出，气体的爆破能量要比液体（水）大数百倍至数万倍，压力越低，比值越大。所以压力容器的耐压试验，加压介质一般只能用水（或其他液体），而不应用气体。只有在压力容器确实不能装液试压的情况下，如由于结构或支承方面的原因，不能向压力容器内安全充灌液体，以及运行条件不允许残留试验液体等，才可以按有关规范的规定，用气压试验代替液压试验，试验压力应降低，试验气体温度应较高。

近年来，国内压力容器在耐压试验时发生破裂的事故并不少见。有些单位因为图省事，用气体作加压介质进行容器的耐压试验，虽然压力较低，容积也较小，但破裂时仍造成人身伤亡事故。而有些压力高、容积大的容器，由于坚持用水压，虽然试验中容器破裂，也未发生任何伤亡。如本书第一章所列举的某化工厂高压换热器，直径700mm、长7m，在耐压试验时，压力升到33.8MPa即发生破裂。因为试验用的加压介质是水，所以爆破能力比较小，当时只发出一声巨响，水花飞溅数十米，除容器破裂成数大块（未产生小碎片）外，没有造成人身伤亡。

现以这个容器为例，分别计算用水和用气体作为加压介质时的爆炸能量。

容器的容积为：

$$V = \frac{\pi}{4}(0.7)^2 \times 7 \approx 2.7\text{m}^3$$

$$p = 33.1 + 0.1013 \approx 33.2\text{MPa(绝对)}$$

用公式（3－4）得到用水作加压介质时的爆破能量为：

$$U_i = 0.226 \times 2.7 \times 33.1^2 = 668.5\text{kJ}$$

如果耐压试验时不用水而用空气等作为加压介质，则其爆炸能量，根据公式（3－2）计算得：

$$U_g = 2.5pV\left[1 - \left(\frac{0.1013}{p}\right)^{0.2857}\right] \times 10^3 = 2.5 \times 33.2 \times 2.7\left[1 - \left(\frac{0.1013}{33.2}\right)^{0.2857}\right] \times 10^3$$

$$= 1.81 \times 10^5\text{kJ}$$

从以上计算可知，这个高压容器如果用空气作耐压试验，则其爆破能量要比水大 271 倍，其所造成的破坏将是相当严重的。

三、 试验温度与试验压力

（一） 试验温度

压力容器进行耐压试验时的试验温度问题，过去并未引起人们的重视和争论，因为一般作耐压试验都是用常温的水，而只是在气温比较低的情况下，才从预防容器和试验管道冻结的角度提出对水温的要求。近年来，由于容器在耐压试验过程中产生脆性断裂的事例逐渐增多，且又认为脆性断裂与试压温度有关，于是耐压试验的试验温度就引起了人们的注意。目前，国外对容器的耐压试验温度有两种意见。一种意见认为，很多容器是由于所用材料的脆性转变温度较高，因而往往在较低的气温下进行耐压试验时就发生了脆性断裂。为了防止容器在耐压试验时脆裂而造成不应有的损失，应适当提高容器的耐压试验的试验温度。另一种意见则认为，耐压试验的主要目的既然是检验容器的强度和发现它所存在的重大缺陷，它的耐压试验的试验温度不宜提高。

对一般常温下使用的压力容器，为了避免耐压试验时发生脆裂而提高试验用水的温度是没有必要的，这些容器可以在环境温度下，用一般常温的水进行耐压试验即可。但是在环境温度低于0℃时，应将试验用水的温度保持在5℃以上，以防冻结。对较高温度下使用的容器，如果所用材料的无延性转变温度确实较高，在耐压试验时，可适当提高试验用水温度，但水温最高也不宜高于容器的设计温度。至于低温或深冷下使用的容器，它在耐应试验时的温度是否应特意降至室温以下甚至接近于使用温度，则没有必要。一方面这样进行试验存在许多实际问题，如选用凝固点较低的试压介质和采用降温措施等；更主要的是，防止低温容器在使用过程中发生脆性破裂，主要是依靠正确地选用制造容器的材料和加强对容器的质量检验，而不能依靠容器的耐压试验来保证。

按照《压力容器安全技术监察规程》及 GB 150—1998 的规定，碳素钢、16MnR 和正火的 15MnVR 钢制容器液压试验时，液体温度不得低于5℃；其他低合金钢制容器，液压试验时，液体温度不得低于15℃。如果是由于板厚等因素造成材料无延性转变温度升高，则需相应提高试验液体温度。

（二）试验压力

压力容器的耐压试验是验证它是否有承受最高工作压力（设计压力）所需的强度，因此试验压力必须高于最高工作压力，使容器不至于在使用过程中压力稍一超过规定即会发生事故，亦即使它在承受压力的实际考验上有一定的安全裕度。

关于耐压试验的试验压力与设计压为的比值，各国的规定不完全相同，这主要与它所采用的设计安全系数有关。我国目前规定：

① 在常温下使用的钢制和有色金属制品固定式容器，耐压（液压）试验的试验压力为设计压力的 1.25 倍，即 $p_t = 1.25p$；

② 设计压力小于 0.4MPa 的容器，试验压力应比设计压力高 0.1MPa，即 $p_t = p + 0.1$；

③ 工作温度高于 200℃ 的钢制容器，试验压力应等于常温容器的试验压力除以容器材料在设计温度下的许用应力降低系数，即

$$p_T^t = p_T \div \frac{[\sigma]^t}{[\sigma]} = p_T[\sigma]/[\sigma]^t = 1.25p[\sigma]/[\sigma]^t$$

式中 p——容器的设计压力，MPa；

p_T^t——高温容器的试验压力，MPa；

p_T——常温容器的试验压力，MPa；

$[\sigma]^t$——设计温度下容器材料的许用应力，MPa；

$[\sigma]$——试验温度（室温）下容器材料的许用应力，MPa。

确定压力容器的耐压试验时，还应保证容器壳体平均一次总体薄膜应力不超过材料在试验温度下屈服点的 90%（气压试验不超过 80%）。校核耐压试验压力下的壳体应力时，所取壁厚应扣除壁厚附加量，并计入液压试验的液柱静压力。

夹套容器的耐压试验压力应分别根据内筒与夹层的设计压力按上述规定选用，不应考虑夹层与内筒之间存在的压力差。且内筒与夹层应分别进行耐压试验。先进行内筒的耐压试验，合格后再焊夹套，然后进行夹套内的耐压试验。

四、试验程序与方法

（一）试验准备工作

压力容器进行耐压试验时，应先将容器内部的残留物清除干净，特别是对与水接触后能引起器壁产生腐蚀的物质必须彻底除净。

耐压试验前应先对容器进行内外部检查。外部有保温层或其他覆盖层的容器，为了不影响对器壁渗漏情况的检查，最好将这些遮盖层拆除。有金属或非金属衬里的容器，经检查后确认衬里良好无损，无腐蚀或开裂现象，可以不拆除衬里。

将容器的人孔、安全阀座孔（安全阀应拆下）及其他管孔用盖板封严，只在容器的最上部保留一个装有截止阀的接管，以便于容器灌装试验用水时器内的空气由此排出，在容器的下部选择一管孔作为进水孔。

准备合适的试压泵。试压泵可以用手压泵或电泵，但用电泵时必须是试压专用泵，不能用一般的给水泵。

将试压泵与容器的进水管孔用管道连接好。在试压泵与容器之间最好装设一个压力缓冲器（特别是小型容器的试验）。试压泵的出口管（缓冲器前）应另接一个带有截止阀的短管，用以连接水源，往容器内装水。

为了准确测定容器的试验压力，必须装设两个量程相同并经过校正的压力表，一个装在容器上，另一个装在缓冲器上（不要装在试压泵的出口管上，以免压力波动太大，损坏压力表）。压力表的最大量程最好为容器试验压力的 2 倍，不应低于 1.5 倍和高于 3 倍。压力

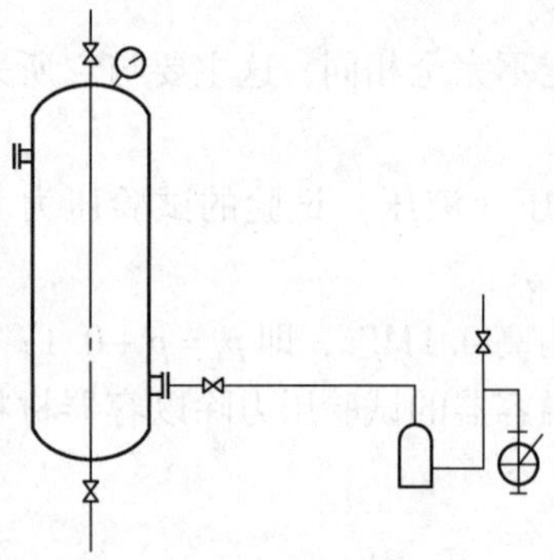

图 3－3　中低压容器耐压试验装置图

表的精度等级应符合规定，即低压容器不低于 2.5 级，中压容器不低于 1.5 级，高压容器不低于 1 级。

常用的中低压容器试压装置如图 3－3。

（二）试压和检查

试压装置装设妥善以后，即可往容器内装水，此时容器顶部的排气管上的截止阀应全开，使器内的空气不断由此排出，直至容器内全部装满了水，并从排气阀溢出后才将此阀关闭，并关闭与水源相连的进水阀。

在装水过程中，可能由于室内湿度太大以及水温与室温相差太多，致使容器外壁因空气中水分凝结而附有水珠。在这种情况下，为了不影响对容器的检查，可以用通入水蒸气或其他方法来提高水温，减小水与室内的温差。

容器装满水后，即用试压泵向容器内打水加压。加压时，要保持容器内部的压力平稳而缓慢地上升。当容器内的压力升至设计压力时，应暂停升压，并进行检查。主要检查各连接处，如法兰、盖板、排气阀等有无泄漏。发现有泄漏时，应将容器内部的压力放掉以后才能进行修理，禁止带压上紧螺栓。若没有发现容器有泄漏或其他异常现象，则继续用试压泵缓慢加压至试验压力。为了防止容器由于加载过速而造成损坏，从最高工作压力至试验压力的加压时间一般不应少于 5min。

当容器内的压力超过最高工作压力之后，试验人员不应靠近容器，以免容器破裂伤人。

容器在试验压力下持续 10～30min（根据容器的容积大小确定），然后降至工作压力，并保持有足够长的时间以便对容器进行检查。重点检查各焊缝（铆接容器的铆接缝及铆钉周围）以及各连接处有无泄漏，容器有无局部或整体塑性变形等。检查时可用小锤轻轻敲击焊缝的周围。

保压期间压力应保持不变，不得采用连续加压以维持试验压力不变的做法。

容器经检查后，即可打开容器下部的放水阀，放水降压。放水时，容器顶部的放气阀应打开。试压的水应全部排放干净，不应把装满水的容器长时间的密闭放置，特别是在气温变化悬殊的情况下，以免容器内的水因温度变化而膨胀，产生较大的压力。

容器放完水后，应打开各孔盖，并用压缩空气将内部吹干，如果容器的工作介质遇水后会对器壁产生腐蚀，或有其他特殊要求的容器，放水后应将内壁彻底烘干。

五、残余变形测定

压力容器进行耐压试验，目的是为了检验它的强度。如果容器壁厚太薄，以至在耐压试验时器壁的平均应力超过材料的屈服强度，则容器即会产生显著的塑性变形，甚至发生破裂，这是通过直观检查就可以发现的。但是，如果容器在耐压试验时，器壁的应力仅稍许超过材料的抗拉强度或屈服强度，则它在试验后只产生很小的残余变形（永久变形），这时用一般直观检查就无法发现了，而这样的容器显然是不能保证安全运行的，因为它的强度安全裕度较小。即使按照最低的要求，压力容器耐压试验时器壁上的应力也不应超过材料屈服强度的 90%。所以一般比较重要的容器，特别是不能进入内部进行检查的高压容器，应在耐压试验的同时，测定它的残余变形，以检验容器在试验压力下器壁上的应力是否在材料的抗拉强度内。

关于材料的抗拉强度所规定的残余变形，各国的标准虽不大一样，一般是0.005%～0.05%之间，但按这些不同的规定值所测得的抗拉强度值还是比较接近的。对压力容器，国外的一些规范都规定以小于0.03%的残余变形作为耐压试验的合格标准。这也可以理解为残余变形小于0.03%时，器壁上的应力在抗拉强度的范围内。

测定压力容器在耐压试验时的残余变形，通常用以下几种方法。

（一）直径变形测量

圆筒形压力容器在内压作用下，器壁上的周向应力比轴向应力大得多，所以如果产生残余变形，一般都在周向，而周向产生残余变形就必然使容器的直径成比例地增大。因此测定残余变形的最简单方法，是用内径千分卡或其他量具准确地测量容器在耐压试验前后的内径，然后算出它的直径相对残余变形（以百分比计），这也就是材料在主应力方向（周向）的残余变形。如在耐压试验前测得容器的内径为 D，在试验后为 D'，则相对残余变形即为 $\varepsilon=\frac{D'-D}{D}\times 100\%$。测量时，应在同一个横截面选取3～4个测点，较长的容器还应多选测几个截面。耐压试验前后所测量的地方必须在同一个点上。这种方法虽然比较简单，但受测量误差的影响较大，只能用于直径较大的容器。对直径小的容器，其允许的残余变形的绝对值也小，不易准确测得。如直径为200mm的容器，如果规定其直径残余变形不超过0.03%，则其直径的增大值允许为200×0.03%＝0.06mm，这值虽然可以用一般内径千分卡测出，但受测量误差的影响较大，特别是小容器，要在容器外面测量它的内径，测量误差就更大。由于这种方法不精确，因此在测定压力容器耐压试验的残余变形中，很少采用。

容器的直径变形也可以用位移千分表来测量，其方法是在容器的外周套装上一个圈架，圈架的内径比容器略大，使其不与容器接触，也不受容器变形的影响，但它与容器的位置必须分别固定，使它们在整个试验过程中不会产生相对的移动。在圈架上固定几个测定位移的千分表（一般为6～8个），千分表的触杆顶靠着容器的外壁，并正对容器圆心，使其能随着容器的径向变形而移动。因为每一个直径方向对称装着两个千分表，所以容器的径向变形可以从这两个千分表上直接测得。测量时，在容器已经装满了水但还没有压力的情况下，将千分表的指针调整为零，在试压过程中，记录千分表的读数。如果容器在耐压试验时产生残余变形，则在容器的试验压力降回至零后，千分表的指针也回不到零位，这个差数（应该是两个对称千分表读数之和）即为耐压试验前后容器的直径差，由此即可算出容器耐压试验的残余变形。这种方法虽然不像用千分卡尺直接测量直径那样受人触觉误差的影响，但如果容器或圈架固定不好，或者是由于地面的震动或人的碰触等，使两者在试压过程中产生了相对的移动，则误差也是比较大的。这种测量方法需用很多的千分表，尤其对较长的容器进行多截面的测量时，所以一般也很少采用。

（二）电阻应变测量

电阻应变测量是把被测构件的变形转换为电阻丝的变形，用测定电阻丝变形前后电阻的变化来确定构件的变形。电阻应变测量在工业中主要用于测定构件在载荷下所产生的应力，由于它直接测得的是构件的变形，所以同样可以用来测量残余变形。

把构件在载荷下产生的变形转换为电阻的变化，是由一种叫电阻丝应变片的元件完成的。它用一种对变形敏感性很强的电阻丝贴在绝缘纸上制成。电阻丝一般用直径为0.02～0.05mm的康铜（铜镍合金）丝或镍铬合金丝，为了增加电阻丝的有效长度，通常都把它绕成回弯形。绝缘纸要求绝缘性能良好，较薄，且最好是透明的。为了保护电阻丝不至于损坏，在它上面还粘贴一层保护纸。

测量时用黏结剂将电阻丝应变片牢固地贴在被测构件的表面上，当构件受力变形时，贴在它上面的纸片和电阻丝也跟着变形，电阻丝被拉长以后，电阻值一定要发生变化，测定它在变形后的电阻变化就可以确定构件的变形。

在一般比较小的应变中，电阻丝电阻的变化是微量的，因此要精确测量出它在变形前后的电阻变化就不能用一般的欧姆表，因为电阻丝的电阻按下式的关系发生相对变化。

$$\frac{\Delta R}{R} = \gamma \cdot \varepsilon$$

式中 R——电阻丝原有的电阻；

ΔR——电阻丝变形后的电阻增量；

ε——电阻丝的相对变形；

γ——电阻丝应变敏感系数，由试验确定，常用的康铜丝为 2～2.20。

用作工程构件变形的测定，至少也要求能测到 $\varepsilon < 0.01\%$ 的相对变形，常用电阻丝的电阻一般为 120Ω，则当构件变形为 0.01% 时，电阻丝的电阻增量即为 $\Delta R = R \cdot \gamma \cdot \varepsilon = 0.024\Omega$，即电阻丝应变片的电阻由变形前的 120Ω 增加至 120.024Ω，这是一般欧姆表所不能测得的，所以必须有专用的仪器，把应变片的电阻变化转换为电流并加以放大，这种仪器就是常用的电阻应变仪。有关电阻应变仪的结构及工作原理应由专著论述，下面将具体介绍如何用电阻应变片来测量压力容器在耐压试验时的残余变形。

用电阻应变片测量容器在耐压试验时器壁的残余变形一般应测定它的内壁，但因内壁的测量技术比较复杂，影响因素也较多，如电阻应变片的防水、绝缘、引线密封、在压力下电阻丝电阻的改变等，所以一般的薄壁容器都是测量外壁的残余变形。

测量时，在器壁上选择若干个测量点，一般选择器壁较薄、应力较高的部位，或者是有代表性的截面，如容器的中部或端部等，用锉刀或其他工具打磨平整，使其表面粗糙度达到 R_a1.6～3.2。如果器壁上有油污等脏物，则要用丙酮或甲醇等溶液进行清洗，然后在磨平的器壁及电阻丝应变片的纸片上都涂上薄薄一层黏结剂，并把应变片贴在磨平的器壁上，用力轻压应变片，挤出其中多余的黏结剂。这时应变片的纸片看上去应是同一颜色，不应有气泡或弯曲及翘起等现象。再用重物加压，并让其自然干燥，自然干燥的时间视所用的黏结剂和大气温度、湿度而定，一般要 24～28h，如时间紧迫，也可以用热风吹干。干燥后应变片与器壁间的电阻应达到 800～1000MΩ。应变片干燥后应蜡封，以防反潮或被淋湿。与此同时即可焊接电阻丝的引出线，以便与电阻应变仪连接。电阻丝应变片与应变仪的连接线不宜过长，一般不应超过 10m，以减小由于线路电阻而产生的测量误差。为了消除温度变化引起电阻丝电阻的变化而产生误差，需用一块与容器相同材料的板块，以同样的方法在上面贴上一个应变片，并把它放在容器的外壁上，使其与容器的温度相同，这就是补偿应变片。把补偿应变片连接在应变仪的规定位置，并把所有测量用的连接线接在应变仪的多头接线箱上，准备工作即告完成。

电阻应变测量准备工作完成后，即可进行容器的耐压试验和变形测量。在容器装满水后，调整好仪器，记录各测量点的读数，然后按一般的耐压试验程序加压。一般都是先在工作压力内（不超过工作压力的 90%）反复试验几次，检查仪器、应变片及接线等情况是否良好，然后才正式作耐压试验和测定。容器加压至试验压力可以分为若干级（5～10 级），在每级压力下测读并记录各测量点的应变值，降压过程也是如此。在容器内的压力降至零以后，各测量点所残留的变形即为容器耐压试验所产生的残余变形。

根据各测量点在试验压力下的应变值（可直接在应变仪中读出），可以计算出各点的实际应力，由此应力也可以推断器壁是否产生了较大的残余变形。

（三）容积变形测定

压力容器在进行耐压试验时，器壁的残余变形必然会引起容器容积的变化，因此精确地测定容器在耐压试验前后容积的变化（亦即容积残余变形），也可以确定器壁的残余变形。用容积变形法来测定容器耐压试验残余变形，被广泛用于小型高压容器，特别是气瓶的检验中，有关这种方法将在下一章论述。

六、试验结果的评定

压力容器经过耐压试验后，应根据试验情况，按下列原则进行评定。

容器在试验压力下持续 10～30min，压力不下降，各焊缝及金属壁无泄漏现象，容器本体没有发现有塑性变形，或测定的残余变形在规定的允许范围内，则认为容器耐压试验合格。

如果容器在耐压试验时发现有如下的异常现象，即在加压过程中，特别是压力超过工作压力以后，尽管试压泵仍然在继续转动，进水装置也表明容器仍在不断进水，而容器上压力表的指针却突然停止不前，甚至可能有轻微下降，在这种情况下，应立即停泵，对容器进行检查。若是由于连接处发生泄漏，因而产生上述现象，可以在降压后进行修理，并重作试验。如果检查结果没有发现有任何泄漏，或虽有轻微泄漏，但并不至于产生上述现象，则应考虑容器在此压力下产生了屈服变形，试压后应用平直尺测量或用其他方法进行检查。

在耐压试验时产生塑性变形的压力容器，应评为试验不合格，并停止使用。

如果容器在试验的保压期间发现压力略有下降现象，应进行检查分析。若是由于可拆连接处或截止阀的泄漏而引起的，则可以认为容器的耐压试验已经合格。若检查结果没有发现任何泄漏现象，则应考虑容器的屈服变形，并按上述方法进行检查和评定。

规定在耐压试验时测定残余变形的高压容器或其他重要容器，如果残余变形（直径或周向）达到或超过 0.03%，或用容积变形法测定的容积残余变形达到或超过容积全变形（即在试验压力下容器的容积与原有容积之差）的 10%，则容器应评为耐压试验不合格。

第四章　压力容器安全运行管理

压力容器的最终目的及其价值的体现在于它的安全运行，而压力容器的运行管理是保证压力容器安全的重要环节。压力容器的使用单位必须做到正确合理的操作和使用压力容器，抓好压力容器日常运行的基础管理和维护保养工作至关重要。

第一节　运　　行

压力容器安装竣工调试验收后，到当地安全监察机构办理了使用登记手续并取得《压力容器使用证》之后，即可投入使用。压力容器已经投入使用，往往会因工作条件的苛刻、操作不当、维修不力、材质劣化及设备故障等原因而降低其使用性能，甚至发生意外事故。因此，压力容器的安全问题与容器使用者关系极大。容器的使用单位除应设置专门管理机构和专职管理人员对其进行安全技术管理并建立健全安全管理制度之外，还应对容器的操作人员提出具体要求，并在容器运行过程中从使用条件、环境条件和维修条件等方面采取控制措施，以保证容器的安全运行。

一、投用

做好投用前的准备工作，对压力容器顺利投入运行，保证整个生产过程的安全有着重要意义。

1. 准备工作

压力容器投用前，使用单位应做好基础管理及现场管理的运行准备工作。

(1) 基础管理工作

① 规章制度　压力容器运行前必须健全该容器的安全操作规程（或操作法）和各种管理制度，对该容器应有明确的安全操作要求，操作人员做到操作时有章可依、有规可循。初次运行还必须制定试运行方案（或开车方案和开车操作票），明确人员的分工和操作步骤及安全注意事项等。

② 人员　压力容器运行前必须根据工艺操作的要求和安全操作的需要而配备足够的压力容器操作人员和压力容器管理人员。压力容器操作人员必须参加当地劳动技术监督部门的压力容器操作人员培训，经过考试合格取得当地纪检部门颁发的《压力容器操作人员合格证》。当地劳动技术监督部门还未开展压力容器操作证培训考试的，可参加行业的或相应主管部门组织的相关培训以获取相应的操作证。有条件的单位也可自行培训考证，设立企业内部使用的压力容器操作上岗证。压力容器操作人员确定后，在容器试运行前必须对它们进行相关的安全操作规程或操作法和管理制度的岗前培训和考核，让操作人员熟悉容器的操作要求和处理一般事故的方法，必要时还可进行现场模拟操作。可根据企业的规模及压力容器的数量、重要程度设置压力容器专职管理人员或有单位技术负责人兼任，并参加当地劳动技术监督部门组织的锅炉压力容器管理人员培训考核，取得压力容器管理人员证。压力容器的初次运行应由压力容器管理人员和生产工艺技术人员（两者可合一）共同组织策划和指挥，

并对操作人员进行具体的操作分工和培训。

③ 设备　压力容器投用前，容器必须在办理好报装手续后由具有资质的施工单位负责施工，并经竣工验收，办理使用登记手续，取得质量技术监督部门发给的《压力容器使用证》。

（2）现场管理工作　主要指对压力容器本体及其附属设备和安全装置等进行必要的检查，具体要求如下。

① 安装、检验、修理工作遗留的辅助设施，如脚手架、临时平台及临时电线等是否全部拆除；容器内有无遗留工具、杂物等。

② 电、气等的供给是否恢复，道路是否畅通；操作环境是否符合安全运行的要求。

③ 检查容器本体表面有无异常，是否按规定做好防腐、保温及绝热工作。

④ 检查系统中压力容器连接部位及接管等的连接情况，该抽的盲板是否抽出，阀门是否处于规定的启闭状态。

⑤ 检查附属设备及安全防护设施是否完好。

⑥ 检查安全附件、仪器仪表是否齐全，并检查其灵敏程度及校验情况，若发现安全附件无产品合格证，或其规格、性能不符合要求，或逾期未校验者，均不得使用。

2. 开车与试运行

压力容器试运行前的准备工作做好后，进入开车与试运行程序，操作人员进入岗位现场后必须按岗位的规定穿戴各种防护用品和携带各种操作工具；企业负责安全生产部门的人员或相应管理人员应到场监护，发现异常情况及时处理。

试运行前须对容器、附属设备、安全附件、阀门及关联设备等进一步确认检查。对设备管线作吹扫贯通，对需预热的压力容器进行预热，对带搅拌装置的压力容器再次检查容器内是否有妨碍搅拌装置转动的异物、杂物以及电器元件是否灵敏可靠后，方可试开搅拌。按操作法检查压力容器是否处于适当位置或牢固可靠，该开的投料口阀门等是否已开，该关闭的是否已关闭。因工艺或介质特性要求不得混有空气等其他杂气的压力容器，还需作气体置换，直至气体取样分析符合安全规程或操作法要求。检查与压力容器关联的设备，如机泵、阀门及安全附件是否处于同步的状态。需要进行热紧密封的系统，应在升温的同时对容器、管道、阀门及附件等进行均匀热紧，并注意适当用力。当升到规定温度时，热紧工作应停止。对开车运行前该系统需预充压的压力容器，在预冲压后需检查容器本体各连接件的各密封元件、阀门安全附件和附属关联管道是否有跑、冒、滴、串气憋压等现象，一经发现应先处理后开车。

在上述工作完成后，压力容器按操作规程或操作法要求，按步骤先后进（投）料，并密切注意工艺参数（温度、压力、液位和流量等）的变化，对超出工艺指标的应及时调控。同时，操作人员要沿工艺流程路线跟随物料进程进行检查，防止物料泄漏或走错流向。同时注意检查阀门的开启度是否合适，并密切注意运行中的细微变化，特别是工艺参数的变化。

二、运行的控制

每台容器都有特定的设计参数，如果超设计参数运行，容器就会因承载能力不足而可能出现事故。同时，容器在长期运行中，由于压力、温度及介质腐蚀等因素的综合作用，容器上的缺陷可能进一步发展并可能形成新的缺陷。为使缺陷的发生和发展被控制在一定的限度之内，运行中对工艺参数的安全控制，是压力容器正确使用的重要内容。

对压力容器运行的控制主要是对运行过程中工艺参数的控制，即压力、温度、流量、液位、介质配比、介质腐蚀性及交变载荷等的控制。压力容器运行的控制有手动控制（简单的生产系统）和自动控制联锁（工艺复杂要求严格的系统）。

1. 压力和温度

压力和温度是压力容器使用过程中的两个主要工艺参数。压力的控制要点主要是控制容器的操作压力不超过最大工作压力；对经检验认定不能按原铭牌上的最高工作压力运行的容器，应按专业检验单位所限定的最高工作压力范围使用。温度的控制主要是控制极端的工作温度。高温下使用的压力容器，主要是控制介质的最高温度，并保证器壁温度不高于其设计温度；低温下使用的压力容器，主要控制介质的最低温度，并保证壁温不低于设计温度。

对压力和温度的控制，除考虑设计极限值外，还应考虑温度和压力上升的惯性以及其显示的滞后性。特别是内部有催化剂、填料等或有衬里、隔热等内件的压力容器，不宜以设计压力和设计温度等作为操作的控制指标，应根据容器内介质的特性或物理、化学反应引起的增压升温的速度、具体情况或经验，判断设定与设计值有一定缓冲（升、降）空间的压力、温度极限控制值。

在压力容器运行中，操作人员要按照容器安全操作规程中规定的操作压力和操作温度进行操作，严禁盲目提高工作压力。可采用连锁装置，实行安全操作挂牌制度，以防止操作失误。对反应容器，必须严格按照规定的工艺要求进行投料、升温、升压和控制反应速度，注意投料顺序，严格控制反应物料的配比，并按照规定的顺序进行降温、泄压和出料；盛装液化气体的压力容器，应严格按照规定的充装量进行充装，以保证在设计温度下容器内部存在气象空间。充装用的全部仪表量具，如压力表、磅秤等都应按规定的量程和精度选用。容器还应防止意外受热。储存易于发生聚合反应的碳氢化合物的容器，为防止物料发生聚合反应，应该在物料中加入相应的阻聚剂，同时限制这类物料的储存时间。

2. 流量和介质配比

对一些连续生产的压力容器，还必须控制介质的流量及流速等，以便控制其对容器造成严重冲刷、冲击和引起振动；对反应容器，还应严格控制各种参数与反应介质的流量、配比，以防出现因某种介质的过剩或不足而产生副反应。进而造成生产失控事故的发生。因此，压力容器在运行过程中，操作人员除密切注意温度、压力的变化外，还应密切留意出口流量和进口的各种介质流量的变化和配比。有条件的反应容器，在压力容器出口端应加装反应产物自动分析仪。此外，压力容器内部为适应某种化学、物理反应，采用了将介质通过喷嘴喷射雾化工艺的，必须按操作要求调节好膨胀比，即在工艺参数指标范围内调节好介质入口压力与容器内部压力的比值，使介质对容器内壁或内件的冲刷尽量均匀，以减少容器应力集中和局部过热，避免内件局部损坏或容器器壁局部严重减薄。

3. 液位

液位控制主要是针对液化气体介质的容器和部分反应容器的介质比例而言。盛装液化气体的容器，应严格按照规定的充装系数充装，以保证在设计温度下容器内有足够的气象空间；反应容器则需要通过控制液位来实现控制反应速度和某些不正常反应的产生。

4. 介质腐蚀

要防止介质对容器的腐蚀，首先应在设计时根据介质的腐蚀性以及容器的使用温度和使用压力选择合适的材料，并规定一定的使用寿命。同时也应该看到在操作过程中，介质的工艺条件对容器的腐蚀有很大影响。因此必须严格控制介质的成分及杂质含量、流速、水分及

pH 值等工艺指标，以减少腐蚀速度、延长使用寿命。

这里需要着重说明的是，杂质含量和水份对腐蚀起着重要的作用。

（1）杂质含量　设计选材时，往往只注意介质的主要成分，而忽视了在工艺中不可避免的某些杂质。在特定的条件下，杂质的存在会造成严重腐蚀。通常，影响较为严重的杂质是氯离子、氢离子及硫化氢等。如液化石油气球形储罐检查中发现的诸多危及安全使用的隐患，除制造质量外，介质中硫化氢含量也是因素之一。对某些储存容器，因各种杂质的密度不同，会在上部液面或容器底部积聚，这是液面附近或底部器壁易被腐蚀的原因之一。

（2）含水量控制　气体、液化气体中水份的存在，会加速介质对器壁的腐蚀。水能溶解多种杂质而形成电解质溶液，因此会导致电化学腐蚀的产生。如无水的氯不会腐蚀器壁，但在少量水存在的情况下，将对容器产生强烈的腐蚀，尤其是对奥氏体不锈钢制的容器，更易造成晶间腐蚀。

5. 交变载荷

压力容器在反复变化的载荷作用下不会产生疲劳破坏。疲劳破坏往往发生在容器开孔接管、焊缝、转角及其他几何形状发生突变的高应力区域。为了防止容器发生疲劳破坏，除了在容器设计时尽可能地减少应力集中或者根据需要作容器疲劳分析设计外，应尽量使压力、温度的升降平稳，尽量避免突然开、停车，避免不必要的频繁加压和卸载。对要求压力、温度平稳的工艺过程，则要防止压力、温度的急剧升降，使操作工艺指标稳定。对受高温的压力容器，应尽可能减缓温度的突变，以降低热应力。

压力容器的运行控制可通过手动操作或自动控制来进行。但因自动控制系统会有失控的时候，所以，压力容器的运行控制绝对不能单纯依赖自动控制，压力容器运行的自动控制系统离不开人。

三、　操作的安全注意事项

尽管压力容器的技术性能、使用工况不尽一致，却有共同的操作安全要求，操作人员必须按规定的程序进行操作。压力容器操作的安全注意事项如下。

1. 平稳操作

压力容器开始加载时，速度不宜过快，特别是承受压力较高的容器，加压时需分阶段进行并在各个阶段保持一定时间后再继续增加压力，直至规定压力。高温容器或工作温度较低的容器，加热或冷却时都应缓慢进行，以减少容器壳体温差应力。对有衬里的容器，若降温、降压速度过快，有可能造成衬里鼓包；对固定管板式换热器，温度若有大幅度急剧变化，会导致管子与管板的连接部位受到损伤。

容器运行期间，还应尽量避免压力、温度频繁而大幅度的波动。因为压力、温度的频繁波动，会造成容器的疲劳破坏。尽管设计上要求容器结构连续，但在接管、转角、开孔、支撑部位及焊缝等处是不连续的，这些区域在交变载荷作用下产生的局部峰值应力往往会超过材料的屈服强度，进而产生塑性变形。尽管一次的变形量极少，但在交变载荷作用下，会产生裂纹或使原有裂纹扩展，最终导致疲劳破裂。

2. 严格控制工艺指标

压力容器操作的工艺指标是指压力容器各工艺参数的现场操作极限值，一般在操作规程中均有明确的规定，因此严格执行工艺指标可防止容器超温、超压运行。为防止由于操作失误而造成容器超温、超压，可实行安全操作挂牌制度或装设连锁装置。容器装料时避免过急过量；使用减压装置的压力容器应密切注意减压装置的工作状况；液化气体严禁超量装载，并防止意外受热；随时检查容器安全附件的运行情况，保证其灵敏可靠。

3. 严格执行检修办证制度

压力容器严禁边运行边检修，特别是严禁带压拆卸、拧紧螺栓。压力容器出现故障时，必须按规程停车卸压，并根据检修内容和检修部位及介质特性等完成介质的排放、置换、降温以及加盲板切断关联管道等检修交出处理（化工处理）程序，并办理检修交出证书，注明交出处理内容和已处理的情况，并对检修方法和检修安全提出具体的要求和防护措施，如需戴防毒面具，不得用钢铁等硬金属工具，不得进入容器内部，不准动火（办理动火证后方可动火），在检修过程中不得有油污、杂物和有机续料（抹布碎料棉絮等）。先拆哪个部位，如何排残液及卸余压等都要考虑周全。对需进入容器内部检修的，还须办理进塔入罐许可证。压力容器的检修交出工作完成后，具体处理的操作者必须签名，且由班组长或车间主任检查后签名确认，交检修负责人执行。重大的检修交出，或安全危害较大的压力容器检修交出，还须经压力容器管理员或企业技术负责人审核。

4. 坚持容器运行巡检和实行应急处理的预案制度

容器运行期间，除了严格执行工艺指标外，还必须坚持执行压力容器运行期间的现场巡回检查制度，特别是操作控制高度集中（设立总控室）的压力容器生产系统。只有通过现场巡查，才能及时发现操作中或设备上出现的跑、冒、滴、漏、超温、超压、壳体变形等不正常状态，才能及时采取相应的措施以进行消除、调整甚至停车处理。此外，还应实行压力容器运行应急处理预案并进行演练，将压力容器运行过程中可能出现的故障、异常情况等作出预料并制定出相应的防范和应急处理措施，以防止事故的发生或事态的扩大。如一些高温、高压压力容器，内件因故障而出现绝热耐火砖层开裂引起局部超温变形时，作为系统一部分的容器又不能作瞬间停车卸压，但可立即启动局部强制降温和系统停车卸压等程序的应急预案，并按步骤进行处理。

四、运行中的主要检查内容

压力容器运行中的检查是其运行安全的关键保障，通过对压力容器运行期间的经常性检查，使压力容器运行中出现的不正常情况能得到及时的发现。要达到这一要求，必须把握好压力容器运行中检查的主要内容。

1. 工艺条件

工艺条件方面的检查主要是检查操作压力、操作温度及液位是否在安全操作规程规定的范围内；检查工作介质的化学成分，特别是那些影响容器安全（如产生应力腐蚀、使压力或温度升高等）的成分是否符合要求。

2. 设备状况

设备状况方面的检查，主要是检查容器各连接部分有无泄漏及渗漏现象；容器有无明显的变形、鼓包；容器外表面有无腐蚀，保温层是否完好；容器及其连接管道有无异常振动及磨损等现象；支撑、支座及紧固螺栓是否完好，基础有无下沉和倾斜；重要阀门的“启”、“闭”与挂牌是否一致，连锁装置是否完好。

3. 安全装置

安全装置方面的检查，主要是检查安全装置以及与安全有关的器具（如温度计、计量用的衡器及流量计等）是否保持良好状态。如压力表的取压管有无泄漏或堵塞现象，同一系统上的压力表读数是否一致；弹簧式安全阀是否有生锈、被油污粘住等情况；杠杆式安全阀的重锤有无移动的迹象等。检查安全装置和计量器具表面是否被油污或杂物覆盖，是否达到防冻、防晒和防雨淋的要求。检查安全装置和计量器具是否在规定的使用期限内，其精度是否符合要求。

五、停止运行

压力容器的运行形式有两种，即连续运行和间歇式运行。连续式运行的压力容器，多为连续生产系统中的设备，受介质特性和关联设备及装置的制约，这类容器不能随意运行或停止运行。化工生产系统的压力容器多为连续运行的压力容器。间歇式运行的压力容器，是指每次按一定的生产量来生产或投料的压力容器系统或单台压力容器。但无论连续式运行或间歇式运行的压力容器，在停止运行时均存在正常停止运行和紧急停止运行两种情况。

压力容器停止运行与一般的机械设备不同，必须要完成一定的停车操作步骤，包括卸放容器内的气体或其他物料，以使容器内压力下降，并停止向容器内输入气体或其他物料。

1. 正常停止运行

压力容器按有关规定需进行定期检验、检修或进行技术改造时，或因原料、能源供应不及时，内部填料定期处理、更换或因工艺需要采取间歇式操作方法等正常原因而停止运行的，均属正常停止运行。

压力容器及其设备的停运过程是一个变操作参数过程。在较短的时间内容器的操作压力、操作温度及液位等在不断变化，需要进行切断物料、反出物料、容器及设备吹扫、置换等大量操作工序。为保证操作人员能安全合理的操作，使容器设备、管线及仪表等也不受损坏，正常停运过程中应注意以下事项。

(1) 编制停运方案　停运操作中，操作人员开关阀门频繁，多方位管线检查作业，劳动强度大，若没有统一的停工方案，易发生误操作，导致设备事故，严重时会危及人身安全。压力容器的停工方案应包括以下内容。

① 停运周期（包括停工时间和开工时间）及停运操作的程序和步骤。

② 停运过程中控制工艺参数变化幅度的具体要求。

③ 容器及设备内剩余物料的处理、置换清洗方法及要求，动火作业的范围。

④ 停运检修的内容和要求，组织实施及有关制度。

压力容器停运方案一般由车间主任、压力容器管理人员、安全技术人员及有经验的操作人员共同编制，报主管领导审批通过。方案一经确定，必须严格执行。

(2) 停运中降温、降压速度的控制　停运中应严格控制降温、降压速度，因为急剧降温会使容器壳壁产生疲劳现象和较大的温度应力，严重时会使容器产生裂纹、变形、零部件松脱及连接部位泄漏等现象，以致造成火灾或爆炸事故。对储存液化气体的容器，由于器内的压力取决于温度，所以必须先降温，才能实现降压。

(3) 清除剩余物料　容器内剩余物料多为有毒、易燃或有腐蚀性的介质，若不清理干净，操作人员无法进入容器内部检修。如果单台容器停运，需在排料后用盲板切断与其他容器及压力源的连接；如果是整个系统停运，需将整个压力装置中的物料用真空法或加压法清除。对残留物料的排放与处理应采取相应的措施，特别是可燃、有毒气体应排至安全区域。

(4) 准确执行停运操作　停运操作不同于正常操作，要求更加严格、准确无误。开关阀门要缓慢，操作顺序要正确，如蒸汽介质要先开排凝阀，防止因水击损坏设备或管道。

(5) 杜绝火源　停运操作期间，容器周围应杜绝一切火源。要清除设备表面、扶梯、平台、地面等处的油污和易燃物等。

2. 紧急停止运行

压力容器在运行过程中，如果突然发生故障，严重威胁设备和人身安全时，操作人员应立即采取紧急措施，停止容器运行。

(1) 应立即停止运行的异常情况

① 容器的工作压力、介质温度或容器壁温度超过允许值，在采取措施后仍得不到有效控制。

② 容器的主要承压部件出现裂纹、鼓包、变形、泄漏、穿孔及局部严重超温等危及安全的缺陷。

③ 压力容器的安全装置失效、连接管断裂及紧固件损坏等难以保证安全运行。

④ 压力容器充装过量或反应容器内介质配比失调，造成压力容器内部反应失控。

⑤ 容器液位失去控制，采取措施仍得不到有效控制。

⑥ 压力容器出现管道堵塞，危及容器安全。

⑦ 容器与管道发生严重振动，危及容器安全运行。

⑧ 压力容器内件突然损坏，如内部衬里绝热耐火砖、隔热层开裂或倒塌，危及压力容器安全运行。

⑨ 换热容器内件开裂或严重泄漏，介质的不同相或不同介质互串，造成水击或严重物理、化学反应。

⑩ 发生火灾直接威胁到容器的安全。

⑪ 高压容器的信号管或警告孔泄漏。

⑫ 主要通过化学反应维持压力的容器，因管道堵塞或附属设备、进口阀等失灵或故障造成容器突然失压后工作介质倒流，危及容器安全。

(2) 紧急停止运行的操作要求和注意事项

压力容器紧急停运时，操作人员必须做到“稳”、“准”、“快”，即保持镇定，判断准确，操作正确，处理迅速，防止事故扩大。在执行紧急停运的同时，还应按规定程序及时间向本单位有关部门报告。对系统性连续生产的，还必须做好与前、后相关岗位的联系工作。紧急停运前，操作人员应根据容器内介质状况做好个人防护。

压力容器紧急停止运行时应注意以下事项。

① 对压力源来自器外其他容器或设备，如换热容器及分离容器等的情况，应迅速切断压力来源，开启放空阀及排污阀，遇有安全阀不动时，拉动安全阀手柄强制排放泄压。

② 对器内产生压力的容器，超压时应根据容器实际情况采取降压措施。如反应容器超压时，应迅速切断电源，使向容器内输送物料的运转设备停止运行，同时联系有关岗位停止向容器内输送物料。迅速开启放空阀、安全阀或排污阀，必要时开启卸料阀和卸料口紧急排料，在物料未放尽前，搅拌不能停止。对产生放热反应的容器，还应增大冷却水量，使其迅速降温。对液化气体介质的储存容器，超压时应迅速采取强制降温等降温措施，液氨储罐还可开启紧急泄氨器泄压。

第二节 使用管理

压力容器作为一种比较容易发生事故，特别是事故危害比较大的特殊设备，必须按国家的有关法规标准并结合实际使用状况进行严格的安全管理。压力容器的使用管理是压力容器安全管理工作的一项主要内容。

一、内容与要求

正确和合理的使用压力容器是提高压力容器安全可靠性、保证压力容器安全运行的重要条件。为了实现压力容器管理工作的制度化、规范化以及有效的防止或减少事故的发生，国务院颁发了《锅炉压力容器安全监察暂行条例》，原劳动部颁发了《压力容器安全技术检查规程》和《在用压力容器检验规程》等一系列法规，对压力容器安全使用管理提出了明确而严格的要求。归纳起来，压力容器使用单位的安全使用管理工作主要包括如下内容。

① 使用单位的技术负责人（主管厂长或经理、总工程师）必须对压力容器的安全管理负责，并根据本单位压力容器的台数核对安全性能的要求，设置专门的压力容器安全管理机构或指定具有压力容器专业知识、熟悉国家有关法规标准的工程技术人员负责压力容器的安全管理工作。

② 使用单位必须贯彻执行《压力容器安全技术监察规程》等国家所颁布和实施的与压力容器有关的法规标准。并在此基础上结合本单位实际情况，制定本单位的压力容器安全管理规章制度及安全操作规程。

③ 使用单位必须参加压力容器使用前的相关管理工作，即参加压力容器的订购、设备进厂、安装、验收、试车及使用交接等全过程的每一项工作，并进行跟踪。

④ 使用单位必须持压力容器有关的技术资料到当地锅炉压力容器安全监察机构逐台办理使用登记，并管理好有关技术资料。

⑤ 使用单位必须建立《压力容器技术档案》，每年应将容器数量和变动情况的统计表报送主管部门和当地质量技术监督部门。

⑥ 使用单位应编制压力容器的年度定期检验计划，并负责组织实施。每年年底将第二年度的检验计划和当年检验计划的实施情况报到主管部门和质量技术监督部门。

⑦ 使用单位应做好压力容器运行、维修和安全附件校验及使用状况等的检查和记录，并逐级落实检查制度、岗位责任制和不正常情况的处理记录等。

⑧ 使用单位应做好压力容器检验、修理、改造和报废等的技术审查工作，并组织好实施和记录归档。压力容器的受压部件和重大修理、改造方案应报当地锅炉压力容器安全监察机构审查批准。

⑨ 使用单位必须做好压力容器事故的抢救、报告、协助调查和善后处理等工作。发生压力容器爆炸及重大事故的单位应迅速（原则上在 24h 内）报告当地质量技术监督部门如锅炉压力容器安全监察机构及其主管部门，并立即组织调查。根据调查结果填写《锅炉压力容器事故报告书》，并报送当地质量技术监督部门和主管部门。

⑩ 使用单位必须对压力容器校验、焊接（主要是指有压力容器检验或安装修理资格的使用单位）和操作人员进行安全技术培训，并经过考核，取得当地压力容器安全监察部门颁发或认可的合格证后方可上岗作业。此外，对持证人员必须进行定期的专业培训与安全教

育和考核。

二、基础管理

压力容器的使用单位必须从基础管理抓起，实行规范管理和逐步实现标准化管理。基础管理主要包括压力容器的技术文件和技术档案等基础资料、压力容器的使用管理制度和操作规程等的管理。

1. 交付使用前的基础管理

压力容器使用前的基础管理工作包括压力容器的设计订货（或直接选购）、容器进厂、报装、安装及验收调试等全过程管理，在压力容器交付使用前，压力容器的使用单位应将压力容器进厂到交付使用前的所有技术资料，包括随机资料、报装资料及安装验收资料等原始记录收集整理并归档。压力容器到货后应对其进行检查验收。

（1）随机资料是否齐全　主要是指制造单位的出厂技术资料，包括如下内容。

① 产品合格证。

② 产品质量证明书。

③ 产品竣工图（总图和必要的部件图）。竣工图可由设计蓝图（盖有设计单位及批准的印鉴）修改而成，也可由制造单位重新绘制，但重新绘制的图面需要有反映原设计图纸设计人员及设计单位情况的文字说明。竣工图必须要求其能反映产品制造的最终实际情况，并盖有竣工图印鉴及完工日期。

④ 制造单位所在地的质量技术监督部门及检验单位签发的压力容器产品制造安全质量监督检验证书。

⑤ 对中、高压反应容器或储存容器还需有强度计算书。

⑥ 有关安全附件、仪器、仪表及配置设备的产品质量证明文件。

以上资料是办理压力容器使用登记，领取《压力容器使用证》的前提条件。

有下列情况者属于基础资料不合格，应责令制造商补齐或要求退货，否则，无法办理使用登记手续。

① 无设计、制造资格证书的单位所设计制造的。

② 资料不齐全，不能有效证明其质量合格或不真实的。

③ 没有当地质量技术监督部门盖章并确认的压力容器产品制造安全质量监督检验证书。

（2）产品质量验收和基础资料审核

① 检查压力容器产品铭牌是否与出厂技术资料吻合，是否有质量技术监督部门检验单位的检验钢印标记等，并做好原始记录。

② 依据竣工图对实物进行质量检查，包括总体尺寸、主体结构、焊缝布置及施焊的外观质量、容器内外表面质量、接管方位、材质钢印标记、施焊及钢印标记、油漆和包装等，并做好原始记录。经制造单位处理的超标缺陷，也必须做好缺陷记录和处理全过程记录，需上报当地质量技术监督部门的应将报告备份归档。

③ 按供货合同要求，检查随机备件、附件质量与数量以及规格型号是否满足需要，并做好原始记录。

（3）安装调试资料和原始记录

① 安装工程竣工后，施工方应提交安装全过程《压力容器安装交工技术文件》这一完整的汇编资料，如安装全过程中使用单位主派的安装负责人及其对容器内部构件安装质量、

固定螺栓紧固、管线、梯子及平台等与容器相接部件施焊、保温的施工质量的记录以及对压力容器关键部位和零件的安装、安全附件的安装调试等的装设正确与否的检查记录。

② 压力容器安装后，根据压力容器的使用特点，若要做内部技术处理的应做好记录，安装竣工后使用单位的生产、技术、设备及安全等部门的有关人员应组成调试小组，并参加竣工验收后的调试，还应有安装单位人员到现场以处理故障，并做好以上内容的详细记录。

2. 技术档案

压力容器的技术档案是压力容器设计、制造、使用和检修全过程的文字记载，它向人们提供了各过程的具体情况，是正确合理使用压力容器的主要依据。通过它可以使容器的管理和操作人员掌握设备的结构特征、介质参数和缺陷的产生及发展趋势，防止由于盲目使用而发生的事故。另外，档案还可以用来指导容器的定期检验以及修理和改造工作，也是容器发生事故后，用以分析事故原因的重要依据之一。因此，建立压力容器技术档案是安全技术管理工作的一个重要基础工作，压力容器应逐台建立技术档案。技术档案包括容器的原始技术资料、使用情况记录和容器安全附件技术资料等。

压力容器的技术档案除了包含使用前的技术资料和原始记录外，还应包括和补齐以下内容。

(1) 档案卡　压力容器档案卡见表4－1。

表4－1　压力容器档案卡片

厂（公司）　　　　　　　　　车间　　　　　　　　　　　　　　　年　　月　　日

<table>
<tr><td colspan="2">容器名称</td><td></td><td>容器编号</td><td colspan="2"></td><td>注册编号</td><td colspan="2"></td><td>使用证编号</td><td></td></tr>
<tr><td colspan="2">类别</td><td></td><td>设计单位</td><td colspan="2"></td><td>投用年月</td><td colspan="2"></td><td>使用单位</td><td></td></tr>
<tr><td colspan="2">制造单位</td><td></td><td>制造年月</td><td colspan="2"></td><td>出厂编号</td><td colspan="2"></td><td>安装单位</td><td></td></tr>
<tr><td colspan="2">筒体材料</td><td></td><td>封头材料</td><td colspan="2"></td><td>内封材料</td><td colspan="2"></td><td>其他部件材料</td><td></td></tr>
<tr><td rowspan="4">规格</td><td colspan="2">内径/mm</td><td rowspan="4">操作条件</td><td colspan="2">设计压力/MPa</td><td rowspan="6">安全阀或爆破片</td><td>名称</td><td></td><td>名称</td><td></td></tr>
<tr><td colspan="2">壁厚/mm</td><td colspan="2">最高压力/MPa</td><td>型号</td><td></td><td>型号</td><td></td></tr>
<tr><td colspan="2">高（长）/mm</td><td colspan="2">设计温度/℃</td><td>规格</td><td></td><td>规格</td><td></td></tr>
<tr><td colspan="2">容积/m³</td><td colspan="2">介质</td><td>数量</td><td></td><td>数量</td><td></td></tr>
<tr><td colspan="3" rowspan="2">有无保温、绝热</td><td colspan="2" rowspan="2"></td><td rowspan="2"></td><td rowspan="2">制造单位</td><td rowspan="2"></td><td rowspan="2">制造单位</td><td rowspan="2"></td></tr>
<tr></tr>
<tr><td rowspan="4">质量/kg</td><td>壳体</td><td></td><td rowspan="4">安全状况登记</td><td>级　年　月　日</td><td></td><td rowspan="4">定期检验情况</td><td colspan="2"></td><td rowspan="4">备注</td><td></td></tr>
<tr><td>内件</td><td></td><td>级　年　月　日</td><td></td><td colspan="2"></td><td></td></tr>
<tr><td>总重</td><td></td><td>级　年　月　日</td><td></td><td colspan="2"></td><td></td></tr>
<tr><td></td><td></td><td>级　年　月　日</td><td></td><td colspan="2"></td><td></td></tr>
</table>

注：1. 换热器的换热面积填写在压力容器规格的容积一栏内。

2. 有两个压力腔的压力容器，其操作条件分别填写在斜线前后并加以说明。

填报部门负责人签名　　　　　　　　　　　　　　　　　　　　　　填表人签章

(2) 设计文件　包括设计图样、技术条件和强度计算书。

设计图样是指设计总图（蓝图）和主要受压部件图。在设计总图上，必须盖有压力容器设计资料印章，还应有设计、校验及审核人员的签名。第三类压力容器的设计总图应由设计单位总工程师或技术负责人批准。对移动式压力容器、高压容器、第三类中压反应容器和储存容器，设计单位还应提供强度计算书。若按JB 4732设计时，还应提供应力计算书和应力分析报告。必要时设计单位还应提供设计、安装和使用说明书。

（3）安装技术文件和资料　压力容器出厂时，制造单位应向用户提供最基本的技术文件和资料，其内容如下。

① 竣工图样。该图样上应有设计单位资格印章（复印章无效）。若制造中发生了材料代用、无损检测方法改变或加工尺寸变更等，制造单位应按照设计制造修改通知单的要求在竣工图样上直接标注。标注处应有修改人和审核人的签字及修改日期。竣工图样上应加盖竣工图章，竣工图章上应有制造单位名称、制造许可证编号和“竣工图”字样。

② 产品质量证明书及产品铭片和拓印件。产品质量证明书是压力容器一套完整的质量证明技术文件，它主要包括如下内容。

a. 压力容器产品质量证明书封面内容，应有产品名称、产品编号、制造单位的质量检验专用章、制造单位质量保障工程师签章及制造单位法定代表人的签章。

b. 产品合格证（主页）。其内容包括制造单位名称、制造许可证编号、产品名称、压力容器类别、压力容器设计单位名称、设计批准书编号、设计图图号、订货单位名称（属通用型压力容器此栏可不填）、产品出厂编号、产品制造编号及产品制造完成日期。还应有“本压力容器产品经质量检验符合《压力容器安全技术监察规程》，设计图样和技术条件的要求”等注明，并有质量总检验员签字认可，加盖质量检验专用章确认。

c. 与压力容器产品质量有关且又反映压力容器产品能够满足技术条件要求的各种表格和报告，如产品技术特性表、产品主要受压元件材料一览表、产品焊接试样力学和弯曲性能检验报告、压力容器外观及几何尺寸检验报告、焊缝射线检测报告、焊缝超声波检测报告、渗透检测报告、磁粉检测报告、热处理检验报告、压力试验检验报告、产品制造变更报告、钢板锻件超声波检测报告及焊缝射线检测底片评定表等。

压力容器产品质量证明书所包含的表格报告和内容样式，在《压力容器安全技术监察规程》附件三中有明确规定。

③ 压力容器产品安全质量监督检验证（未实施监检的产品除外）。该证是制造单位所在地压力容器安全技术监察机构对该台容器进行监检后签发并盖章确认的。

④ 移动式压力容器还应有产品使用说明书（含安全附件使用说明书）、随车工具及安全附件清单及底盘使用说明书等。

⑤ 移动式压力容器、高压容器、第三类中压反应容器和储存容器，还应有强度计算书。

（4）检验、检测记录及有关检验技术文件　压力容器使用后必须按规定进行定期检验，每次检验检测的时间、内容均应作好记录，并将各种检验检测报告装订成册归入该容器的技术档案中。

（5）修理方案与实际修理情况记录及有关技术文件和资料　压力容器使用过程中每次维修，无论是计划维修或故障维修均应作详细记录，并将同年度修理计划、修理方案及检修内容、零部件更换情况、缺陷处理情况和结果，特别是受压部件、容器内件等的修理和更换记录，检修完工后的验收试车记录等均应进行整理归入技术档案。

（6）技术改造资料　因生产工艺需要或因科学技术的进步，在采用新工艺、新技术或容器使用过程中出现问题而对容器进行技术改造时，必须将整个改造过程中诸如改造方案、改造设计图样、改造申报资料、改造施工单位、施工过程，改造部位、所用材料及其质量证明书，改造施工竣工后的教工技术文件和资料等均应整理归档。

（7）安全附件校验、修理和更换记录　压力容器使用中的安全附件必须要按规定进行定期校验。每次的定期校验、安全附件故障修理后的校验，均必须作详细记录，连同每次修理情况记录和更换记录一并整理归档。

（8）事故的记录资料和处理报告　压力容器发生事故后必须填报事故报告表，除事故报表不作原始资料归档处，事故调查及其分析结果、整改和防范措施、事故处理情况以及人员因事故而受培训教育的情况等均必须整理归档。

（9）运行记录和停用记录　压力容器的运行记录，指每天（每月）的运转时数和每年累计运转时数、运行时的负荷率（出力率）、运行时的工艺参数及负荷的波动情况等。已停用的设备（压力容器），写出停用申报资料，办理重新使用的有关报资料、检验资料和质量技术监督部门的批准书等整理归档。

压力容器的技术档案注重时间性，特别是每次检验检测、修理改造、安全附件校验修理更换以及事故情况等，均应将发生的时间和处理后又交付使用的时间作准确的记录。

3. 使用登记

压力容器的使用单位，在压力容器投入使用前，应按《压力容器使用登记管理规则》的要求，向地、市级质量技术监督部门如锅炉压力容器安全监察机构申报和办理使用登记手续，取得使用证，才能将容器投入运行。

（1）使用登记办法

第二类中、低压容器，第三类中、低压容器，超高压容器及液化气体槽车（汽车槽车和铁路槽车）的使用单位，应在当地锅炉压力容器安全监察机构逐台登记并领取《压力容器使用登记证》后方准使用。第一类压力容器的登记和《压力容器使用登记证》的发放工作，由省、自治区、直辖市锅炉压力容器安全监察机构结合本地区实际情况自行规定。

（2）使用登记工作的步骤

① 新压力容器投入使用前，使用单位必须填写《压力容器使用登记表》一式两份，并携带有关文件向质量技术监督部门办理压力容器使用登记申报手续。这些文件包括产品合格证；产品质量证明书；产品竣工图（总图和必要的部件图）；质量技术监督部门检验单位签发的产品制造质量安全监督检验证书；进口产品应有省级以上（含省级）质量技术监督部门如锅炉压力容器安全监察机构审核盖章的《中华人民共和国锅炉压力容器安全性能监督检验报告》。

使用登记机关应检查有关资料，核对其安全状况等级后予以注册登记，按国家规定进行注册编号并发给《压力容器使用登记证》及《压力容器注册铭牌》。

② 在用压力容器遇有内外部检验、改变使用条件、修理、改造、转让过户、报废处理或改为常压容器使用等中的情况之一者，应办理使用登记或变更手续。

（3）注意事项

① 有下列情况之一者应不予注册发证。

a. 由无设计、制造资格证书的单位设计、制造的新容器。

b. 申报资料不全，不能有效的证明容器质量是否合格或申报资料不真实的压力容器。

c. 安全状况等级达不到 3 级（含 3 级）以上的压力容器。

d. 安全装置不全或不可靠的压力容器。

e. 无《在用压力容器检验报告书》的在用压力容器。

② 新压力容器必须在使用前进行注册登记，在用压力容器实施定期检验后，应及时办理注册变更手续。

③ 压力容器的安全状况等级只体现了压力容器受压本体的技术状况，其安全装置和有

关仪器、仪表的选择应该与压力容器工况条件相一致，并如期调校。

④ 压力容器使用登记过程中要注意“登记表”、“使用证”、“注册铭牌”三者之间相关内容的一致性，防止相互矛盾。

4. 统计报表

为了便于掌握企业中压力容器的增减动态、检修和利用情况，为了了解压力容器使用状况，还必须设置和填报压力容器统计报表。

压力容器统计报表主要有3种。一是压力容器年报表，统计当年某一时间内处于使用状态的压力容器数量、类别及用途情况，并报给上级主管部门和质量技术监督部门。二是反映压力容器检验和修理情况的统计报表，其中包括当年定检计划及实际检验情况、下年的定期检验计划和修理台数的统计，以便于生产部门、财务部门考核当年生产经济指标和安排下年度生产计划和财务预算，同时也利于与检验单位联系，落实检验工作和便于上级主管部门、质量技术监督部门了解在用压力容器的检验和修理情况。三是反映压力容器利用情况的统计报表，主要用来反映压力容器开车时间及能力利用指标。

三、 安全使用管理制度

压力容器使用管理的各项规章制度，是确保压力容器安全使用的基本保证。压力容器的使用单位应根据企业本身的生产特点，制定相应的压力容器安全管理制度。

1. 岗位责任制

岗位责任制是企业内部最基本的管理制度之一，包括企业主管领导、管理机构负责人、管理人员、车间管理、各部门的有关岗位，直至操作人员的各自岗位职责和工作职责。通过制定、明确岗位责任制，有利于分清工作职责，确定各自的工作范围和要求。

(1) 管理人员的职责　压力容器管理单位除由主要技术负责人（厂长或总工程师）对容器的安全技术管理负责外，还应根据本单位所使用容器的具体情况，设专职或兼职人员，负责压力容器的安全技术管理工作。压力容器的专责管理人员应在技术总负责人的领导下认真履行下列职责。

① 具体负责压力容器的安全技术管理工作，贯彻执行国家有关压力容器的管理规定和安全技术规定。

② 参加容器的验收与试运行工作。

③ 编制压力容器的安全管理制度和安全操作规程。

④ 负责压力容器的登记、建档及技术资料的管理和统计上报工作。

⑤ 监督检查压力容器的操作、维修和检验情况。

⑥ 根据检验周期，组织编制压力容器年度检验计划，并负责组织实施。定期向有关部门报送压力容器的定期检验计划和执行情况以及压力容器存在的缺陷等情况。

⑦ 负责组织制定压力容器的检修方案，审查压力容器的改造、修理、检验及报废等工作的技术资料。

⑧ 组织压力容器事故调查，并按规定上报。

⑨ 负责组织对压力容器的检验人员、焊接人员、操作人员进行安全技术培训和技术考核。

(2) 操作人员的职责　每台压力容器都应有专职的操作人员。压力容器专职操作人员应具有保证压力容器安全运行所必需的知识和技能，并经过技术考试合格。压力容器操作人员应履行以下职责。

① 按照安全操作规程的规定，正确操作使用压力容器。

② 认真填写操作记录、生产工艺记录或运行记录。

③ 做好压力容器的维护保养工作（包括停用期间对容器的维护），使压力容器经常保持良好的技术状态。

④ 经常对压力容器的运行情况进行检查，发现操作条件不正常时及时进行调整，遇有紧急情况应按规定采取紧急处理措施并及时向上级报告。

⑤ 对任何不利于压力容器安全运行的违章指挥，应拒绝执行。

⑥ 努力学习业务知识，不断提高操作技能。

2. 基础工作管理制度

压力容器选购、验收、安装调试、使用登记、备件管理、操作人员培训及考核、技术档案管理和统计报表等制度，称为基础工作管理制度。这些制度的贯彻执行对搞好压力容器使用管理基础工作，提供压力容器使用依据起到积极的作用。压力容器在使用过程中的基础工作管理制度主要包括如下几项。

① 压力容器定期检验制度。

② 压力容器修理、改造、检验、报废的技术审查和报批制度。

③ 压力容器安装、改造、移装的竣工验收制度。

④ 压力容器安全检查制度。

⑤ 交接班制度。

⑥ 压力容器维护保养制度。

⑦ 安全附件校验与修理制度。

⑧ 压力容器紧急情况处理制度。

⑨ 压力容器事故报告和处理制度。

⑩ 接受压力容器安全监察部门监督检查制度。

用这些制度直接有效地控制使用过程，才能把使用管理工作落到实处。

3. 安全操作规程

为确保压力容器的正确操作，合理使用，压力容器的使用单位必须制定压力容器安全操作规程，以防止盲目操作而发生事故。若压力容器处于一个整体生产系统中而非单台独立生产，其安全操作规程可贯穿到岗位操作法（岗位操作规程）中，但无论是压力容器安全操作规程还是岗位操作法，其编制必须在压力容器的安全技术性能范围内根据生产工艺的要求而定。压力容器随即资料中有使用说明书的，还必须结合使用说明的要求编制。安全操作规程（岗位操作法）应包括下列内容。

① 压力容器的操作工艺控制指标及调控方法和注意事项。工艺控制指标包括最高工作压力、最高或最低工作温度、压力及温度波动幅度的控制值、介质成分特别是有腐蚀性介质的成分控制值等；还有容器充装液位最高量、液位的最高和最低控制值，投料量或进出口物料流量的控制值及介质物料的配比控制值等。

② 压力容器岗位操作方法。包括开、停车的操作步骤，操作程序，上下工序的协调和联系方式，正常操作时的安全注意事项。

③ 压力容器运行中日常检查的部位和内容要求。

④ 现场、岗位操作安全的基本要求。包括上下作业时放空排污等的注意事项，岗位操

作人员穿戴劳保用品的要求，操作中易燃、易爆介质的防静电和防爆要求。

⑤ 压力容器运行中可能出现异常现象的判断和处理方法以及防范措施。

⑥ 压力容器的防腐蚀措施及其维护保养方法。

⑦ 对二、三类压力容器操作岗位还应包括事故应急预案的具体操作步骤和要求。

第三节 维护保养

压力容器的维护保养是确保压力容器满足生产工艺要求的一个重要环节。在容器内部，有介质压力、温度及化学反应的变化，流体的磨损和冲刷，以及外界载荷的作用。对一些带有搅拌装置的容器，其内部还会因搅拌部件转动而造成振动及磨损，这些都势必会使压力容器的技术状况不断发生变化，不可避免的产生一些不正常的现象。如紧固件松动，容器内外表面的腐蚀和磨损，仪器仪表及阀门的损坏和失灵等。所以，做好压力容器的维护保养工作，使容器在完好状态下运行，就能防患于未然，并提高容器的使用效率，延长其使用寿命。

一、使用期间

压力容器使用期间日常维护保养的重点是，防腐、防漏、防露、防振，其次是仪表、仪器、电气设施、元件、管线、阀门及安全装置等的日常维护。

1. 消除压力容器的跑、冒、滴、漏

压力容器的连接部位及密封部位因磨损或密封面损坏，或因热胀冷缩及设备振动等原因使紧固件松动或预紧力减小而造成连接不良，进而产生跑、冒、滴、漏现象，若这一现象被忽视就造成严重后果。由于压力容器是带压设备，这种跑、冒、滴、漏如不及时处理会迅速扩展或恶化。不仅浪费原料和能源，污染环境，还常引起器壁穿孔或局部加速腐蚀。如对一些内压较高的密封面，不及时消除则引起密封垫片损坏或法兰密封面被高压气体冲刷切割而起坑，难以修复，甚至引发容器破坏事故。因此，要加强巡回检查，注意观察，及时消除跑、冒、滴、漏现象。

具体的消除方法有停车卸压法和运行带压消除法。前者消除较为彻底，标本兼治，但必须在停车状态下进行，难以做到及时处理，且必定会影响生产。对较为严重或危险性较大的跑、冒、滴、漏现象，必须采用此法处理。而后者，即运行过程中带压处理，多用于发现及时和刚开始有较轻微跑、冒、滴、漏的情况。对一些系统关联性较强，通常难以或不宜立即停车处理的压力容器，也可先采用此法，控制事态的发展和扩大，待停车后再彻底处理。

压力容器运行中出现不正常现象而需带压处理时，其办法有，上紧螺栓以紧固法兰密封、对接管穿孔或直径较小的压力容器出现局部腐蚀穿孔时可采用加夹具抱箍堵漏（打卡子）的办法。采用这种运行带压消除法，必须严格执行以下原则。

① 运行带压处理必须经压力容器管理人员、生产技术主管、岗位操作现场负责人许可（办理检修证书），由有经验的维修人员进行处理。

② 带压处理必须有懂得现场操作处理或有操作指挥协调能力的人或安全技术部门的有关人员进行现场监护，并做好应急措施。

③ 带压处理所用的工具、装备和器具，必须适应泄漏介质对维修工作的安全要求，特别是对毒性、易燃介质或高温介质，必须做好防护措施。如带防毒面具，通风透气，对隔热

绝热装备，应采用具有防止产生火花的铝质、铜质和木制工具等。

④ 带压堵漏专用固定夹具，应根据 GB 150《钢制压力容器》所规定的壁厚强度计算公式，完成夹具厚度的设计。公式中的压力值，还必须考虑向密封空腔注入密封剂的过程中，密封剂在空腔内流动、填满、压实所产生的挤压力。夹具及紧固螺栓的材质及组焊夹具的焊接系数和许用应力，均按 GB 150 的规定执行。

⑤ 专用密封剂应以泄漏点的系统温度和介质特性作为选择的依据。各种型号密封剂均应通过耐压介质侵蚀试验和热失重试验。

2. 保持完好的防腐层

工作介质对容器材料有腐蚀性时，应根据工作介质对容器壁材料的腐蚀作用，采取适当的防腐措施。通常采用防腐层来防止介质对器壁的腐蚀，如涂层、搪瓷、衬里、金属表面钝化处理及钒化处理等。

这些防腐层一旦损坏，工作介质将直接接触器壁，某些局部部位还会加速腐蚀，以致产生严重的后果。所以必须使防腐涂层或衬里保持完好，这就要求容器在使用过程中注意以下几点。

① 要经常检查防腐层有无脱落，检查衬里是否开裂或焊缝处是否有渗漏现象。发现防腐层损坏时，即使是局部的，也应该经过修补等妥善处理后才能继续使用。

② 装入固体物料或安装内部附件时，应注意避免刮落或碰坏防腐层。带搅拌器的容器应防止搅拌叶片与器壁碰撞。

③ 内装填料的容器，填料环应布放均匀，以防止流体介质运动时产生偏流磨损。

3. 保护好保温层

对有保温层的压力容器，要检查保温层是否完好，防止容器器壁裸露。因为保温层一旦脱落或局部损坏，不但会浪费能源，影响容器效率，且容器的局部温差较大而产生温差应力，进而引起局部变形，影响正常运行。

4. 减少或消除容器的振动

容器的振动对其正常使用也有很大的影响。振动不但会使容器上的紧固螺栓松动，影响连接效果，且还因振动有方向性，使容器接管根部产生附加应力，引起应力集中。当振动频率与容器的固有频率相同时，会产生共振现象，造成容器的倒塌。因此当发现容器存在较大振动时，应及时采取适当措施，如隔断振源，加强制成装置等，可消除或减轻容器的振动。

5. 维护保养好安全装置

维护保养好安全装置，使它们始终处于灵敏准确及使用可靠的状态。这就要求安全装置和计量仪表必须定期进行检查、试验和校正。若发现不准确或不灵敏时，应及时修理或更换。安全装置、安全附件上面及其附近不得堆放任何影响其动作、指示或灵敏度的物质，还有精细物料、杂质和杂物，还必须保持各安全装置安全附件外表的清洁。清扫抹擦安全装置，应按其维护保养要求进行，不得用力过大或造成较大振动，不得随意用水或液体清洗剂冲洗、抹擦安全装置及安全附件。清理尘雾时应尽量用布干抹或吹扫。压力容器的安全装置不得随意拆卸或密闭不用，没有按规定装设安全装置的容器不能使用。

二、 停用期间

对长期停用或临时停用的压力容器，也应加强维护保养工作。停用期间保养不善的压力容器甚至比正常使用的容器损坏更快。

停止运行的容器，尤其是长期停用的容器，一定都要将内部介质排放干净，清除内壁的污垢、附着物和腐蚀产物。对腐蚀性介质，排放后还应经过置换、清洗、吹干等技术处理，使容器内部干燥和洁净。要注意防止容器“死角”处内积有腐蚀性介质。为了减轻大气对停用容器外表面的腐蚀，应保持容器外表面清洁，并保持容器及周围环境的干燥。另外，要保持容器外表面的防腐油漆完好无损，发现油漆脱落或刮落时需及时补涂。有保温层的容器，还要注意保温层下的防腐和支撑处的防腐。

第五章　气瓶的充装与使用

气瓶是一种移动式容器，上面各章所述对压力容器的安全要求，原则上对气瓶也是适用的。但气瓶在充装和使用方面还存在一些特殊问题，因此要保证气瓶的安全使用，除了要求它符合压力容器的一般要求外，还需要有一些专门的规定。本章所论述的，就是根据气瓶的特殊需要而提出的安全要求。

第一节　气 瓶 的 充 装

气瓶的正确充装是保证气瓶安全使用的关键之一。由于充装不当而发生气瓶爆炸事故是屡见不鲜的。属于这方面最常见而又最危险的事故是气体混装和超量充装。

气体混装是指在同一个气瓶内灌装了两种气体或液体。这两种介质在适宜的条件下一旦发生化学反应，就会造成严重的爆炸事故。

气瓶因气体混装而发生的爆炸事故，最常见的是氧气等助燃气体与可燃气体的混装。这种混装往往是因为原来充装可燃气体（如氢、甲烷等）的气瓶，未经过置换和清洗等处理，瓶内还有余气，又用来充装氧气。或者将原来充装氧气的气瓶用以充装可燃气体，结果瓶内的可燃气体与氧气发生化学反应，产生大量的热，造成瓶内压力剧烈升高致使气瓶破裂爆炸。这种由于瓶内气体化学反应而发生爆炸的爆炸能量，要比由于气瓶强度不够而发生爆炸（物理现象爆炸）的能量大数倍至数十倍。正因为这样，再加上这种反应是以很高的速度进行的，所以爆炸时往往将气瓶炸成许多碎片。这种由于可燃气体与氧气混装而发生爆炸的事故，国内已发生过多起。

例如，1988 年 8 月 29 日，四川省成都市某县制氧厂在充装氧气过程中，两只气瓶同时发生爆炸，造成重大灾害。除在场的 2 名工人死亡、1 名受伤外，爆炸冲击波将 200m^2的厂房（钢架、砖墙结构）、库房与配电室全部摧毁，气瓶碎片四面飞出，附近的办公室也遭破坏，充氧装置损坏，需停产修复，直接经济损失达数万元。事故原因就是其中的 1 只气瓶在 3 个月前曾充过氢气。送到制氧厂装氧时，未经检查即行充装，结果在充装压力到 13MPa，充装工关闭瓶阀时，因摩擦产生静电而引燃瓶内氢氧混合气体发生爆炸。另 1 只气瓶同时爆炸，估计是由于开始装氧时，氢气瓶中氢串入该瓶内而引起的。值得注意的是，这种助燃气体与可燃气体混装的气瓶，有时并不一定在充装过程中发生爆炸，而是在使用的时候。因为这种可爆性混合气体的爆炸需要一定的条件（例如混合比例等），且这种气体在使用过程中常会发生“回火”现象。1970 年 12 月，河南省某地街道工厂将 3 只充过氢气的气瓶（其中 1 只还有几十个大气压的剩余压力）送到某工程机械厂充装氧气（这些气瓶原来都是装氧的，只是临时用来装氢气，所以没有改装，仍保留有氧气瓶的漆色）。经工程机械厂检查发现气瓶曾装过氢，所以不给充氧，并用粉笔在瓶上标明“氢气不得充氧”等字样。但这并没有引起用户的重视，几天后，又被送到另一个气体制造厂去充了氧气，结果这个气瓶在郊区某一服务行业中使用时发生爆炸。气瓶全部炸成碎片，碎片最大的也只有 150 × 100mm，而且全部飞离现场，最远的飞出千余米。只是因为气瓶放在室外，而且是郊区，故没有造成死亡，仅将在场的工人震翻在地，昏迷过去。4天之后，在市内某一修车门市部又有一个气瓶发生爆炸，造成人员伤亡事故。事后查明，后一个爆炸的气瓶与4天前在郊区爆炸的气瓶是在一起充装氧气的。在郊区爆炸的那个气瓶估计是由于还有几十个大气压力的剩余氢气，在开始充氧时，氢气倒流入它附近的这个气瓶内，使原来并没有氢气的气瓶也跟着发生爆炸。

气瓶混装也可能是气瓶在充装前因不慎混入了其他流体，如用气瓶往容器内输送液化气体时，如果瓶内不留有剩余压力，输完后又不及时卸下，容器内的介质就有可能倒灌入瓶内。气瓶再充气时，两种不同的介质如果发生化学反应也会造成重大事故。本书第一章中叙述的浙江某电化厂液氯瓶破裂爆炸造成的重大灾害事故就是这样引起的，事隔6年，即1985年3月，山东省某石油化工厂又发生类同的事故，死3人，重伤2人。1969年1月和1984年5月，在湖南邵阳和辽宁沈阳都先后发生过氯气瓶使用时不留余压、倒灌入自来水，再充装液氯时，氯和水发生剧烈的放热反应，导致易熔合金塞泄露并造成多人中毒事故。前一事例有23人中毒死亡，200余人受伤；后一事例也有572人中毒，其中重伤1人。

超量充装也是气瓶爆炸的常见原因，特别是充装低压液化气体的气瓶。因为液化气体的充装温度一般都比较低，特别是在夏天，它的液温常比室温低得多，如果计量不准确，就可能充装过量。充装过量的气瓶受周围环境温度的影响，或在烈日下暴晒，瓶内液体温度升高，体积膨胀，瓶内空间很快即被饱和液体充满，并产生很高大的压力，以致常造成气瓶破裂爆炸。如1974年8月，北京某化工厂为某制药厂充装液氯时，超装了17%，结果刚运到制药厂还没来得及使用即发生气瓶（桶）破裂爆炸，1000多公斤液氯逸散，使附近长1公里的农作物及渔场遭到严重破坏，并中毒受伤多人。又如，1975年7月，北京某电机厂在某化工厂充装了液氨的气瓶，因充装过量，运回电机厂后又正好放在太阳下曝晒（在院内空地上），结果在充装两天之后突然发生爆炸。气瓶腾空飞起，先撞歪在它旁边、距离约7～8m的水泥电线杆，后转向飞出砍断一直径约为150～200mm的树叉，最后落在距原地约120m的房顶上。爆炸后，氨气弥漫，并扩散入附近的操作室内，又在室内发生闪爆，幸好当时工人已全部离开，只将一值班人员烧伤。

液化石油气钢瓶，如果因超量充装而致使气瓶破裂，瓶内石油气喷出，常造成火灾事故。近几年来，这样的事故几乎每年都有发生。如1981年4月，湖南湘潭市某工程公司一住宅内就发生过YSP－15型液化石油气钢瓶破裂而造成的火灾事故。事故原因是因为气瓶实际容积小于标准规定的容积，而实际皮重又小于瓶上用油漆标记的皮重，结果造成超装。超量充装的液化石油气钢瓶运回住宅后，随着环境温度的升高，瓶内液体体积膨胀，压力急剧升高，造成瓶体破裂，液化石油气喷出后又遇明火而燃烧。爆燃产生的冲击波，将窗户玻璃震碎，室内家俱、衣物烧毁，并有3人死亡、2人重伤、2人轻伤。

为了预防气瓶因充装不当而发生破裂爆炸事故，必须采取严密有效的安全措施。主要是加强对气瓶的检查，特别是充装前的检查；正确确定气瓶的充装量并严格执行；注意充装过程的安全操作等。

一、充装前的检查

气瓶在充装气体之前，必须经过认真而仔细的检查，以防止一切不符合要求和规定的气瓶投入充装，排除不安全因素，保证气瓶在充装和使用过程中的安全。

实践证明，许多因充装不当而发生的气瓶破裂爆炸事故，都是由于充装前没经检查或检查不严而引起的。有些不安全因素，如用氧气瓶、空气瓶充装可燃气体，或用可燃气体气瓶充装氧气或空气；用低压瓶充装高压气体；气瓶存在严重缺陷，检验期限已过，甚至已经判定报废；或者瓶内混入有可能与所装气体产生化学反应的物质等。如果在充气前进行认真检查是不难发现的，由充装不当而造成的气瓶破裂爆炸事故也是可以避免的。

（一） 检查内容

气瓶在充装前应由专人负责逐只进行检查。气瓶在充装前的检查主要包括以下几方面的内容。

（1）气瓶的来历是否可靠，至少应检查下列各项：

① 国产气瓶是否是由具有“气瓶制造许可证”的单位生产的。

② 国外进口的气瓶以及外国飞机、火车和轮船上的气瓶，是否经过劳动部门认可或其指定单位进行过检验。

③ 气瓶的原始标志是否符合标准和规程的要求，钢印字迹是否清晰可辨。

④ 气瓶是否属于制造单位（包括国外生产的）或有关主管及安全监察部门曾宣布已报废或规定停用的产品。

（2）气瓶的性能或状况是否与所装气体的要求相符，至少应检查下列各项：

① 气瓶的材质是否对所装气体具有相容性，如氯、溴化氢、碳酰二氯、氟化氢、氯甲烷及溴甲烷等气体均不能用铝合金制气瓶充装。

② 气瓶的结构形式是否符合盛装气体压力的要求，如充装永久气体或高压液化气体的气瓶必须采用无缝结构，而不能用焊接气瓶。

③ 气瓶外表面的颜色及标记（包括字样、字色和色环）等是否与所装气体的规定标记相符（按 GB 7144《气瓶颜色标记》）。

④ 气瓶内有无剩余压力（有剩余气体时，应进行定性检查和鉴别），剩余气体与所装气体是否相符。

（3）气瓶是否存在表面缺陷或其他隐患，至少应检查下列项目：

① 气瓶外壁有无裂纹、严重腐蚀及鼓包等明显变形或其他表面损伤缺陷。

② 气瓶是否在规定的定期检验有效期限内（根据气瓶肩部的检验钢印标记，并对照有关规程或标准进行检查）。

③ 气瓶原始标志或检验标志上标示的公称压力是否与所充装的压力相符。

④ 新投入使用或经定期检验和更换过瓶阀的气瓶，是否按规定进行了内部清理（包括置换或真空处理）。

⑤ 气瓶内有无可能混入水、铁屑或其他杂物。

⑥ 盛装氧气或强氧化性气体的气瓶，瓶体或瓶阀上是否沾染油脂；溶解乙炔气瓶的瓶阀出气口处有无炭黑等异物。

（4）气瓶上的附件是否齐全、可靠和符合有关规定的要求，其检查项目有：

① 气瓶的安全附件（包括瓶帽、防震圈、护罩、易熔合金塞等）是否符合规定，有无残缺不全或其他缺陷。

② 气瓶瓶阀的出口螺纹形式是否与所装气体的规定相符，即可燃气体用的瓶阀，出口螺纹是左旋的；非可燃气体用的瓶阀，出口螺纹是右旋的。

③ 瓶阀的材质是否与所装气体相容，如氧气瓶阀应用铜阀而不用钢阀；液氮瓶阀应用钢阀而不用铜阀；溶解乙炔瓶阀应用含铜量低于70%的铜合金阀等。

（二）**相应措施**

对检查出不符合充装要求的气瓶，应采取相应措施进行适当处理。

（1）禁止充气的气瓶或有下列情况之一的气瓶，均禁止充装：

① 不具有“气瓶制造许可证”的单位生产的。

② 原始标记不符合规定，或钢印标记模糊不清而无法辨认的。

③ 颜色或标记不符合国家标准GB 7144《气瓶颜色标记》的规定，或严重污损、脱落，难以辨认的。

④ 有报废标记的。

⑤ 超过检验期限的。

⑥ 附件不全、损坏或不符合规定的。

⑦ 气瓶瓶体或瓶阀的材料与所装介质的性质不相容的。

⑧ 氧气瓶或强氧化性气瓶的瓶体或瓶阀沾有油脂的。

⑨ 低压液化气体气瓶的许用压力小于所装介质在气瓶最高使用温度下的饱和蒸汽压力的。

⑩ 有关部门（包括气瓶生产国的政府）已宣布报废的。

（2）待处理气瓶及经检查不符合充气要求的气瓶，可按下列原则进行处理：

① 检验期限已过，外观检查发现有重大缺陷；或对内部状况有怀疑的气瓶，应先送气瓶检验单位，按规定进行技术检验与评定。

② 新投入使用或经内部检验后首次充气的气瓶，凡未经清理或置换的，应按规定进行清理，并经分析合格方可充装。

③ 无剩余压力的气瓶，充装前应将瓶阀卸下，进行内部检查，经确认瓶内无异物，并按上一条款的规定处理后方可充气。

④ 颜色或其他标记以及瓶阀出口螺纹与所装气体的规定不相符的气瓶，除不予充气外，还应查明原因，报告上级主管部门或当地安全部门。

⑤ 经检查不合格（包括待处理）的气瓶，应分别存放，并作出明显标记，以防与检查合格的气瓶相互混淆。

二、气瓶的充装量

气瓶的充装量是指气瓶在单位容积内允许装入气体或液化气体的最大质量。所以也可称最大充装量或安全充装量。

各类气瓶的充装量应该根据气瓶的许用压力和最高使用温度来确定，其原则是，保证所装的气体或液化气体在最高使用温度下的压力也不能超过气瓶的许用压力。

气瓶的许用压力是为保证气瓶安全，允许瓶内达到的最高压强。许用压力与气瓶公称工作压力或水压试验压力有一定的比例关系。由于设计条件及使用环境不同，各国对这一比值的规定也不尽相同。根据现行标准（GB 509《钢质无缝气瓶》）的规定，气瓶许用压力与公称工作压力（或水压试验压力）的比值，对永久气体气瓶和高压液化气体气瓶是不同的。高压液化气体气瓶的许用压力等于气瓶的公称工作压力，而永久气体气瓶的许用压力则为公称工作压力的1.2倍（即水压试验的0.8倍）。

气瓶最高使用温度是指气瓶在正常贮存、运输和使用过程中受环境条件的影响，瓶内气体可能达到的最高温度。气瓶在整个运行过程中，温度是变化着的，除特殊情况外，温度的变化一般都要受环境温度的影响。而使气瓶温度升高的情况，常见的是气温高温热源或在烈日下曝晒。气瓶靠近热源，按规定是禁止的，也无法考虑它因此可能升高的温度。至于气瓶曝晒，虽然也是不允许的，但是要使气瓶在运输和使用过程中绝对避免受太阳照晒，实际上是难以办到的。因此，为了安全起见，气瓶的最高使用温度应按它在烈日下曝晒所能达到的温度来考虑。

1964 年，劳动部曾进行过气瓶曝晒试验。试验结果表明，气瓶曝晒时，瓶内气体的温度远远高于当地的最高大气温度，而是接近（略低于）最高地面温度。

我国幅员广阔，各地的气温相差较大，但从气瓶使用的流动性这一特点来看，气瓶的最高使用温度还不能按地区分别考虑，因为某一地区设计制造或充装气体的气瓶并不一定只限定在本地区内使用。而必须统一按全国的最高气温和地温来考虑。据此，《气瓶安全监察规程》规定，国内使用的气瓶，其最高使用温度为 60℃。

根据作者近年来所进行气瓶曝晒试验的结果来看，气瓶最高使用温度还因瓶内所装介质的性态不同而略有差异。在烈日下曝晒的永久气体气瓶，瓶内气体压力可能达到或超过 65℃；液化气体的气态部分，温度约为 60℃，而液态部分的温度则低于 55℃。

不过现行的有关规程及标准，仍沿用原有的规定，即气瓶的最高使用温度一律为 60℃。

（一）永久气体的充装量（充装压力）

永久气体（过去称为压缩气体）充装量的计量和测控与液化气体有所不同。它不是以气瓶单位容积内所装入气体的质量来计量，而是以气瓶的充装压力（充装终了时的压力）和充装温度（充装终了时的温度）来计量并测控的。这是因为永久气体是以气体状态灌入瓶内的，如果以称重法来计量和测控其充装量，则既不方便，也可能存在较大的测量误差。因此永久气体气瓶充装量的计量和控制就是根据气瓶的许用压力和充装温度来确定其充装压力，以保证在气瓶整个运行过程中，瓶内的压力都不高于气瓶的许用压力。

气瓶的充装温度既不是气瓶的瓶壁表面温度，更不是充装车间内的环境温度，而是气瓶充装终了时瓶内气体的温度。这一温度比较难以测定，一般可以按下列两种方法的任一种来确定。

① 在控制一定的充装速度的条件下，取气体贮罐（指压气机出口、并紧靠充装处的气体贮罐或贮瓶）内的气体实测温度为气瓶充装温度；

② 取充装车间的环境室温加上充气温差（指在测温试验时实际测定得出的气瓶充装温度与室温之差）作为气瓶的充装温度。充气温差应在规定的充气速度下，由实验确定。

由于实际气体的压力、温度与容积等有如下的关系：

$$\frac{p_0 V_0}{Z_0 T_0} = \frac{pV}{ZT}$$

因此，如果忽略不计将充了气的气瓶由于温度及压力的变化而引起容积的改变，即令 $V_0 = V$，则可以按下式计算气瓶的充装压力。

$$p \leqslant \frac{p_0 TZ}{Z_0 T_0} \qquad (5-1)$$

式中　p——气瓶的充装压力，MPa（绝对）；

T——气瓶的充装温度，K；

Z——在 p、T 的条件下气体的压缩系数；

p_0—气瓶的许用压力，MPa（绝对）；

T_0——气瓶的最高使用温度，333K；

Z_0——在 p_0、T_0 的条件下气体的压缩系数。

空气、氧、氮、氢、一氧化碳以及甲烷的压缩系数，可以从图 5－1 中查得。

表 5－1 给出了几种常用永久气体在各种充装温度下的最高充装压力。

表 5－1　常用永久气体在不同充装温度下的最高充装压力

气体名称	充装温度/℃	许用压力/MPa			
		15	16.5	18	24
		充装压力/MPa			
氧气	5	11.8	12.8	14.0	18.2
	10	12.0	13.2	14.3	18.7
	15	12.3	13.5	14.7	19.2
	20	12.6	13.8	15.1	19.8
	25	12.9	14.1	15.4	20.3
	30	13.2	14.5	15.8	20.8
	35	13.5	14.8	16.1	21.3
	40	13.7	15.1	16.5	21.8
	45	14.0	15.4	16.9	22.4
	50	14.3	15.7	17.2	22.9
空气	5	11.9	13.1	14.1	18.5
	10	12.2	13.4	14.4	19.0
	15	12.5	13.7	14.8	19.5
	20	12.7	14.0	15.2	20.0
	25	13.0	14.3	15.5	20.5
	30	13.3	14.6	15.8	21.0
	35	13.6	14.9	16.1	21.5
	40	13.9	15.2	16.4	22.0
	45	14.2	15.5	16.7	22.5
	50	14.4	15.8	17.0	23.0
氮气	5	11.9	13.1	14.1	18.6
	10	12.1	13.3	14.5	19.0
	15	12.4	13.6	14.8	19.5
	20	12.8	13.9	15.2	19.9
	25	13.0	14.3	15.5	20.5
	30	13.3	14.6	15.9	21.0
	35	13.6	14.9	16.2	21.5
	40	13.9	15.2	16.5	21.9
	45	14.2	15.6	16.9	22.4
	50	14.5	15.9	17.2	22.9

续表

气体名称	充装温度/℃	许用压力/MPa			
		15	16.5	18	24
		充装压力/MPa			
氢气	5	12.6	13.8	14.7	19.7
	10	12.9	14.1	15.0	20.1
	15	13.0	14.3	15.3	20.4
	20	13.2	14.6	15.6	20.8
	25	13.5	14.8	15.9	21.2
	30	13.7	15.1	16.2	21.6
	35	13.9	15.3	16.5	22.0
	40	14.1	15.5	16.8	22.4
	45	14.4	15.7	17.1	22.8
	50	14.6	16.0	17.4	23.2
甲烷	5	10.8	11.6	12.9	16.5
	10	11.1	12.2	13.3	17.2
	15	11.7	12.7	13.8	17.8
	20	12.0	13.2	14.2	18.5
	25	12.4	13.7	14.7	19.2
	30	12.7	14.1	15.2	19.9
	35	13.1	14.4	15.6	20.5
	40	13.5	14.8	16.0	21.2
	45	13.9	15.2	16.5	21.8
	50	14.2	15.6	17.0	22.5
一氧化碳	5	11.8	13.0	14.0	18.3
	10	12.1	13.3	14.3	18.9
	15	12.3	13.6	14.7	19.4
	20	12.6	13.9	15.0	19.9
	25	12.9	14.3	15.4	20.4
	30	13.2	14.5	15.7	20.8
	35	13.5	14.8	16.1	21.3
	40	13.8	15.1	16.4	21.8
	45	14.1	15.5	16.8	22.3
	50	14.4	15.8	17.2	22.8

（二）高压液化气体的充装量

高压液化气体，或者较低临界温度的液化气体，是指临界温度低于70℃的气体。这种液化气体在充装时，因为温度较低（低于它的临界温度）而压力较高，因而往往都是以液态装入。但在装入气瓶以后，在运输、使用或贮存的过程中，因受到周围环境温度的影响，瓶内气体的温度就会高于它的临界温度。在这种情况下，瓶内的液化气体就全部气化，压力迅速升高，这是瓶内气体的压力就不是它的饱和蒸气压，而是与永久气体一样，决定于它的充装量。所不同的是，永久气体的充装量是以充装终了的温度和压力来计量，而高压液化气体则因充装时还是液态，故只能以它的充装系数（即气瓶单位容积所装入的质量）来计量。

高压液化气体的充装量也应与永久气体一样，必须保证所装入的液化气体全部气化后在气瓶最高使用温度下的压力不超过气瓶的许用压力，也就是液化气体充装系数（单位容积内所装入的质量）不应大于它在温度为气瓶最高使用温度、压力为气瓶许用压力下的密度。

根据气体状态方程

$$pv = \frac{ZRT}{M}, v = \frac{ZRT}{pM}$$

因此高压液化气体的充装系数应为：

$$F_d \leqslant \frac{1}{V} = \frac{pM}{ZRT} = \frac{pM}{8.314 \times 333Z} = \frac{3.61M}{Z} \times 10^{-4} \qquad (5-2)$$

式中 F_d——高压液化气体充装系数，kg/L；

v——气体比容，L/kg；

p——气瓶设计压力，MPa（绝对）；

T——气瓶最高使用温度，333K；

M——气体分子量；

R——气体常数，8.314MPa·L/(kg·K)；

Z——气体在绝对压力为 p，绝对温度为 T 下的压缩系数。

高压液化气体在各种温度和压力下的压缩系数 Z 可以根据它的对比压力 p_r（$p_r = \frac{p}{p_c}$，为气体的临界压力）和对比温度 T_r（$T_r = \frac{T}{T_c}$，为气体的临界温度）从图 5-2 和图 5-3 中分别查出 Z^0 和 Z'，然后按下式计算：

$$Z = Z^0 + Z'\theta,$$

$$\theta = \frac{3}{7}\left[\frac{\lg p_c + 1}{\frac{T_c}{T_b} - 1}\right] - 1.0 \qquad (5-3)$$

式中 Z——气体的压缩系数；

Z^0——简单气体的压缩系数；

Z'——非简单气体（$\theta \neq 0$）压缩系数校正值；

θ——压缩系数校正因数；

p_c——气体的临界压力，MPa（绝对）；

T_c——气体的临界温度，K；

T_b——气体的沸点（常压下），K。

对于混合气体，则应以假临界压力 p'_c 和假临界温度 T'_c 代替 p_c 和 T_c 来标出对比压力 p_r 和对比温度 T_r，然后再按上述方法进行计算。混合气体的假临界压力 p_c 和假临界温度 T'_c 按下式进行计算：

$$p'_c = \Sigma X_i p_i \text{ 或 } \Sigma W_i p_i$$

$$T''_c = \Sigma X_i T_i \text{ 或 } \Sigma W_i T_i$$

式中 X_i——i 组分的分子分数；

W_i——i 组分的重量分数；

p_i——i 组分的临界压力，MPa（绝对）；

T_i——i 组分的临界温度，K。

【例 5.1】 确定许用应力为 12.5MPa（表压）的气瓶充装乙烯时的充装系数。

【解】 查表得乙烯的分子量、沸点（常压下），临界压力和临界温度分别为 $M=28.054$；$T_b=169.45K$；$P_c=5.21MPa$（绝对）；$T_c=283.05K$，由此得它的对比压力和对比温度分别为：

$$p_r=\frac{p}{p_c}\approx\frac{12.6}{5.21}=2.42;T_r=\frac{T}{T_c}=\frac{333}{283.05}=1.176$$

查图 5－1 和图 5－2 分别得：

$$Z^0=0.52;Z'=0.1$$

校正因数为：

$$\theta=\frac{3}{7}\left[\frac{\log p_c+1}{\frac{T_c}{T_b}-1}\right]-1.0=\frac{3}{7}\left[\frac{\log 5.21+1}{\frac{283.05}{169.45}-1}\right]-1.0=0.098$$

故气体的压缩系数由公式（5－3）得：

$$Z=Z^0+Z'\theta=0.52+0.1\times0.098\approx0.53$$

由公式（5－2）可求得气体的充装系数为：

$$F_d\leqslant\frac{3.61pM}{Z}\times10^{-4}=\frac{3.61\times12.6\times28.054}{Z}\times10^{-4}=0.24kg/L$$

表 5－2 高压液化气体的充装系数

序号	气体名称	分子式	由气瓶许用压力（MPa）确定的充装系数 kg/L，不大于			
			8.0	12.5	15.0	20.0
1	氙	Xe		1.23		
2	二氧化碳	CO_2			0.60	0.74
3	氧化亚氮	N_2O		0.52	0.62	
4	六氟化硫	SF_6	1.17	1.33		
5	氯化氢	HCl		0.57		
6	乙烷	C_2H_6		0.31	0.34	0.37
7	乙烯	C_2H_4		0.24	0.28	0.34
8	三氟氯甲烷（F－13）	CF_3Cl	0.73	0.94		
9	三氟甲烷（F－23）	CHF_3		0.76		
10	六氟乙烷（F－116）	C_2F_6	0.83	1.06		
11	偏二氟乙烷	$C_2H_2F_2$	0.46	0.66		
12	氟乙烯	C_2H_3F	0.47	0.54		
13	三氟溴甲烷（F－13B1）	CF_3Br	1.33	1.45		

表 5－2 给出了各种高压液化气体的充装系数（气瓶单位容积内允许装入的液化气体最高量）。

（三）低压液化气体的充装量

低压液化气体，或者叫作高临界温度液化气体，是与高压液化气体或低临界温度液化气体相对而言的。由于它的临界温度高于气瓶最高使用温度，所以在整个使用过程中，只要充装量不超过规定，瓶内始终是气液两态共存。即瓶内的介质有一部分呈液态，有一部分呈气态。温度升高，除了瓶内气体的饱和蒸气压增大以外，瓶内的液体体积还要膨胀，所以随着温度的升高，瓶内液体所占的容积逐渐增大，原有气体所占的容积则逐渐减小，当温度升高到一定的程度以后，瓶内的容积有可能全被膨胀了的液体所充满。此时如温度继续增加，则由于液体体积的膨胀会使瓶内的压力急剧增高，甚至会因此造成气瓶破裂，发生爆炸事故。因此，为了避免气瓶因液体体积膨胀而产生过大的压力，就必须使瓶内所装液化气体的质量

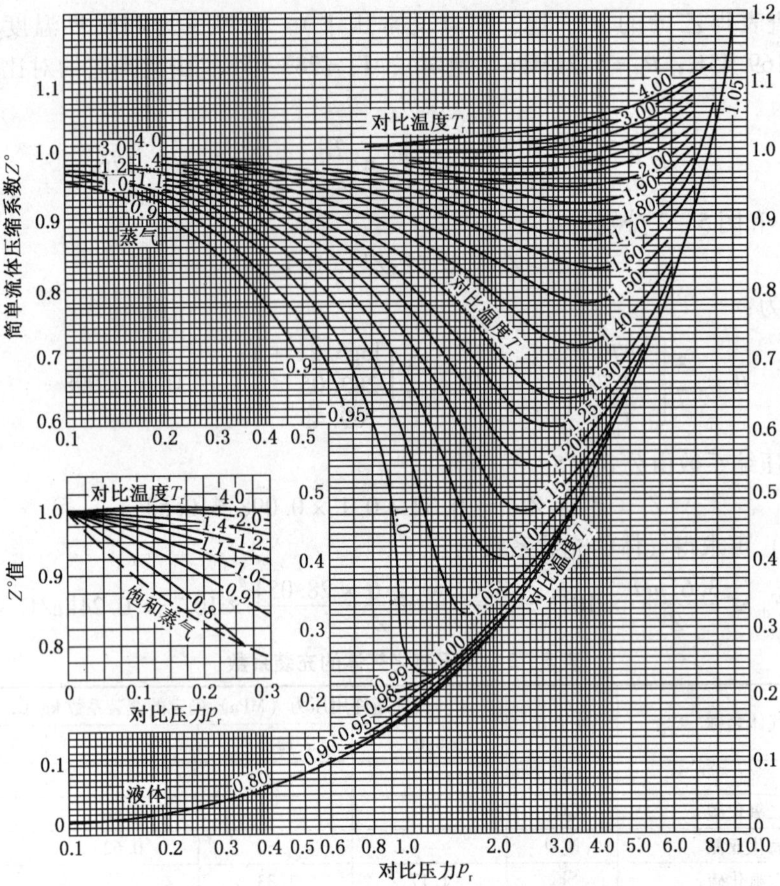

图 5-1　简单气体压缩系数

在气瓶可能达到的最高温度下也不会全部为液体所充满，也即是液化气体充装系数（单位容积内所充装的质量）不应大于所装介质在最高使用温度时液相的密度。为了保证安全，并考虑到量具等的误差，还需要留有适当的裕量。我国有关标准规定：低压液化气体充装系数的确定，应符合这样的原则，即充装系数应不大于所装液化气体在最高使用温度时液相密度的97%，且应保证在温度高于气瓶最高使用温度5℃时，瓶内不满液。这样，即使气瓶在使用过程中瓶内的温度上升至最高使用温度，瓶内的液相也只能占有97%，而还有3%的气相空间（实际上液体还没有占97%，因为气相部分还占有一定的质量），这就保证了气瓶的压力不会超过它所装液化气体在气瓶最高使用温度（60℃）时的饱和蒸气压。

根据上述原则，低压液化气体的充装系数应为：

$$F_d = 0.97\rho\left(1 - \frac{C}{100}\right) \tag{5-4}$$

式中　F_d——低压液化气体充装系数，kg/L；

ρ——低压液化气体在最高使用温度（60℃）下的液体密度，kg/L；

C——液体密度的最大负偏差，%。

各种液化气体在上述条件下的密度ρ可以根据它在任一已知温度T_0下的密度ρ_0按下式计算：

$$\rho = \frac{\omega\rho_0}{\omega_0} \tag{5-5}$$

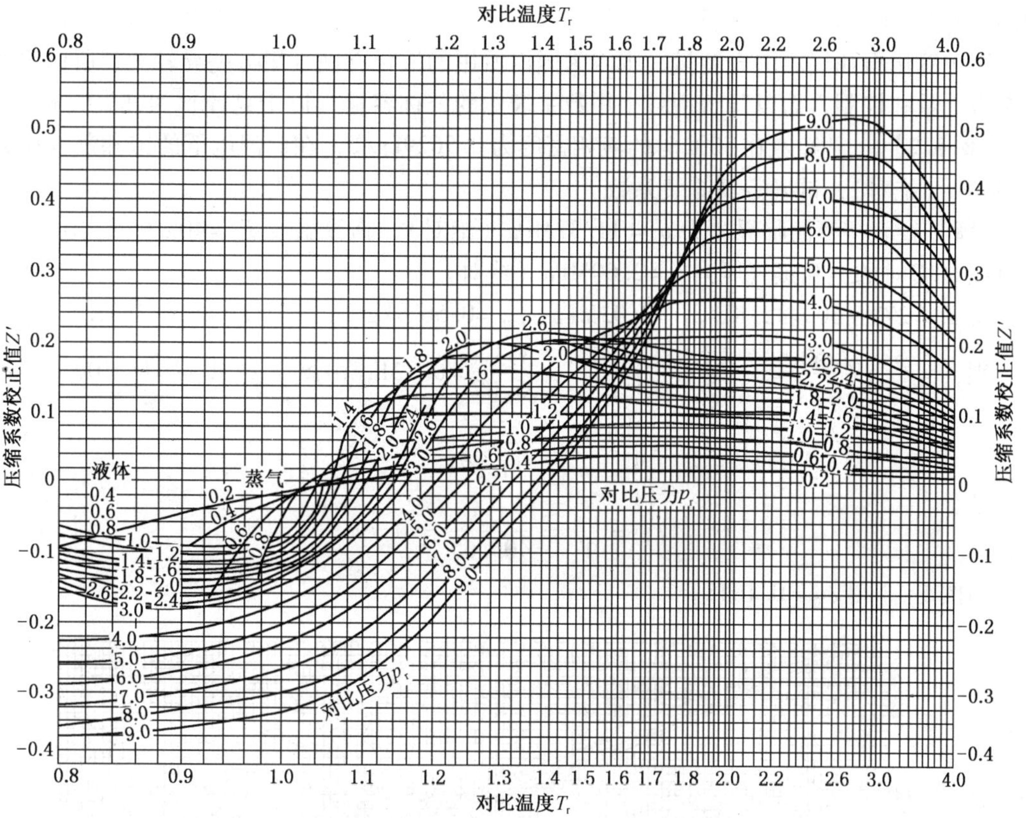

图 5－2　非简单气体压缩分数校正值

式中，ω 和 ω_0 分别为液化气体在温度为 60℃（333K）和 T_0 时的液体膨胀因数。可以分别根据液化气体在温度为 333K 时的对比压力 p_r（$p_r=\frac{p}{p_c}$，p 为 333K 时的饱和蒸气压，p_c 为临界压力）、对比温度 T_r（$T_r=\frac{T}{T_c}=\frac{333}{T_c}$，$T_c$ 为临界温度）以及温度为 T_0 时的对比压力 p_{r0}（$p_{r0}=\frac{p_0}{p_c}$，p_0 为 T_0 时的饱和蒸气压）、对比温度 T_{r0}（$T_{r0}=\frac{T_0}{T_r}$）由图 5－3 查出。表 5－3 给出了各种常用液化气体在 60℃（333K）时的饱和蒸气压。

表 5－3　液化气体 60℃时的饱和蒸气压（MPa，表压）

气体名称	化学式	蒸气压	气体名称	化学式	蒸气压	气体名称	化学式	蒸气压
氨	NH_3	2.50	丙烯	C_3H_6	2.43	氟利昂－12	CCl_2F_2	1.47
氯	Cl_2	1.69	1－丁烯	C_4H_8	0.66	氟利昂－21	$CHCl_2F$	0.37
二氧化硫	SO_2	1.00	异丁烯	C_4H_8	0.68	氟利昂－22	$CHClF_2$	2.43
四氧化二氮	N_2O_4	0.41	2－顺丁烯	C_4H_8	0.47	氟利昂－114	$CClF_2CClF_2$	0.47
硫化氢	H_2S	4.25	2－反丁烯	C_4H_8	0.52	甲醚	$CH_3·O·CH_3$	1.28
丙烷	C_3H_3	2.02	氯甲烷	CH_3Cl	1.28	甲胺	CH_3NH_2	0.91
正丁烷	C_4H_{10}	0.54	氯乙烷	C_2H_5Cl	0.35	氢氰酸	HCN	0.235
异丁烷	C_4H_{10}	0.76	氟利昂－11	CCl_3F	0.225			

多组分饱和液体的密度，应以假临界压力 p'_c 和假临界温度 T'_c 代替 p_c 和 T_c 来计算 T_r 和 p_r，然后再按上述方法计算。有关假临界压力 p'_c 和假临界温度 T'_c 的计算方法与高压液化气体

相同。

至于液化石油气瓶的充装量，则因为国内所用的液化石油气组分差异较大，所以不按充装系数计量和控制，而以气瓶型号中用数字表示的公称容量（以千克计）为其最大充装量。

【例 5.2】 已知氨在 50℃时的液相密度为 0.5629kg/L，在此温度下的饱和蒸气压力为 2.03MPa（绝对），试确定其充装系数。

【解】 查表得氨的临界压力 $p_c = 11.37$MPa（绝对），临界温度 $T_c = 405.65$K。由表 5－3 知氨在 60℃时的饱和蒸气压力 $p = 2.60$MPa（绝对）。

又 $T_0 = 273 + 50 = 323$K，$p_0 = 2.03$MPa，$\rho_0 = 0.5629$kg/L，$T = 273 + 60 = 333$K。

则 $p_r = \dfrac{p}{p_c} = \dfrac{2.60}{11.37} = 0.2287$，$T_r = \dfrac{T}{T_c} = \dfrac{333}{405.65} = 0.821$，由图 5－4 得 $\omega = 0.1015$

$$p_{r0} = \frac{p_0}{p_c} = \frac{2.03}{11.37} = 0.179$$

$$T_{r0} = \frac{T_0}{T_c} = \frac{323}{405.65} = 0.796$$

由图 5－3 得 $\omega_0 = 0.1045$。

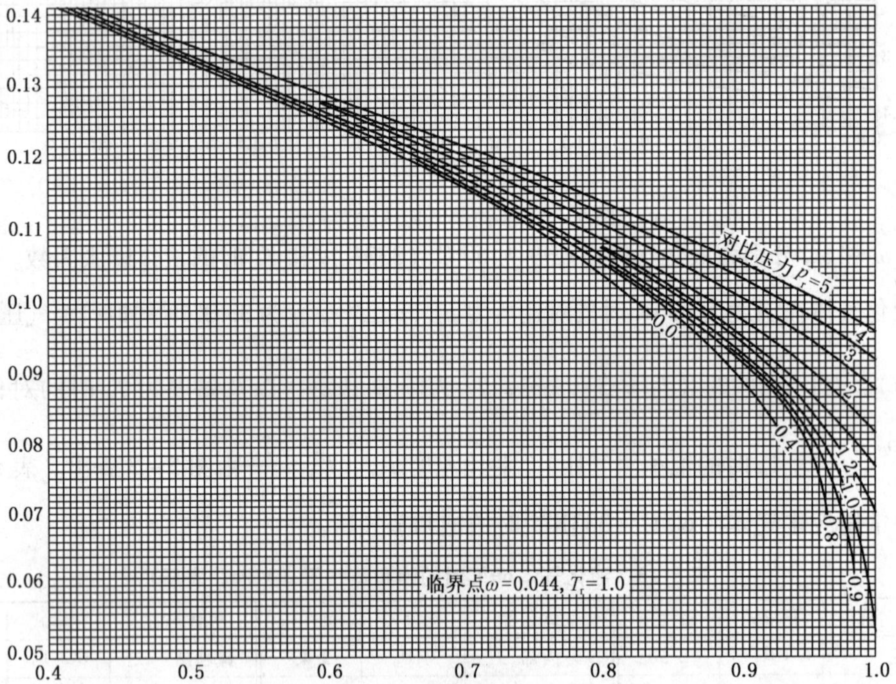

图 5－3　饱和液体膨胀因数

则氨在 60℃时的饱和液体密度为：

$$\rho = \frac{\omega p_0}{\omega_0} = \frac{0.1015 \times 0.5629}{0.1045} = 0.5467\text{kg/L}$$

故氨的充装系数为：

$$F_d \leqslant 0.97\rho(1 - 0.00) = 0.97 \times 0.5467 = 0.53\text{kg/L}$$

表 5－4 给出了各种低压液化气体的充装系数（按有关标准的规定）。个别数据与按公

式（5－4）计算的数据略有出入。

表5－4　低压液化气体充装系数

序　号	气　体　名　称	分子式	充装系数（不大于）kg/L
1	氨	NH_3	0.53
2	氯	Cl_2	1.25
3	溴化氧	HBr	1.19
4	硫化氢	H_2S	0.66
5	二氧化硫	$S0_2$	1.23
6	四氧化二氮	N_20_4	1.30
7	碳酰二氯（光气）	$COCl_2$	1.25
8	氟化氢	HF	0.83
9	丙烷	C_3H_8	0.41
10	环丙烷	C_3H_8	0.53
11	正丁烷	C_4H_{10}	0.51
12	异丁烷	C_4H_{10}	0.49
13	丙烯	C_3H_6	0.42
14	异丁烯（2－甲基丙烯）	C_4H_8	0.53
15	1－丁烯	C_4H_8	0.53
16	1，3－丁二烯	C_4H_6	0.55
17	六氟丙烯（全氟丙烯）	C_3F_6	1.06
18	二氯二氟甲烷（F－12）	CF_2Cl_2	1.14
19	二氯氟甲烷（F21）	$CHFCl_2$	1.25
20	二氟氯甲烷（F22）	CHF_2Cl	1.02
21	二氯四氟乙烷（F－114）	$C_2F_4Cl_2$	1.31
22	二氟氯乙烷（F－1426）	$C_2H_3F_2Cl$	0.99
23	三氟乙烷（F－143）	$C_2H_3F_3$	0.66
24	偏二氟乙烷（F－152a）	$C_2H_4F_2$	0.79
25	二氟溴氯甲烷（F－12B1）	CF_2ClBr	1.62
26	三氟氯乙烯	C_2F_3Cl	1.10
27	氯甲烷（甲基氯）	CH_3Cl	0.81
28	氯乙烷（乙基氯）	C_2H_5Cl	0.80
29	氯乙烯	C_2H_3Cl	0.82
30	溴甲烷（甲基溴）	CH_3Br	1.50
31	溴乙烯（乙烯基溴）	C_2H_3Br	1.28
32	甲胺	CH_5N	0.60
33	二甲胺	C_2H_7N	0.58
34	三甲胺	C_3H_9N	0.56
35	乙胺	C_2H_7N	0.62
36	二甲醚	C_2H_60	0.58
37	乙烯基甲醚	C_3H_60	0.67
38	环氧乙烷（氧化乙烯）	C_2H_40	0.79

（四）低压液化气体充装过量时的压力增量

低压液化气体气瓶如果充装过量，即实际充装量超过规定的充装系数，则气瓶就会在较低的温度（小于气瓶最高使用温度）下被液体所充满，若温度继续升高，瓶内压力即会急剧增大。下面将讨论气瓶在被饱和液体所充满后温度升高时瓶内压力的变化。

设气瓶在温度为 t_1 时瓶内充满液态的液化气体（饱和液体），此时瓶内的压力 p_1 就是所装介质在温度为 t_1 时的饱和蒸气压。当气瓶内的液体受到周围环境的影响，温度由 t_1 升高至 t_2 时，如果不受气瓶容积的限制，液体体积膨胀，由 V_1（气瓶在温度为 t_1 时的容积）增大至 V_3，则

$$V_3 = V_1 + \beta(t_2 - t_1)V_1 = V_1(1 + \beta\Delta t) \tag{5-6}$$

式中 β——液化气体在 t_1 至 t_2 温度下的体积膨胀系数，℃$^{-1}$；

Δt——介质的温度差，$\Delta t = t_2 - t_1$，℃。

如果把气瓶由于温度和压力的升高而产生的容积改变忽略不计，即温度升高后容积仍为 V_1，则液体的体积将受到压缩，并使它的压力增大。若饱和液体的压缩系数为 α，则有如下的关系：

$$\frac{V_2 - V_1}{V_2} = \alpha\Delta p \tag{5-7}$$

式中 α——饱和液体的压缩系数，MPa^{-1}；

Δp——增大的压力值，MPa。

将（5-6）式代入（5-7）式即得：

$$\frac{V_1(1 + \beta\Delta t) - V_1}{V_1(1 + \beta\Delta t)} = \alpha\Delta p \tag{5-8}$$

$$\Delta p = \frac{\beta\Delta t}{\beta(1 + \beta\Delta t)}$$

公式（5-8）右端的分母为 α（$1 + \beta\Delta t$），由于 $\beta\Delta t$ 与 1 比较起来其数甚微，把它忽略不计，公式即可简化为：

$$\Delta p = \frac{\beta\Delta t}{\alpha} \tag{5-9}$$

公式（5-9）虽然经常被引用来计算气瓶的压力增大值，但它是非常不精确的，因为它忽略了温度和压力都升高时气瓶容积的增大。下面我们再来讨论关于考虑了气瓶容积增大后的压力变化情况。

设气瓶内的饱和液体温度由 t_1 升至 t_2 时，压力由 p_1 增大至 p_2，此时气瓶的容积由于温度及压力的升高也由 V_1 增大至 V_2，则

$$\begin{aligned} V_2 &= [1 + 3\beta_0(t_2 - t_1) + F_V(p_2 - p_1)]V_1 \\ &= [1 + 3\beta_0\Delta t + F_V\Delta p]V_1 \end{aligned} \tag{5-10}$$

式中 β_0——瓶体材料的线膨胀系数，(℃)$^{-1}$；

F_V——气瓶在压力升高时的容积增大系数，MPa^{-1}。

如果不受气瓶容积的限制，液体的体积在温度升至 t_2 时应为 V_3，现气瓶的容积只改变为 V_2，则液体仍受压缩，并且有：

$$\frac{V_3 - V_2}{V_3} = \alpha\Delta p$$

将式（5－6）和式（5－10）代入上式，整理后得

$$\frac{\beta\Delta t - 3\beta_0\Delta t - F_V\Delta p}{1 + \beta\Delta t} = \alpha\Delta p$$

略去分母中的 $\beta\Delta t$，移项后得：

$$\Delta p = \frac{\beta - 3\beta_0}{\alpha + F_V}\Delta t \qquad (5-11)$$

钢制气瓶在压力升高时的容积增大系数 F_V，在它的压力不超过材料的屈服强度时，由气瓶的外、内径比值 K 确定，其值如表 5－5。

现以液氯瓶为例，分别按公式（5－9）与公式（5－11）计算其被液氯充满后温度升高时的压力增大值，以比较这两种计算方法（即考虑与不考虑气瓶容积的增大）所得的结果。

设气瓶的外径与内径之比值为 $K=1.02$，在温度为10℃时，瓶内由饱和液体所充满，计算温度升至20℃时瓶内压力的增大值。已知液氯在温度为 10～20℃时的体积膨胀系数 $\beta = 2.05\times10^{-3}$，压缩系数 $\alpha = 1.63\times10^{-3}$，碳钢的线膨胀系数 $\beta_0 = 1.2\times10^{-5}$。

表 5－5　气瓶内压升高时的容积增大系数

气瓶外径/内径 K	1.02	1.03	1.04	1.05	1.06	1.07
容积增大系数 F_v	4.9×10^{-4}	3.27×10^{-4}	2.4×10^{-5} 2.45×10^{-4}	1.98×10^{-4}	1.66×10^{-4}	1.43×10^{-4}
气瓶外径/内径 K	1.08	1.09	1.10	1.15	1.20	1.50
容积增大系数 F_v	1.26×10^{-4}	1.12×10^{-4}	1.02×10^{-4}	7.4×10^{-5}	5.7×10^{-5}	2.9×10^{-5}

由公式（5－9）得，气瓶的压力增大值为：

$$\Delta p = \frac{\beta}{\alpha}\Delta t = \frac{2.25\times10^{-3}}{1.63\times10^{-3}}(20-10) = 12.6\text{MPa}$$

由公式（2－11）得，压力增大值为：

$$\Delta p = \frac{\beta - 3\beta_0}{\alpha + F_v}\Delta t = \frac{2.05\times10^{-3} - 3\times1.2\times10^{-5}}{1.63\times10^{-3} + 4.9\times10^{-4}}(20-10) = 9.5\text{MPa}$$

两种计算结果相差约32%。从许多试验情况来看，公式（5－11）的计算结果是符合实际的。因此，在计算气瓶充满饱和液体后的压力增大值时，不应忽略气瓶容积的增大值，特别是薄壁气瓶。

对充装过量的低压液化气体气瓶，要计算它在某一温度 t_2 时瓶内的压力，可以按下列步骤进行：

先计算出瓶内被饱和液体所充满时的温度 t_1。可以根据气瓶实际装入液化气体的重量除以气瓶的容积再算出瓶内液体的密度，用计算或查表的方法求具有此密度的饱和液体温度 t_1 和在此温度下的饱和蒸气压力 p_1。

按公式（5－11）计算饱和液体由温度 t_1 升至 t_2 时瓶内的压力增大值 Δp。

介质在温度 t_1 时的饱和蒸气压 p_1 加上压力增大值 Δp，即为充装过量气瓶在温度 t_2 时瓶内的压力 $p = p_1 + \Delta p$。

应当指出，这种计算只适用于气瓶内压力在它的屈服压力范围内时，如果瓶内压力超过了它的屈服压力，则气瓶的容积将会迅速增大，这种情况有利于缓解瓶内压力的剧烈升高。

三、安全充装

（一）永久气体的充装

1. 对装瓶气体的要求

准备装瓶的各种气体，除应符合相应的气体质量标准外，更应注意安全方面的要求，要特别注意防止含有与所装气体起化学反应的杂质混入。下列气体禁止装瓶：

① 氧气中的乙炔、乙烯及氢的总含量达到或超过2%（按体积计，下同）或易燃性气体的总含量达到或超过4%者。

② 氢气中的氧含量达到或超过0.5%者，或氧气中氢含量达到或超过0.5%者。

③ 其他易燃气体中的氧含量达到或超过4%者。

2. 充装中的安全注意事项

气瓶充装气体时，必须严格遵守下列各项：

① 气瓶充装系统用的压力表，必须经检验合格，并在检验的有限期限内，压力表的精度应不低于1.5级，表盘直径应不小于150mm。

② 充气前必须检查确认气瓶是经过检查合格或经过妥善处理过的。

③ 用卡子代替螺纹连接进行充装时，必须认真仔细检查确认瓶阀出气口的螺纹与所装气体所规定的螺纹形式是否相符。

④ 开启瓶阀时应缓慢操作，并应注意监听瓶内有无异常声响。

⑤ 气瓶的充气速度不得大于$8m^3/h$（标准状态气体），且充装的时间不应少于30min。

⑥ 在充装易燃气体的操作过程中，禁止用扳手等金属器具敲击瓶阀或管道。

⑦ 在瓶内气体压力达到充装压力的1/3以前，应逐只检查气瓶瓶体温度是否大体一致，瓶阀的密封是否良好，发现异常时应及时妥善处理。

⑧ 用充气排管按瓶组充装气瓶时，在瓶组压力达到充装压力的10%以后，禁止再插入空瓶进行充装。

⑨ 气瓶的充装压力（充装终了时的压力）必须在本节公式（5－1）或表5－1所规定的范围内。

3. 充装后的检查

充装气体后的气瓶，应有专人负责，逐只进行检查，不符合要求时应进行妥善处理。检查内容应包括：

① 瓶内压力是否在规定范围内。

② 瓶阀及其与瓶口连接的密封是否良好。

③ 充装后的气瓶是否出现鼓包变形或泄漏等严重缺陷。

④ 瓶体的温度是否有异常升高的迹象。

4. 气体充装记录

充气单位应由专人负责填写气体充装记录，并妥善保管以备查考。

（1）记录内容至少应包括：充气日期、瓶号、室温（或贮气罐内气体实测温度）、充装压力、充装起止时间及有无发现异常情况等。

（2）充气单位应负责保管气瓶充装记录，保存时间不应少于半年。

（二）液化气体的充装

液化气体气瓶的充装，除应符合气体充装的一般安全要求外，重点应防止充装过量和防止气体泄漏。

(1) 采取严密措施，防止超量充装。如前所述，液化气体气瓶往往因充装过量而直接造成气瓶破裂爆炸，危及设备及人身安全，特别是低压液化气体气瓶（尤其是液化石油气钢瓶）。

所谓超量充装是指液化气体的装瓶量超过了按气瓶实际容积（以升计）与充装系数（以每升容积的千克数计）的乘积，或超过了瓶体所标注的公称容量的允许偏差。为防止液化气体气瓶充装过量，应遵守下列各项：

① 充装计量用衡器的最大称量值不得大于气瓶实重（包括自重与装液重量）的 3 倍，不小于 1.5 倍。衡器应按有关规定，定期进行校验，并且至少在每天使用前校正一次。

② 充装前应认真计算核对充装量（气瓶容积 × 充装系数）和实瓶重量（充装量 + 气瓶净重）。

③ 气瓶的重量标志标注不清或经腐蚀磨损而致难以确认者不准充装。

④ 液化气体的充装量包括瓶内原有的余气（余液），不得把余气（余液）的重量忽略不计。

⑤ 不应用贮罐减量法（即按液化气体贮罐原有的重量减去装瓶后贮罐的剩余重量）来确定气瓶的充装量。

⑥ 发现气瓶充装过量时，应及时将超量部分抽出，不准不作处置。

⑦ 气瓶充装后应有专人负责检查，核对充装量，防止超装的气瓶出厂。

(2) 加强对充装系统和气瓶的密封性检查。用以装瓶的液化气体，大部分都具有有毒或可燃的特性，无论充装时系统中的管路、接头等的泄漏或气瓶瓶体和附件的渗漏，都会造成充装人员或用户的中毒事故或引起火灾，因此必须认真加强防漏的检查。充装时应遵守以下各项要求：

① 充装前应确认充装系统中的管路、管件以及气瓶的瓶体和附件具有良好的密封性能，新投入使用的系统管路及气瓶经气密性试验合格。

② 各种气体应按各自规定的充装速度和充装压力进行充装。

③ 充装过程中应根据所装气体的特性，采取特有的检漏方法检查充装系统及气瓶（包括瓶体焊缝、瓶阀、阀杆及阀根等部位）有无泄漏或渗漏；发现有泄漏或渗漏时，应停止充装，进行妥善处理。

④ 充装气体时，充气室若有所装气体的特殊气味时，应立即停止充装，找出泄漏处，并按规定进行处理。

⑤ 充装后的气瓶，应逐只进行检漏，特别注意检查阀出气口、阀杆及阀根等部位有无泄漏，有泄漏的气瓶严禁出厂。

（三）乙炔气的充装

乙炔是一种化学性质极不稳定的气体，特别是在压力较高的状态下，更容易发生聚合或分解反应。用气瓶充装乙炔，不能像充装永久气体那样，压缩充装。因为乙炔如果加压到一个大气压（表压）以上时，即使没有氧气或空气等助燃剂，也有可能发生爆炸。乙炔也不能像液化气体那样，经加压液化后装瓶，因为液化后的乙炔，遇到稍微的能量，如碰撞或震动等，就会引起爆炸。所以乙炔只能以溶解于溶剂中的状态装瓶。

丙酮是目前最为常用的一种溶剂，它具有乙炔溶解量大，化学性能稳定及价格比较便宜等优点。但用丙酮溶解乙炔，不能将丙酮装入空瓶内，因为这会给气体的充装和使用带来很大的麻烦，如必须不断地搅拌溶剂等。

为便于乙炔的充装和使用，乙炔瓶内装有多孔性填料（现在通用的是硅酸盐固化物，过去也有用活性碳的），溶剂则充入填料的孔隙中。其目的是利用多孔性填料的微孔结构来分散溶解在溶剂中的乙炔，防止它发生分解或聚合反应，并由此造成气瓶爆炸。

乙炔气是以加压的方式进行充装的，装瓶后的乙炔即溶解于溶剂中。加压充装的目的，是在保证安全的基础上，增大乙炔的充装量。因为丙酮中的乙炔溶解量，随着压力的升高而明显增加。

乙炔的充装过程，实质上就是乙炔气在加压条件下溶解入丙酮中的过程。因此，在充装过程中，瓶内丙酮的贮存量、乙炔的充装量以及充气速度等都关系着乙炔气瓶的安全问题。

从国内外的大量事故实例来看，乙炔充装事故，更多是充装站着火爆炸事故。如1985年4月河北省唐山市某电厂的乙炔站爆炸；1986年2月，北京某电石厂乙炔站爆炸等。其原因是乙炔瓶在充装过程中常有泄漏现象，如夹具没装好，瓶阀出气口密封垫损坏等而造成漏气。漏出的乙炔气与充装室内的空气组合成可爆性混合气体，这种气体可以在很小的点燃能量（0.02mJ）下引爆，铁器碰击产生的火花，甚至是人体衣服摩擦产生的静电都足以导致着火爆炸事故。所以在乙炔气的充装过程中必须特别注意检查和防止泄漏。

1. 充装前的检查与准备

乙炔瓶在充装前除应按本节第一小节的要求进行气瓶的外观检查和处理以外，重点是检查确定瓶内的剩余压力和溶剂补加量。

（1）乙炔瓶内必须留有足够的剩余压力，以防漏入空气。因此气瓶在充装前必须逐只用压力表测定其剩余压力。对剩余压力小于表5-6的乙炔气瓶，必须逐只分析瓶内剩余气体的纯度。

表5-6 乙炔气瓶剩余压力与环境温度的关系

环境温度/℃	<0	0~15	15~25	25~40
剩余压力/MPa	0.05	0.1	0.2	0.3

（2）乙炔瓶内的溶剂在气瓶使用过程中，常常随着乙炔气体的放出而散失。因此气瓶充装前应逐只测定实际重量（简称实重）以检查溶剂逸损的情况，最后确定其补加量。

溶剂补加量可按下式计算：

溶剂补加量=乙炔瓶净重+剩余乙炔量-实重

乙炔瓶净重是指它的原始重量，包括瓶体、瓶阀、瓶帽、多孔性填料以及溶剂的重量，以代号T_w刻印在气瓶的肩部。实重是指充装时实际测定的气瓶重量，包括瓶体、瓶阀、瓶帽、多孔性填料和剩余溶剂、剩余乙炔的重量。剩余乙炔量可以根据实测的剩余压力（当室内外温差大于30℃时，乙炔瓶应在室内静置8h后再测定剩余压力），按下式计算（溶剂为丙酮）：

$$G_s = 0.48\delta V\alpha\rho_s\left(\frac{p_s}{0.1013}+1\right)\times 10^{-3} \qquad (5-12)$$

式中 G_s——乙炔瓶内剩余的乙炔量，kg；

δ——填料孔隙率，%；

V——气瓶实际容积，L；

α——工业乙炔在工业一级丙酮中的溶解度，L/L；

ρ_s——乙炔的密度，kg/m^3；

p_s——乙炔瓶内剩余压力，MPa。

气瓶的实际容积 V 及填料的孔隙率 δ 可以从气瓶肩部的原始钢印标记查出。溶解度 α 和乙炔密度随温度和压力变化。不同温度和压力下的 α 可从表 5－7 中查取；常压下的值可按下式近似计算：

$$\rho_s = 1.172 \times \frac{273}{273 + t}$$

式中，t 应为乙炔气的实测温度，因为难以精确测定，常取待充气瓶静置处的环境温度。

表 5－7　工业乙炔在工业一级丙酮中的体积溶解度

温度/℃ \ 溶解度/（L/L）	压力/MPa				
	0.1	0.2	0.3	0.5	1.0
0	35.13	33.16	31.90	29.19	31.86
5	29.84	29.20	27.98	25.49	27.39
10	25.47	25.71	25.20	22.55	23.79
15	21.29	22.54	22.38	20.16	20.98
20	17.64	19.73	19.86	18.00	18.53
25	14.30	17.08	17.49	16.17	16.54
30	11.53	14.72	15.49	14.56	14.82
40	6.82	10.81	11.80	12.13	12.13

溶剂的充装压力应小于 0.8MPa。采用气体直接压紧溶剂时，应选用氮气。

气瓶补加溶剂后，必须对溶剂充装量进行复核。因为溶剂装得过少，瓶内气态乙炔增加，压力会不正常，容易发生事故，装得过多，安全空间减少，气瓶会产生“液压”现象，也易发生事故。对于公称容积为 40L 以上的气瓶，如果多装溶剂 0.5kg，或不足量超过 3kg 者，应作为不合格气瓶处理。

2. **充装过程的安全事项**

乙炔的充装，应遵守以下各项：

① 乙炔瓶的充装，宜分次进行，每次充装后的静置时间应不少于 8h。

② 乙炔的充气压力，在任何情况下都不得超过 2.4MPa。

③ 应严格控制充装速度，充灌时的气体体积流量应小于 $0.015m^3/(h \cdot L)$（气瓶容积）。

④ 充气过程中，应用冷却水均匀地喷淋气瓶，以防乙炔温度过高，产生分解反应，并加速乙炔在丙酮中的溶解，还可避免产生静电。

⑤ 随时测试充气气瓶的瓶壁温度，如壁温超过 40℃，应停止充装，另行处理。

⑥ 充气过程中，应每隔一定时间仔细检查气瓶瓶阀出气口、阀杆及易熔合金塞等部位有无泄漏。发现漏气时必须妥善处理。

3. **充装后的检查**

充装后的气瓶，先静置 24h，使其压力稳定，温度均衡。然后按下列规定进行检查，不合格的气瓶严禁出厂。

（1）用符合有关标准规定并在检验有效期限内的衡器，逐只测定乙炔的充装量。乙炔的限定充装量按下式计算：

$$G = 0.198\delta V \quad (5-13)$$

式中——乙炔限定充装量，kg；

符号 δ、V 的内容与式（5-12）相同。

（2）从同一充装台充装的气瓶中，任意抽取乙炔瓶 2 只，分析瓶内乙炔纯度。若其中有 1 只气瓶的乙炔纯度低于 98%，则应逐只作纯度分析。

（3）从同一充装台充装的气瓶中，任意抽取乙炔瓶 2 只，测定其充装压力。乙炔瓶的限定压力规定如表 5-8。

表 5-8 不同环境温度下乙炔瓶的限定压力

环境温度/℃	0	5	10	15	20	25	30	35	40
限定压力/MPa	1.03	1.18	1.35	1.52	1.70	1.90	2.11	2.32	2.55

（4）逐只检查乙炔瓶阀（包括压紧螺帽密封处和易熔合金）及其与瓶口连接处，瓶肩部的易熔合金塞等部位有无渗漏。发现有漏气时，必须妥善处理，否则严禁出厂。

4. 充装记录

乙炔气的充装及充装后的检验，均应按工艺要求认真填写充装记录。充装记录的内容至少应包括：充装日期、充装间室温、乙炔瓶编号、气瓶实际容积、净重、实重、剩余压力、剩余乙炔量、溶剂补加量、充装后重量、乙炔充装量、静置后压力、溶解乙炔质量、操作者姓名、发生的问题及处理结果等。

第二节 气瓶定期技术检验

气瓶在使用过程中，可能因大气或工作介质的腐蚀而产生内外表面缺陷；或因搬运、使用不当而造成磨损或其他机械损伤；也可能由于频繁的充气而使瓶壁金属产生疲劳现象。因此必须定期对使用中的气瓶进行技术检验。本书第三章中所论述的压力容器定期技术检验的各项要求，原则上都适用于各类气瓶，本节仅就气瓶的特点，讨论气瓶检验中的具体技术要求。

一、钢质焊接气瓶的技术检验

（一）检验周期与主要检验项目

1. 检验周期

钢质焊接气瓶的检验周期不得超过下列规定：

① 盛装腐蚀性气体的气瓶，每 2 年检验一次；

② 盛装一般气体的气瓶，每 3 年检验一次。

气瓶在使用过程中，发现有严重腐蚀、损伤或对其安全可靠性有怀疑时，应提前进行检验。库存和停用时间超过一个检验周期的气瓶，启用前应进行检验。

2. 检验项目

焊接气瓶的定期检验应包括内外表面检验、焊缝检验、瓶重测定、耐压试验、主要附件检验及气瓶气密性试验。

（二）内外表面检验内容与要求

气瓶应逐只进行内外表面检验，检验内容与要求应遵照下列规定：

① 气瓶瓶壁不允许有裂纹、气泡、结疤、折叠和夹杂等缺陷。

② 瓶壁如果存在凹陷（受撞击或挤压而在瓶体外表面上形成塌陷）时，凹陷的深度应不大于该凹陷长径（即最大尺寸）的1/10，且其边缘不允许有突变的棱角；凹陷内不允许有深度超过0.5mm的划痕。凹陷内包含有焊缝或其热影响区时，其最大深度不得超过6mm。

③ 气瓶表面有腐蚀缺陷时，应测定腐蚀处的剩余壁厚。点状腐蚀处的剩余壁厚，不得小于气瓶计算最小壁厚的2/3；线状腐蚀和面腐蚀处的剩余壁厚，不得小于计算最小壁厚的80%。

④ 气瓶不允许有肉眼可见的塑性变形（膨胀），各横断面的周长伸长率都应小于1%。

⑤ 发现瓶壁有划痕（因凿压、刻划和擦伤而在瓶体表面形成的线状缺陷）时，应测定其剩余壁厚。划痕处的剩余壁厚不得小于计算最小壁厚的80%。

⑥ 气瓶的瓶壁金属不允许有烧伤，也不允许存在因被烧而引起的瓶体变形。

（三）焊缝及热影响区的表面检查

（1）气瓶焊缝及其热影响区的金属表面，不应有重皮、夹渣、气孔和严重腐蚀。对有怀疑的部位，应使用10倍放大镜进行检查，必要时应进行无损探伤复验；

（2）瓶体主焊缝上发现有划痕时，应予磨平。打磨处应圆滑过渡，且不得低于母材。距主焊缝两侧各50mm的范围内，存在的划痕深度不得超过0.5mm。

（四）瓶重测定

焊接气瓶应逐只进行重量测定，测重时应将附件卸下。公称容积小于或等于150L的气瓶，重量减轻不得超过5%；公称容积大于150L的，重量减轻不得超过10%。

（五）耐压试验

每只焊接气瓶都应进行水压试验。水压试验压力为气瓶公称压力的1.5倍。气瓶应在试验压力下保持足够长的时间（一般不少于3min，以便检查。气瓶在保压期间压力不回降，金属壁及焊缝处不渗漏，且无肉眼可见的塑性变形及其他异常现象，才应认为水压试验合格。

（六）主要附件检验

（1）拆洗瓶阀，更换损坏的阀件，并对其进行气密性试验。

（2）检查易熔塞的合金及塞螺纹是否完好牢固，有无松动或泄漏迹象。

（3）检查瓶阀的阀座及塞座的螺纹有无磨蚀脱扣及其他影响装配的缺陷。

（七）气密性试验

盛装可燃、有毒介质的气瓶应根据GB 12137《气瓶气压试验方法》的有关规定进行气密性试验。

（1）气瓶的气密性试验应在耐压试验合格后进行。

（2）加压介质应为氮气或空气。

（3）气密性试验压力为气瓶公称工作压力。

（4）气瓶在试验压力下保持压力不少于3min，气瓶各连接处无泄漏，压力不下降，气密性试验才算合格。

二、液化石油气钢瓶的技术检验

液化石油气钢瓶检验前应先将残液和余气回收并经水蒸气吹扫，以除去沾附在瓶底及瓶内壁的残渣。水蒸气吹扫后的瓶内残气浓度（体积比）不应大于0.4%。

（一）检验周期与主要检验项目

1. 检验周期

液化石油气钢瓶的检验周期由其使用年限确定，在正常的情况下，气瓶使用未超过20年的，每5年检验一次；超过20年的，每2年检验一次（无法确认制造年代的气瓶，按使用20年以上的考虑，即每2年检验一次）。

发现有严重缺陷或可疑迹象的，应提前检验。

2. 检验项目

定期检验项目包括外观检查及壁厚检验，或瓶重测定、阀座检验及耐压试验，或残余变形率测定、瓶阀检验及气密试验。

（二）外观检验

钢瓶应逐只进行外观检验，检验发现的各类缺陷应符合下列规定。

（1）划痕　长度小于75mm的，最大深度不大于0.7mm；长度大于等于75mm的，最大深度不大于0.6mm。

（2）凹陷　深度不大于10mm，且不大于凹陷长径（最大尺寸）的1/10。

（3）点状腐蚀与线状腐蚀　点状腐蚀的深度不大于1mm。线状腐蚀和局部斑点腐蚀长度小于等于76mm的，最大腐蚀深度不大于0.9mm；长度超过75mm的，最大深度不大于0.7mm。

（4）大面积均匀腐蚀区域中的缺陷　线状腐蚀长度小于75mrn的，深度不大于0.6mm；腐蚀长度大于75mm的，深度不大于0.5mm；凹陷深度不大于6mm；划痕深度不大于0.4mm。

（5）凹陷内的划痕　深度小于6mm的凹陷内，划痕深度不大于0.4mm；深度大于等于6mm的凹陷内不允许有划痕。

（6）瓶体不允许有裂纹。

（7）钢体不允许有其他肉眼可见的变形。

（8）瓶体上不允许有电弧损伤和火焰烧伤。

（9）瓶体的焊缝检验及其要求同焊接气瓶。

（三）壁厚检验或重量测定

钢瓶应逐只进行壁厚检验或重量测定，并应符合下列规定。

（1）钢瓶筒体和封头的壁厚应分别检验，特别应注意瓶底和严重腐蚀部位的壁厚检验。检验壁厚用的测厚仪，误差应不大于±0.1mm。对水容积为23.5L和35.5L的钢瓶，最小剩余壁厚不小于2mm；水容积为118L的钢瓶，最小剩余壁厚不小于2.3mm。

（2）钢瓶重量测定用的衡器，其误差应不大于±0.1kg。钢瓶的重量（不包括可拆卸的附件）不得小于原始重量的95%。

（四）阀座检验

钢瓶定期检验时，应逐只检验瓶阀座，其内容与要求应符合下列规定。

（1）阀座不允许有塌陷和裂纹。

（2）用符合有关国家标准的气瓶专用螺纹量规检验阀座螺纹。螺纹不允许有变形和毛刺。螺纹有轻度腐蚀时，修复后应保证与瓶阀连结牢固，并有良好的气密性。

（五）耐压试验或残余变形率测定

钢瓶应逐只进行耐压试验或容积残余变形测定。有关耐压试验与容积残余变形测定的方法与程序将在下面详述。钢瓶耐压试验或容积残余变形的测定应符合下列要求。

（1）液化石油气钢瓶的耐压试验压力为2.35MPa（$24kgf/cm^2$）。试验时保持压力的时间应不少于3min。在保压过程中，压力不允许下降，钢瓶不允许有泄漏和肉眼可见的变形。

（2）钢瓶容积残余变形的测定可用外测法或内测法，在试验压力为2.35MPa的耐压试验下，容积残余变形不允许超过气瓶容积全变形的10%。

（六）瓶阀检验与气密性试验

（1）瓶阀的阀体不允许有严重变形，阀螺纹不允许有严重损伤，检验瓶阀时应更换密封圈和滑杆等易磨损零件。瓶阀应经试验压力为1.57MPa（$16kgf/cm^2$）的气密性试验，不得泄漏。

（2）钢瓶的气密性试验应在装上瓶阀后放入水中进行。经过水蒸气吹扫，对瓶内残气浓度符合要求的钢瓶，试验加压介质可用空气。气密性试验压力为1.57MPa（$16kgf/cm^2$），保压不少于1min。要求压力不下降、钢瓶无泄漏。

三、溶解乙炔气瓶的技术检验

溶解乙炔气瓶检验前应先进行余气回收（当剩余压力大于0.05MPa时），或由排空装置放空处理。检验前还应进行净重测定，若余气放尽后的净重大于原始标记重量1kg或小于3kg（仅适用于容积为40L的气瓶），则应先进行原因分析并作妥善处理。

（一）检验周期与主要检验项目

1. 检验周期

溶解乙炔气瓶的定期检验期限为每3年检验一次。有下列情况之一者应随时进行检验：

① 瓶体有严重损伤、腐蚀或变形。

② 充装乙炔时瓶壁温度超过40℃。

③ 瓶阀出气口有回火迹象。

④ 对填料或溶剂的质量有怀疑。

2. 检验项目

溶解乙炔气瓶定期检验项目应包括瓶体与焊缝的外观检验；瓶阀、阀座及塞座检验；瓶体壁厚测定；填料检验；气瓶气压试验。

（二）瓶体及焊缝外观检验

气瓶的瓶体、主体焊缝及其热影响区应逐只进行外观检验。有怀疑的部位应用10倍放大镜检查，必要时对焊缝进行无损探伤复查。

存在下列缺陷之一者，气瓶报废：

① 瓶壁有裂缝、气泡、结疤、折叠和肉眼可见的夹渣。

② 瓶壁划痕处的剩余壁厚小于简体计算最小壁厚的85%。

③ 瓶壁凹陷深度超过短径的1/10，或最大深度大于6mm；或凹陷内划痕处的剩余壁厚小于筒体计算最小壁厚。

④ 瓶体烧损、变形、瓶阀或合金塞上的易熔合金熔化。

⑤ 点状腐蚀处的剩余壁厚小于瓶体计算最小壁厚的60%；线状腐蚀或大面积均匀腐蚀处的剩余壁厚小于计算壁厚的80%。

⑥主体焊缝上的划痕磨平后，焊缝金属低于母材；主体焊缝热影响区内的划痕处剩余壁厚小于瓶体计算最小壁厚的80%。

⑦ 主体焊缝及热影响区内的凹陷最大深度大于5mm。

（三）瓶阀、阀座及塞座的检验

瓶阀、阀座及塞座应逐只检验，并应遵照下列规定：

（1）阀体有裂纹或影响使用后变形，阀螺纹有轴向损伤或变形的瓶阀应予以报废。

（2）阀座或塞座塌陷、变形或有裂纹，阀座螺纹有轴向损伤或变形者，气瓶报废。

（四）瓶体壁厚测定

瓶体漆层已严重剥落的乙炔气瓶，应选取腐蚀最严重的点进行壁厚测定。在瓶体同一纵断面上的测量点应不少于8处（上下封头部位各2处，筒体部位4处）；瓶体漆层基本完好的乙炔瓶，可以在底座内的下封头部位选取不少于3点的测量点进行壁厚测定。

（五）填料检验

乙炔瓶内的多孔性填料常因搬运或充装使用不当而损坏，气瓶定期检验时，应逐只检验瓶内的填料完好情况。检验前，应取出导流孔内的充填物。

填料存在下列缺陷之一的乙炔气瓶，应予以报废：

① 由瓶口（气瓶经置换后拆下瓶阀）观察，填料有下沉、溃散、裂缝或火焰反击痕迹的。

② 用手指轻推填料，手感填料疏松质软的。

③ 填料与瓶体间的径向间隙不大于1mm的。

④ 用专用塞尺在平面角互成120°的3点上测量填料与瓶体的肩部轴向间隙（同一规格塞尺在同一位置上测量次数不应超过2次），其间隙量大于3.2mm的。

（六）气瓶气压试验

气瓶经检验合格后，应进行气压试验，试验介质为氮气，试验压力为3.5MPa。

气瓶应在试验压力下保持5min。要求瓶体不漏气、不出现明显的变形。

四、无缝气瓶的技术检验

钢质或铝合金无缝气瓶检验前应先查明瓶内所装介质，并在保证安全、卫生和不污染环境的条件下将瓶内气体处理、排净。检验前还应先卸下瓶阀和防震圈，并对气瓶的内外表面进行彻底清理。

（一）检验周期和检验项目

1. 检验周期

在正常情况下，钢质或铝合金无缝气瓶的检验周期按所装介质的特性确定：

① 盛装惰性气体的气瓶，每5年检验一次。

② 盛装腐蚀性气体的气瓶或在腐蚀性介质（如海水等）环境中使用的气瓶，每2年检验一次。

③ 盛装其他气体的气瓶，每3年检验一次。气瓶在使用过程中，发现有严重腐蚀、损伤或其他可能影响安全使用缺陷时，应提前进行检验。

2. 检验项目

无缝气瓶的定期检验项目包括外观检查、内部检查、瓶口螺纹检查、音响检查（仅适用于钢质气瓶）、硬度测定（仅适用于铝合金气瓶）、重量与容积测定、水压试验、瓶阀检验与气密性试验。

（二）外观检查

气瓶检验时，应逐只进行目测检查。检查其外表面是否有凹陷、凹坑、凸起、损伤、裂纹、腐蚀或烧伤等缺陷。

（1）筒体存在凹陷时，应用直尺或弧形样板测量凹陷最大深度。凹陷最大深度超过2mm（铝合金气瓶为1.5mm）且超过气瓶公称直径的1.0%，或大于凹陷直径的1/30（铝合金气瓶为1/40）的，应予以报废。

（2）筒体存在凸起缺陷时，如筒体周长增大1.0%，应报废。

（3）外壁有损伤、腐蚀凹坑或线状腐蚀时，应测量损伤或腐蚀的深度（先将缺陷边缘的翻边磨去），若剩余壁厚小于设计壁厚的90%，气瓶应报废；对未达到判废条件的缺陷，则应进行修磨，使其边缘圆滑过渡，修磨后的剩余壁厚不得小于设计壁厚的90%。

（国外进口的气瓶，剩余壁厚应按有关国家规范或标准的规定）。

（4）瓶体有肉眼可见的裂纹或分层的，应报废。

（5）瓶体有弧疤、焊迹或明火烧烤而使金属受损的气瓶，应报废。

（6）瓶体存在腐蚀缺陷时，应测定腐蚀深度，点腐蚀处的剩余壁厚小于设计壁厚的2/3（铝合金气瓶为80%），面腐蚀处的剩余壁厚小于设计壁厚的90%时，气瓶应报废。

（7）测量筒体的圆度、直线度和垂直度。凡不圆度超过2.0%；不直度超过4‰，且大于5mm；不垂直度超过8‰的气瓶，均应报废。

（8）颈圈松动或损伤无法修复的气瓶；底座松动、损坏或其与瓶体接合处严重腐蚀的气瓶，应报废。

（三）内部检查

气瓶应用内窥镜或电压不超过24V，具有足够亮度的安全灯进行内部检查。对盛装氧化性介质的气瓶，要特别注意检查瓶内有无油脂，发现沾有油脂的气瓶必须进行脱脂处理。

发现内壁有裂纹或存在腐蚀缺陷时，应按外观检查的要求进行评定处理。

铝合金无缝气瓶的瓶底与瓶壁过渡处附近，若存在向瓶壁凹进的环沟缺陷时应报废。

（四）瓶口螺纹检查

用肉眼或低倍放大镜逐只检查螺纹有无裂纹、变形、腐蚀、磨损或其他机械损伤。并按下列规定进行处理。

（1）瓶口螺纹不允许有裂纹性缺陷。

（2）允许瓶口螺纹有轻微损伤。铝合金气瓶及高压钢质气瓶允许有不超过2牙的缺口；低压钢瓶允许有不超过3牙缺口；缺口长度不超过周长的1/5；缺口深度不超过牙高的1/3。

（3）有轻度腐蚀、磨损或其他损伤的瓶口螺纹，允许用规定的气瓶专用丝锥修复，修复后用符合要求的气瓶专用螺纹盘规进行检验，不合格的应报废。

（五）音响检查

外观检查合格的钢质气瓶，应逐只进行音响检查。音响检查的方法是，气瓶在没有附加物或其他妨碍瓶体震动的情况下，用木锤或重约250g的小铜锤轻击瓶壁。若发出的音响清脆有力，余韵轻而长，且有旋律感，则气瓶检验合格。若音响十分混浊低沉，余韵重而短，并伴有破壳声的气瓶，应报废。

（六）硬度测定

铝合金无缝气瓶应逐只进行硬度测定。测定点位于距瓶底20mm以下的筒体或瓶底表面。瓶壁金属硬度低于HRB48的铝瓶应报废。

（七）重量与容积测定

钢质无缝气瓶及铝合金制气瓶都应逐只进行重量与容积测定。测量用的衡器，最大量程应为气瓶重量的 1.5～3.0 倍，其感量应不低于 1‰。衡器应每 3 个月至少校验一次。

（1）气瓶现重量与制造钢印标记重量的差值大于5%时，应测定瓶壁最小壁厚，若最小壁厚小于设计壁厚的90%，气瓶应报废；铝合金气瓶的重量差值大于 10% 时应报废。

（2）气瓶的容积测定在重量测定合格后进行。钢质无缝气瓶的现容积大于制造钢印标记容积的 10%，铝合金气瓶的容积增大 5% 的，气瓶报废。

（八）水压试验

气瓶必须逐只进行水压试验。水压试验压力为气瓶公称压力的 1.5 倍。气瓶在试验压力下保持压力不少于 2min（低压气瓶不少于 5min）。若瓶体出现渗漏、明显变形或保压期间压力显著下降（非因试验装置或瓶口泄漏），气瓶应予以报废。

高压气瓶在水压试验时，应同时测定容积残余变形。铝合金气瓶的容积残余变形超过容积全变形的 8% 者，气瓶报废；钢质无缝气瓶的容积残余变形超过全变形的 6% 时，应测定瓶体的最小壁厚，若最小壁厚小于设计壁厚的 10%，或气瓶容积残余变形超过全变形的 10% 时，钢瓶应报废。

高压气瓶在水压试验时的容积变形测定，将在下一小节中论述。

无缝气瓶的瓶阀检验与气密性试验要求同焊接气瓶。

五、 高压气瓶水压试验容积变形的测定及合格标准

高压气瓶的直径比较小，用直径变形测量法（即用千分卡尺或千分表测量它的直径）来确定它在耐压试验时的变形或残余变形是不能达到所需的准确度，所以这种小型高压容器在耐压试验时的变形和残余变形的测定一般都用容积变形测定法。

容积变形测定是一种比较简单而又准确的方法，测量容器在耐压试验时及之后的容积与原有容积（即耐压试验前的容积）之差，即可确定其容积全变形和容积残余变形，并以此来判定容器的应力情况及是否能继续安全使用。

由于容器耐压试验允许的残余变形很小，容积变形的测定一般就不能采用直接减量法（即先测定容器在耐压试验前的容积是多少，耐压试验后再测定它的容积是多少，计算前后两容积之差）来确定它的残余变形。如一般容器的允许残余变形（直径）为 0.03%，容器直径增大 0.03%，容积约增大 0.06%，即容器的容积由耐压试验前为 V 增大至 1.0006V，这样的精确值，显然是一般容积量具或重量量具所不能测得的。因此要准确测定容器耐压试验时的容积变形和容积残余变形，则必须有一套比量法的装置。这种测定装置和方法有两种，即器内测定法和器外测定法，简称内测法和外测法。

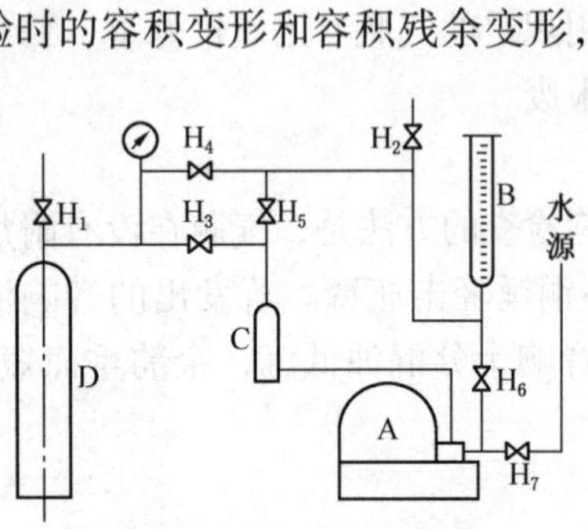

图 5－4　气瓶的水压试验装置（内测法）

（一）内测法

内测法是利用测定瓶内在试验压力下所进入的水量与它在卸压后由瓶内所排出的水量来计算它的容积全变形与容积残余变形。这种方法目前在国内广为采用，优点是测量装置比较简单，但容易产生较大的误差。

1. 装置

图 5－4 是用内测法测定气瓶（容器）耐压试验时容积全变形与容积残余变形的装置。图中 A 是试压泵，可

以是电动泵或手动泵；B 是量筒，用以测定气瓶在试验压力下所进入的水量和卸压后所排出的水量；C 是缓冲器，用以稳定试压系统中的压力，缓冲器的出水管应接在它的顶部，以防试压装水时器内残留气体；D 是被试验的气瓶（容器）；$H_1 \sim H_7$为截止阀。阀 H_1及 H_2分别用以排出气瓶及试压系统内的空气，所以它应该装设在整个试压系统的最高点；气瓶加压至试验压力时，通过关闭阀 H_3、H_4，打开阀 H_5，可以使被压缩在缓冲器 C、试压泵 A 以及管道内的水全部返回量筒 B，这样量筒中所缺的水量就仅仅是加入气瓶内的水量。

2. 操作程序

用内测法测定气瓶的容积全变形与容积残余变形时，应按以下的程序进行操作。

气瓶装水：用清净的水将气瓶灌满，并敞口（卸下瓶阀）放置一定的时间，使瓶内的水温与室温相一致。在此期间，最好经常摇动气瓶，使气瓶内壁上附着的小气泡逸出。

排气：开启水源阀 H_7和量筒进水阀 H_6，将量筒装水（约半筒），然后关闭 H_6，开启排气阀 H_2，以排除管路中的空气，直至从阀内冒出水时即关闭；将已灌满水的气瓶 D 与试压管道连接后即开启阀 H_3和 H_1，并启动试压泵 A，直至从阀 H_1排出的水中没有气泡时才关闭；开启阀 H_4、H_5，直至量筒 B 中不冒气泡时关闭。这时试压系统中的压力不得超过试验压力的 90%。最后，再开启阀 H_1，进一步驱除气瓶及系统内的空气。然后停泵，关闭阀 H_1。

循环：关闭阀 H_3、H_4及 H_7，开启阀 H_6、H_5，并启动试压泵，使水在量筒 B、阀 H_6、试压泵 A、缓冲器 C、阀 H_5、量筒 B 之间不断循环，以再一次扫除排净系统中所窝藏的空气。

调整量筒水位：停泵，并使试压泵的柱塞在死点位置，开启阀 H_3，并徐徐开启水源阀 H_7，使量筒中的水位慢慢升至顶点零位后，即紧闭阀 H_7。

加压：关闭阀 H_5，开动试压泵，先使系统内的压力升至气瓶的设计压力，停泵检查各连接处有无泄漏。若无泄漏，再启动试压泵继续加压，直至升到试验压力时即停泵。

保持压力：气瓶在试验压力下至少保持 2min。在此期间，如压力表指示压力下降，应检查有无泄漏，并慢慢转动试压泵继续加水，使压力表指示的压力保持在耐压试验规定的压力下。关闭阀 H_3、开启阀 H_5，并使试压泵的柱塞仍回到原死点位置。此时，缓冲器 C、试压泵 A 及管路中的被压缩的水全部返回量筒 B。测读量筒 B 中下降后的水位，这部分短缺的水就是气瓶在试验压力下所压入的水量。

卸压：气瓶在保持压力以及测量记录进水量完毕以后，即开启阀 H_4使气瓶卸压，在耐压试验时所压入气瓶内的水，将重返回量筒中。

测读容积残余变形：在压力表指示的压力降至零且量筒 B 中的水位停止不动以后，即可测读量筒 B 的水位，这部分短缺的水量就是气瓶耐压试验时所产生的容积残余变形。

3. 合格评定标准

气瓶在耐压试验下的容积残余变形，可以间接反映它在试验压力下所产生的应力水平。所以容积残余变形就成为评定气瓶耐压试验是否合格的一个重要指标。关于它的合格标准，目前国内外比较普遍的规定是：钢制气瓶在耐压试验时容积残余变形不得超过容积全变形的 10%。用公式表示即为：

$$\eta = \frac{V_p}{V_T} \leqslant 10\% \tag{5-14}$$

式中 η——气瓶的残余－全变比率；

V_p——气瓶的容积残余变形值，mL；

V_T——气瓶的容积全变形值，mL。

4. 容积全变形的计算

气瓶在耐压试验时的容积全变形可以根据它在试验压力下所压入的水量来确定，但是不要错误地把这两者等同起来。因为气瓶在试验压力下所压入的水量除了气瓶的变形（膨胀）量以外，还应包括瓶内的水在高压下所压缩的体积，且在一般情况下，水的压缩量要比变形量大得多。因此绝不能认为水不可压缩或压缩量很小而可以忽略不计。下面先通过理论计算，对气瓶耐压试验时的变形量和水的压缩量进行比较。

设气瓶的内半径为 R_1，长度为 L，气瓶在压力 p 下的周向变形为 ε_t，轴向变形为 ε_z，则它在内压为 p 下的容积弹性变形为：

$$V_E = \pi\ (R_i + \varepsilon_t R_i)^2\ (L + \varepsilon_z L)\ - \pi R_i^2 L$$

略去的高次方各项后得：

$$V_E = \pi R_i^2 L\ (2\varepsilon_t + \varepsilon_z)$$

或容积弹性变形率（相对容积弹性变形）为：

$$\Delta V_E = \frac{V_E}{V} = 2\varepsilon_t + \varepsilon_z \qquad (5-15)$$

式中 V——气瓶耐压试验前的容积，L；

V_E——气瓶的弹性容积变形，L；

ΔV_E——气瓶的弹性容积变形率。

对外径与内径之比值为 K 的薄壁容器，在内压力 p 的作用下，其周向应力 δ_t 和轴向应力 σ_z 分别为：

$$\sigma_t = \frac{p\ (K+1)}{2\ (K-1)},\ \sigma_z = -\frac{p\ (K+1)}{4\ (K-1)}$$

因此气瓶的容积弹性变形率为：

$$\Delta V_E = 2\varepsilon_t + \varepsilon_z = \frac{2}{E}(\sigma_z - \mu\sigma_z) + \frac{1}{E}(\sigma_z - \mu\sigma_t) = \frac{5-4\mu}{4E}\cdot\frac{p(K+1)}{K-1} \qquad (5-14a)$$

对于钢制容器，以 $\mu = 0.3$、$E = 2.0\times10^5$ MPa 之值代入得：

$$\Delta V_E = 4.75\,\frac{p(K+1)}{K-1}\times10^{-6} \qquad (5-16)$$

气瓶在耐压试验压力 p 的作用下，容积由 V 膨胀变形为 $(1+\Delta V_E)\ V$，而在这时水的压缩量则为：

$$W_c = (1+\Delta V_E)Vp^{\beta} \qquad (5-17)$$

式中 W_c——仅考虑弹性变形时水被压缩的体积，mL；

V——气瓶试压前的容积，mL；

ΔV_E——气瓶的容积弹性变形率；

p——耐压试验压力，MPa；

β——水的压缩系数，MPa^{-1}。

气瓶在耐压试验时所压入的水量包括水的压缩量和气瓶的容积全变形量，而全变形量又包括气瓶的弹性变形量和残余变形量。但在一般正常的情况下，后者总比前者小得多，所以如果不计气瓶的容积残余变形，则气瓶在耐压试验时，水的压缩量 W_c 与进水量 W_T 的比值即为：

$$\frac{W_c}{W_r} = \frac{(1+\Delta V_E)Vp \cdot \beta}{\Delta V_E V + (1+\Delta V_E)Vp \cdot \beta} \approx \frac{p \cdot \beta}{\Delta V_E + p \cdot \beta} \approx \frac{p \cdot \beta}{2\varepsilon_t + \varepsilon_z + p \cdot \beta} \qquad (5-18)$$

对薄壁容器，将式（5－15）代入式（5－17）得：

$$\frac{W_c}{W_r} = \frac{\beta(K-1)}{4.75(K+1) \times 10^{-6} + \beta(K-1)}$$

把常用高压气瓶的 $K=1.07$ 以及水在 20～30MPa 的压力与常温下的压缩系数 $\beta=4.4\times10^{-4}$ 代入得：

$$\frac{W_c}{W_r} = \frac{4.4\times10^{-4}\times0.07}{4.75\times2.07\times10^{-6}+4.4\times10^{-4}\times0.07} \approx 0.76 = 76\%$$

上面的计算表明，气瓶进行耐压试验时，水的压缩量约占进水量的 3/4，而容积的变形量只占 1/4（计算中未考虑气瓶的残余变形量，但即使考虑在正常情况下的残余变形量，它所占的比例也不会有大的变化）。若把进水量误作为全变形量，即忽略了水的压缩量，则按公式（5－13）计算的残变－全变率 η，将由于分母增了约 3 倍而减少为原比值的 1/4。因此，计算气瓶耐压试验的残变－全变率 η 时，绝不应把进水量作为气瓶的全变形。

气瓶在耐压试验时的进水量既然包括气瓶的全变形量和水的压缩量，则全变形量即等于进水量与水压缩量之差。用公式表示即为：

$$V_T = W_T - W_0 - (V + W_T - W_0)p \cdot \beta \qquad (5-19)$$

式中 V_T——气瓶耐压试验时的全变形值，mL；

W_T——气瓶耐压试验时的进水量，mL；

V——气瓶耐压前的容积，mL；

p——耐压试验压力，MPa；

W_0——试压管路在耐压试验压力下所压入的水量（包括管道的容积变形和管道中水的压缩量），mL；由实测确定。采用图 5－4 的试验装置时，W_0 可以忽略不计；

β——水在耐压试验的试验压力和试验温度下的压缩系数，MPa^{-1}。

水在各种压力和温度下的压缩系数可以由表 5－9 查得。

【例 5.3】 气瓶容积为 40L，在试验压力为 22.5MPa 下的进水量为 560mL，试验用水的温度为 20℃，卸压后测得气瓶的容积残余变形量为 2mL，试确定气瓶的全变形量及残变－全变化率 η。

【解】 由表 5－9 查得，水在 22.5MPa、20℃时的压缩系数 $\beta=4.37\times10^{-4}$，若试压采用图 5－4 的试验装置，则 $W_0=0$，则由式（5－18）得气瓶在试验压力下的全变形量：

$$V_T = W_T - Vp \cdot \beta = 560 - 40\times10^3\times22.5\times4.37\times10^{-4} = 167\text{mL}$$

故由公式（5－13）得气瓶的容积残变－全变比率为：

$$\eta = \frac{V_p}{V_T} = \frac{2}{167} \approx 0.012 \approx 1.2\%$$

5. 测量误差

用内测法测定气瓶在耐压试验时的变形，试验装置比较简单，但往往误差较大。误差的产生主要是气瓶或试压系统中存有气体的影响。瓶内或管路中存有气体，即装满后试压系统内仍有一部分是气体空间。这些气体所占的空间在加压至试验压力时，一方面因为气体被高压水溶解一部分（气体在水中的溶解度与压力有关，压力越大，溶解度也越大）；另一方面

表 5－9　不同温度和不同压力下水的压缩系数

压缩系数，$\beta \times 10^4$/MPa 温度/℃	压力/MPa				
5	4.75	4.71	4.69	4.65	4.57
6	4.70	4.67	4.65	4.61	4.53
7	4.66	4.63	4.61	4.57	4.50
8	4.63	4.60	4.58	4.54	4.47
9	4.59	4.57	4.55	4.51	4.45
10	4.57	4.54	4.52	4.49	4.42
11	4.54	4.51	4.50	4.46	4.40
12	4.52	4.49	4.47	4.44	4.38
13	4.50	4.47	4.46	4.42	4.36
14	4.48	4.45	4.44	4.41	4.35
15	4.47	4.44	4.42	4.39	4.33
16	4.45	4.43	4.41	4.38	4.32
17	4.44	4.41	4.40	4.37	4.31
18	4.43	4.40	4.39	4.36	4.30
19	4.42	4.40	4.38	4.35	4.29
20	4.42	4.39	4.37	4.34	4.28
21	4.41	4.38	4.37	4.34	4.27
22	4.40	4.38	4.36	4.33	4.26
23	4.40	4.37	4.36	4.33	4.26
24	4.40	4.37	4.35	4.32	4.25
25	4.39	4.37	4.35	4.32	4.24
26	4.39	4.37	4.35	4.32	4.24
27	4.39	4.36	4.35	4.31	4.23
28	4.39	4.36	4.34	4.31	4.23
29	4.38	4.36	4.34	4.31	4.22
30	4.38	4.36	4.34	4.31	4.22
31	4.38	4.36	4.34	4.31	4.21
32	4.38	4.36	4.34	4.31	4.21
33	4.38	4.35	4.34	4.30	4.21
34	4.38	4.35	4.34	4.30	4.20
35	4.38	4.35	4.33	4.30	4.20
36	4.37	4.35	4.33	4.30	4.19
37	4.37	4.35	4.33	4.30	4.19
38	4.37	4.34	4.32	4.29	4.19
39	4.36	4.34	4.32	4.29	4.18
40	4.36	4.33	4.32	4.29	4.18

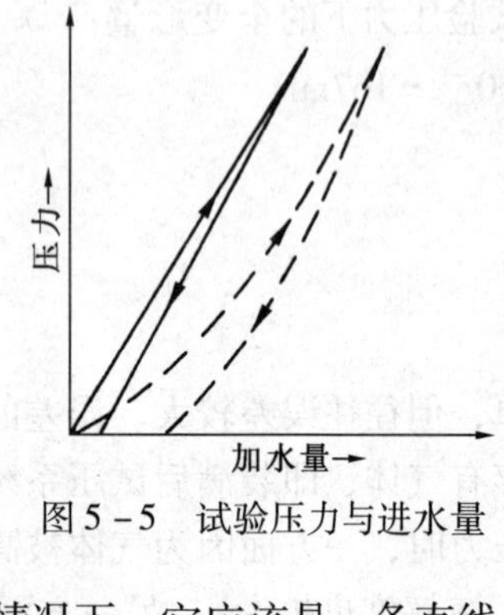

图 5－5　试验压力与进水量

因为气体的体积受到压缩，缩小的空间需要由水来填充。于是这两部分原来是气体的空间容量就被误认为是气瓶在压力作用下的变形量。卸压时，溶解在水中的气体，由于压力降低而大部分从水中释出，但这释放出的气体往往与水混杂在一起返回量筒中而进入大气，因而卸压后，瓶内或管路中原来是气体的空间也需要由水来填充。这样就使卸压后从瓶内排出的水量减小，测出的残余变形量也就比实际的大。气瓶作耐压试验时，如果试压系统内存有较多的气体，它的进水量与压力的关系是一条凹曲线，如图 5－5 中的点线所示。而在没有气体存在的情况下，它应该是一条直线，如图中的实线所示（指气瓶在屈服压力以内时）。

气瓶及试压系统内之所以在装满水后还可能存留气体，主要有以下的一些原因：气瓶内壁沾附有油污（不是装氧的气瓶）或其他杂质，如铁锈等，因而装水后瓶壁上仍附着一些小气泡（这种现象在往玻璃瓶内灌装水时常可见到）；气瓶的结构不合理，装水时肩部有一部分气体无法排出；试验用水溶解了较多的气体等。

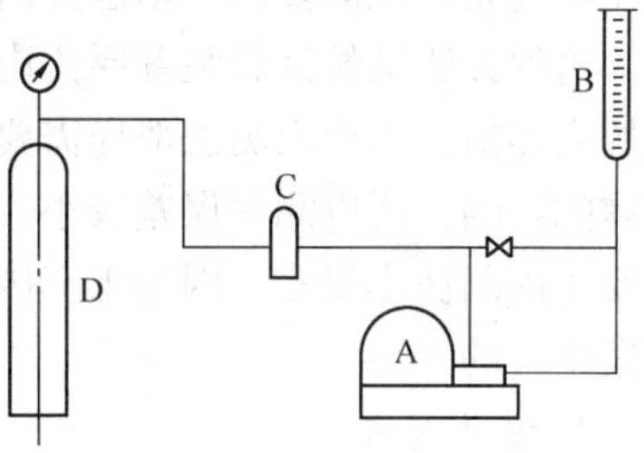

图 5－6　容易产生误差的试压装置

内测法所产生的测量误差还可能是由于试验装置不合理所造成的。如图 5－6 所示的耐压试验装置就往往由于以下的一些原因而产生较大的误差。

整个试压系统没有排气装置，因而管道中气体难以排出。

缓冲器 C 上部的气体在装水过程中被堵塞在器内。

气瓶在加压时的进水量包括缓冲器及整个系统所压入的水量，使计算误差可能增大。

测量误差有时还可能是由于试压操作不当而产生，如在试压前没有采取适当的措施来排出气体等。

（二）外侧法

外测法是在气瓶外部测量它在耐压试验时的容积变形。试验时需要把气瓶放在一个水套内进行测试，因此又称水套测量法。

1. 装置

外测法试验装置的形式较多，图 5－7 是一种比较简单的形式。

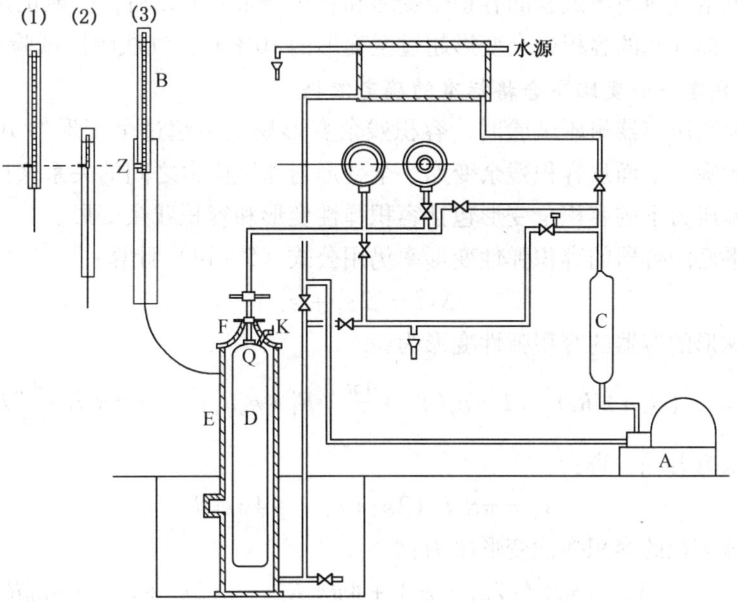

图 5－7　气瓶的水压试验装置（外测法）

气瓶 D 装在一个特制的水套 E 内，在气瓶的肩部用胶皮垫 Q 与水套盖 F 进行密封，水套盖上有放气旋塞 K，水套内的水溢满到它上部的量管 B 中。气瓶在试验压力下体形膨胀，把水套内的一部分水挤压到量管中去，使量管中的水位升高，这增加的水量就是气瓶的全变形量。气瓶卸压后，弹性变形消失，于是量管内增加的水又返回到水套内。如果量管中的水仍比在气瓶加压前要多，则这多出的水量就是气瓶的容积残余变形量。

这种方法虽然试验装置要比内测法复杂一些，但操作简便，且可以直接从量管中读出气瓶的变形值，不像内测法那样需要经过复杂的计算。更主要的是，它不受瓶内及管路中残存气体的影响，所以测量误差较小。虽然水套有时也可能存有一些气体，但它对测量误差的影响要比内测法小得多。因为水套内没有什么压力，即使存在一些气体，它在试压过程中也不会发生大的变化。

2. 操作要点

使用外测法测定气瓶耐压试验的容积变形时，应该注意以下各点。

(1) 试验装置应该配备一个标准气瓶，这标准瓶在试验压力下的容积变形值是已经经过准确测定了的，且不会产生残余变形。每次试验前，先用标准瓶校验试验装置是否准确。

(2) 水套装水时，必须打开水套盖上的放气旋塞，以排除水套内的气体，直到从旋塞内冒出的水没有气泡时再将它关闭。

(3) 气瓶在试压前、保持试验压力时以及卸压之后，在测读量管中的水量时，应使量管中的水位保持在相同的水平线上，如图 5－7 中的 (1)、(2)、(3) 位置，以免因水位高度不同使水套受不同静水位压力产生不同的容积变形，并使水套内残存的空气受到不同的压缩，引起测量误差。

为使量管的水位保持在同一水平线上，可以移动连接的橡皮管，但应注意勿使橡皮管截面压扁，使它的容量发生变化。

3. 合格评定标准

用外测法测定气瓶耐压试验的容积全变形和容积残余变形以后，一般也按内测法的合格标准进行评定，即气瓶的容积残余变形超过全变形的 10% 时，气瓶耐压试验不合格。

(三) 容积残变－全变比率合格标准的确定依据

气瓶或其他高压容器耐压试验时，容积残余变形规定不超过全变形的 10%，这个规定值是怎样确定的呢？下面从容积残余变形、全变形与器壁应力之间的关系来讨论这个问题。

容器在试验压力下的容积全变形包括容积弹性变形和容积残余变形。

已知两端平底的容器的容积弹性变形率仍用公式 (5－14) 计算：

$$\Delta V_E = 2\varepsilon_t + \varepsilon_z$$

两端为半球形的容器的容积弹性变形为：

$$V_E = \pi(R_i + \varepsilon_t R_i)^2 (L + \varepsilon_z L) + \frac{4\pi}{3}(R_i + \varepsilon_0 R_i)^3 - (\pi R_i^2 L + \frac{4\pi}{3} R_i^3)$$

略去 ε 高次方各项，得：

$$V_E = \pi R_i^2 L(2\varepsilon_t + \varepsilon_z) + 4\pi\varepsilon_0 R_i^3$$

或两端半球容积的容积弹性变形率为：

$$\Delta V_E = \frac{V_E}{V} = \frac{\pi R_i^2 L(2\varepsilon_t + \varepsilon_z) + 4\pi\varepsilon_0 R_i^3}{\pi R_i^2 + \frac{4\pi}{3}R_i^3} = \frac{L(2\varepsilon_t + \varepsilon_z) + 4\varepsilon_0 R_i}{L + \frac{4}{3}R_i} \qquad (5-20)$$

式中 ε_0——半球形封头的周向变形；

L——容器圆筒部分的长度；

其他符号与公式 (5－14) 相同。

一端为平底、一端为半球形的容器，容积弹性变形量及弹性变形率分别为：

$$V_E = \pi R_i^2 L(2\varepsilon_t + \varepsilon_z) + 2\pi\varepsilon_0 R_i^3$$

$$\Delta V_E = \frac{L(2\varepsilon_t + \varepsilon_z) + 2\varepsilon_0 R_i}{L + \frac{2}{3}R_i} \tag{5-21}$$

从公式（5－14）、公式（5－19）、公式（5－20）可以看出，当容器的长度大于半径的10倍，即 $L > 10R_i$ 时，平底的容器与半球形底的容器，其容积变形率的差别是很小的。

下面讨论容器产生径向残余变形时的容积变形。为简化计算，以平底容器为例，设容器在试验压力下器壁产生的周向弹性变形为 ε_t，轴向弹性变形为 ε_z，周向残余变形为 ε_p，在一般情况下没有轴向的残余变形，则容器的周向总变形应为周向弹性变形与周向残余变形之和，于是由公式（5－14）得容器产生残余变形时的容积全变形率为：

$$\Delta V_T = 2(\varepsilon_t + \varepsilon_p) + \varepsilon_z \tag{5-22}$$

容积卸压后，弹性变形消失，仅留下残余变形 ε_p，此时的容积残余变形率即为：

$$\Delta V_p = (1 + \varepsilon_p)^2 - 1 \approx 2\varepsilon_p \tag{5-23}$$

因而容积残余变形与全变形之比值为：

$$\eta_r = \frac{\Delta V_p}{\Delta V_t} = \frac{2\varepsilon_p}{2\varepsilon_t + \varepsilon_z + 2\varepsilon_p} \tag{5-24}$$

而对薄壁容器：

$$\varepsilon_t = \frac{\sigma_t}{E} - \frac{\mu}{E}\sigma_z = \frac{\sigma_t}{E}(1 - \frac{\mu}{2})$$

$$\varepsilon_z = \frac{\sigma_z}{E} - \frac{\mu}{E}\sigma_t = \frac{\sigma_t}{E}(\frac{1}{2} - \mu)$$

∴
$$\varepsilon_z = \frac{1 - 2\mu}{2 - \mu}\varepsilon_t, 2\varepsilon_t + \varepsilon_z = \frac{5 - 4\mu}{2 - \mu}\varepsilon_t$$

以 $\mu = 0.3$ 代入，得： $2\varepsilon_t + \varepsilon_z = 2.235\varepsilon_t$

∴
$$\eta = \frac{2\varepsilon_p}{2\varepsilon_t + \varepsilon_z + 2\varepsilon_p} = \frac{2\varepsilon_p}{2.235\varepsilon_t + 2\varepsilon_p}$$

若容器的残变－全变比率 η 不超过10%，即

$$\eta = \frac{2\varepsilon_p}{2.235\varepsilon_t + 2\varepsilon_p} \leqslant 0.1,$$

$$2\varepsilon_p \leqslant 0.1\ (2.235\varepsilon_t + 2\varepsilon_p),\ \varepsilon_p \leqslant 0.124\varepsilon_t$$

用于制造气瓶或其他高压容器的低合金钢，若弹性极限为 $\sigma_e = 500\text{MPa}$，弹性模量 $E = 2.1 \times 10^5\text{MPa}$，则 $\varepsilon_t = \frac{\sigma_e}{E} = \frac{500}{2.1 \times 10^5} = 2.38 \times 10^{-3}$；

$$\varepsilon_p \leqslant 0.124\varepsilon_t \leqslant 0.124 \times 2.38 \times 10^{-3} \leqslant 0.0295\%$$

由此可见，如容器耐压试验时容积残余变形与全变形之比值 η 不超过10%，则器壁产生的最大残余变形 ε_p 也不超过0.03%，也就是容器在耐压试验的试验压力下器壁的最大应力在材料的弹性极限范围内。

以耐压试验时的残变－全变比率 η 不超过10%作为高压气瓶或其他高压容器耐压试验的合格评定标准，虽然有一定的理论依据，在国内外也有比较长时间的实践经验，但它并不是很科学的。因为材料的弹性极限的条件规定范围较宽，残余变形（伸长）值可以从0.005%～0.05%，所以反映到容器的容积残变－全变比率的范围也很宽，以弹性极限为

400MPa 的材料为例，它的弹性变形 ε_t 的最大值为 2×10^{-5}，如以 0.005% 的残余变形 ε_t 作为材料的弹性极限条件，则器壁应力在弹性极限范围内的容积残变－全变比率 η 应为 2.2%，而如果以 0.05% 作为弹性极限条件，则残变－全变比率 η 应为 18.3%，因此容积残变－全变比率 η 的规定值 10% 不应认为是一个十分严密的准确数据。另一方面，在残余变形 ε_p 相同的情况下，弹性变形 ε_t 越大，比率 η 越小，所以残变－全变比率数值的大小并不与器壁的应力成比例。实际上，容积残余变形常常受到测量误差的影响，特别是采用内测法试验装置时。

（四）以容积弹性变形作为主要评定指标的探讨

气瓶或其他高压容器耐压试验时，以容积残变－全变比率不超过 10% 作为合格评定指标除了存在上面所谈的问题以外，在实际工作中也经常遇到一些难以解决的问题。如有些气瓶，某一次耐压试验所测出的残变－全变比率较高，但经过一段时间的使用后再作试验时，残变－全变比率反而减小了，甚至有些气瓶的残变－全变比率本已超过 10%，而再作一次，比率却减小到 1% ~2%。这就给实际检验工作带来不少困难。即残余变形用累计值还是单次值？若用累计值，则不但使气瓶的使用管理增加很大的麻烦，且累计的结果会使许多本来尚可使用的气瓶报废；若不用累计值，则又不能真实反映气瓶残余变形的情况。

耐压试验是气瓶定期检验的主要项目，而试验合格评定标准更是其中的关键，所以选用一个比较合理的合格评定指标是十分必要的。

容器在压力下的容积弹性变形与它器壁所产生的应力成正比例关系，器壁应力越大，容积弹性变形也越大。气瓶耐压试验合格评定指标应根据它试压时的应力水平来确定，所以用容积弹性变形作为耐压试验的主要评定指标（可以同时考核残变－全变比率）是比较合理的。

由公式（5－14）、公式（5－20）、公式（5－19）得两端平底，一端平底、一端半球形底和两端为半球形底容器的容积弹性变形率分别为：

$$\Delta V_E = 2\varepsilon_t + \varepsilon_z \text{（两端平底）}$$

$$\Delta V_E = \frac{L\ (2\varepsilon_t + \varepsilon_z) + 2\varepsilon_0 R_i}{L + \frac{2}{3}R_i} \text{（一端平底、一端半球形）}$$

$$\Delta V_E = \frac{L(2\varepsilon_t + \varepsilon_z) + 4\varepsilon_0 R_i}{L + \frac{3}{4}R_i} \text{（两端半球形）}$$

以 $\varepsilon_t = \frac{\sigma_t}{E}\left(1 - \frac{\mu}{2}\right)$，$\varepsilon_z = \frac{\sigma_t}{E}\left(\frac{1}{2} - \mu\right)$，及 $\varepsilon_0 = \frac{\sigma_t}{2E}(1 - \mu)$

代入上面三式(这里设半球形封头的壁厚与圆筒体相同)，则得：

$$\Delta V_E = \frac{5 - 4\mu}{2E}\sigma_t = F_0\sigma_t \text{（两端平底）} \qquad (5-25)$$

$$\Delta V_E = \frac{\frac{L}{R_i}(5 - 4\mu) + 2(1 - \mu)}{2E\left(\frac{L}{R_i} + \frac{2}{3}\right)}\sigma_t = F_1\sigma_t \text{（一端平底、一端半球形）} \qquad (5-26)$$

$$\Delta V_E = \frac{\frac{L}{R_i}(5 - 4\mu) + 4(2 - \mu)}{2E\left(\frac{L}{R_i} + \frac{4}{3}\right)}\sigma_t = F_2\sigma_t \text{（两端半球形）} \qquad (5-27)$$

式中，F_0、F_1、F_2 分别为两端平底，一端平底、一端半球形和两端半球形容器的应力－容积变形系数。

上列各式表明了气瓶在内压力作用下容积弹性变形与器壁应力之间的关系，式中的应力容积变形系数 F_0、F_1 或 F_2 与制造气瓶所用材料的物理性能(E、μ)和气瓶的形状(长度与内半径之比 L/R_i)有关。用一定的材料制成形状一定的气瓶，应力－容积变形系数是固定不变的，因此可以被指规定的许用应力值确定气瓶的容积弹性变形允许值。不过应该注意的是，在上列的容积弹性变形与应力的关系式中，应力 σ_t 是气瓶在试验压力下瓶壁的平均薄膜应力(周向)，而不是瓶壁最薄处的应力，所以根据气瓶设计许用应力确定容积弹性变形允许值时，要考虑气瓶的壁厚是否均匀。

气瓶耐压试验时的容积、弹性变形允许值可以按下式计算：

$$[V_E] = FN_p\phi_s[\sigma]V \qquad (5-28)$$

式中 $[V_E]$——容积弹性变形允许值，mL

N_p——气瓶试验压力与设计压力之比；

F——气瓶的应力－容积变形系数，MPa^{-1}。根据气瓶的形状选用 F_0、F_1 或 F_2；

$[\sigma]$——气瓶设计许用应力，MPa；

V——气瓶的容积，mL

ϕ_s——气瓶壁厚偏差系数。

气瓶的壁厚偏差系数 ϕ_s 是考虑气瓶由因制造偏心或受严重腐蚀而致壁厚大面积减薄时在瓶壁较薄处的应力增大。当壁厚较均匀时，系数为 1；当壁厚均匀偏差较大时，系数为最薄处的壁厚与平均壁厚之比，可根据瓶壁的具体情况确定。

气瓶耐压试验时，若实际测定的容积弹性变形不超过它的允许值，则气瓶试验合格。气瓶的容积弹性变形是它在试验压力下的容积全变形与容积残余变形之差。

因此，高压气瓶耐压试验的合格标准应为：

$$V_E = V_T - V_p \leqslant [V_E] \qquad (5-29)$$

第三节　气瓶使用管理

一、气瓶的运输和储存

（一）气瓶运输

气瓶在运输(或搬运)过程中发生事故也是常见的，因为它容易受到震动或冲击。如果气瓶原来存在一些缺陷，在这种情况下就更容易发生事故，有时候会使气瓶发生粉碎性爆炸。如 1974 年 3 月某运输公司用拖车运装氧气瓶到某钢厂，卸车时，将一个气瓶撞击到另一个气瓶的瓶体上，结果引起两个气瓶同时发生爆炸，气瓶碎片四处飞散，库房的墙被打穿，有的飞离 200 余米，造成伤亡事故。

气瓶在运输过程中受到碰撞冲击，也常常会把瓶阀碰坏或撞断，使气瓶喷气飞动伤人或引起喷出的可燃气体着火燃烧。如 1971 年某厂用汽车运输氢气瓶时，就因瓶阀不慎被撞断，气瓶发出一声巨响以后，接着喷出的氢气立即着火。

为了预防气瓶在运输过程中发生事故，运输气瓶时必须注意以下各点。

1. 防止气瓶受剧烈震动或碰撞冲击。运载气瓶的工具应有明显的安全标志，装在车上的气瓶要妥善地加以固定，防止气瓶跳动或滚落；气瓶的瓶帽及防震圈应配戴齐全；装卸气瓶时应轻装轻卸，不得采用抛装、滑放或滚动的装卸方法；不得使用电磁起重机和链绳吊装气瓶。

2. 防止气瓶受热或着火。气瓶运输时不得长时间在烈日下曝晒，夏季运输要有遮阳设施，并应避免白天在城市繁华地区运输气瓶；可燃气体气瓶或其他易燃品、油脂和沾有油污的物品，不得与氧气瓶同车运输，两种介质相互接触能引起剧烈反应的气瓶也不应同车装运；运装气瓶的车上应严禁烟火，运输可燃或有毒气体的气瓶时，车上应分别备有灭火器材或防毒用品；装有液化石油气的气瓶不应长途运输。

（二）气瓶的储存

气瓶是盛装各类气体的压力容器，具有破裂爆炸的可能性。所装的气体不但种类繁多、性质各异，如毒性、窒息性、可燃性及腐蚀性等，且有些气体相互接触时还会产生激烈的反应。数量较多的气瓶储存库内，如果有一个气瓶泄漏或破裂，都会引起连锁反应，造成严重危害。因此必须特别注意气瓶的储存与管理。

1. 气瓶仓库

气瓶应置于专用仓库中储存。气瓶仓库应符合《建筑设计防火规范》的有关规定。特别要注意以下各点：

① 气瓶库房不应设在建筑物的地下室和半地下室内；可燃液化气体气瓶的库房，应设有防止液态气体流散的设施；仓库内不得有地沟暗道。

② 仓库内应通风、干燥、避免阳光直射，库内严禁明火。

③ 仓库应是单层建筑，屋顶为轻型屋顶，并有足够的泄压面积。

④ 储存可燃气体气瓶的仓库，其照明、换气装置等电气设备应为防爆型；如仓库不在避雷装置保护区域内，则必须装设避雷装置。

⑤ 气瓶仓库与其他建筑物应保持一定的安全距离，特别要远离民用住宅(最小安全距离50m)和公共场所(最小安全距离100m)。

2. 气瓶存放

气瓶储存在仓库内，应注意以下各点：

① 仓库内的空瓶与实瓶两者应分开放置，并标有明显标志；盛装毒性气体的气瓶以及瓶内气体相互接触能引起燃烧、爆炸等激烈反应的气瓶，应分室存放。例如，盛装可燃气体的气瓶不能与氧化性气体气瓶同库储存；氯、氧、氯化氢、氯甲烷、氧化氮、二氧化硫、六氟化硫等气瓶，不得与氨瓶同库储存；甲烷、一甲胺、二甲胺、三甲胺、氟化硼气瓶，不得与氯气瓶同库储存；氢、氨、氯乙烷、环氧乙烷、乙炔气瓶，不得与一氧化二氮气瓶同库储存；磷烷、硫化氢气瓶不得与甲胺类气瓶同库储存等。

② 气瓶应整齐放置，并留有适当宽度的通道。库存的气瓶应配戴好瓶帽。立放的气瓶，应妥善固定；气瓶横放时，头部应朝同一方向，垛高不宜超过5层。

③ 限期储存的气瓶(如光气为3个月；溴甲烷、二氧化硫为6个月)以及不宜长期存放的气体，如氯乙烯、氯化氢、甲醚等气瓶，应注明储存期限；盛装易于自行聚合反应或分解反应气体的气瓶，必须规定储存期限，并应避开放射性射线源。

④ 可燃性气体不应放置在绝缘体上存放，以防静电引起事故。

⑤ 气瓶仓库内应根据所储存气瓶中气体的特性，在固定地点设置防毒用具或灭火器材。

二、 气瓶的安全使用

（一）气瓶的使用和维护

气瓶使用不当或维护不良可以直接或间接造成爆炸、着火燃烧或中毒伤亡事故。

在使用中将气瓶置于烈日下长时间的曝晒，或将气瓶靠近高温热源，是气瓶爆炸常见的直接原因。特别是充装低压液化气体的气瓶，如果充装过量，再加上烈日曝晒最容易发生爆炸事故。所以这种事故常常发生在夏季，且总是在运输或使用过程中受烈日曝晒的情况下。有时候，气瓶只局部受热，虽然不至于发生爆炸事故，但也会使气瓶上的安全泄压装置开放泄气，致使瓶内的可燃气体或有毒气体喷出，造成着火或中毒事故。如某化工厂在 1970、1974 年先后发生过两次由于用蒸汽吹喷加热气瓶(目的是想加快液化气体的蒸发)，使瓶上的易熔塞熔化，大量氯气冒出伤人的事故。

气瓶操作不当常会发生着火或烧坏气瓶附件等事故。若开启气瓶瓶阀时开得太快，使减压器或管道中的压力迅速增大，温度也剧烈升高，严重时会使橡胶垫圈等附件烧毁，国内曾发生过多起这样的事故。此外，充装可燃气体气瓶瓶阀的泄漏，氧气瓶瓶阀或其他附件沾有油脂等也常常会引起着火燃烧事故。

为了预防气瓶因使用不当而发生事故，在使用气瓶时必须严格做到：

（1）防止气瓶受热　主要是不要把气瓶放在烈日下曝晒；不要将气瓶靠近火炉或其他高温热源(距明火不小于 10m)，更不得用高压蒸汽直接喷吹气瓶，瓶阀冻结时应把气瓶移到较暖的地方，用温水解冻，禁止用明火烘烤。严禁用温度超过 40℃ 的热源对气瓶加热。盛装易于自行聚合反应或分解反应气体的气瓶，应避开放射性射线源。

（2）正确操作、合理使用　气瓶立放时应采取防止倾倒措施。开阀时要慢慢开启，防止附件升压过速，产生高温。对充装可燃气体的气瓶尤应注意，以免因静电的作用引起气体燃烧。开阀时不能用钢扳手敲击瓶阀，以防产生火花；氧气瓶的瓶阀及其他附件都禁止沾染油脂，手或手套上、工具上沾有油脂时不要操作氧气瓶；每种气体要有专用的减压器，氧气和可燃气体的减压器不能互用；瓶阀或减压器泄漏时不得继续使用。气瓶使用到最后时应留有余气，以防混入其他气体或杂质造成事故；气瓶用于有可能产生回流(倒灌)的使用场合，使用设备上必须配置有防止倒灌的装置，如单向阀、止回阀及缓冲罐等。液化石油气钢瓶内的余气残油，用户不得向其他气瓶内倒装；也不得自行处理瓶内的残液。

（3）加强维护　气瓶外壁上的油漆既是防护层，可以保护瓶体免遭腐蚀，也是识别的标志，它表明瓶内所装气体的类别，可以防止误用和混装，因此必须经常保持瓶上油漆完好，漆色脱落或模糊不清时，应按规定重新漆色。严禁在气瓶上进行电焊或引弧。瓶内混有水分时常会加速气体对气瓶内壁的腐蚀，特别是氯、一氧化碳等气体，充装这些气体的气瓶在装气前应进行干燥，尤其是在进行水压试验以后。氧气瓶中混入水分(氧气中带水)也是气瓶腐蚀的常见原因。很多氧气瓶都是在内壁下部腐蚀严重，就是因为气瓶中长期积水，在水与氧气交界面处的腐蚀加速所致。

（二）气瓶改装

气瓶改装是指原来盛装某一种气体的气瓶改变充装别种气体。气瓶改装，特别是使用单位自行改变气瓶灌装气体，是国内气瓶爆炸事故的主要原因，因此必须慎重对待。

1. 对气瓶改装的规定

气瓶的使用单位不得擅自更改气瓶的颜色标记，或换装别种气体。确实需要更换气瓶盛装气体的种类时，应提出申请，由气瓶检验单位负责对气瓶进行改装。气瓶改装后，负责改装的单位，应将气瓶改装情况通知气瓶所有单位，记入气瓶档案。

2. 改装气瓶注意事项

负责改装的单位应根据气瓶制造钢印标记和安全状况，确定气瓶是否适合于所换装的气体。包括气瓶的材料与所换装的气体的相容性、气瓶的许用压力是否符合要求等。气瓶改装时，应根据原来所装气体的特性，采用适当的方法对气瓶内部进行彻底清理、检验；打检验钢印和涂检验色标；换装相应的附件；并按国家标准 GB 7144《气瓶颜色标记》的规定，更改换装气体的字样、色环和颜色标记。

第六章 压力容器事故危害与事故分析

第一节 容器破裂爆炸及其危害

爆炸，从广义上来说，是指一种极其迅速的物理或化学能量的释放过程，在这一过程中，系统的内在势能转变为机械能及光和热的辐射等。压力容器破裂时，器内高压气体解除了外壳的约束，迅即进行膨胀并以很高的速度释放出内在能量。这就是通常所说的物理爆炸现象。

压力容器破裂引起的气体爆炸，虽然不像一般炸药那样能形成3000～5000℃的高温和数十万大气压力的高压，但是如果容器的工作压力较高，容积较大，则爆炸能量也是不小的，而且产生的危害也是多方面的。

容器破裂时，气体膨胀所释放的能量，一方面使容器进一步开裂，并使容器或其所裂成的碎片以较高的速度向四周飞散，造成人身伤亡或撞坏周围的设备等。另一方面，它的更大一部分产生冲击波，冲击波除了直接伤人外，还可以摧毁厂房等建筑物，产生更大的破坏作用。

如果容器的工作介质是有毒的气体，则随着容器的破裂，大量毒气会向周围扩散，产生大气污染，并可能造成大面积的中毒区域。更严重的是，若容器内充装的是可燃的液化气体，在容器破裂后，它立即蒸发并与周围的空气形成可爆性混合气体，遇到容器碎片撞击设备产生的火花或由于高速气流所产生的静电作用，会立即发生化学爆炸，即通常所说的容器二次爆炸，它产生的高温燃气向四周扩散，并引起周围可燃物燃烧，会造成大面积的火灾。

在这一节中，将分别讨论具有各种不同物理或化学性质的气体在容器破裂时的爆破能量及其所造成的各种危害。

一、 容器的爆破能量

压力容器破裂时，气体膨胀所释放的能量（即爆破能量）不但与气体的压力与容器的容积有关，且与介质在器内的物性状态有关。因为压力容器内的介质，有的是以气态存在的，如空气、氧、氢等；也有的是以液态存在的，如液氨、液氯等液化气体与高温饱和水等。容积与压力相同而状态不同的介质，在容器破裂时的爆炸过程不是完全一样的，释放的能量大小也有差别。

（一）永久气体与水蒸气容器的爆破能量

大部分压力容器内的介质都是以气态存在的，即所谓永久气体。永久气体在容器破裂时，不产生状态变化，而仅仅是降压膨胀，这一过程是气体由容器破裂前的压力降至大气压力的简单膨胀过程。由于这一过程所经历的时间一般都很短，因为它不是一般的裂缝渗漏，而是容器破裂，气体膨胀，因此不管容器内的工作介质与周围大气存在多大的温差，都可以认为器内的气体与大气没有热量交换，即气体的膨胀是在绝热状态下进行的。所以永久气体容器的爆破能量也就是气体绝热膨胀所作之功。

有关理想气体绝热膨胀所作之功的计算公式已在第三章中列出，即

$$U_g = \frac{p \cdot V}{k-1}\left[1 - \left(\frac{0.1013}{p}\right)^{\frac{k-1}{k}}\right] \times 10^3$$

式中，k 是气体的绝热指数，即气体的定压比热与定容比热之比。气体的绝热指数可以按它的分子组成确定其近似值，如双原子气体，$k=1.4$；3 原子和 4 原子气体，$k=1.2\sim1.3$。压力容器中常用的压缩气体绝热指数的精确值可以从表 6-1 查得。

表 6-1　常用永久气体的绝热指数

气体名称	空气	氮	氧	氢	甲烷	乙烷	一氧化碳	二氧化碳
绝热指数	1.4	1.4	1.397	1.412	1.315	1.18	1.395	1.295

从表 6-1 可以看出，空气、氮、氧、氢及一氧化碳等常用气体的绝热指数均为 1.4 或近似于 1.4，用 $k=1.4$ 代入式(3-1)即可得这些气体的爆炸能量：

$$U_g = 2.5pV[1-(0.1013/p)^{0.2857}] \times 10^3$$

令

$$C_g = 2.5pV[1-(0.1013/p)^{0.2857}] \times 10^3$$

则式(3-2)可以简化成：

$$U_g = C_g V \tag{6-1}$$

式中　U_g——气体的爆破能量，kJ；

V——气体的体积(容积的体积)，m^3；

C_g——永久气体爆破能量系数，kJ/m^3。

永久气体爆破能量系数随它的绝对压力而定，即 C_g 是 p 的函数。各种常用压力(绝对)的永久气体爆破能量系数见表 6-2。

永久气体爆破能量的计算公式(6-2)也适用于水蒸气，但水蒸气的绝热指数与一般压缩气体的差别较大，它的 k 值与饱和蒸汽的干度及过热状态有关：过热蒸汽，$k=1.3$；干饱和蒸汽，$k=1.135$；湿饱和蒸汽，$k=1.035+0.1x$(x 为蒸汽干度)。

表 6-2　常用压力下的气体容器爆破能量系数($k=1.4$ 时)

表压力 p/MPa	0.2	0.4	0.6	0.8	1.0	1.6	2.5
爆破能量系数 $C_s/(kJ/m^3)$	2×10^2	4.6×10^2	7.5×10^2	1.1×10^3	1.4×10^3	2.4×10^3	3.9×10^3
表压力 p/MPa	4.0	5.0	6.4	15.0	32	40	
爆破能量系数 $C_s/(kJ/m^3)$	6.7×10^3	8.6×10^3	1.1×10^4	2.9×10^4	6.5×10^4	8.2×10^4	

如将 $k=1.135$ 之值代入公式(3-1)，则得干饱和蒸汽容器的爆破能量：

$$U_s = 7.4pV[1-(0.1013/p)^{0.1189}] \times 10^3 \tag{6-2}$$

用公式(6-2)计算的能量，因为没有考虑蒸气干度的变化以及其他的一些影响，所以存在较大的误差，但它可以不用查对蒸气热力性质而直接进行计算。

常用压力下的干饱和蒸汽容器的爆破能量可以按下式计算：

$$U_s = C_s V \tag{6-3}$$

式中　U_s——水蒸气的爆破能量，kJ；

V——水蒸气的体积，m^3；

C_s——干饱和水蒸气爆破能量系数，kJ/m^3；

各种常用压力下干饱和水蒸气容器爆破能量系数见表 6-3。

表6-3 干饱和水蒸气容量的爆破能量系数

表压力 p/MPa	0.3	0.5	0.8	1.3	2.5	3.0
能量系数 C_s/(kJ/m^3)	4.37×10^2	8.31×10^2	1.5×10^3	2.75×10^3	6.24×10^3	7.77×10^3

（二）液化气体与高温饱和水容器的爆破能量

在压力容器中，有一小部分介质在器内是以气液两相存在的，如液氨贮罐、废热锅炉的汽包和其他液体加热器等。在这些容器内，工作介质的温度虽然都高于它在大气压下的沸点，但因为器内介质的饱和蒸气(汽)压力大于大气压力，所以大部分介质都以饱和液体状态存在于容器中。当这种工作介质为液化气体或高温饱和水(液体)的压力容器发生破裂时，情况就与上面的压缩气体容器不尽相同，它不仅仅是气体迅速膨胀的过程，且包括液体迅速而激烈地蒸发过程。

当容器破裂时，器内的气体首先迅速膨胀，使容器内的压力瞬时降至大气压力，此时器内的液体处于过热状态，即它的温度高于它在大气压力下的沸点，于是气液两相失去平衡，容器内的液态介质迅即大量蒸发，液体内部处处充满气泡，体积激烈膨胀，并很快充满整个容器空间，这时容器壳体受到很高压力(100 大气压以上)的冲击，促使容器进一步破碎。这种由于压力突然下降使处于过热状态的液体，在大气压力下迅速沸腾蒸发、体积激烈膨胀而显示出的一种爆炸现象称为爆沸或蒸气爆炸(高温饱和水则为水蒸气爆炸)。发生蒸气爆炸时，容器的破裂断面有时还会显示出受冲击的脆性破裂的特征。

蒸气(水蒸气)爆炸自然也要释放能量。所以，介质为液化气体或高温饱和水的压力容器，在破裂时所释放出的能量应包括器内蒸气(水蒸气)的能量以及处于过热状态的液体的能量。不过，在大多数情况下，这类容器内的饱和液体占有器内介质重量的绝大部分，它的爆破能量要比饱和气体(水蒸气)大得多。所以计算时后者往往可以忽略不计。

蒸气(水蒸气)爆炸一般也是在很短时间内进行的，所以它也是一个绝热过程。有压力的饱和液体绝热膨胀为常压时所作之功，亦即处于过热状态的液体的爆破能量可以按下式计算：

$$U_1 = [(i_1 - i_2) - (s_1 - s_2)T_b]W \tag{6-4}$$

式中 U_1——过热状态下液体的爆破能量，kJ；

i_1——在容器破裂前的压力或温度下饱和液体的焓，kJ/kg；

i_2——在大气压力下饱和液体的焓，kJ/kg；

s_1——在容器破裂前的压力或温度下饱和液体的熵，kJ/(kg·℃)；

s_2——在大气压力下饱和液体的熵，kJ/(kg·℃)；

T_b——介质在大气压力下的沸点，K；

W——饱和液体的质量，kg。

各种饱和压力下的饱和水容器的爆破能量可按下式计算：

$$U_W = C_W V \tag{6-5}$$

式中 V——容器内饱和水所占的体积，m^3；

C_W——饱和水的爆破能量系数，kJ/m^3。

饱和水的爆破能量系数由它的压力决定，各种常用压力的饱和水容器的爆破能量系数见表5-4。

比较表6-3与表6-4可以看出，饱和水的能量系数约为饱和蒸汽的几十倍，也就是说，饱和水的能量约为同体积、同压力的饱和蒸汽的几十倍。所以在一个汽包内即使饱和蒸汽与饱和水各占一半的容积，饱和蒸汽的能量也不到全部能量的10%。

表6-4　常用压力下饱和水容器的爆破能量系数

表压力 p/MPa	0.3	0.5	0.8	1.3	2.5	3.0
能量系数 C_s/(kJ/m³)	2.38×10^4	3.25×10^4	4.56×10^4	6.35×10^4	9.56×10^4	1.06×10^5

【例6.1】　一个卧置的废热锅炉汽包，直径2m，长5m，在运行中(表压力为1.3MPa)破裂爆炸，事故前检查水位在汽包中心上面约0.2m处，计算汽包破裂时的爆破能量。

【解】　汽包容积约为15.7m³，当水位在汽包中心上方约0.2m处时，饱和水的体积约为9.8m³，饱和蒸汽的体积为5.9m³。

由表6-3和表6-4查得，表压力 $p=1.3$MPa 时饱和蒸汽与饱和水的能量系数分别为：

$$C_S=2.75\times10^3\text{kJ/m}^3,\ C_W=6.35\times10^4,\ \text{kJ/m}^3$$

由此得饱和蒸汽的能量为：

$$U_S=C_SV'=5.9\times2.75\times10^3=1.6225\times10^4,\ \text{kJ}$$

饱和水的能量为：

$$U_W=C_SV'=9.8\times6.35\times10^4=6.223\times10^5,\ \text{kJ}$$

因此汽泡破裂时所释放的能量为：

$$U=U_S+U_W=1.6225\times10^4+6.223\times10^5=6.385\times10^5,\ \text{kJ}$$

(三) 可燃气体器外二次爆炸及其爆炸能量

工作介质为可燃气体的压力容器破裂时，除了器内气体膨胀释放能量以外，往往还会产生器外二次爆炸，放出更大的能量。容器破裂时，器内的可燃气体大量流出，并迅速与外面的空气相混合，形成一团可爆性混合气体，由于气体高速流出产生的静电或容器碎片撞击设备产生的火花为这团可爆性混合气体提供了起爆条件，于是在容器破裂后很快又发生化学性爆炸，这就是通常所说的二次爆炸。这两次爆炸往往是相继发生的，中间的间隔时间很短，以致往往不能从声响上加以辨别，且第二次化学性爆炸的能量常要比第一次气体膨胀的能量大得多。

但是，要准确地计算这部分爆炸性混合气体的爆炸能是比较困难的。虽然容器内可燃气体的量是已知的，且在容器爆炸时又几乎全部流出，但由于这些气体一般以球状或其他形状的形式在大气空间扩散，只有外围一部分可燃气体与大气中的氧混合形成爆炸性气体，并不是全部可燃气体都参加反应的。而参与反应的可燃气体量的多少则与许多因素有关，如容器周围的气流情况、气体的爆炸极限范围及出现火源的时间等。但可以估算其爆炸能量范围：最大爆炸能量是全部可燃气体的燃烧热，最小爆炸能量则是这种可燃气体在它的爆炸上限条件下的燃烧热。

二、　爆炸冲击波及其破坏作用

(一) 冲击波超压的破坏作用

压力容器破裂时气体爆炸的能量除了很少一部分消耗于容器进一步撕裂并将容器或其碎片抛出以外，大部分产生空气冲击波。据估算，前者所消耗的能量只不过占爆炸能量的3%~15%。

冲击波是一种强扰动的传播，或者说是一种介质状态突跃变化的传播，这种突跃变化是介质受到外界的作用，如振动、冲击及敲打等而产生的。冲击波可以在金属和岩石之类的固体或水之类的液体及各种气体介质中传播。应该弄清楚的是，空气中的冲击波与空气分子的运动不是同一个概念，就像空气中的声波与空气分子的移动是不同的概念一样，人之所以能听到声音，是因为声波以空气中的声速传至耳膜处，而不是发出声音附近的空气分子移动到耳膜处。

压力容器破裂时，器内的高压气体大量冲出，使它周围的空气受到冲击而发生扰动，使其压力、密度及温度等产生突跃变化，这种扰动在空气中传播就成为冲击波。空气冲击波状态的突跃变化最明显地表现在压力上。在离爆炸中心有一定距离的地方，空气压力会随时间发生迅速而悬殊的变化。开始时，压力突然升高，产生一个很大的正压力，接着又迅速衰减，在很短时间内正压降至零，即恢复至原来的大气压力，且还要继续下降至小于大气压力的负压。如此反复循环数次，但压力的变化一次比一次小得多。开始时产生的最大正压力就是冲击波波阵面上的超压 Δp，在多数情况下，冲击波的破坏作用主要与这波阵面上的超压 Δp 的大小有关。

在爆炸中心附近，空气冲击波波阵面上的超压均可以达到几个甚至十几个大气压力，在这样高的压力冲击下，建筑物将被摧毁，设备及管道等均会遭到严重破坏。即使是在1个大气压力以内的冲击波也具有很大的破坏作用，0.005MPa 的超压就可以使门窗玻璃破碎。

冲击波的超压对建筑物的破坏作用列于表6-5中。实际上有些建筑物的破坏程度，主要决定于冲击波的冲量，即正压相位持续期间的压力曲线所包含的面积，正压的相位大致呈三角形，所以冲量就是平均正压力与持续时间的乘积（$N \cdot s/mm^2$）。对于像玻璃及薄板等容易破裂或变形的物体，因破裂变形的时间比正压作用时间短得多，它在破裂前所受的冲量仅为全冲量的几分之一，所以对这些物体不以冲量而以最大正压力（超压）作为考虑的基准是合适的。但对像砖墙倒塌这样一些破坏，它所经历的时间比冲击波正压持续的时间要长，那就应该以冲量作为考虑破坏的基准了。不过由于这方面所积累的经验数据还不多，所以一般都以超压的大小来作为考虑基准。

表6-5 不同超压对建筑物的破坏作用

超压 Δp/MPa	破坏情况	超压 Δp/MPa	破坏情况
0.005~0.006	门窗玻璃部分破碎	0.06~0.07	木建筑厂房房柱折断，房架松动
0.006~0.01	受压面的门窗玻璃大部分破碎	0.07~0.10	砖墙倒塌
0.015~0.02	窗框损坏	0.10~0.20	防震钢筋混凝土破坏，小房屋倒塌
0.02~0.03	墙裂缝	0.20~0.30	大型钢架结构破坏
0.04~0.05	墙大裂缝，屋瓦掉下		

冲击波除了破坏建筑物以外，它的超压还会直接危害在它所波及范围内的人身安全。表6-6是空气冲击波对人体的伤害作用。

表6-6 空气冲击波对人体的伤害作用

超压 Δp/MPa	伤害作用	超压 Δp/MPa	伤害作用
0.02~0.03	轻微损伤	0.05~0.10	内脏严重损伤或死亡
0.03~0.05	听觉器官损伤或骨折	>0.10	大部分人员死亡

空气冲击波对人体的伤害，除波阵面超压外，在它后面的高速气流也不容忽视。速度高达每秒几十米的气流夹杂着砂石碎片等杂物往往加重对人体的损害。

（二）冲击波的超压

上面讨论了大小不同的冲击波超压所产生的破坏作用，那么怎样确定容器破裂爆炸所产生冲击波超压的大小呢？这是个比较复杂的问题。

冲击波波阵面上的超压首先与产生冲击波的能量有关，由气体爆炸所产生的冲击波，其超压的大小，自然就与气体爆炸能量的大小有关。在其他条件相同的情况下，气体爆炸能量越大，冲击波强度越大，波阵面上的超压也越大。

另外，冲击波自由传播（即冲击波形成后在无外界能量补充情况下的传播过程）时，波的强度是随着传播距离的增加而逐渐衰减的，爆炸气体产生的冲击波是立体冲击波，它以爆炸点为中心，以球面的形状向外扩展。随着半径的增大，波阵面的表面积不断增大，因此，即使没有其他能量的消耗，通过波阵面单位面积上的能量也会逐渐减小。同时，冲击波的正压区随时间的增加而不断变宽，压缩区的空气量也不断增大。这样，单位质量的空气的平均能量也要下降，何况还加上传播过程中由于阻力而引起的能量消耗，波的强度自然会迅速减弱。所以，冲击波在空气传播过程中波阵面的超压是不断下降的，到最后超压 $\Delta p=0$ 时，冲击波就变成声波。

在相同的爆炸条件下，距离爆炸中心越近，波阵面上的超压也就越大。表 6－7 是 100kg 的梯恩梯炸药在空气中爆炸时，在与爆炸中心不同的距离处所测得的冲击波超压。

表 6－7 中的数据表明，冲击波的超压随着距离的增大而迅速衰减，特别是在超压处于较大的数值范围内时。

某一类炸药爆炸时，在与爆炸中心有一定距离的点上所产生的冲击波超压主要决定于药量和该点与爆炸中心的距离，即超压是药量 q 和距离 R 的函数，或 $\Delta p=F(q,R)$。但是表达这种函数关系目前还缺乏一个简单而精确的方程式，所以炸药爆炸时所产生的冲击波超压一般都是由试验确定。当然，像这样的爆炸试验不可能无限地进行，因此任意炸药量在任意距离下爆炸的超压就只能按比例法则（或称为相似法则）来确定。即通过模拟试验，把有限几次的药量为已知的炸药爆炸，将所测得的以及在各种不同距离下产生的冲击波超压，按一定的函数关系进行放大或缩小，扩广到任意数量的同类炸药中去。

表 6－7　与爆炸中心不同距离处的冲击波超压

距离 R/m	15	16	20	25	30	35
超压 Δp/MPa	0.09	0.075	0.051	0.032	0.019	0.0126

实验数据表明，不同数量的同类炸药发生爆炸时，如果距离爆炸中心的距离 R 之比与炸药量 q 三次根之比相等，则所产生的冲击波超压相同，用公式表示即为：

$$\text{若}\frac{R}{R_0}=\left(\frac{q}{q_0}\right)^{\frac{1}{3}}=\alpha,\text{则}\ \Delta p=\Delta p_0 \qquad (6-6)$$

式中，$\alpha=(q/q_0)^{\frac{1}{3}}$，称为炸药爆炸试验的模拟比。上式也可写成：

$$\Delta p(R)=\Delta p_0(R/\alpha) \qquad (6-7)$$

表 6－8　1t 梯恩梯爆炸时的冲击波超压

距离 R/m	5	6	7	8	9	10	12	14	16	18	20
超压 Δp_0/MPa	2.94	2.06	1.67	1.27	0.95	0.76	0.50	0.33	0.235	0.17	0.126
距离 R/m	25	30	35	40	45	50	55	60	65	70	75
超压 Δp_0/MPa	0.079	0.057	0.043	0.033	0.027	0.0235	0.0205	0.018	0.016	0.0143	0.013

根据公式(6－7)就可以从某些已知药量试验中测得的超压来确定任意药量爆炸是在各种相应距离下的超压。

表6－8是1000kg梯恩梯炸药在空气中爆炸时所产生的冲击波超压。

【例6.2】 确定27kg梯恩梯炸药在空气中爆炸时所产生的冲击波超压。

【解】 根据公式(6－6)求模拟比为：

$$\alpha = (q/q_0)^{\frac{1}{3}} = (27/1000)^{\frac{1}{3}} = 0.3$$

则由公式(5－7)即得距爆心9m处的冲击波超压：

$$\Delta p(R) = \Delta p_0(R/\alpha) = \Delta p_0(9/0.3) = \Delta p_0(30) = 0.057\text{MPa}$$

(因为从表6－8中查得1000kg的梯恩梯爆炸时在距离为30m处的超压为0.057MPa)。

炸药爆炸时所产生的冲击波超压，实际上比上面所述要复杂一些，如冲击波在地面上传播时，受坚固的墙壁或地面的反射可以使超压增强，遇到高大坚固建筑物的阻挡又会减弱。同样的药量，同样的距离，在巷道内爆炸与在平地上爆炸所产生的冲击波超压并不完全一样。

压力容器爆炸时所产生的冲击波，情况更要复杂一些。因为冲击波超压除受爆炸能量和距离的影响以外，还与爆炸气体的压力有一定的关系。对于同一类炸药来说，爆炸时所产生的气体压力大体上是一样的，即常在$10^4 \sim 10^5$MPa之间，而压力容器的爆炸气体压力变动范围较大，可以从$1 \sim 10^2$MPa，甚至大至10^3MPa。另外，爆炸时所产生的冲击波超压还应该与爆炸能释放的时间有关，压力容器爆炸时，由于破裂形式不同，气体膨胀所经历的时间也不太一样，这些复杂的情况就给通过模拟试验按比例法则确定任意爆炸能量所产生的冲击波超压带来了较大的困难。由于这些原因，再加上缺乏系统的试验数据，因此目前对压力容器爆破所产生的冲击波超压一般都是按同能量的梯恩梯的爆炸所产生的超压来确定。这样当然会存在一定的误差，特别是距爆炸中心的距离较小时。因为压力容器的爆破压力与梯恩梯爆炸时所产生的气体压力差别甚大。不过，炸药爆炸时，虽然爆炸气体压力较大，但它所产生的冲击波超压会很快衰减的。在稍远的距离上，压力容器爆破与能量相同的炸药爆炸所产生的冲击波超压还是相近似的。

容器破裂爆炸时，一般是参照表6－8的试验数据，按照以下程序确定任意距离R处的冲击波超压。

① 先根据容器内所装介质的特性，分别按公式(3－2)、公式(6－1)、公式(6－2)、公式(6－4)或公式(6－5)计算出它的爆破能量U。

② 将爆破能量U换算成梯恩梯当量q'。因为梯恩梯的平均爆热为4.23×10^3 kJ/kg (1010kcal/kg)，则它们的关系为：

$$q' = U/(4.23 \times 10^3) = 2.36 \times 10^{-4} U \qquad (6-8)$$

③ 按公式(6－6)求出爆炸的模拟比α，即

$$\alpha = (q'/q_0)^{\frac{2}{3}} = (q'/1000)^{\frac{2}{3}} = 0.1(q')^{\frac{2}{3}} \qquad (6-9)$$

④ 求出在模拟试验(1000kg梯恩梯爆炸试验)中的相当距离R_0，即$R_0 = R/\alpha$。

⑤ 在表6－8中找出距离为R_0处的超压Δp_0(中间值用插入法)，此即所求距离为R处的超压值。

【例6.3】 一台压缩机(排气量100m³/min，排气压力1MPa)附属的贮气罐(直径1.6m，容积约10m³)在运行中破裂爆炸，爆炸前有超压可能，但安全阀未开启排气，试估算其爆炸

能量及距离为8m处的冲压波超压。

【解】 运行中的最大压力应不大于1.1MPa(绝对)，则按公式(6－1)和表6－2求得贮气罐破裂时的最大能量：

$$U_g = C_g V = 10 \times 1.4 \times 10^3 = 1.4 \times 10^4,\ \text{kJ}$$

由公式(6－8)可求得其梯恩梯当量：

$$q' = 2.36 \times 10^{-4} U = 2.36 \times 1.4 = 3.3,\ \text{kg}$$

则与1000kg梯恩梯的模拟比为：

$$\alpha = (3.3/1000)^{\frac{1}{3}} = 0.1489$$

与模拟试验中的相当距离为：

$$R_0 = R/\alpha = 8/0.1489 = 53.7\text{m}$$

从表6－8中用插入法可求得其冲击波超压为0.021MPa。

三、容器破裂爆炸可能引起的连锁反应

(一) 碎片的破坏作用

压力容器破裂时，气体高速喷出的反作用可以把整个壳体向破裂的相反方向推出，有些壳体则可能裂成大小不等的碎块或碎片并向四周飞散。这些具有较高速度或较大质量的部件碎片，在飞出的过程中具有较大的动能，因而也可能造成很大的危害。

1974年某县化肥厂的一个液氨贮罐封头爆炸，整个罐体(直径2m、长15m、厚20mm)就像一艘飞船驶出，穿过一个木工房，摧毁两道墙，停落在离原来位置约25m的场地上。1976年4月江苏省某农药厂的一个反应釜破裂爆炸，重达1500kg的釜盖碎块腾空飞起，跌落在离厂300m处。如果容器发生脆性破裂或由于器内剧烈化学反应引起爆炸，则会产生大量的碎片并以很高的速度飞出，造成更大的人身伤亡或厂房设备的损坏。1962年1月某化肥厂的水洗塔破裂爆炸，整个塔体破裂成百余块，其中一块碎块重达1040kg，水平飞出127m。1976年4月，某化肥厂合成氨设备进行系统气密试验时，由于试压空气中漏入可燃气体，造成全系统的5个高压容器及管道全部炸裂成碎块，向四周飞散，最远的飞离1500m；从回收到的碎片(约占容器全部重量的10%，共百余块)估计，全部碎片总数在千块以上，其中一块碎片飞到距离为40～50m的另一个车间，破窗而入将正在操作的一名工人砸死，另一块碎片飞出时把一个女工拦腰砍断两截，当即死亡。还有一块碎片飞出厂外将一个少年的腿砸断。

碎片对人体的伤害程度主要决定于它的动能。据罗勒(Rhore)的研究，碎片击中人体时，如果它的动能在26J(2.6kgf·m)以上，可致外伤，动能达60J(6.0kgf·m)以上时，可致骨部轻伤，超过200J(20kgf·m)时，可造成骨部重伤。碎片所具有的动能与它的质量及速度的平方成正比，即

$$E = \frac{1}{2} w v^2$$

式中 E——碎片的动能，J；

w——碎片重量，kg；

v——碎片击中的速度，m/s。

压力容器碎片在离开壳体时常具有80～120m/s的初速，即使在飞离容器较远的地方也常有20～30m/s的速度。在此速度下，重量为1kg碎片，它的动能即达200～450J，足以使人骨部致重伤甚至于死亡。

容器破裂时产生的碎片还可能损坏附近的其他设备或管道，引发连锁爆炸或酿成火灾，造成更大的危害。1979 年 9 月，浙江省某电化厂一个液氯桶破裂爆炸，碎片四处飞散，附近存放的气桶有 10 个被击穿，其中有 4 个是装有液氯的，击穿以后，瓶内液化气体发生蒸气爆炸，大量氯气流出，危害极大。

对于被击物为钢板等一类塑性材料，碎片的穿透能力与它的动能成正比，它可以按下式计算：

$$S = K\frac{E}{A} \tag{6-10}$$

式中　S——碎片对材料的穿透量，mm；

E——碎片击中时所具有的动能，J；

A——碎片穿透方向的截面积，mm；

K——材料的穿透系数，对钢板，$K=1$；对木材，$K=40$；对钢筋混凝土，$K=10$。

从公式(6－10)可以算出，容器破裂成碎片时，周围的设备是比较容易击穿的，如重量为 1kg 的碎片，若截面积为 500mm^{2}时，则只要击中时的速度不小于 100m/s，厚 10mm 的钢制设备即可穿透。

（二）有毒液化气体容器破裂时的毒害区

介质为液化气体的压力容器，破裂时会产生激烈的蒸气爆炸，这在上面已经讨论过了。在压力容器所充装的液化气体中，有很多是有毒的物质，如液氨、液氯、二氧化硫、二氧化氮及氢氰酸等。充装这些有毒液化气体的容器破裂时，大量液体被蒸发成气体并在空气中扩散，会造成大面积区域的毒害，这在国内外都不是罕见的。如 1951 年 1 月，日本大阪府某制冰厂一台小冷冻机用的氨受液器，直径仅有 580mm，容积 0.6m^3，因封头焊缝开裂，发生蒸气爆炸，结果在直径为 80m 的范围内充满着浓度很高的氨空气。由于该容器置于路旁，使过路行人大部分中毒，死亡 6 人，轻重伤 11 人。上面列举的某电化厂的一个液氯桶碎裂事故，就使附近几公里的居民都受到程度不同的中毒，大面积的树木枯萎。

为什么一个容积不大、装液量不多的压力容器破裂时会造成如此大的中毒区呢？这是因为液化气体容器破裂时的蒸气爆炸(爆沸)，使器内的部分液体蒸发成气体，并迅速在空气中扩散，而空气中只要有少量的有毒气体就会使人中毒，严重时会造成死亡。

容器破裂时，容器内的液体虽然并不都能立即蒸发成气体，其中有一部分还来不及蒸发即流入地沟等处，造成环境污染，但也有相当一部分在容器破裂时就立即蒸发，生成体积庞大的蒸气，这些毒蒸气的体积可以根据热量平衡来进行概算。

设压力容器内的液化气体重量为 W(kg)，容器破裂前器内介质的温度为 t(℃)，这种介质的液体比热容为 C[kJ/(kg·℃)]，则当容器破裂时，器内压力降至大气压力，处于过热状态的液体温度迅即降至其标准沸点 t_b(℃)，此时全部液体所放出的热量为：

$$Q = WC(t - t_0)$$

设这些热量全部用于器内液体的蒸发，如它的汽化热为 q(kJ/kg)，则其蒸发量为：

$$w' = \frac{Q}{q} = WC(t - t_0)/q$$

如介质的分子量为 M，则这些蒸发的蒸气在沸点下的体积即为：

$$V_g = \frac{22.4w'}{M}\cdot\frac{273 + t_b}{273} = \frac{22.4WC(t - t_0)}{Mq}\cdot\frac{273 + t_b}{273} \tag{6-11}$$

为便于计算，现将压力容器最常用的液氨和液氯的有关物理性能列于表6－9中。

表6－9 液氨、液氯的有关物理性能

名称	相对分子质量 M	沸点 t_0/℃	液体平均比热容 C/[kJ/(kg·℃)]	汽化热 q/(kJ/kg)
氨	17	－33	4.6	1.37×10^3
氯	71	－34	0.96	2.89×10^2

从公式(6－11)可以看出，压力容器中重量一定的液化气体发生蒸气爆炸所生成的蒸气体积与它破裂时的液体温度 t 有关。一般在常温下破裂的容器，大多数液化气体蒸气爆炸生成的蒸气体积约为液体体积的100～250倍。这些蒸气生成以后，顺着气流方向，不断向外扩散，于是在周围的大气中很快就可以形成足以令人死亡或严重中毒的毒气浓度。

表6－10列出了容器中经常充装有毒液化气体的危险浓度。

表6－10 有毒气体的危险浓度

名称	吸入5～10min致死的浓度/%	吸入0.5～1h致死的浓度/%	吸人0.5～1h致重病的浓度/%
氨	0.5		
氯	0.09	0.0035～0.005	0.0014～0.0021
二氧化硫	0.05	0.053～0.065	0.015～0.019
硫化氢	0.08～0.1	0.042～0.06	0.036～0.05
二氧化氮	0.05	0.032～0.053	0.011～0.021
氢氰酸	0.027	0.011～0014	0.01

假如这些毒气在空气中的致死浓度(吸入5～10min)为0.027%～0.5%，则 $1m^3$ 的毒气即可以使 $200\sim3700m^3$ 的空间变成中毒伤亡区。这些数字说明，容器容积虽小却可以造成很大的中毒区域。

【例6.4】 计算容量为1000kg的液氯容器，在40℃破裂时所蒸发生成的氯气体积及可以造成中毒的空气体积。

【解】 将表6－9中有关液氯的数据代入公式(6－11)即可求得容器破裂后生成的氯气体积：

$$V_g=\frac{22.4\times1000\times0.96[40-(-34)]}{71\times2.89\times10^2}\cdot\frac{273-34}{273}=68,\mathrm{m}^3$$

液氯的密度约为 $1440kg/m^3$，1000kg液氯的体积约为 $0.7m^3$，而当容器破裂后蒸发成氯气的体积却为 $68m^3$，即体积约增大100倍。

氯气在空气中的浓度达到0.09%时，人吸入5～10min即致死，所以这 $68m^3$ 的氯气可以产生令人致死的有毒空气体积为：

$$V=68\times100/0.09=7.5\times10^4,\ \mathrm{m}^3$$

如按吸入0.5～1h致重病的浓度计算，则它可以产生令人严重中毒的空气体积约为：

$$V=68\times100/0.0014=4.86\times10^4,\ \mathrm{m}^3$$

锅炉汽包破裂时，器内的饱和水发生水蒸气爆炸，产生大量的水蒸气，并迅速向四周扩散，也会使附近的工作人员烫伤。饱和水蒸发成水蒸气的体积可以按下列简化公式计算：

$$V_S=GV_W \tag{6-12}$$

式中　V_W——饱和水的体积，m^3；

V_S——汽包破裂时蒸发成水蒸气的体积，m^3；

G——体积增大系数，由饱和压力而定，常用压力下的 G 值列在表 6－11 中。

表 6－11　各种饱和压力下饱和水蒸发的体积增大系数

饱和水压力/MPa(表压)	0.5	0.8	1.3	2.5	3.0
体积增大系数	158	196	237	294	309

（三）可燃液化气体容器破裂时的燃烧区

有许多压力容器，特别是大型贮罐，充装的是可燃液化气体，如液化石油气等。这些容器破裂时，器内的液化气体大量蒸发，并与周围的空气混合，遇到适当条件就常在器外发生燃烧爆炸，酿成重大的火灾事故。这种由于可燃液化气体贮罐破裂引起的火灾，危害之大，损失之重是惊人的，而且还常有发生。如 1944 年 10 月，在美国东俄亥俄州发生的液化天然气贮罐破裂爆炸事故即死亡 128 人，直接损失达 680 万美元；1964 年 9 月，日本茨木市的一个液化石油气充装站发生的贮罐破裂爆炸事故使 500m 以内的建筑物门窗全部破坏；1979 年 12 月，我国某市石油贮运站一个 $400m^3$ 的球形贮罐破裂，引起一系列贮罐及气瓶破裂爆炸，损失也十分惨重。

可燃液化气体贮罐破裂时，虽然只有一部分液体被蒸发成气体，但由于这部分气体在空气中爆炸，另一部分未被蒸发而以雾状的液滴散落在空气中的液体也会与周围的空气混合而着火燃烧。所以这种容器一旦破裂，并在器外发生二次爆炸时，器内的全部可燃液化气体几乎是全部烧净的。这些可燃气体爆炸燃烧所放出的热把燃烧后生成的气体(水蒸气、二氧化碳)及空气中的氮气升温膨胀，因而形成体积巨大的高温燃气团，使周围很大一片地区变成火海。

现以液化石油气体(按丙烷计)贮罐为例，计算这种容器破裂时所产生的高温燃气的体积及其燃烧范围。

设容器内所装液化丙烷为 W(kg)，容器破裂后一部分被蒸发成气体，并产生燃烧爆炸，另一部分以雾状的液滴散落在空气中，因此也同时被燃烧。若燃烧完全，即按下列反应式进行：

$$C_3H_8 + 5O_2 \rightarrow 3CO_2 + 4H_2O$$

每公斤丙烷所需氧量为 160/44＝3.64kg，需空气量为 3.64/0.21＝17.3kg，W(kg)丙烷完全燃烧后生成燃气的重量便为(17.3＋1)W(kg)。丙烷的燃烧值为 4.6×10^4kJ/kg 液，设燃气的比热容为 1.26kJ/(kg·℃)，则燃气在标准状态下的密度约为 $1.25kg/m^3$，则 W(kg)丙烷完全燃烧生成的燃气在 2000℃时的体积便为：

$$\frac{18.3}{1.25}\cdot\frac{273+2000}{273}\approx 122W,\ m^3$$

设这些燃气以半球形向地面扩散，则高温燃气的扩散半径为：

$$R=\sqrt[3]{\frac{122W}{\frac{1}{2}\times\frac{4}{3}\pi}}=\sqrt[3]{0.477\times123W}=3.9\sqrt[3]{W},m \qquad (6-13)$$

即以容器为中心，在直径约为 $7.8\sqrt[3]{W}$，高 $3.9\sqrt[3]{W}$ 的范围内所有可燃物都将着火燃烧，在此范围内的人员也会被烧伤。

从公式(6－13)可以粗略算出，一个民用液化石油气瓶(15kg)破裂爆炸时，其燃烧范围至少可达20m。一个10t的液化石油气贮罐破裂爆炸，燃烧范围至少可达170m。

第二节　容器事故调查分析

一、传统的容器事故分析方法

对已经发生爆破事故的压力容器，应如何着手进行原因分析。过去常采用的(或称传统的)分析方法大致有两种思路，即从容器断裂形式入手，进行原因分析和从发生事故时的载荷状态进行分析。

(一) 基于断裂形式的分析

压力容器的断裂，可以有几种不同的形式，而每一种形式的断裂都是在特定的条件下才能发生的。因此，可以根据发生事故容器的断裂形式分析事故的直接原因和间接原因。

1. 容器的断裂形式

在运行过程中断裂的压力容器，按其断裂特点，包括断裂过程、机理及基本原因等，可以分为以下几种形式：即延性断裂、脆性断裂、疲劳断裂及应力腐蚀断裂等。这些断裂都具有各自的特征和必需的条件，其中大部分已在第二章中作过介绍，这里不再重复。

2. 分析步骤

从容器的断裂形式入手进行事故原因分析，可以按下列步骤进行：

① 根据容器破裂后的整体形态，断口形貌等断裂特征，确定其属于哪一类型的断裂。如容器破裂后在整体或较大的局部区域内有明显的塑性变形，即容器发生了周长增大和壁厚减薄等，则该容器应属于延性断裂。

② 分析研究发生这种断裂的基本条件是否存在，如容器产生延性断裂的必要条件是它在载荷(压力等)作用下，器壁整体截面上产生的压力达到或超过材料的力学强度。

③ 通过计算或试验，分析产生这些条件的直接原因和间接原因。

有关压力容器几种常见断裂的原因，也已在第二章中作了介绍。

(二) 基于断裂时载荷状态的分析

根据压力容器承载的特点，即它既可能在正常载荷(设计压力)状态下破裂，也常常因为超载或异常载荷(化学反应爆炸)而发生破裂，所以也可以从这一方面入手进行事故分析。即先判别它是在哪一种载荷状态下发生破裂，然后再分析研究造成这种载荷状态的直接原因。

容器破裂时的载荷状态可以分为：工作压力状态、超压状态和器内爆炸反应状态。除了个别压力容器具有压力自动记录仪表，可以直接从记录中比较容易查到破裂时压力之外，其他的，通常要从以下两个方面来判别它是在哪一种状态下发生破裂的。一是容器破裂后的形态和安全附件的状况；二是根据现场的破坏情况估算造成这种破坏所需要的能量(以下简称破坏能量)，进一步推断出容器爆破时所释放的能量。

下面分述在这几种载荷状态下破裂容器的判断，以及造成这种载荷状态的常见原因。

1. 工作压力下破裂

在工作压力下破裂的容器，可从下列运行与破坏状况进行判别。

(1) 容器无超压的可能或可能性甚小。同一压力来源的其他容器如果一切正常，且操作及工艺条件又无任何异常现象等。

(2) 根据容器破裂后实测的器壁厚度和材料强度测试数据计算得的容器爆破压力与容器最高工作压力大体相近，或者是容器存在低应力破坏的条件。

(3) 容器的安全附件状态正常。如安全装置测试符合要求，且安全阀没有发现有开启排气的现象，或爆破片未发生动作，压力表没有指针回不到零单位或指针弯曲等破坏现象。

(4)根据现场的破坏情况，估算其总的破坏能量小于容器工作压力下爆破所释放的能量(以下简称爆破能量)。

压力容器在工作压力下破裂，常见的原因是：

① 由于设计差错或运行中的严重腐蚀，容器壁厚过薄。

② 制造过程中误用材料。

③ 容器存在较严重的材料缺陷或制造缺陷，如白点、焊接裂纹、焊缝咬边或未焊透等，且材料在工作温度下的韧性较差。

④ 容器经受过多次的反复载荷，包括压力的急剧波动，温度周期性变化或严重振动等，且容器存在较高的局部应力。

⑤ 异常操作或环境劣化，如防腐措施失效、操作条件变更、原料中含有杂质、溶液中的腐蚀性介质富集致使溶液的浓度增高等，构成金属与介质环境的特殊组合，产生应力腐蚀。

2. 超压破裂

超压是指容器内部的实际压力远超过它的最高工作压力和耐压试验压力。容器超压破裂时设备和附件的运行与破坏情况如下。

(1) 容器有超压的可能性。例如容器的压力来源处气体的压力远大于容器的工作压力，或容器内介质有可能因异常条件的出现而使其压力增大。

(2) 破裂后的容器有明显的塑性变形，包括壳体周长增大和壁厚减薄。根据其实测壁厚和材料强度试验数据计算得的容器爆破压力远大于它的最高工作压力。

(3) 没有按规定装设安全泄压装置或装置严重失效。如容器无安全阀或爆破片；安全阀被粘住或堵塞；弹簧式安全阀的弹簧过分压紧，重锤杠杆式安全阀的杠杆增挂重物；或爆破片膜片超厚使其动作压力显著偏高等。因而造成安全泄压装置不能在规定的动作压力下开放泄压，或者是安全泄压装置虽曾动作(安全阀开启、爆破片断裂等)，但其排量远小于容器的安全泄放量。

(4) 根据现场的破坏情况，估算其总破坏能量大于容器在工作压力下的爆破能量，而小于其在计算破裂压力下的爆破能量。

容器超压破裂的原因如下。

(1) 压缩气体贮罐可能产生超压的原因是：附件损坏或操作失误(如贮罐的出口管或阀件发生故障或误关闭)而致正常的排气受阻塞；空气压缩机贮罐可能因罐内润滑油积存过多或长期受高温作用而生成炭黑，结果在罐内(或管内)自燃，贮罐在高温及超压下破裂。

(2) 液化气体容器(包括贮罐、气瓶及罐车等)可能产生超压的原因较多。例如：因意外受热(低温贮存容器的保温装置破损或失效，常温贮存容器因温度自动调节装置失灵，器内高分子单体部分发生聚合放热或容器接近高温热源)而致使饱和蒸气压力显著增高；贮罐、罐车及气瓶等因充装过量，在周围环境温度下满液(没有气体空间)膨胀而超压等。

(3) 分离、换热(蒸发)容器可能产生超压的原因是，高压气体进入低压容器内。如用减压阀降压进气的设备，因减压阀失效、换热管子破裂、胀管失效泄漏等都可以使高压气体直接导入低压容器内而造成超压；蒸发换热容器也可因载热体过量或蒸发气体因出口阀体故障(损坏或误闭)受阻塞而使器内压力升高。

(4) 放热或体积增大的化学反应容器，因原料计量失误、原料不纯、催化剂使用不当或附件损坏(如搅拌装置或冷却设备失效等)而使反应压力增大。

3. 器内爆炸反应造成容器破裂

器内爆炸反应是指器内两种或两种以上的物料(介质或杂质)意外发生异常反应，压力瞬时急剧升高的过程。在这种情况下，设备和附件的运行及破坏情况如下。

(1) 容器有可能存在两种以上相互能发生激烈反应的物料。常见原因是原料中含有异常杂质；设备或管道的密封不良而造成泄漏；错误投料或气瓶混装等。

(2) 器内爆炸反应引起的破裂，属于压力冲击断裂。容器一般呈粉碎性的破裂状态，常有大量的碎片飞出，击伤周围的人员或毁坏设备。

(3) 安全泄压装置发生动作而未生效。如安全阀曾开启排气，但因动作滞后而不能及时泄放器内瞬时产生的高压力；爆破片已破裂，但因泄放面积过小未能阻止器内压力升高等。容器上装设的压力表常可以发现有指针在限止针处被撞弯，或者指针已经不能退回零位。有压力自动记录仪的容器可以发现直线上升的压力线。

(4) 容器(或碎片)的内壁常可发现有被高温烘烤过的痕迹或粘附有反应残留物。

(5) 根据破坏现场的情况估算得的破坏能量远大于容器在工作压力下的爆破能量，甚至超过容器在计算破裂压力下的爆破能量。

应该顺便指出的是，将破坏能量与爆破能量进行比较时，要考虑有无"二次爆炸"所造成的现场破坏。所谓"二次爆炸"是指器内介质中有可燃性气体或液化气体，这些可燃性介质在容器破裂后大量流出，与周围的空气混合成为爆炸性混合气体，在容器破裂碎片或设备的相互撞击所产生的火花、或高速气流喷出所产生静电的引发下，在器外的空间发生气体爆炸。因为二次爆炸也可能比容器破裂释放出更大的能量，造成事故现场的更大的破坏。辨别容器破裂后是否发生二次爆炸，除了器内介质的可燃性是基本条件外，还应该注意容器破裂时的情况及周围的环境有无存在二次爆炸的迹象。如容器外壁或室内有燃烧过的高温痕迹或残留物(如碳氢化合物燃烧不完全而产生的炭黑等)，容器破裂时伴有火光或闪光，有时还可能听到两次响声等。但这些迹象也不一定能发现，因为在场人员常因惊慌而没有顾及或根本无人提供。

容器内的爆炸反应可以是化学性的，也可以是物理性质的。

一般来说，后者比前者稍为缓慢一些。常见的有：

(1) 可燃性气体和助燃性气体(氧气、空气)或其他两种能发生激烈反应的物料混进一个容器内。如盛装可燃气体的容器混入氧气(或空气)，盛装氧气(或空气)的容器混入可燃性气体等。国内近年内仅气瓶混装(用还存有氢气等可燃性气体的气瓶来装氧气)而发生的器内爆炸反应的事故就有多起。值得注意的是，这种混合气体在较高压力下，可以在查不清引燃源的情况下就发生爆炸反应，国内也有过几次实例。

(2) 器内反应失控。这是指器内进行放热反应(如聚合反应、氧化反应、硝化反应、氯化反应、磺化反应、酯化反应及中和反应等)的反应容器，因操作失误或设备附件失效等原因而致使冷却不足，器内蓄积了反应热，进而使器内的温度升高，压力急剧上升，呈爆炸状态。如在聚合釜中，单体分子在高压下进行聚合并放出大量的聚合热，因冷却或搅拌装置失效或操作不当等原因，就会导致聚合快速进行而致失控，即所谓“爆聚”，器内压力就可能瞬时增大。

(3) 两种标准沸点相差较大的液化气体被装入同一容器内，发生蒸气爆炸。如在一个装有较多的液化丁烷(标准沸点为272.65K)的容器内，装入温度较低的液化乙烷(标准沸点为184.5K)，就有可能发生激烈的蒸气爆炸。因为这两种液化气体同属烃类，能以无限的比例混合。两者混装时，低沸点的液化乙烷溶入高沸点的液化丁烷内，立即变成沸点以上的过热状态。液化乙烷激烈沸腾，产生大量的蒸气，器内压力呈爆炸性状态急剧上升，这就是所谓蒸气爆炸。实验指出，两种液化气体(或液体)如果可以相互混合，则它们的温度差异不需要太大就会发生蒸气爆炸。若两物料不能混合，则两者的温度差需要在较高的温度范围内才能发生。这种蒸气爆炸的压力上升速度一般要比上述化学反应爆炸速度低一些，所以蒸气爆炸破裂的容器往往不是粉碎性碎裂。

二、 系统工程的分析方法

上面介绍的压力容器事故分析方法，都是通过事故现象来查找原因的。经验证明，这种方法对于一般设备的事故分析还是比较行之有效的。对很庞大和复杂系统的事故分析，近年来多采用系统工程的分析方法。

系统工程是英文“System sengineering”一词的直译。是指一种综合运用现代科学技术，如数学、控制论、信息论及计算机技术等来进行系统的规划、研究、制造、试验和使用的方法，是“一种对所有系统都具有普遍意义的科学方法”。

系统工程可与各门专业的具体技术结合起来，应用于各个领域。用于工业体系的叫“工业系统工程”，用于经济企业体系的叫“经济系统工程”，用于失效分析的则称之为“失效系统工程”。

失效系统工程把复杂的设备、环境及人的因素当作一个系统，运用数学方法(离散数学和模糊数学等)和电子计算机等现代化工具，来研究系统失效的原因与结果之间的逻辑关系，并能通过对这种逻辑关系确定系统失效与它的各个设备部件失效之间的定量关系。

失效系统工程方法有许多种，本节仅介绍事故树形分析法和“鱼骨”图分析法。

(一) 事故树形分析法

对压力容器爆炸事故的调查分析，人们已经从实践中摸索到不少经验。但是如何在此基础上总结出一套系统的、科学的并具有普遍适用性的调查分析方法，还是一个新课题。事故树形分析法用于判别事故原因，实际上也就是把过去零散的经验和方法加以系统化，图形化而已。

1. 分析步骤

利用事故树形分析，对已经发生的压力容器事故进行原因分析，并研究防止事故的对策，一般可以按下列步骤进行。

(1) 确定终端事件，做出事故树形图。一般是根据实际情况，尽可能把终端事件定得更具体些，不要千篇一律的定为“容器爆炸”。例如，如果爆炸的容器本体有显著的塑性变形，就可以把终端事件定为“容器延性断裂”，若从操作记录中发现事故前容器内的压力突然升高，则可以把终端事件定为“容器超压爆破”等。目的是为了缩小分析的范围，免致精力分散。在明确终端事件以后，即可以根据现场设备及工艺实际情况，列出可能引起这类事件的各种原因及它们之间的相互关系，作成事故树。有关事故树的合成方法，可参考这方面的专门论著。

(2) 逐步排除不存在的因素。在事故树所列出的各种基本事件中，可以通过对事故现场的观察和测定，部件或材料的试验和各种计算等手段，逐步排除一些确实不可能存在的因素。如装有安全阀和爆破片的容器，如果这些装置没有动作(爆破片未破裂、安全阀无开启迹象)，且通过试验，又证明其动作压力符合规定要求，则容器超压的因素可以排除。

对原因比较复杂的压力容器爆炸事故，还可以根据事故树形图求出它的最小割集。如果某一基本事件经过分析验证，确认可以排除，则包括这一基本事件的所有最小割件都可以排除。这样就可以进一步缩小需要调查分析的范围。

(3) 分析和验证可疑因素，确定事故原因。在排除各种不可能存在的因素以后，应集中精力对余下的可能因素进行分析，必要时还应经过试验或理论计算进行验证。包括验算现场破坏所需要的能量、容器破坏所释放的能量及容器的承压能力等。通过分析验证，确认产生终端事件所必需的基本事件，并由事故树形图中所表示的逻辑关系，明确造成事故的直接原因和间接原因。

(4) 从事故树形图中研究应该吸取的经验教训。导致事故的基本事件，可能是设备部件故障，也可能是人为差错。进一步追究这种缺陷事件产生的条件，包括人的因素、物的因素和环境因素等，就可以找出事故经验教训及防止发生类同事故的有效措施。

2. 事故树形分析法的特点

运用事故树形分析法对已经发生的容器爆炸事故进行原因分析，初步看来具有以下的一些优点：

(1) 保证事故调查的全面性和可靠性。由于分析方法的定型和图表化，既可以避免分析过程中遗漏一些不大容易暴露的事故原因，还可以从图形中表示出的各种基本事件的相互关系中明确直接原因和间接原因，或者是主要原因和次要原因。

(2) 提高事故调查工作效率。压力容器发生爆炸事故，有时候原因是错综复杂的，涉及各式各样的人的或物的因素。对一些重大的灾害性事故，参加事故调查的人员往往来自各个专业，不一定都对引起事故的各种因素的因果关系十分熟悉。通过事故树形图可以帮助他们对事故的产生原因有一个全面的了解，并根据其各自所掌握的专业知识进行分析和论证，发挥每人的专业特长，提高工作效率。另一方面，通过最小割集的组成关系，可以从排除一个基本事件进而排除与这一事件组成最小割集的其他基本事件，由于调查分析范围的进一步缩小，工作效率也得到提高。

(3) 有利于事故资料的管理和积累运用事故树形分析的方法，可以把复杂的事故分析及其结果，归纳在一张简明的图表上。不但可以作为设备资料，存入设备档案，还可以从积累的资料中，综合整理出各种类型的事故数据，为利用事故树形分析法研究设备事故，进行定性和定量分析打下基础。

(4) 有助于全面考虑采取防止发生类似事故的有效措施。事故树形图中列出了可能引起这类事故的全部原因(基本事件)。其中一部分事件可能与本次事故没有直接联系，但人们可以从中认清事故的各种根源，研究为防止事故所应采取的全面对策。

(二) “鱼骨”图分析法

“鱼骨”图分析法也是失效系统工程中较常用的一种方法。

因为用以分析事故原因的图形象一条鱼骨，故而得名。又因为所用的分析图是根据因果关系按层次排列的，故又称因果分析图。

"鱼骨"图分析法在日本等国被广泛用于质量管理与失效分析。

1. 特点

"鱼骨"图分析法是把准备分析的事故的各种因素按层次做成图形，在此基础上进行原因分析，它有以下的特点：

① 直观全面　造成某类缺陷或事故的因素全部列出在图上，既可作到一目了然，又可以防止疏忽遗漏某些不大被注意而又十分重要的因素。

② 失效因素层次清楚　造成事故的因素往往是多方面的，其中有直接的，有间接的，而且这些因素的因果关系都是有继承而非单一的。"鱼骨"图能把这种错综复杂的因果关系层次清楚地表现出来。

2. 分析步骤

"鱼骨"图分析一般分为三个阶段(步)，即确定分析失效现象，绘制"鱼骨"图和原因分析。

(1) 分析失效现象的确定。这是第一步，也是很重要的一步。因为分析对象不合适，或则范围太大，降低分析效率；或分析工作走弯路，甚至迷失方向，得出错误的结论。所以必须根据失效研究对象的具体情况，有针对性地确定分析失效现象。如一个容器在运行中断裂爆炸，如果不管容器本身质量如何，使用条件如何，断裂的过程及特征如何，一律把分析对象定为"容器断裂爆炸"，那就会作出许多层次，包括几十个或几百个因素的"鱼骨"图，使分析工作难以进行。

(2) "鱼骨"图的绘制。"鱼骨"图是以表示缺陷或失效现象的水平粗箭头线作为"脊骨"(亦称主干线)，在"脊骨"的两旁分别列出其直接引起缺陷或失效现象的原因，用带箭头的线与"脊骨"连接，称为"大骨"或大因素。有些人主张主干线的上方列信息处理的不安全行为，下方表示物质条件构成的不安全状态。一般是将引起缺陷或失效的某些方面的因素，作为大因素，如压力容器的"制造缺陷"或"材料选用失误"等等。直接导致这大因素还有各种原因，称为中因素，也依次列出，用箭头线与大因素相连接，这就是"中骨"，如焊接压力容器的"制造缺陷"可以有"焊缝咬边"、"焊缝角变形"等一些中国素。然后再根据具体情况，必要时可列出小因素，即所谓"小骨"。这样便作成了结构如图 6－1 的"鱼骨"图。

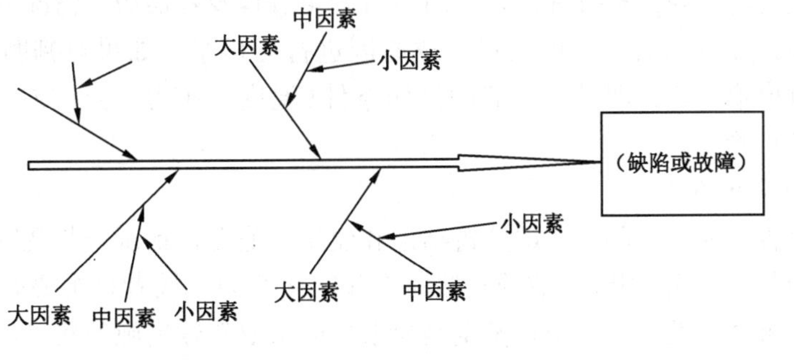

图 6－1　"鱼骨"图结构

(3) 原因分析。从设备或系统的失效现象或过程以及它的设计制造质量、运行状态(维护及操作)和工艺条件(温度、压力及介质等环境因素)与"鱼骨"图的因素相对照，排除其中不可能存在的因素，逐步缩小范围，必要时可经过实验分析验算，以查明失效的主要原因。

三、 分析程序与分析方案

（一）一般程序

压力容器事故分析也与分析其他事物一样，必须遵循调查——分析——结论这一基本原则。因为“没有调查就没有发言权”，分析结论只能在调查分析之后作出。进行容器的事故分析，一般应执行以下的程序。

1. 检查事故现场

分析容器的事故，必须首先对事故现场进行周密的检查，取得分析工作的第一手资料。而且要尽可能地在事故发生后立即进行，以防情况发生变化或消失。如断口生锈或污损、零件散失、有关痕迹受环境(风、雨、阳光)或人为的破坏等等。在未经检查以前，事故现场应该采取切实可行的保护措施，防止一切影响事故分析的事件发生。

2. 了解事故前后的过程

容器事故前后的条件与状态的变化以及事故时出现的异常现象等均对容器事故的分析十分重要，应详细进行了解和调查。这一工作可以通过开座谈会或个别查访等方式进行。调查对象主要是本岗位的操作人员及相邻岗位的在场人员。但也可以找附近的职工及居民进行了解。因为有些情况往往是本岗位操作人员不能提供(由于当时过分紧张或其他原因)而由附近其他人员发现的。如响声及闪光等爆炸现象，在很多情况下是由场外人员提供的。

3. 了解容器的历史情况

压力容器发生事故，往往与它的历史情况(设计制造及运行使用等)有关，所以对容器调查，不但要了解它的现在，还要了解它的过去。调查容器的历史情况，主要可以通过查阅设备档案和操作规程以及组织有关人员回忆座谈等方法来进行。

4. 进行必要的技术试验鉴定

使用条件比较简单，经过上述的情况调查，一般都可以大体上判断出事故的原因。但要作出肯定的分析结论，或者对系统比较复杂的容器，往往还需要进一步进行技术检验、计算、试验和鉴定，才能找出确切的原因。

5. 分析事故原因

根据对事故现场的观察检查和测量，对事故发生过程及容器历史情况的调查了解，以及必要的技术检验，计算以后，就可以对事故原因进行分析了。如果对判断的原因有什么怀疑，还可以通过模拟试验，即模拟容器的操作条件(温度、压力、介质或其他环境因素)进行试验，以便进行验证。

6. 提出事故分析报告

事故分析报告主要分两部分，即分析结论和建议。前者包括调查与观察、测试检验和系统分析所得出的分析结论(引起事故的直接原因和间接原因，或者是主要原因与次要原因)；后者主要根据分析结论而提出为防止发生类似事故应采取有效措施的建议。事故分析报告应简明扼要，逻辑性强，判断根据要充分可靠，判断结论要中肯明确，不能含糊其词。

（二）分析方案的研究确定

上述所谈的是进行事故分析的一般程序，而其中每一步都包括了很多的具体内容，这些内容将在下面加以详细介绍。当然，并不是每一件事故的分析都要包括全部调查、测试、检验和鉴定内容，而只需要进行其中的一部分，甚至只是一小部分。所以要有效地进行事故分析，就必须根据实际情况，研究确定一个事故分析方案，或者说是设计一个分析程序。

对一个结构比较简单而失效因素又不复杂的压力容器，进行事故分析时，不一定需要将分析方案或分析程序形成文字，有经验的失效分析工作者可以按照自己的经验，在心中构成一个事故分析程序，并按照惯常的程序逐步开展分析工作。但对较复杂的容器系统的事故分析，最好还是拟定出一个分析方案和实施步骤，否则有可能使分析工作走弯路。或者没有针对性地作一些不必要的测试检验项目，耗时耗力，分析效率不高。或者因考虑不周而漏掉必须取得的信息和数据，影响分析工作的顺利进行，甚至无法得出充分可靠的分析结论。

研究分析方案或设计分析程序要先决定采用哪一种分析方法。常用的事故分析方法，包括传统的方法和系统工程的方法，已在上节中作了论述和介绍。应用哪一种方法，可以根据初步掌握的信息和数据确定。原则是，所取得的信息数据对哪一种方法更有利就采用哪一种方法。所以分析方案可以在事故现场作了初步调查的基础上确定。例如，根据现场的检查情况表明，容器具有明显的塑性断裂特征和有关信息，则可以采用基于断裂形式的分析思路方法；如果事故现场表明容器具有在器内化学爆炸的种种迹象，系统中又有这种可能性，则可以采取基于断裂时载荷状态的分析方法。当然，也不排除分析工作者根据自己的经验和习惯确定采用其他的分析方法。也可以同时采用两种以上的分析方法，互为补充，互相促进。

确定分析的思路和方法以后，应该根据这种思路考虑已经掌握了哪些信息，还需要补充哪一些信息，最后列出一个提纲，包括：

① 调查的项目及内容；

② 收集资料的项目及收集方向；

③ 需要进一步检验的项目、内容及方法；

④ 是否需要作模拟试验及其试验方案。

四、 调查与检测的具体内容

（一）事故现场的检查

压力容器失效事故现场的检查和测量一般包括下列三方面的内容。

1. 容器本体的破裂情况

检查容器本体的破裂情况，主要包括对破断面的初步观察，容器变形或破裂形状的检查测量以及对容器内外表面情况的检查等。

破断面的初步观察是为进一步进行断口分析打好基础，应对断口的形状、色泽、晶粒及其他的一些特征进行认真的观察和记录。有时候通过对破断口的初步观察，大体上可以看出破裂的形式。

容器破裂形状的检查与测量，对分析容器事故原因也很重要，应认真作好记录。对仅是裂开缺口的容器，应该测量并记录（必要时绘图记录）开裂的部位、走向、裂口的宽度、长度以及开裂处的周长（应多测几个截面）和壁厚，并与容器原有的周长及壁厚进行比较，估算破裂后的伸长率及壁厚减薄率。破裂成数大块的容器，也可以拼接组装起来进行测量和计算。有可能时最好是根据测量得的数据粗略的估计一下容器破裂后的容积变形。对裂成碎片的容器，应详细测量并记录各破片（主要的）的重量、飞出的距离、并最好能从现场的情况判断破片飞出的角度及受阻挡的情况。

检查容器内外表面情况，主要是检查壳体金属表面状态，如光泽、颜色、表面粗糙度以及有无表面损伤（局部腐蚀、磨损及其他伤痕）等，还应检查表面残留物。这种检查对分析事故原因有时候是十分有用的。如金属表面形态往往有助于判断介质对容器是否腐蚀或壳体表面是否有燃烧过的痕迹。残留物的检查可以发现金属的腐蚀产物或其他不正常状态下生成的反应物等。有时还会在容器的内表面或外表面上发现有可燃气体燃烧不完全而残留的游离碳等。

2. 安全装置的完整情况

压力容器一般都装设有压力表、安全阀等安全装置。在容器事故发生以后，对安全装置进行详细检查或必要的实验，有时会给事故分析工作提供很有价值的信息或证据。容器发生事故后，应检查安全泄放装置没有开放排气的迹象，且通过压力试验又证明安全装置的排放压力符合规定，则可以说明容器在事故前没有发生过超压现象，容器不属于超压破裂。不过安全装置的状况在容器发生事故时，可能要发生变化，因此应对所检查获得的情况进行具体分析。

对安全装置进行检查的目的，主要是想发现容器有无超压的可能或是否存在曾经超压的迹象，所以主要检查内容应包括如下。

(1) 压力表是否长期失灵，如进气口被堵塞、内部零件脱落或损坏或指针被卡住等。压力表是否表明容器有严重超压的迹象，如弹簧管严重膨胀变形。指针退不到零位，指针在与限制钉接触处发生弯曲等。

(2) 安全阀是否有失灵的现象，如阀孔被堵塞，阀瓣与阀座被粘牢，弹簧被锈蚀、卡住或过分拧紧或重锤被移动等。安全阀有无曾开启过的迹象。

(3) 爆破片或爆破帽是否已经动作，如果没有破裂，而又怀疑其动作压力不符合规定时，可进行试验验证。

3. 现场破坏及人员伤亡情况

压力容器破裂爆炸往往造成周围建筑物的破坏及现场人员的伤亡。这些破坏情况对估算容器的破坏能量、分析破裂原因是非常重要的，应进行详细认真的检查和测量，其主要内容包括：

① 近处建设物被破坏的形式和尺寸(如钢筋混凝土墙或砖墙的厚度，用什么材料制成的门等)，与爆炸容器的距离及被破坏的程度(墙倒塌或开裂等)。

② 远处被破坏门窗玻璃的规格(厚度，大小)，损坏的最远距离及损坏程度(如窗框损坏或仅玻璃破裂等)。

③ 人员的伤亡情况，包括伤亡原因(冲击波震成内伤、碎片击伤或烫伤等)，事故发生时所在的位置及受伤程度(如骨折、内脏损伤或耳膜破裂等)。

(二) 事故发生过程的调查

在对事故现场进行检查和测量以后，应该对容器事故发生的过程进行调查了解，调查的主要内容有：

① 事故发生前容器运行情况。包括工艺条件是否正常，有无异常现象或其他可疑迹象，如压力波动、漏气或有异响等。

② 事故发生经过。包括不正常情况开始的时间，采取的应急措施，安全附件的动作情况等。

③ 事故发生时的情况。包括有关人员所处位置，破裂爆炸的过程及现象，如有无闪光、着火及响声(一次响声或两次响声)等。

(三) 容器历史和使用情况调查

调查的主要内容应包括以下几点。

（1）操作人员的工作思想情况。包括技术水平、本岗位操作的熟练程度及工作经历。

（2）容器的历史情况。包括容器的制造厂，出厂日期，有无产品合格证及材质检验证明（对有些容器还应进行材质检验的复查），过去的使用情况及使用年限，上次检验日期、内容和所发现的问题等。

（3）容器的工作条件。包括操作规程规定的压力、温度、介质成分或浓度和其他主要控制指标以及实际执行的情况。应特别注意介质是否是可燃易爆气体，或产生这种气体可能性的情况。介质对容器的腐蚀，特别是产生应力腐蚀或晶间腐蚀的可能性。容器在使用过程中温度及压力的波动范围及周期。

（4）安全装置的装设和使用情况。包括安全装置的形式、规格和日常的维护情况，以及最近一次的检验校正日期等。

（四）材料成分和性能的检查

根据事故分析的需要，可以在破裂后对壳体取样，有针对性地检验或校核容器制造材料的成分或性能。其中包括：

（1）化学成分检验　重点分析检验对材料性能（力学性能、加工工艺性能及防腐蚀性能）有影响的元素成分，以查明所用的材料是否与原设计要求相符。对个别容器，使用介质及环境条件有可能使器壁材料的化学成分发生改变时（如高温高压下的氢使碳钢"脱碳"）应采用剥层法检验材料表面的化学成分（重点是含碳量），以便与原材料或外层材料相比较，查明它的改变程度。

（2）力学性能测定　根据对容器断裂形式的判断，取样作材料性能试验的测定，验证所用材料是否与设计相符合，或材料的力学性能在加工（焊接或锻造等）过程中是否发生显著变化。例如，属延性断裂的，至少应测量其强度指标；脆性断裂的，要测定材料在使用温度下的塑性（伸长率及断面收缩率）和韧性指标（冲击功及断裂韧度等）。

（3）金相检查　通过低倍酸蚀检验，可以了解材料原有质量的情况及加工制造和运行中可能出现的异常现象。

（4）工艺性能试验　工艺性能试验常作为分析事故原因的一种辅助手段。即容器破裂的原因已经由其他条件初步提供，再通过某种工艺性能试验进一步验证。其中包括：焊接性能试验，耐腐蚀性能试验以及特殊环境条件下的特种工艺性能试验。

（五）断口宏观分析

断口的宏观分析是用肉眼或借助于放大镜对断口直接进行观察。它的特点是简易可行，且又能迅速全面观察断口。对断口颜色、腐蚀、断裂纹理的走向和改变常有较高的分辨能力，是断口分析的主要内容。对压力容器的断裂事故分析，断口宏观分析更是常用而又有效的一种手段。

断口宏观分析，主要有下列两方面的内容。

1. 根据断口形貌，判断容器的断裂形式

金属的拉伸断口，一般是由 3 个区域组成，即纤维区、放射区和剪切唇。称为断口的 3 要素。

根据断口 3 种区域在整个断口所占有的断面积，可以大体上确定其断裂属性。例如，脆性断裂的断口，纤维区与剪切唇很小，大部分是放射区，因为金属在断裂前没有经过较大的塑性变形，断裂主要是在高速扩展下进行的。

2. 识别断裂源

断裂源的确定方法，可以有以下几种。

(1) 碎块拼凑法。即将碎块依原样拼合，闭合程度严密的是后断的，而比较不十分严密的断口，则是先开裂的。

(2) "T"字形法。即在两条相交近90°的裂口中，横的为先裂断口，竖的为后裂断口，因为前者阻挡了后者的断裂。

(3) 人字形法。脆性断裂容器的断口常有人字形纹路，人字的尖端指向断裂源。

(4) 多枝形法。即观察裂纹的分叉情况。不分叉的先裂，分叉的后裂。

(5) 断口变形法。靠近裂纹源处几乎没有变形，而其他地方则变形较大。因为后来断裂的是在过载越来越大的情况下发生的。

(6) 放射标记法。断口上如果有明显的放射标记，则标记的聚焦点就是断裂源。对容器壳体，此聚集点多在表面缺陷处。

(7) 贝壳花样法。疲劳断裂的断口，常有贝壳状的弧形纹路。这些弧形纹路所聚交的地方即为断裂源。

(8) 剪切唇法。如果断口不是完全脆性的，总有剪切唇，即在断裂壳体的表面有挂手的毛边。与这剪切唇相对的另一边即为断裂源。

应该指出的是，容器断裂后，对断口的宏观检查，可以同时找出有几处裂纹源，而并不限于一处。

(六) 断口微观分析

断口的微观分析是借助光学显微镜或电子显微镜对断口的细节和微观形态进行观察检验，借以弥补宏观检验的不足。断口微观分析由专业人员进行，分析方法这里不作介绍。

目前使用的电子显微镜有两种：即透射式电子显微镜和扫描电子显微镜。前者是对用断口表面复制的薄膜进行观察；而后者则可以直接观察实物断口。它可以放大几十倍到几千倍，并连续地对断口进行观察。

参 考 文 献

1 马秉骞，赵忠宪编．实用压力容器知识．北京：中国石化出版社，2000

2 李国成，刘仁桓编著．压力容器安全评定技术基础．北京：中国石化出版社，2007

3 王明明，蔡仰华，徐佳容编著．压力容器安全技术．北京：化学工业出版社，2004

4 吴粤燊编著．压力容器安全．北京：中国劳动出版社，2001